機械工学基礎講座

入江敏博・山田元◆共著

工業力学 第2版

OHM
Ohmsha

まえがき

本書は大学の工学部，工業短大，高専の機械系の学生に専門基礎科目として講義されている工業力学の教科書，ないし参考書として書かれたものである．そのために，つぎの諸点にとくに配慮が払われている．

（1） 工業力学の基本となっている力学を詳述したことはいうまでもないが，これを工業上の実際問題に応用する目的を重視した．

（2） なるべく抽象的な説明は避け，日常よく経験する具体的な応用例を数多くあげて，読者の関心を高めるように努めた．

（3） 近い将来，新しい国際単位系に移行することを考えて，計算はすべてこれによっている．

（4） 各章末に適当な演習問題を選んであげ，巻末にそのヒントと解答を付して十分な応用の能力が身に付くようにした．

（5） 初歩的な微積分の知識だけを前提とし，低学年の学生にも，また専門外の人達にも十分理解して頂けるように心がけた．

力学は17世紀末ニュートンが三つの法則を発見して以来，見事に完成された美しい学問体系である．近代科学と技術がその基礎のうえに築かれて，現在の機械工業をはじめ諸産業が成り立っていることはいうまでもない．しかし最近，高度成長の時代は終わって，エネルギー危機，不安定な国際情勢・経済問題など多くの困難を抱えた社会の中で，わが国の機械工学と工業は今後どの進路をとるべきか，その決定を迫られている．直面する困難な問題を打開して新しい展望を得るためには，もう一度科学と技術の原点に立ち戻って，先入観にとらわれない柔軟な頭脳を十分働かせる以外にはないと思われる．そのためにこの書がなんらかのお役に立つことを切望してやまない．

本書を草するに当たっては内外の多数の著書を参考にさせていただいた．これらの著者に対して深く感謝の意を表するとともに，この書の出版に際して多大の労を惜しまれなかった理工学社編集部の各位に厚くお礼申し上げる．

1980 年　夏

著　者

第 2 版の序

本書の初版は 1980 年に理工学社から刊行され，38 年間にわたり通算 43 刷を重ね，多くの読者に愛読されてきた．とくに演習問題については，実際に役立つ問題が多く，解き方のくわしい解説を望む声が寄せられ，このたび紙面を増やして全問の解法を掲載した．

また，本文中の例題などの計算数値の取り扱いは，特別の場合を除き，4 桁目を四捨五入し，有効数字 3 桁で表わすことを原則として整合を図った．

この機にレイアウト紙面もすべて刷新し，より読みやすくなるよう心掛けた．

本書が前版と同様，読者の皆様のお役に立つことを望んでやまない．

最後に，「演習問題の解法と解答」について多大なるご協力をいただいた故 堀野正俊氏に感謝を申し上げ，第 2 版の序としたい．

2018 年 10 月

著　者

目次

1章　平面内の力のつりあい

2章 立体的な力のつりあい

3章 重心と分布力

4章 運動学

5章 質点の動力学

7章 運動量と力積，衝突

8章 質点系の動力学

9章 剛体の動力学

10章 振動

11 章　力学の諸原理

ギリシア文字

A	α	Alpha	アルファ
B	β	Beta	ビータ（ベータ）
Γ	γ	Gamma	ガンマ
Δ	δ	Delta	デルタ
E	ε	Epsilon	イプシロン（エプシロン）
Z	ζ	Zeta	ジータ（ツェータ）
H	η	Eta	イータ（エータ）
Θ	θ	Theta	シータ（テータ）
I	ι	Iota	イオタ
K	κ	Kappa	カッパ
Λ	λ	Lambda	ラムダ
M	μ	Mu	ミュー
N	ν	Nu	ニュー
Ξ	ξ	Xi	グザイ（クシイ）
O	o	Omicron	オミクロン
Π	π	Pi	パイ
P	ρ	Rho	ロー
Σ	σ	Sigma	シグマ
T	τ	Tau	タウ
Υ	υ	Upsilon	ウプシロン
Φ	ϕ（φ）	Phi	ファイ（フィー）
X	χ	Chi	カイ
Ψ	ψ	Psi	プサイ（プシー）
Ω	ω	Omega	オメガ

1

平面内の力のつりあい

静止している物体を動かしたり，動いている物体の速度を変えたり，またばねを伸縮させるなど，物体に働いてその運動状態を変化させるとか，あるいは物体の形を変える原因となる作用を**力**（force）という．我々は日常生活で重力，風力，水の圧力，摩擦力，打撃力などさまざまな力を経験している．

力学（mechanics）とはこういった力の作用によって起こる現象を調べる科学で，**静力学**（statics）と**動力学**（dynamics）とに大別される．前者の静力学は物体にいくつかの力が作用してつりあいの状態にあるとき，これらの力の間にどのような関係があるかを調べる学問で，これを**1**～**3**章で説明する．これに対して，動力学は物体に作用する力とこの力による運動状態の変化を調べる学問で，**4**章以下をその説明に当てる．

1·1　力の表わし方

物体に力が働く場合，その作用は力の大きさのほか，方向や向き，力が働く点によって異なる．したがって，力を図示するには，図**1·1**のように力が働く点Oから力の方向にその大きさFに比例した長さをもつ線分OAを描き，力の向きに矢印を付けて表わす．この力が働く点Oを**着力点**（point of application）といい，力の方向を示す直線を**作用線**（line of action）と呼んでいる．力ばかりでなく，速度，加速度のように，大きさと同時に方向と向きをもつ量を**ベクトル**（vector）と呼ぶが，力$\boldsymbol{F}$がベクトル量であることを示すために，図のように肉太文字$\boldsymbol{F}$を用いたり，矢

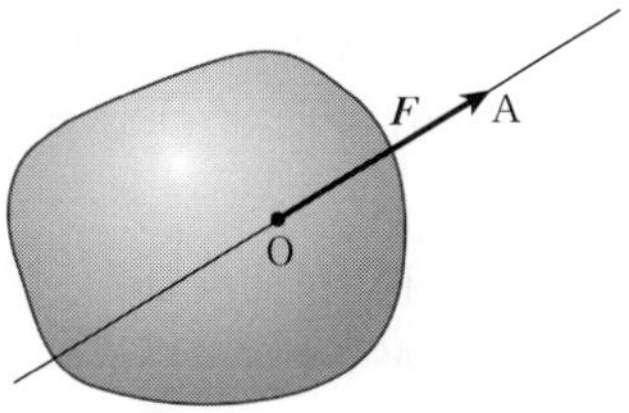

図 1·1　力の表わし方

印を付した記号 $\vec{F}$ を用いて表わす．単に力の大きさだけを表わすときは，細字 F を用いたり，絶体値の記号を付けて $|\boldsymbol{F}|$ と書く．

実際に物体に力が作用する場合，物体の一点だけに力が集中して働くとは考えられない．たとえば，ボールを床の上に置くと，ボールはその質量に比例する重力で床を押し下げるが，もっと注意してみるとボールの重力は床との接触面に分布して働いている．しかし，物体の大きさに比べてこの面積が小さいか，物体上の広い範囲にわたって働く分布力の作用を問題にしない限り，力は着力点に集中して働くものと考えるのが簡単であり，かつ実際上もこれで十分なので，多くの場合，力をこのように簡単化して取り扱っている．

1･2 工業力学の単位（国際単位）

本書で用いている単位系は国際単位系（SI）である．

我が国では従来からメートル法が施行されており，力の大きさを表わすのに，国際キログラム原器とよばれる白金イリジウム合金体に働く重力の大きさを単位に用いて，これを1キログラム重［kg-wt］と呼ぶ，いわゆる**重力単位**を用いていた．しかし1960年に国際度量衡総会が**国際単位系**（International System of Unit：略称SI）を採用することを決定して以来，1969年国際標準化機構（ISO）にも，また1972年日本工業規格（JIS）にも導入することが決定されるなど，世界をあげて国際単位系への円滑な移行が図られた．

SI単位は基本単位，組立単位および補助単位から構成されている．組立単位は基本単位を組み合わせることによってつくりだされるもので，組立単位によって測られる物理量がある特定の著名な学者と深いかかわりあいがある場合は，その学者にちなんだ固有の名称で呼んでいる．補助単位には角度を測るラジアンがある．

表**1･1**に工業力学で頻繁に用いられる単位をあげておく．とくに大きいか，逆に小さい値をもつ量には 10^9（giga：G），10^6（mega：M），10^3（kilo：k），10^{-2}（centi：c），10^{-3}（milli：m），10^{-6}（micro：μ），…を適宜各単位に冠して用いている．

従来，重力単位系で用いられていたkgは，物体に働く力の大きさを表わしているが，SI単位では質量を表わしている．そのため重力単位系での力の大きさをkgfと表わして区別している．

表 1·1 工業力学に関する基本的な単位*

量	名 称	記 号	他の単位による表わし方
長 さ	メートル（meter）	m	
面 積	平方メートル	m^2	
体 積	立方メートル	m^3	
角 度	ラジアン（radian）	rad	
時 間	秒（second）	s	
速度，速さ	メートル毎秒	m/s	
角速度	ラジアン毎秒	rad/s	
加速度	メートル毎秒毎秒	m/s^2	
角加速度	ラジアン毎秒毎秒	rad/s^2	
質 量	キログラム（kilogram）	kg	
密 度	キログラム毎立方メートル	kg/m^3	
運動量	キログラム・メートル毎秒	kg·m/s	
角運動量，運動量モーメント	キログラム平方メートル毎秒	$kg \cdot m^2/s$	
慣性モーメント	キログラム平方メートル	$kg \cdot m^2$	
力	ニュートン（Newton）	N	$kg \cdot m/s^2$
力 積	ニュートン秒	N·s	kg·m/s
トルク，力のモーメント	ニュートン・メートル	N·m	$kg \cdot m^2/s^2$
圧力（応力）	パスカル（Pascal）	Pa	N/m^2
エネルギー，仕事	ジュール（Joule）	J	N·m
動力，仕事率	ワット（Watt）	W	J/s
回転数，回転速さ	回毎秒	1/s	
振動数，周波数	ヘルツ（Hertz）	Hz	1/s
角振動数	ラジアン毎秒	rad/s	
周 期	秒	s	
波 長	メートル	m	
波 数	毎メートル	1/m	

* 機械工学 SI マニュアル（1979 年），日本機械学会．

SI 単位における力の単位 N との関連は次のようになっている．質量を有する物体に力が働いてある加速度で運動するときは，**5** 章で述べるようにニュートンの運動法則によって

力 = 質量 × 加速度

の関係があり，SI 単位では 1［kg］の質量をもつ物体に 1［m/s^2］の加速度を与え

る力の大きさを1［N］と約束している．すなわち

$$1\ [\mathrm{N}] = 1\ [\mathrm{kg}] \times 1\ [\mathrm{m/s^2}] = 1\ [\mathrm{kg \cdot m/s^2}]$$

で，重力加速度の標準値が $g = 9.80665[\mathrm{m/s^2}]$ であることから

$$1\ [\mathrm{kgf}] = 9.81\ [\mathrm{kg \cdot m/s^2}] = 9.81\ [\mathrm{N}]$$

あるいはその逆数をとって

$$1\ [\mathrm{N}] = 0.102\ [\mathrm{kgf}]$$

の関係がある．

欧米の書籍には，まだft·lb系の単位を用いているものがあるので，参考のため換算表をあげておく．

表1·2　ft·lb系からSIへの変換

量	換　算
長　さ	1［in］＝0.0254［m］，　1［ft］＝0.3048［m］
質　量	1［lb］＝0.4536［kg］
力	1［lbf］＝4.448［N］
力のモーメント	1［lbf·in］＝0.1130［N·m］，1［lbf·ft］＝1.356［N·m］
圧　力	1［lbf/ft^2］＝47.88［Pa］，　1［lbf/in^2］＝6895［Pa］
エネルギー，仕事	1［ft·lbf］＝1.356［J］
動　力	1［ft·lbf/s］＝1.356［W］

1·3　一点に働く力の合成と分解

1.　二つの力の合成

図1·2(a)に示すように，物体の一点Oに二つの力 $\boldsymbol{F}_1$，$\boldsymbol{F}_2$ が作用するとき，物体にはこれら二つの力を二辺とする平行四辺形の対角線OCによって表わされる力 $\boldsymbol{R}$ が働いたのと同様の効果が生じる．こうして得られる力 $\boldsymbol{R}$ を $\boldsymbol{F}_1$ と $\boldsymbol{F}_2$ との合力（resultant force）といい，二つの力の合力を求めることを力の合成と呼んでいる．また平行四辺形を

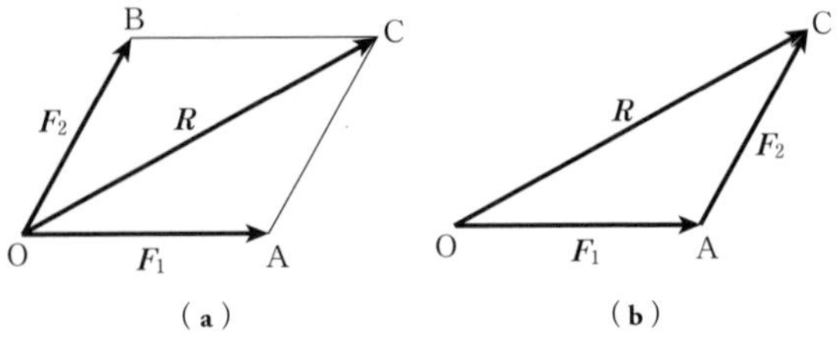

図1·2　二つの力の合成

描く代わりに，図**1·2**(**b**)のように$\boldsymbol{F}_2$をその始点がA点に重なるように平行に移動し，$\boldsymbol{F}_1$の始点から$\boldsymbol{F}_2$の終点にいたる線分OCを引くことによっても得られる．こうしてつくられた△OACを**力の三角形**（force triangle）と呼んでいる．

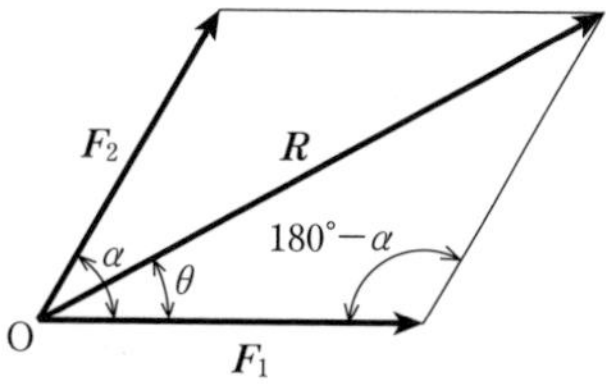

図 1·3　二つの力の合成

合力$\boldsymbol{R}$は作図によらないで，計算によって求めることもできる．図**1·3**のように，力$\boldsymbol{F}_1$と$\boldsymbol{F}_2$の間の角をαとすれば，三角形の余弦法則によって

$$
\begin{aligned}
R^2 &= F_1{}^2 + F_2{}^2 - 2\,F_1F_2\cos(180^\circ - \alpha)\\
&= F_1{}^2 + F_2{}^2 + 2\,F_1F_2\cos\alpha
\end{aligned}
$$

であるから，合力の大きさは

$$R=\sqrt{F_1{}^2+F_2{}^2+2F_1F_2\cos\alpha} \qquad (\mathbf{1\cdot1})$$

で与えられる．$\boldsymbol{R}$と$\boldsymbol{F}_1$の間の角をθとすれば，正弦法則によって

$$\frac{F_2}{\sin\theta}=\frac{R}{\sin(180^\circ-\alpha)}=\frac{R}{\sin\alpha}$$

となるから，角θは

$$\sin\theta=\frac{F_2}{R}\sin\alpha \qquad (\mathbf{1\cdot2})$$

によって計算される．

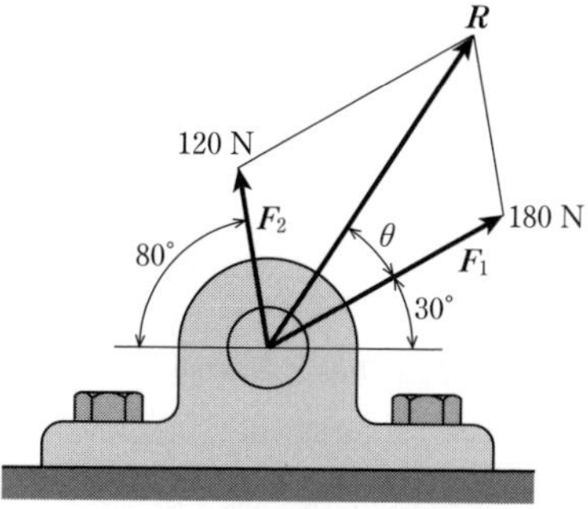

図 1·4　軸に働く二つの力

〔**例題 1·1**〕　図**1·4**のように，1本の軸に二つの力$\boldsymbol{F}_1$と$\boldsymbol{F}_2$が働いている．これらの合力の大きさと方向を計算によって求めよ．

〔**解**〕　二つの力の間の角は$\alpha=70^\circ$に等しいから，合力の大きさは式(**1·1**)によって

$$R=\sqrt{180^2+120^2+2\times180\times120\cos70^\circ}=248.1\ \ [\mathrm{N}]$$

力$\boldsymbol{F}_1$と合力との間の角θは式(**1·2**)によって

$$\sin\theta=\frac{120}{250}\sin70^\circ=0.451$$

$$\therefore\quad \theta=26.8^\circ$$

となる．したがって，軸には図の水平線に対して 56.8° の方向に合力が働いていることとなる．

2. 力の分解

一つの力を，これと同じ働きをする二つ以上の力に分けることを力の分解といい，その結果，得られた力をもとの力の**分力**(component of force) と呼んでいる．力を分解するには力の合成の逆を行えばよい．

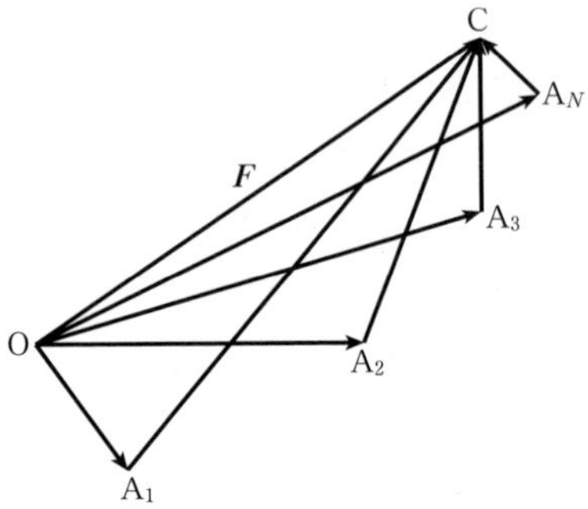

図 1·5 力の分解法

一つの力 $\boldsymbol{F}$ を二つの力に分解する場合に，分力の方向を指定するか，あるいはどれか一つの分力を与えない限り，図 **1·5** のように分解の方法は無数にある．力学の計算をする際には，図 **1·6** のように力 $\boldsymbol{F}$ をこれを含む一つの平面上にとった直交座標軸の方向の分力 $\boldsymbol{F_x}$，$\boldsymbol{F_y}$ に分解して考える場合がしばしばある．この場合，$\boldsymbol{F}$ と x 軸の間の角を θ とすれば，分力の大きさは

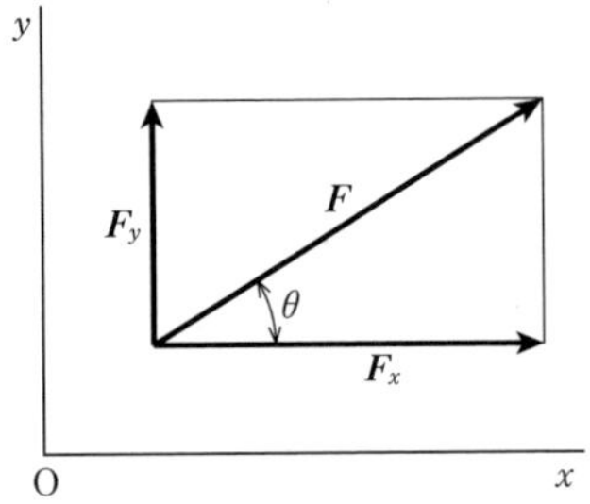

図 1·6 力と x，y 方向の分力

$$F_x = F\cos\theta, \quad F_y = F\sin\theta \tag{1·3}$$

によって計算される．力 $\boldsymbol{F}$ が未知量で，二つの分力の大きさが向きを含めて与えられているときは，$\boldsymbol{F}$ の大きさは

$$F = \sqrt{{F_x}^2 + {F_y}^2} \tag{1·4}$$

から得られ，方向は

$$\tan\theta = F_y / F_x \tag{1·5}$$

を満足する二分力間の角度を求めることによって決定される．

3. 一点に働く多くの力

図 **1·7**(**a**)のように，一点 O に二つ以上の力 $\boldsymbol{F}_1$，$\boldsymbol{F}_2$，…，$\boldsymbol{F}_N$ が作用するときは，図(**b**)のように力の三角形の方法によってその合力を求めることができる．すなわち，まず二つの力 $\boldsymbol{F}_1$ と $\boldsymbol{F}_2$ の和 $\overrightarrow{\mathrm{OA_2}}$ を求め，次にこれに $\boldsymbol{F}_3$ を加えて三つの

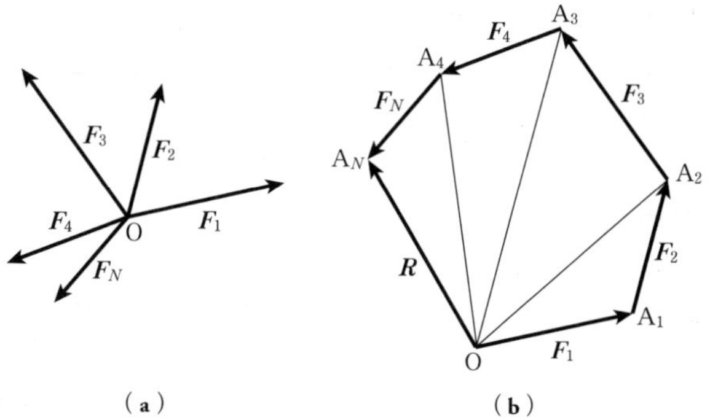

図 1·7 一点に働く面内力の合成

力 $\boldsymbol{F}_1$，$\boldsymbol{F}_2$，$\boldsymbol{F}_3$ の和 $\overrightarrow{OA_3}$ を求め，さらに $\boldsymbol{F}_4$ を加えるというように次々と力の三角形をつくることによって，すべての力の合力 $\boldsymbol{R}(\overrightarrow{OA_N})$ を求めることができる．こうして描かれた多角形 $OA_1A_2 \cdots A_N$ のことを**力の多角形**（force polygon）と呼んでいる．

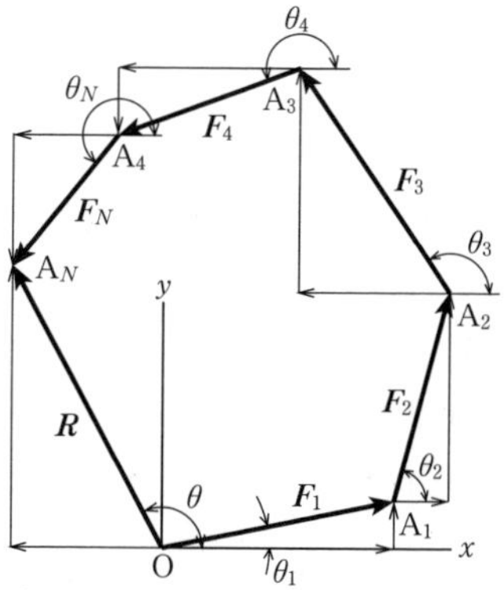

図 1·8 一つの平面内にある力の合成

図 **1·8** のように，一つの平面内に多くの力が働くときは，合力 $\boldsymbol{R}$ の x，y 軸方向の分力の大きさは各々の力の x，y 軸方向の分力の和に等しく

$$\left.\begin{aligned} R_x &= F_1 \cos\theta_1 + F_2 \cos\theta_2 + \cdots + F_N \cos\theta_N \\ R_y &= F_1 \sin\theta_1 + F_2 \sin\theta_2 + \cdots + F_N \sin\theta_N \end{aligned}\right\} \qquad (1\cdot6)$$

で与えられる．これより合力の大きさは

$$R = \sqrt{\left(\sum_i F_i \cos\theta_i\right)^2 + \left(\sum_i F_i \sin\theta_i\right)^2} \qquad (1\cdot7)$$

方向は

$$\tan\theta = \frac{\sum_i F_i \sin\theta_i}{\sum_i F_i \cos\theta_i} \qquad (1\cdot8)$$

によって計算される．

〔**例題 1･2**〕 図 **1･9** のように建物に取り付けたロープを 3.0 ［kN］ の力で引張るとき，この建物に加わる水平力と鉛直力はいくらか.

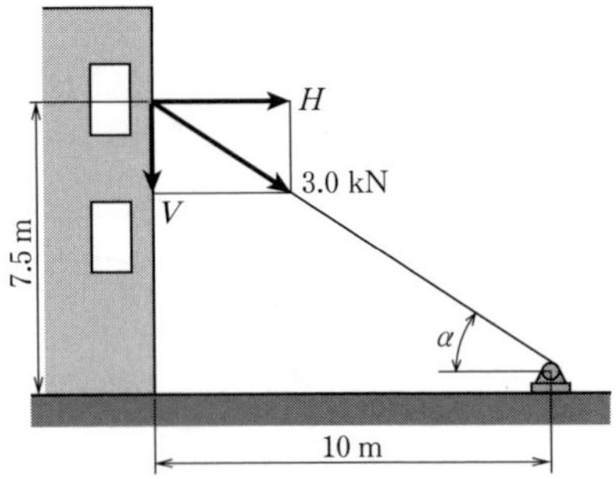

図 1･9　ロープの張力の成分

〔**解**〕 ロープが地面となす角は $\alpha = \tan^{-1}(7.5/10) = 36.9°$ であるから，水平と鉛直方向の力はそれぞれ

$$F_x = 3.0 \cos 36.9° = 2.40 \quad [\mathrm{kN}]$$

$$F_y = 3.0 \sin 36.9° = 1.80 \quad [\mathrm{kN}]$$

となる.

〔**例題 1･3**〕 図 **1･10** に示す一点 O に働く五つの力の合力を求めよ.

〔**解**〕 表 **1･3** のような表をつくって計算するのが便利でもあり，かつ間違いがあっても発見しやすい.

式(**1･7**)によって，合力の大きさは

$$R = \sqrt{59.8^2 + 135.7^2} = 148.3 \quad [\mathrm{N}]$$

で，式(**1･8**)によって，その方向は x 軸と

$$\theta = \tan^{-1}(135.7/59.8) = 66.2°$$

の角をなす.

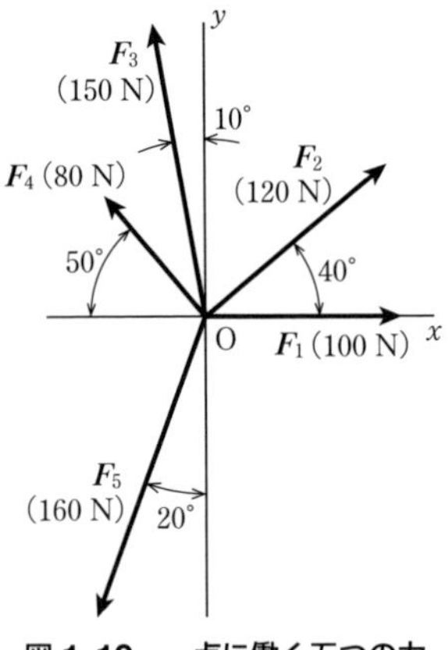

図 1･10　一点に働く五つの力

表 1･3

	F_i	θ_i	$\cos\theta_i$	$\sin\theta_i$	$F_i\cos\theta_i$	$F_i\sin\theta_i$
1	100[N]	0°	1	0	100.0[N]	0 [N]
2	120	40°	0.7660	0.6428	91.9	77.1
3	150	100°	−0.1736	0.9848	−26.0	147.7
4	80	130°	−0.6428	0.7660	−51.4	61.3
5	160	250°	−0.3420	−0.9397	−54.7	−150.4
				合 計	59.8[N]	135.7[N]

1·4 一点に働く力のつりあい

物体に働く二つ以上の力の合力の大きさがゼロとなる場合には，力は物体になんの働きもしない．このようなとき，これらの力はつりあっているという．床の上に置かれた重い機械を考えてみよう．機械はその質量に比例する重力 W で床面を下方へ押すが，一方，床面は機械の重力と大きさが等しく，向きが反対の力 $-W$ で機械を押し上げている．こうして，機械には $\pm W$ の二つの力が働き，その結果，機械に働く合力はゼロとなってつりあいが保たれる．

物体のある一点にいくつかの力が働く場合，図 **1·7** に示す力の多角形において，その終点 A_N が始点 O に一致するときはその合力はゼロとなる．すなわち一つの点に働くいくつかの力が全体としてつりあうための条件は，これらがつくる力の多角形が閉じることである．x，y 軸方向の分力で考えれば，式(**1·6**)の二つの式がゼロとなるときで

$$\left.\begin{aligned} R_x &= \sum_i F_i \cos\theta_i = 0 \\ R_y &= \sum_i F_i \sin\theta_i = 0 \end{aligned}\right\} \qquad (1\cdot9)$$

とくに図 **1·11**(**a**)のように一点 O に働く三つの力がつりあうときは，力の三角形は閉じて図(**b**)のようになる．この三角形の内角はそれぞれ $180^\circ-\alpha$，$180^\circ-\beta$，$180^\circ-\gamma$ に等しいから，三角形の正弦法則によって

$$\frac{F_1}{\sin(180^\circ-\alpha)}=\frac{F_2}{\sin(180^\circ-\beta)}=\frac{F_3}{\sin(180^\circ-\gamma)}$$

となり，これよりただちに

$$\frac{F_1}{\sin\alpha}=\frac{F_2}{\sin\beta}=\frac{F_3}{\sin\gamma} \qquad (1\cdot10)$$

が得られる．一点に働く三つの力がつりあうためのこの条件式を**ラミの定理**（Lami's theorem）と呼んでいる．

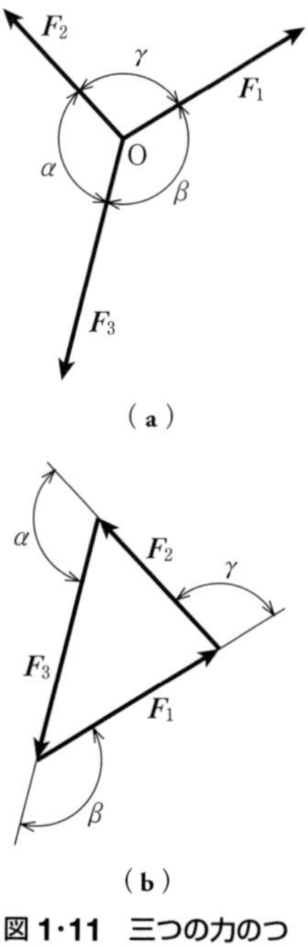

図 1·11 三つの力のつりあい

〔**例題 1·4**〕 図 **1·12**(**a**)のように，水平とそれぞれ 30°，50° の角度をなす 2 本のロープで質量 100 [kg] の機械を吊るとき，各々のロープにはいくらの張力が働

くか.

〔解〕 図(**b**)のように，O点にはロープの張力 $\boldsymbol{F}_1$，$\boldsymbol{F}_2$ と $100 \times 9.81 \fallingdotseq 980$ [N] の三つの力が働いてつりあいを保つ．したがって式(**1·10**)によって

$$\frac{F_1}{\sin 140°} = \frac{F_2}{\sin 120°} = \frac{980}{\sin 100°}$$

各々のロープには

$$F_1 = 980 \times \frac{\sin 140°}{\sin 100°} = 639.6 \quad [\mathrm{N}]$$

$$F_2 = 980 \times \frac{\sin 120°}{\sin 100°} = 861.8 \quad [\mathrm{N}]$$

の張力が働く．2本のロープ間の角度が大きくなってロープが水平に近くなると，張力は際限なく大きくなるので注意を要する．

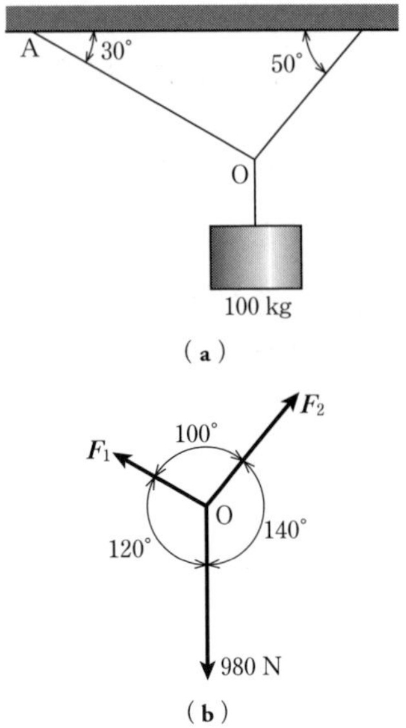

図 1·12　ロープで吊った物体

〔例題 1·5〕 **ロープのたわみ**　質量 m の物体を，図 **1·13** のように水平な二点間で張力 T で張られたロープで吊っている．二点間の距離が l のとき，ロープの中央のたわみはいくらか．このたわみを二点間の距離の 1/10 にするためには，ロープにどれだけの張力を与える必要があるか．ロープは軽くて，たわみやすいものとして計算せよ．この問題はロープウェイやスキーリフトの設計(実際の計算にはロープに働く重力や曲げ剛性などを考えに入れる必要があって，もう少し複雑である）に関連があって重要である．

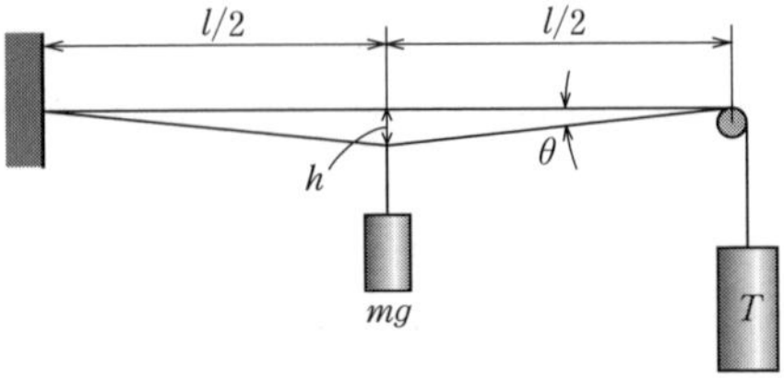

図 1·13　水平なロープで吊った物体

〔解〕 この場合の水平力のつりあいは問題にならないから，鉛直分力のつりあいだけを考えればよい．ロープが水平となす角を θ とすれば，片側の張力の鉛直分力は $T \sin\theta$ に等しいから，式(**1·9**)の第二式によって

$$2T\sin\theta - mg = 0 \quad あるいは \quad \frac{2Th}{\sqrt{(l/2)^2 + h^2}} = mg \tag{a}$$

この式から h を解いて

$$h = \frac{1}{\sqrt{(2T/mg)^2 - 1}}\frac{l}{2} \tag{b}$$

が得られる．中央のたわみが二点間の距離の1/10であるためには，式(a)で $l = 10h$ とおいて $T = (\sqrt{26}/2)mg$，すなわち，ロープには物体に働く重力の2.55倍以上の張力を与える必要がある．

1·5 力のモーメント

1. 力のモーメント

ボルトをスパナで締め付ける場合，図1·14のようにスパナに力 $\boldsymbol{F}$ を加えると，ボルトは右まわり（時計まわり）に回転する．このとき，力の大きさとボルトの中心線から力までの距離 d が大きいほど，ボルトを締め付ける働きは大きい．このように物体をある軸のまわりに回転させようとする力の働きを**力のモーメント**（moment of force）といい，その大きさは

$$M = Fd \tag{1·11}$$

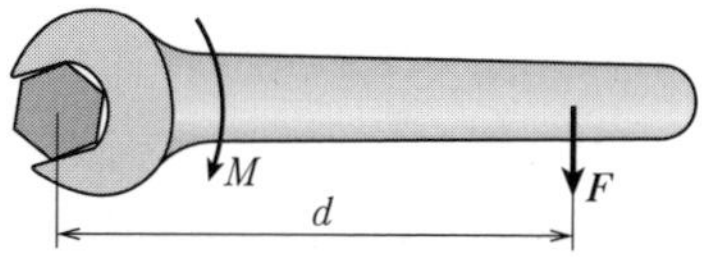

図1·14　ボルトを締め付けるスパナの働き

で与えられる．この d のことをモーメントの**腕**（arm）の長さと呼んでいる．モーメントの大きさだけでなく，物体を回転させようとする向きも同時に考えて，通常は同一の平面内に働く時計まわりのモーメントの符号を負，これと逆な反時計まわりのモーメントの符号を正にとっている．このように，力のモーメントも大きさのほかに向きをもつベクトル量で，力に[N]，腕の長さに[m]の単位を用いて，力のモーメントは[N·m]の単位で表わされる．

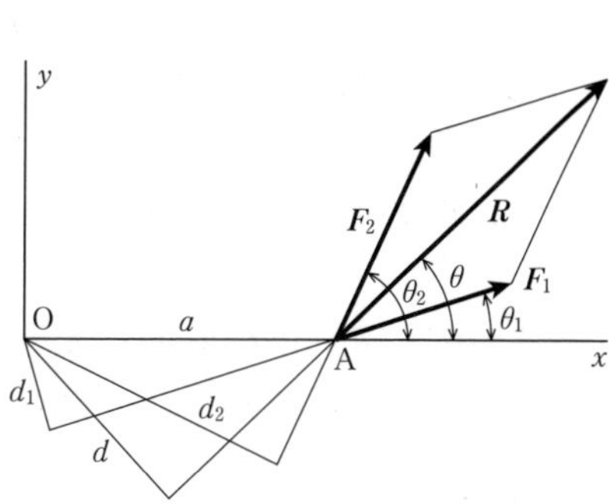

図1·15　力のモーメントの合成

2. 力のモーメントの合成

物体上の任意の点Aに働く二つの力 $\boldsymbol{F}_1$，$\boldsymbol{F}_2$ によるこれらと直角なO軸まわりの力のモーメントを考える．そのため

に，図**1·15**のようにO点を原点として，線分OAを含む直線をx軸とする直交座標系O-xyをとる．力$\boldsymbol{F}_1$，$\boldsymbol{F}_2$がx軸となす角をそれぞれθ_1，θ_2，O軸まわりの力のモーメントの腕をd_1，d_2，線分OAの長さをaとすれば

$$d_1 = a \sin \theta_1, \quad d_2 = a \sin \theta_2$$

二つの力によるモーメントの大きさはそれぞれ

$$M_1 = F_1 a \sin \theta_1, \quad M_2 = F_2 a \sin \theta_2$$

で，その和は式(**1·6**)によって

$$M_1 + M_2 = (F_1 \sin \theta_1 + F_2 \sin \theta_2) a = Ra \sin \theta$$

となる．Rは$\boldsymbol{F}_1$と$\boldsymbol{F}_2$の合力$\boldsymbol{R}$の大きさで，θはこの合力がx軸となす角を表わす．$a \sin \theta = d$は$\boldsymbol{R}$のモーメントの腕に等しいから，この式の右辺はO軸まわりの合力のモーメントを与える．すなわち

$$M_1 + M_2 = M \qquad (\mathbf{1 \cdot 12})$$

で，物体の一点に働く二つの力の，これらに直角な軸のまわりのモーメントの和は合力のモーメントに等しい．この関係はある一つの平面内の一点に多くの力が働く場合にも当てはまる．これを**バリニオン***（Varignon）**の定理**と呼んでいる．

この定理によれば，一つの力のモーメントが求めにくい場合，まずその分力のモーメントを求めておいて，あとでこれらを加え合わせてもよいことがわかる．図**1·16**のように，xy平面内の一点P(x, y)に力$\boldsymbol{F}$が働く場合，O軸まわりの力のモーメントはその分力$\boldsymbol{F_x}$，$\boldsymbol{F_y}$によるモーメントを加え合わせて

$$M = F_y x - F_x y \qquad (\mathbf{1 \cdot 13})$$

となる．この図の場合，$\boldsymbol{F_y}$によるモーメントは反時計まわりで正，$\boldsymbol{F_x}$によるモーメントは時計まわりで負の値をもつ．

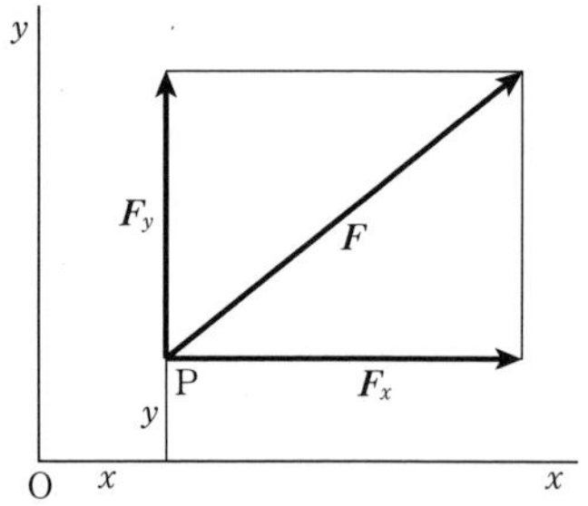

図1·16　分力によるモーメント

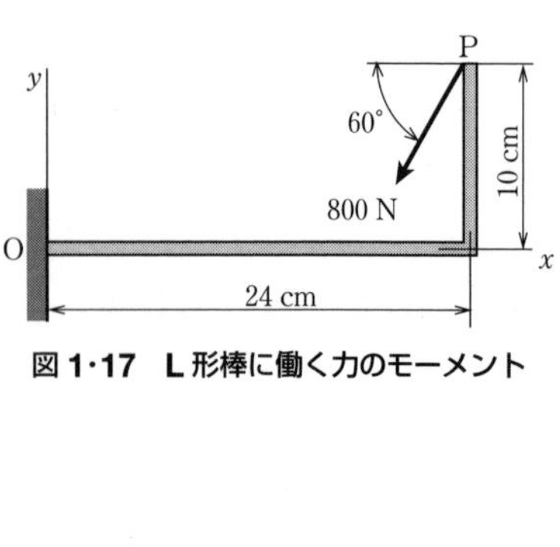

図1·17　L形棒に働く力のモーメント

〔例題1·6〕　図**1·17**のように，L形棒の先端に大きさ800［N］の力が働くとき，

*　Varignon（1654−1722）フランスの数学者．

棒の固定端のまわりにはいくらのモーメントが生じるか．

〔**解**〕 図のように座標軸をとれば，着力点 P の座標は (24, 10)［cm］，分力の大きさは $F_x = 800\cos 240° = -400$［N］，$F_y = 800\sin 240° = -692.8$［N］であるから，式(**1·13**)によって

$$M = (-692.8) \times 24 - (-400) \times 10$$
$$= -12627.2\ [\mathrm{N \cdot cm}] = -126.3\ [\mathrm{N \cdot m}]$$

となり，時計まわりのモーメントを生じる．

3. 偶力とモーメント

大きさが等しく，向きが反対な二つの平行力を**偶力**（couple）という．図 **1·18** に示す一組の偶力が働く平面に垂直な O 軸のまわりのモーメントは

$$M = F \cdot \overline{\mathrm{OA}} - F \cdot \overline{\mathrm{OB}} = F \cdot \overline{\mathrm{BA}} = Fd \tag{1·14}$$

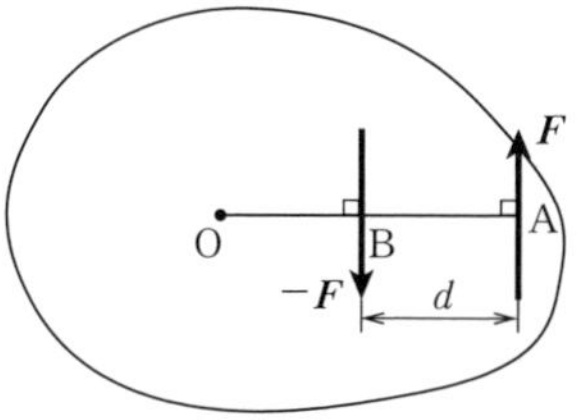

図 1·18　偶力とモーメント

で与えられる．d は二つの力の間の距離で，**偶力の腕**（arm of couple）と呼ばれている．偶力のモーメント M の大きさは平行力の大きさと腕の長さだけで決まり，軸の位置には関係しない．偶力のモーメントも物体を反時計方向に回転させるときを正と定めている．

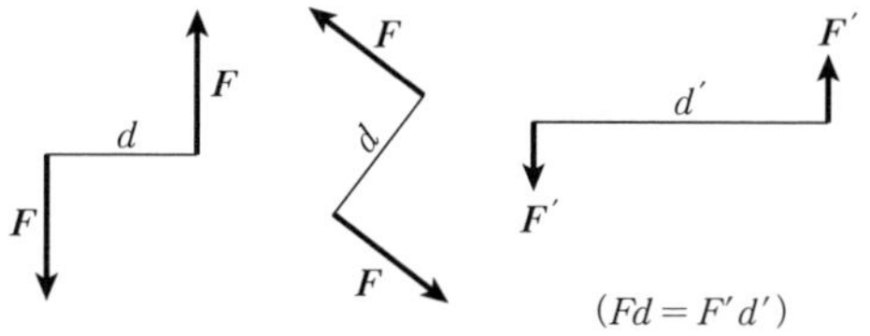

図 1·19　偶力の作用

偶力は物体を回転させる作用をもつだけで，物体を移動させる働きはもっていない．二つの平行力の大きさが変わっても，力と腕の長さの積が一定である限り，偶力の作用は等しいばかりでなく，図 **1·19** のように力の平面内で任意に平行移動や回転をさせても，また図 **1·20** のように一つの平面内だけでなく，これと平行な他の平面に移してもその働きは変わらない．

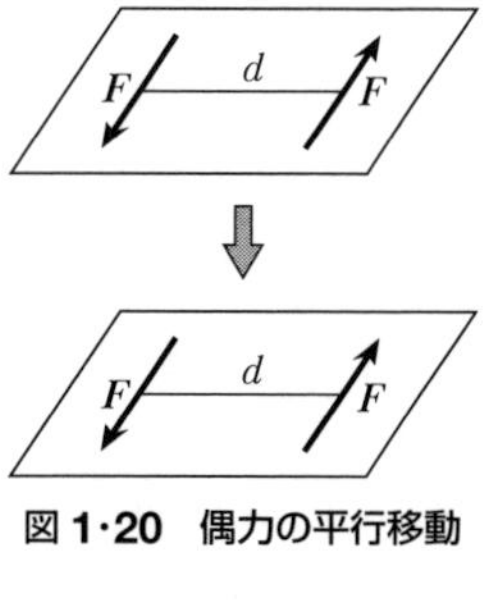

図 1·20　偶力の平行移動

4. 力の移動と変換

ボルトをスパナで締め付ける場合の力の働きをもう一度考えてみよう．図 **1·21**

(b)のように，回転軸であるボルトの中心線Oに，スパナ上のA点に加える力$\boldsymbol{F}$と平行で，向きが反対な二つの力$\boldsymbol{F}$，$-\boldsymbol{F}$を加えてみる．この一組の合力はゼロで，スパナにはA点に働く$\boldsymbol{F}$以外の力を加えたことにはならない．この場合，A点に働く力$\boldsymbol{F}$とO軸に働く力$-\boldsymbol{F}$によって大きさFdのモーメントが生じるから，A点に力$\boldsymbol{F}$を加えた結果，図(c)のようにボルトには力$\boldsymbol{F}$と大きさFdのモーメントを加えたのと同じ効果を生じる．

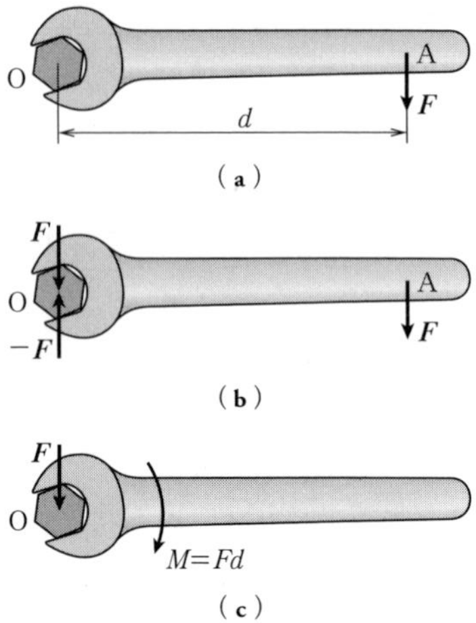

図 1·21　ボルトを締め付けるスパナの働き

このように力$\boldsymbol{F}$をdだけ平行移動する場合，物体に及ぼす作用を変えないためには，この力のほかに大きさFdのモーメントを加えればよく，またこれとは逆に力とモーメントを合成して一つの力で置き換えることも可能である．こういった力の移動と変換とは力学の問題を解くためにしばしば用いられることである．

〔例題 1·7〕　2隻のタグボート (tugboat) が桟橋付近で大型船を図 **1·22** に示す方向に押している．タグボートの押す力がいずれも25 [kN] であったとすれば

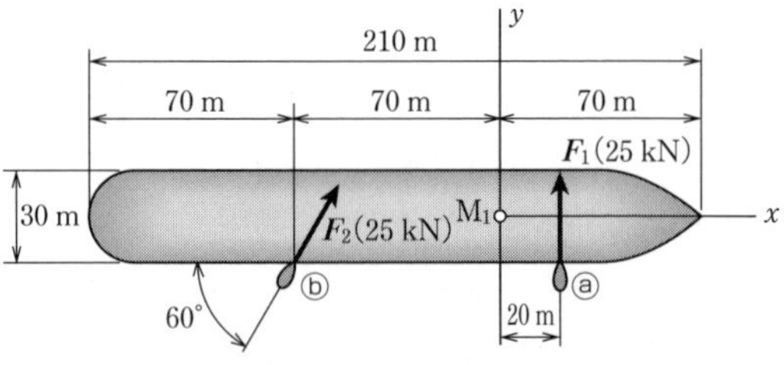

図 1·22　タグボートに押される大型船

①　前方マストの位置でどれだけの力とモーメントが働くか．

②　いっそう力がある1隻のタグボートでこの2隻の船ⓐ, ⓑが押すのと同じ作用をさせるためには，船体のどの位置をどれだけの力で押せばよいか．

〔解〕　図のようにマストの位置M_1を原点にとり，船首の方向にx軸，船体の横方向にy軸をとる．2隻のタグボートが押す力$\boldsymbol{F}_1$, $\boldsymbol{F}_2$をこの二つの方向の力に分解すると，その大きさは

$$F_{1x}=0,\quad F_{1y}=25\quad [\mathrm{kN}]$$

$$F_{2x}=25\cos 60^\circ=12.5\ [\mathrm{kN}],\quad F_{2y}=25\sin 60^\circ=21.7\ [\mathrm{kN}]$$

に等しい．

①　マスト M_1 の位置では，これらの各分力をこの位置まで平行移動したときの合力に等しい

$$R=\sqrt{12.5^2+(25+21.7)^2}=48.3\ [\mathrm{kN}]$$

の大きさの力が，船首に対して

$$\theta=\tan^{-1}\frac{25+21.7}{12.5}=75^\circ$$

の方向に働く．これらの各分力の M_1 点まわりの偶力のモーメントを加え合わせることによって，マストのまわりには

$$M=25\times 20+12.5\times\frac{30}{2}-21.7\times 70=-831.5\ [\mathrm{kN\cdot m}]$$

の右まわりのモーメントが働く．

②　ただ1隻のタグボートが押す働きがこれと同等であるためには，その力と M_1 点まわりのモーメントが①で求めた合力とモーメントの値に等しくなければならない．大型船の右舷において1隻のボートが押すべき位置がマストの位置から船首の方向に l の距離にあるものとして

$$48.3\sin 75^\circ\times l-48.3\cos 75^\circ\times\left(-\frac{30}{2}\right)=-831.5\ [\mathrm{kN\cdot m}]$$

これより $l=-21.8$ [m]，すなわち，マストの 21.8 [m] 後方で，船首に対して 75° の角度で船体を押せばよいこととなる．

1・6　着力点が異なる力の合成とつりあい

1.　一点に集まる力の合成

図 **1・23** のように，物体の二点 A，B に一つの平面内にある力 $\boldsymbol{F}_1$ と $\boldsymbol{F}_2$ が働く場合を考える．力はその大きさを変えない限り，一定の作用線上をどこへ移動しても物体に与える作用に変わりはないので，$\boldsymbol{F}_1$ と $\boldsymbol{F}_2$ とをそれらの作用線の交点 O へ移し，

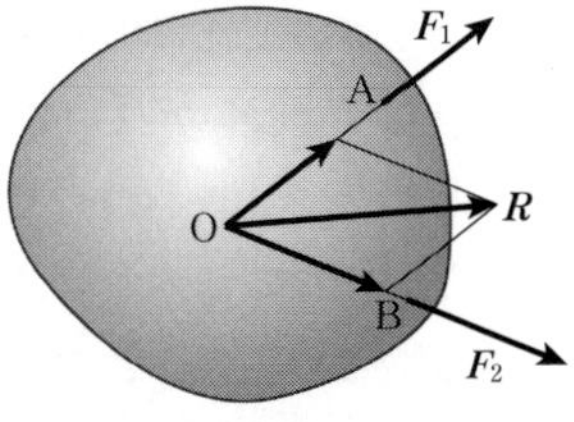

図 1・23　一点に集まる力の合成

この点で二つの力を合成することによってその合力を求めることができる.

2. 平行な力の合成

二点A, Bに働く力 $\boldsymbol{F}_1$, $\boldsymbol{F}_2$ が平行な場合は作用線の交点が求まらない. このときは, 図**1·24**のように, A, B点にそれぞれ大きさが等しく向きが反対な一組の力 $-\boldsymbol{F}$, $\boldsymbol{F}$ を作用させると, これらの点における合力 $\boldsymbol{R}_1$, $\boldsymbol{R}_2$ はもはや平行ではなくて, その作用線はある交点Oをもつ. この一組の力 $-\boldsymbol{F}$ と $\boldsymbol{F}$ の合力はゼロで, 物体に特別な力を加えたことにはならなくて, O点で $\boldsymbol{R}_1$ と $\boldsymbol{R}_2$ を合成した力 $\boldsymbol{R}$ はもとの二つの力 $\boldsymbol{F}_1$, $\boldsymbol{F}_2$ の合力に等しい. そしてこの図から合力 $\boldsymbol{R}$ は $\boldsymbol{F}_1$ と $\boldsymbol{F}_2$ に平行で, その大きさは二つの力の大きさを単純に加えたものに等しいことがわかる. すなわち

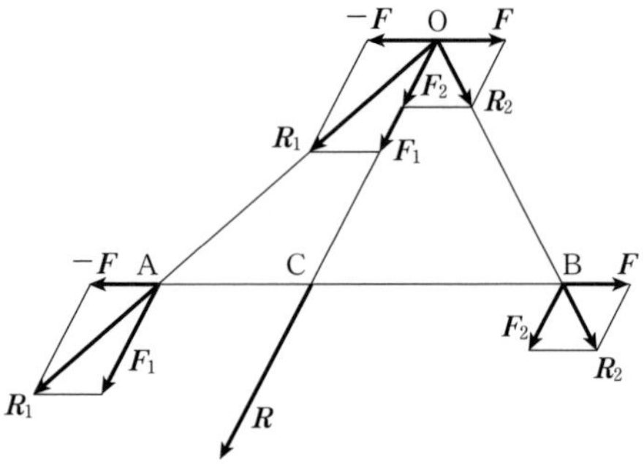

図 1·24 平行力の合成

$$R = F_1 + F_2 \tag{1·15}$$

また合力 $\boldsymbol{R}$ はその作用線上を線分AB上の点Cまで移動することができる. この場合, 三角形の相似法則によって

$$\frac{\overline{\mathrm{AC}}}{\overline{\mathrm{OC}}} = \frac{F}{F_1}, \qquad \frac{\overline{\mathrm{BC}}}{\overline{\mathrm{OC}}} = \frac{F}{F_2}$$

これより

$$\frac{\overline{\mathrm{AC}}}{\overline{\mathrm{BC}}} = \frac{F/F_1}{F/F_2} = \frac{F_2}{F_1} \tag{1·16}$$

となり, C点は線分ABを二つの力の大きさの逆比に内分する.

平行な $\boldsymbol{F}_1$, $\boldsymbol{F}_2$ が互いに反対な向きをもつときも, 図**1·25**のように上記と同様な方法で合成することができる. この場合, 合力の大きさは二つの力の大きさの差に等しく, そ

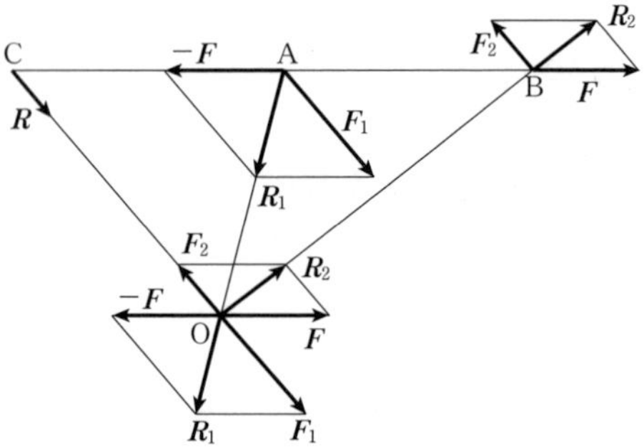

図 1·25 反対の向きをもつ平行力の合成

の作用線は線分 AB を力の大きさの逆比に外分する点 C を通る．

図 **1·26** のように，任意の点 O に対する平行力 $\boldsymbol{F}_1$，$\boldsymbol{F}_2$ とその合力 $\boldsymbol{R}$ の腕の長さをそれぞれ d_1，d_2 および d とすれば，式(**1·16**)によって

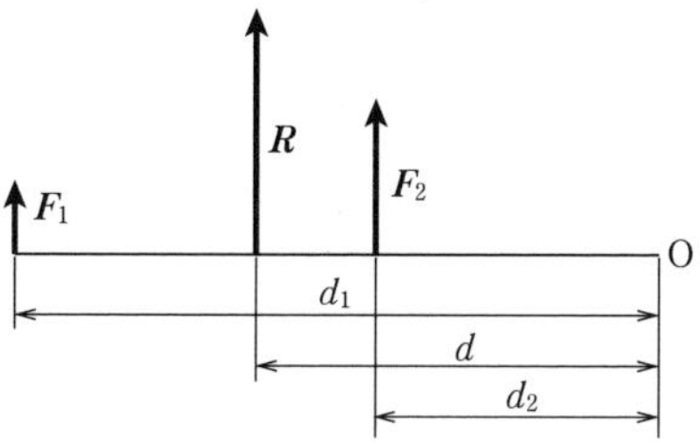

図 1·26　平行力のモーメント

$$\frac{d_1-d}{d-d_2}=\frac{F_2}{F_1} \qquad (1\cdot 17)$$

の関係がある．この式を整理した上で，式(**1·15**)を用いると

$$F_1d_1+F_2d_2=(F_1+F_2)d=Rd \qquad (1\cdot 18)$$

となる．この式の左辺は力 $\boldsymbol{F}_1$ と $\boldsymbol{F}_2$ の O 点まわりのモーメントの和を表わし，右辺は合力 $\boldsymbol{R}$ のモーメントを表わす．前節で述べたバリニオンの定理は平行力の場合にも当てはまることがわかる．

3.　多くの力の合成（作図による方法）

図 **1·27**(**a**)のように，一つの物体に同一平面上にあって着力点が異なる四つの力 $\boldsymbol{F}_1$，$\boldsymbol{F}_2$，$\boldsymbol{F}_3$，$\boldsymbol{F}_4$ が働く場合を考えてみよう．まず図(**b**)のようにこれらの四つの力でつくられる多角形 $P_0P_1P_2P_3P_4$ を描けば，辺 P_0P_4 がその合力の大きさと方向を与える．このようにしてできる力の多角形を**示力図**（force diagram）と呼んでいる．

合力の作用線を求めるためには，まずこれらの力と同じ平面内にある任意の一点 O を選び，この点と多形角の各頂点とを結ぶ．ついで図(**a**)のように，力 $\boldsymbol{F}_1$ 上の任意の点 Q_1 から OP_1 に平行な直線 Q_1Q_2 を引き，$\boldsymbol{F}_2$ の作用線との交点を Q_2 とする．次に点 Q_2 から OP_2 に平行な直線 Q_2Q_3 を引いて $\boldsymbol{F}_3$ との交点 Q_3 を求め，さらに同じ手順で $\boldsymbol{F}_4$ 上に点 Q_4 を求める．こうして求

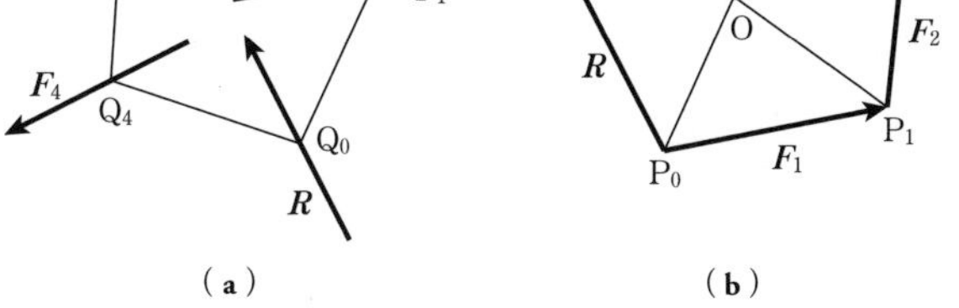

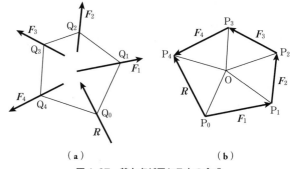

図 1·27　着力点が異なる力の合成

めた二つの点 Q_1 と Q_4 からそれぞれ OP_0 と OP_4 に平行な 2 本の直線 Q_1Q_0, Q_4Q_0 を引いてその交点 Q_0 を求めれば，この点が合力 $\boldsymbol{R}$ の作用線上の点となる．その理由は次のように説明できる．すなわち，図 **1·27**(**b**)にみるように，力 $\boldsymbol{F}_1$, $\boldsymbol{F}_2$, $\boldsymbol{F}_3$, $\boldsymbol{F}_4$ はそれぞれ $\overrightarrow{P_0O}$ と $\overrightarrow{OP_1}(\boldsymbol{F}_1)$, $\overrightarrow{P_1O}$ と $\overrightarrow{OP_2}(\boldsymbol{F}_2)$, $\overrightarrow{P_2O}$ と $\overrightarrow{OP_3}(\boldsymbol{F}_3)$, $\overrightarrow{P_3O}$ と $\overrightarrow{OP_4}(\boldsymbol{F}_4)$ といった分力を合成することによって得られ，全体の合力 $\boldsymbol{R}$ はこれらの分力のすべてを合成して得られる．しかしこれらの分力のうち $\overrightarrow{OP_1}$ と $\overrightarrow{P_1O}$ のように大きさが等しく，向きが反対な力の和はすべてゼロとなるから，結局 $\boldsymbol{R}$ は単に力 $\overrightarrow{P_0O}$ と $\overrightarrow{OP_4}$ を合成して得られるものと等しい．したがって，これら二つの力 $\overrightarrow{P_0O}$, $\overrightarrow{OP_4}$ に平行な直線 Q_0Q_1 と Q_0Q_4 の交点 Q_0 はすべての力の合力の作用線上の点となる．このように点 Q_0, Q_1, Q_2, Q_3, Q_4 を結んでできる多角形を**連力図**(funicular diagram) といい，その各辺を**索線** (string) と呼んでいる．

四つの力がすべて平行なときは，示力図は図 **1·28**(**b**)のように各々の力をすべて連ねた直線となる．この場合は，図(**a**)のように力 $\boldsymbol{F}_1$ 上に任意にとった点 Q_1 から示力図(**b**)に描かれた線分 OP_1, OP_2, …に平行な索線を順次引くことによって連力図(**a**)が描かれる．その結果，得られた合力 $\boldsymbol{R}$ は点 Q_0 を通り，四つの力の和に等しい大きさをもち，これらと平行な力である．

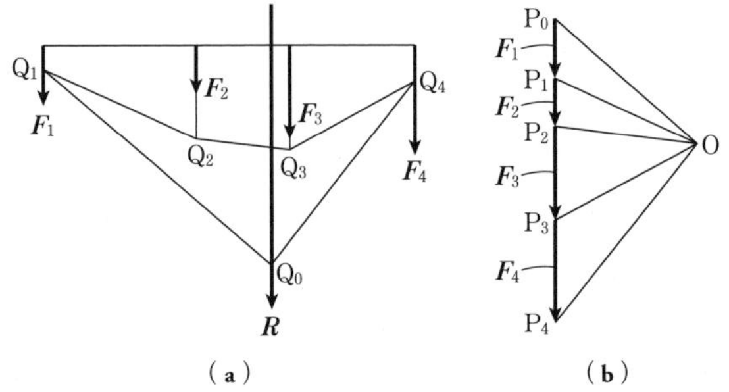

図 1·28　平行な力の合成

4.　多くの力の合成 (計算による方法)

力と同じ平面内に直交座標系 O-xy をとり，力 $\boldsymbol{F}_i$ の着力点を $P_i(x_i,\ y_i)$，この力が x 軸となす角を θ_i で表わす．前節で述べたように，物体に働く力 $\boldsymbol{F}_i$ の効果は，原点 O において x, y 軸方向に働く力 $F_i \cos\theta_i$, $F_i \sin\theta_i$ と，大きさ $M_i = (F_i \sin\theta_i)x_i - (F_i \cos\theta_i)y_i$ のモーメントに置き換えることができる．同じ平面内にいくつかの力が作用する場合は，これらを合成して，原点 O に大きさが

$$R = \sqrt{\left(\sum_i F_i \cos\theta_i\right)^2 + \left(\sum_i F_i \sin\theta_i\right)^2} \tag{1·19}$$

に等しく，x 軸と

$$\tan\theta = \frac{\sum_i F_i \sin\theta_i}{\sum_i F_i \cos\theta_i} \tag{1·20}$$

から求められる角 θ をなす合力と，原点まわりの大きさ

$$M = Rr = \sum_i F_i (x_i \sin\theta_i - y_i \cos\theta_i) \tag{1·21}$$

のモーメントに置き換えられる．式(**1·21**)の r は，合力の腕の長さで，その値を知れば合力の作用線が求められる．

〔**例題 1·8**〕 図 **1·29** に示す長方形の四隅に働く力の合力を計算によって求めよ．

〔**解**〕 図のように，長方形の一つの頂点を原点とする直交座標系 O-xy をとる．この問題の計算を表にして整理すれば表 **1·4** のようになる．

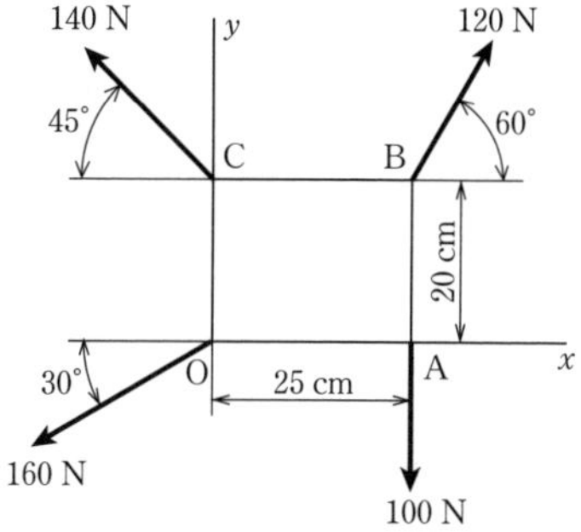

図 1·29　長方形の四隅に働く力

合力の大きさは式(**1·19**)によって

$$R = \sqrt{(-178)^2 + 23^2}$$
$$= 179.5 \ [\mathrm{N}]$$

となり，式(**1·20**)によりその方向は x 軸と

$$\theta = \tan^{-1}\left(\frac{23}{-178}\right) = 172.6°$$

の角をなす．この場合の原点まわりのモーメントの大きさは $M = 8.8$ [N·m]，式(**1·21**)により腕の長さは $r = 880/179.5 = 4.9$ [cm] である．

表 1·4

i	F_i	θ_i	$F_i \cos\theta_i$	$F_i \sin\theta_i$	x_i	y_i	$F_i x_i \sin\theta_i - F_i y_i \cos\theta_i$
1 (O)	160[N]	210°	−139[N]	−80[N]	0 [cm]	0[cm]	0[N·m]
2 (A)	100	270°	0	−100	25	0	−25.0
3 (B)	120	60°	60	104	25	20	14.0
4 (C)	140	135°	−99	99	0	20	19.8
合　計			−178[N]	23[N]	—		8.8[N·m]

5. 着力点が異なる力のつりあい

上記において，物体に働く一つの力は任意の位置まで平行移動して，これを力と偶力に置き換え得ることを説明した．したがって，一点に働くいくつかの力がつりあうためには，単に合力がゼロであればよかったのが，着力点が異なる場合には，その合力がゼロでも，偶力の和がゼロでないとなお回転作用が残ることとなる．すべての力が完全につりあうためには，その合力と偶力のすべてがゼロとなる必要があり

$$\left.\begin{aligned}&\sum_i F_i\cos\theta_i=0,\qquad \sum_i F_i\sin\theta_i=0\\&\sum_i F_i(x_i\sin\theta_i-y_i\cos\theta_i)=0\end{aligned}\right\}\qquad(1\cdot22)$$

が成り立たなければならない．こうして着力点が異なる二つの力がつりあうのは，大きさが等しく向きが逆で，かつその作用線が一致するときであり，また平行でない三つの力がつりあうのは，その合力がゼロであるだけでなく，これらの力の作用線が一点で交わるときに限られることがわかる．

1·7 支点と反力

1. 反力

二つの物体が接触しているとき，一方の物体 A が他方の物体 B を押すと，作用・反作用の法則（ニュートンの第三法則）によって，接触面において A は B から同じ力で押し返される．この反作用による力を**反力**（reaction force）と呼んでいる．接触面が完全になめらかで摩擦がないときは，反力の方向は接触面に垂直となる．

現実には完全になめらかな接触面というものはなく，多少なりとも摩擦があるので，ある程度は斜めの力が働くが，簡単のため，この節では摩擦を無視したなめらかな接触面に働く反力について考える．摩擦の問題はあらためてのちの章で取り扱う．

〔**例題 1·9**〕 質量 25［kg］の球を，図 **1·30** のように綱で鉛直な壁面にもたせて吊っている．壁面がなめらかで綱と壁の間の角が 30° であったとすれば，壁の反力と綱の張力の大きさはそれぞれいくらか．

〔**解**〕 球に働く重力，壁の反力 N および綱の張力 T はすべて球の中心 O に集まる

から，式(**1·10**)によって

$$\frac{25\times 9.81}{\sin 120^\circ}=\frac{N}{\sin 150^\circ}$$

$$=\frac{T}{\sin 90^\circ}$$

が成り立つ．これより $N=141.6$ [N]，$T=283.2$ [N] が得られる．

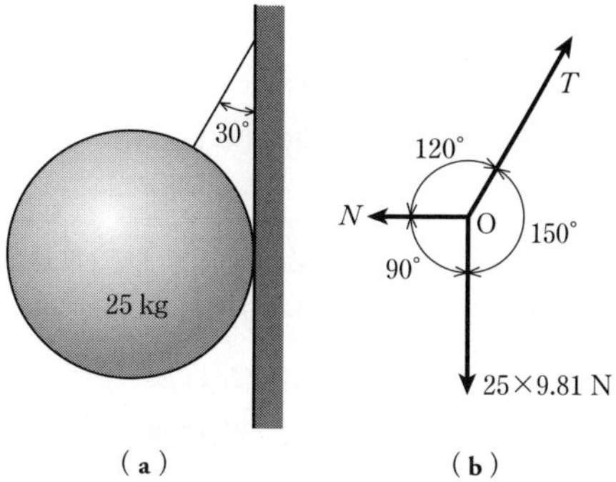

図 1·30　壁面に接して吊られた球

〔**例題 1·10**〕　直径 30 [cm]，質量 40 [kg] および直径 20 [cm]，質量 25 [kg] の二つのなめらかな円柱を，図 **1·31** のように内幅 48 [cm] の容器の中に入れた．このとき各接触面（線）に働く力はいくらか．

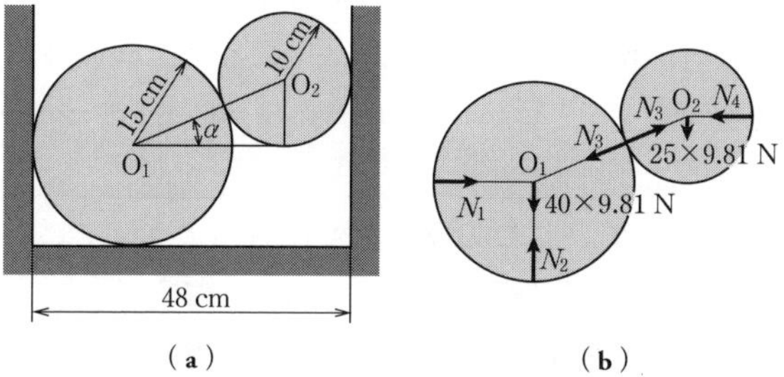

図 1·31　容器に入れた二つの円柱

〔**解**〕　図(**b**)のように，各接触面に働く反力をそれぞれ N_1，N_2，N_3，N_4，二つの円柱の中心を結ぶ直線が水平となす角を α とすれば，各円柱に働く力のつりあいより

$$N_1-N_3\cos\alpha=0,\quad N_2-N_3\sin\alpha-40\times 9.81=0$$

$$N_3\cos\alpha-N_4=0,\quad N_3\sin\alpha-25\times 9.81=0$$

が得られる．この場合，$\cos\alpha=(48-15-10)/(15+10)=0.92$ で，$\alpha=23^\circ$ である．上の式を逐次解くことによって，各々の圧力の大きさ

$$N_1=N_4=640\times\ \cos 23^\circ=589.1\quad [\mathrm{N}]$$

$$N_2=245+390=635\quad [\mathrm{N}]$$

$$N_3=\frac{245}{\sin 23^\circ}=627.0\quad [\mathrm{N}]$$

が求められる．

2. 支点の反力

物体を支え，その運動を拘束する支点には，ふつう図**1･32**に示す三つの種類がある．図(**a**)のように，一定の方向への移動が可能な支点を移動支点といい，この場合の反力$\boldsymbol{R}$は支点の移動方向と垂直な方向に働く．ローラで案内された支点や，なめらかな平面上をすべる棒の端の動きがこれに当たる．図(**b**)のように回転だけが自由なものを回転支点といい，回転の中心を通る斜めの反力$\boldsymbol{R}'$が働く．なめらかなピンで支えられたときや，棒の端が粗い面の上に置かれた場合がこれに当たる．また，図(**c**)のように移動も回転もできない支点を固定支点といい，反力$\boldsymbol{R}''$のほかにモーメントの反作用Mも生じる．

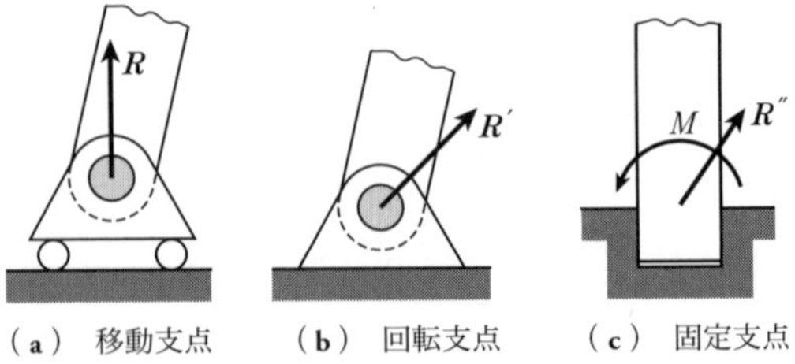

図 1･32　支点と反力

〔**例題 1･11**〕 **はりの反力**　図**1･33**のように，両端が支持された軽いはりに大きさ800［N］と1200［N］の二つの力が働いている．はりに働く重力が無視できるものとして，両支点に働く反力を計算せよ．

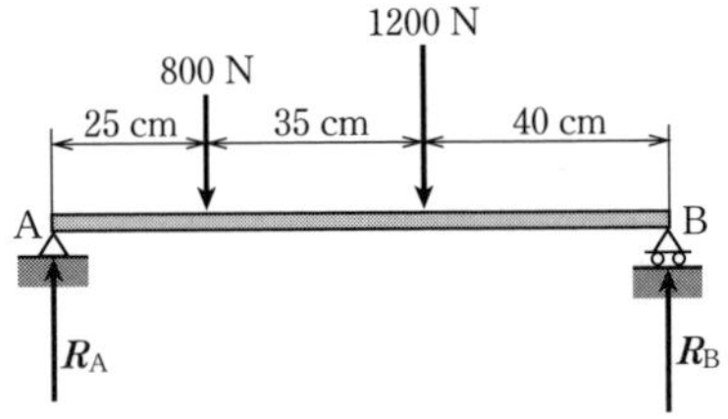

図 1･33　はりの反力

〔**解**〕　両端A，Bにおける反力の大きさをそれぞれR_A，R_Bとすれば，鉛直方向の力のつりあいと，A点まわりのモーメントのつりあいより

$$R_A + R_B = 800 + 1200, \quad 100R_B = 800 \times 25 + 1200 \times 60$$

が成り立つ．この式を解いて両支点の反力$R_A = 1080$［N］，$R_B = 920$［N］が得られる．

〔**例題 1･12**〕 **クレーンのブーム**　図**1･34**のように，一端Aが回転支持された長さl，重力Wの一様な太さのブームの他端Bを，高さhの位置にあるプーリCを介してロープで巻き揚げ

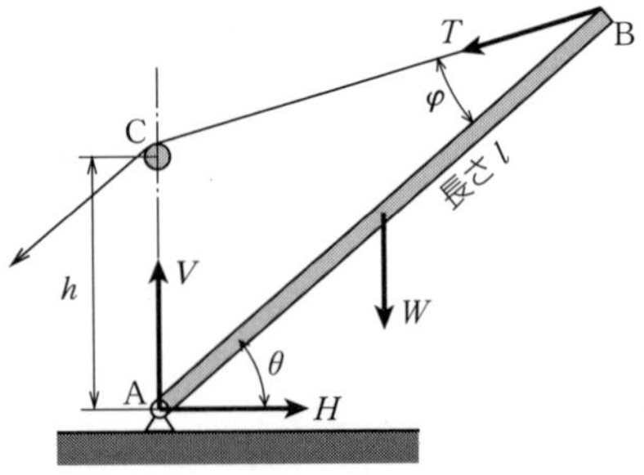

図 1･34　ブーム支点の反力とロープの張力

る．ブームの仰角（水平となす角）θ が変化するにつれて，ロープの張力，ブーム支点の反力はどのように変わるか．

〔**解**〕 ブームの支点 A における反力の水平と鉛直方向の成分をそれぞれ H, V とし，ロープの張力を T とする．ロープとブーム間の角を φ とすれば，図より明らかなように，ロープの仰角は $\theta-\varphi$ となるから，ブームに働く力のつりあいより

$$H=T\cos(\theta-\varphi),\quad V=T\sin(\theta-\varphi)+W \tag{a}$$

ロープの張力による支点まわりのモーメントの腕の長さは $l\sin\varphi$ に等しいから，この点のまわりのモーメントのつりあいより

$$Tl\sin\varphi=W\frac{l}{2}\cos\theta \tag{b}$$

が得られる．この場合，角 θ と φ の間には三角形の正弦法則によって

$$\frac{h}{\sin\varphi}=\frac{l}{\sin(90^\circ+\theta-\varphi)}=\frac{l}{\cos(\theta-\varphi)}$$

の関係があるから，この式の $\cos(\theta-\varphi)$ を展開したのち整理することによって

$$(l-h\sin\theta)\tan\varphi=h\cos\theta$$

が得られる．これより

$$\sin\varphi=\frac{\tan\varphi}{\sqrt{1+\tan^2\varphi}}=\frac{h\cos\theta}{\sqrt{(l-h\sin\theta)^2+(h\cos\theta)^2}}$$

$$=\frac{h\cos\theta}{\sqrt{l^2+h^2-2lh\sin\theta}} \tag{c}$$

で，式(**b**)によってロープの張力は

$$T=W\frac{\cos\theta}{2\sin\varphi}=W\frac{1}{2h}\sqrt{l^2+h^2-2lh\sin\theta} \tag{d}$$

となる．式(**a**)，(**c**)，(**d**)を用いていくらか計算することにより，支点反力

$$R=\sqrt{H^2+V^2}=\sqrt{T^2+W^2+2TW\sin(\theta-\varphi)}$$

$$=W\frac{1}{2h}\sqrt{l^2+h^2+2lh\sin\theta} \tag{e}$$

が得られる．式(**d**)と(**e**)より，ブームの仰角が大きくなるにつれて，ロープの張力が減少するのに対し，逆にブーム支点の反力は増加することがわかる．

1·8 トラス

鉄塔，クレーン，橋りょうなどの構造は，いくつかの**部材**（member）を組み立ててつくられている．このような構造物を**骨組構造**（framework）という．そしてその部材がすべて両端で他の部材とピンによって結合されている骨組構造を**トラス**（truss）といい，各結合点を**節点**（joint）と呼んでいる．

なめらかなピン結合は回転に対して抵抗がないので，部材が節点に及ぼす力はピンの中心のまわりにモーメントをもち得ないで，部材が節点に及ぼす力も，逆に部材が節点から受ける反力もともにピンの中心を通る．部材の両端はピンで結合されているので，部材に外力が働かなければ各部材が両端の節点から受ける力はつりあわなければならない．そしてこのためには，この二つの力はピンの中心と中心とを結ぶ作用線をもち，互いに大きさが等しく，方向が反対な力でなければならない．

こうして直接外力を受けない部材には，引張力か圧縮力のいずれかが働くことになる．引張力を受ける部材を**引張材**（tension member），圧縮力を受ける部材を**圧縮材**（compression member）と呼んでいる．ここでは部材の自重を考えに入れていないが，ふつう部材間に働く力に比べて自重が小さくて省略できる場合が多いからである．

結合点がピンではなくて，角度の変化を許さないようにかたく接合された構造を**ラーメン**（Rahmen）と呼んでいる．ラーメンでは，力のほかモーメントも部材の結合部を通じて伝達される．

トラスの各部材に働く力を求めるためには，ふつう次の二つの方法が用いられる．

1. 節点法

これはまずトラスに働く外力や反力を求め，ついで各節点ごとに力のつりあい条件を考えて，各々の部材に働く力を求める方法である．部材に引張力や圧縮力が作用すると，その内部に大きさが等しくて向きが反対な**内力**（internal force）が働くが，一つの節点において部材に三つ以上の未知の内力が働くときは，この方法では解くことができない．この場合は，未知内力が二つ以内の部材をもつ解法が可能な節点から解きはじめて，部材に働く力を順次決定してゆけばよい．各節点における力のつりあい式において，部材に働く力の向きがわからないときは，ひとまず部材が引張力を受けているものと仮定し，解いて得た値の符号をみて判定すればよい．この値が正の量であれば引張力で，負の量のときは圧縮力である．次に簡単な例題について計算してみよう．

〔例題 1·13〕 図 **1·35** に示す二つの節点 B，C で支えられたトラスの節点 D に 5.0［kN］の荷重が働くとき，各部材にはいくらの内力が生じるか．

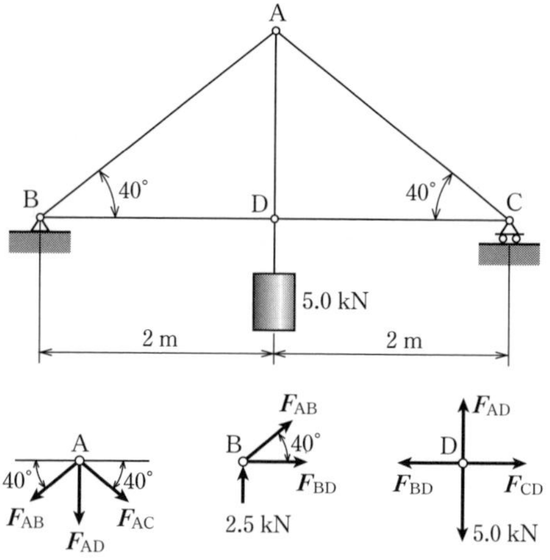

図 1·35　中央に荷重を吊ったトラス

〔解〕 このトラスの支点にはそれぞれ 2.5［kN］の鉛直反力が働き，対称な左右の部材には等しい内力が生じる．まず B 点における支点反力と部材 AB，BD に働く内力のつりあいより

$$F_{AB}\cos 40^\circ + F_{BD} = 0,$$

$$F_{AB}\sin 40^\circ + 2.5 = 0$$

そしてこの式を解いて

$$F_{AB} = -2.5/\sin 40^\circ = -3.9 \text{［kN］}, \quad F_{BD} = 3.9\cos 40^\circ = 3.0 \text{［kN］}$$

が得られる．次に D 点における鉛直方向の力のつりあいより $F_{AD} = 5.0$［kN］が求められる．こうして部材 AB と AC には 3.9［kN］の圧縮力，部材 BD と CD には 3.0［kN］の引張力，部材 AD には荷重と等しい 5.0［kN］の引張力が働くことになる．

以上の計算からわかるように，トラスの重量を考えに入れない限り，支点反力や各部材に働く内力に対して部材の長さは関係しない．

〔例題 1·14〕 図 **1·36(a)** に示すトラスの節点 E に 6.00［kN］の荷重が作用するとき，両支点に働く反力と各部材に働く内力を求めよ．

〔解〕 まず支点反力と荷重のつりあいと支点 A のまわりのモーメントのつりあい式

$$R_A + R_B = 6.00, \quad R_B \times 3 = 6.00 \times 1$$

より支点の鉛直反力 $R_A = 4.00$［kN］，$R_B = 2.00$［kN］が求められる．次にトラ

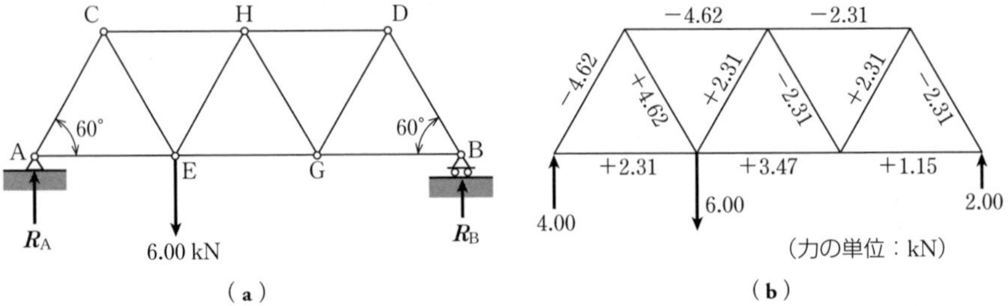

図 1·36　両端で支持されたトラス

表 1·5

節点	水平分力	鉛直分力
A	$F_{AC}\cos 60^\circ + F_{AE} = 0$	$F_{AC}\sin 60^\circ + 4.00 = 0$
B	$-F_{BD}\cos 60^\circ - F_{BG} = 0$	$F_{BD}\sin 60^\circ + 2.00 = 0$
C	$-F_{AC}\cos 60^\circ + F_{CE}\cos 60^\circ + F_{CH} = 0$	$-F_{AC}\sin 60^\circ - F_{CE}\sin 60^\circ = 0$
D	$F_{BD}\cos 60^\circ - F_{DG}\cos 60^\circ - F_{DH} = 0$	$-F_{BD}\sin 60^\circ - F_{DG}\sin 60^\circ = 0$
E	$-F_{AE} - F_{CE}\cos 60^\circ + F_{EG} + F_{EH}\cos 60^\circ = 0$	$F_{CE}\sin 60^\circ + F_{EH}\sin 60^\circ - 6.00 = 0$
G	$F_{BG} + F_{DG}\cos 60^\circ - F_{EG} - F_{GH}\cos 60^\circ = 0$	$F_{DG}\sin 60^\circ + F_{GH}\sin 60^\circ = 0$
H	$-F_{CH} + F_{DH} - F_{EH}\cos 60^\circ + F_{GH}\cos 60^\circ = 0$	$-F_{EH}\sin 60^\circ - F_{GH}\sin 60^\circ = 0$

スの各節点に働く外力と部材内力のつりあいの条件によって表 **1·5** が得られる．この表の中の未知力を順次解いてゆくことによって各部材の内力が容易に計算できて，図 **1·36**(**b**)に記載した結果が得られる．

2.　切断法

節点法によれば，トラスを構成する部材に働く力を求めるためには，解き得る節点から順に解いてゆかなければならない．これに対して，ある部材の内力を直接求めたい場合に切断法が用いられる．この方法は求めようとする部材を通る仮想の切断面を考え，この仮想面に働く部材の内力を，外力と同様に考えて力のつりあい式から求めることにある．切断面は未知力の数が三つ以内になるように選ばなければならない．

〔**例題 1·15**〕　図 **1·37** に示す片持式のトラスの先端に 6.0 [kN] の荷重が働くとき，回転支点 I と移動支点 J，および基部の部材 GI，HI，HJ，IJ にいくらの力が働くか．

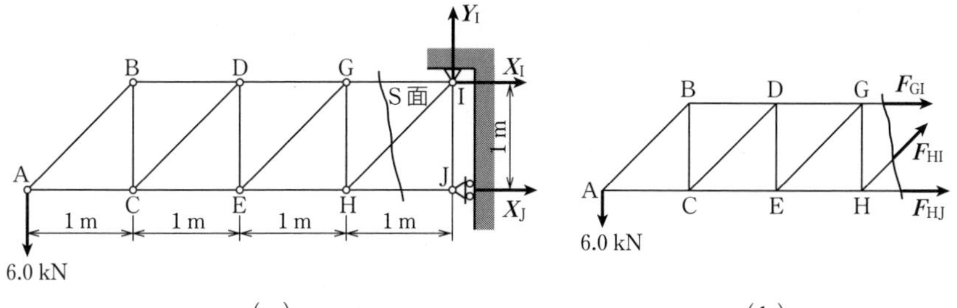

図 1·37　片持式トラス

〔**解**〕 移動支点Jには水平反力 X_J のみが作用するが，回転支点Iには水平と鉛直方向の反力 X_I，Y_I が作用する．まずトラスに働く荷重と支点反力のつりあいによって $X_I = -X_J$，$Y_I = 6.0$ [kN]，J点まわりのモーメントのつりあいによって $X_I = 6.0 \times 4 = 24.0$ [kN] が得られる．次に図のS面で三つの部材を切断したものと考えれば，この切断面から先端までのトラスに働く外力と各部材に生じる内力のつりあいから

$$F_{GI} + F_{HJ} + F_{HI} \cos 45^\circ = 0, \quad F_{HI} \sin 45^\circ - 6.0 = 0$$

H点まわりの力のモーメントのつりあいから

$$F_{GI} \times 1 - 6.0 \times 3 = 0$$

が得られる．そしてこの三つの式から $F_{GI} = 18.0$ [kN]，$F_{HI} = 8.5$ [kN]，$F_{HJ} = -24.0$ [kN] が決定する．部材IJに働く内力はI点における力のつりあい $Y_I - F_{IJ} - F_{HI} \cos 45^\circ = 0$ から $F_{IJ} = 0$ となる．

1章　演習問題

1·1 図 **1·38** のように，質量 100 [kg] の円柱を2本のロープで吊って真上に引き上げたい．各々のロープをいくらかの力で引張ればよいか．

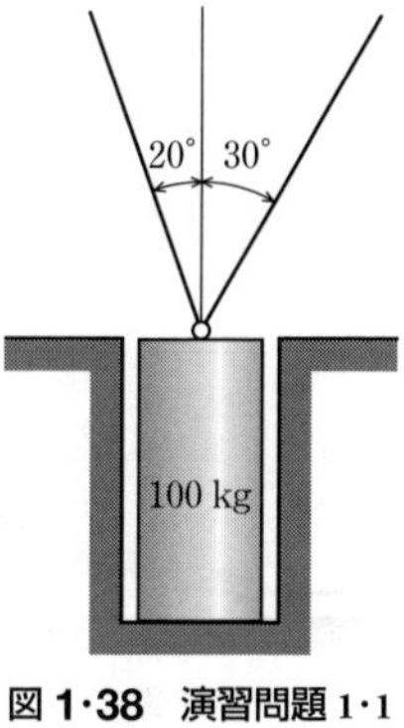

図 1·38　演習問題 1·1

1·2 質量 50 [kg] の物体に水平に力を加えて，30° のなめらかな斜面を押し上げるにはどれだけの力が必要か．

1·3 図 **1·39** のようにレバーの先端に 150 [N] の力を加えると，基部にどれだけのモーメントを生じるか．

1·4 図 **1·40** のようにスパナで六角ボルトを締め付けた

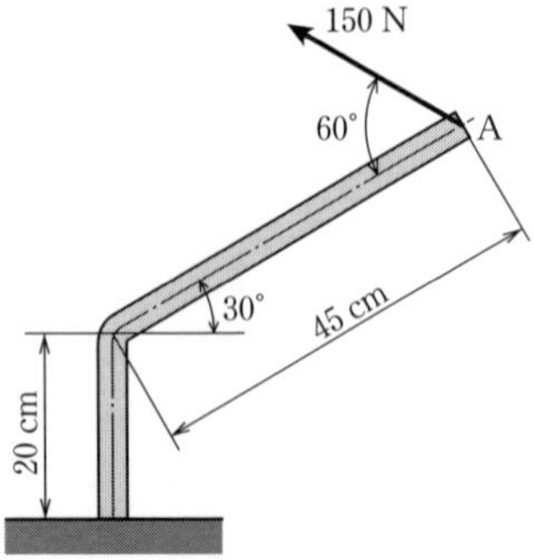

図 1·39　演習問題 1·3

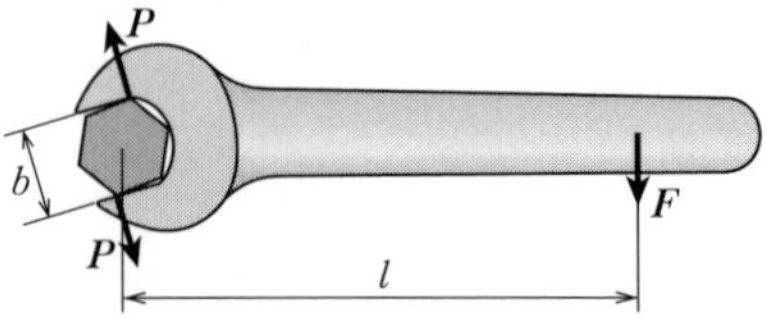

図 1·40　演習問題 1·4

い．ボルトの中心線より距離 l の点に F の力を加えると，六角ボルトとスパナの接触点にいくらの力 P が働くか．

1·5　図 **1·41** に示す円板の A, B に 90［N］の力と，P 点に 300［N］の力が作用するとき，合力の着力点は直径 AB 上のどこにあるか．

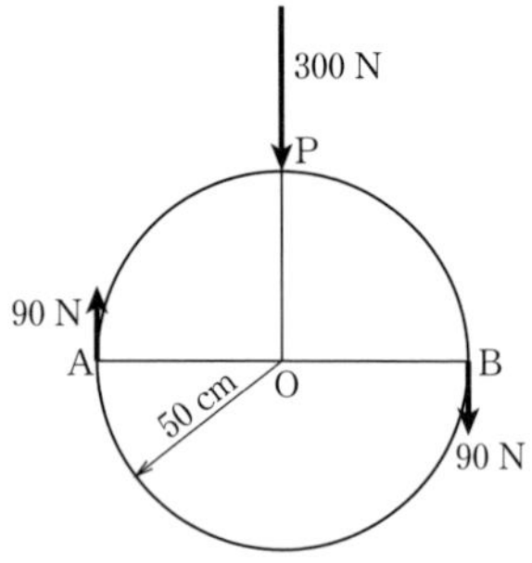

図 1·41　演習問題 1·5

1·6　図 **1·42** に示す中央に質量 m の物体を載せた長さ l の軽い台車の一端が水平面上，他端が 30° の傾きをもつ斜面上にあるとき，台車に水平とある角度 θ をもたせるためには台車にどれだけの力を加えればよいか．水平面と斜面の摩擦を無視して計算せよ．

1·7　図 **1·43** に示す滑車で質量 m の物体を引き上げるためには，いくらの力が必要か．滑車の軸はなめらかで摩擦が働かないものとして計算せよ．

1·8　図 **1·44** のように，一端が回転支持さ

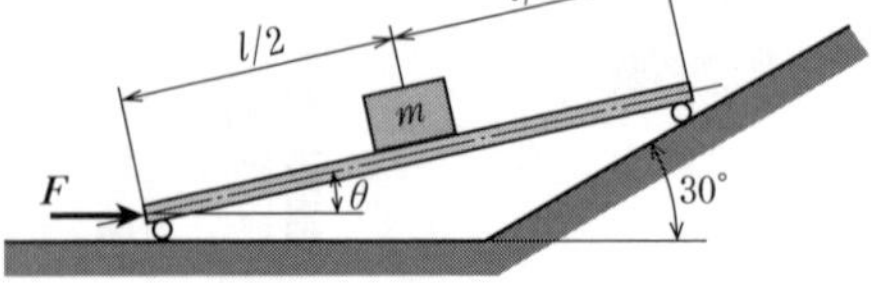

図 1·42　演習問題 1·6

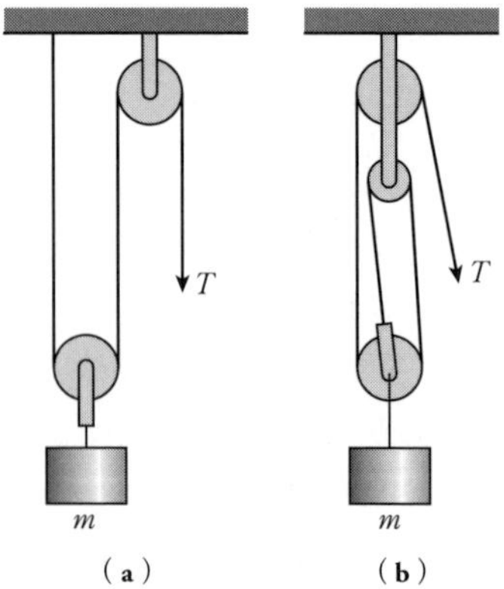

図 1·43　演習問題 1·7

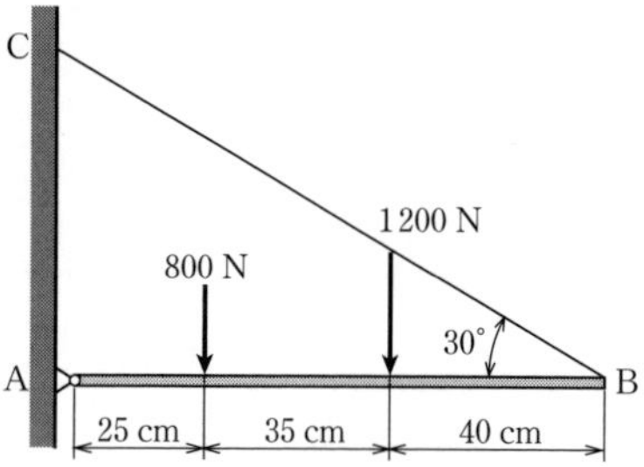

図 1·44　演習問題 1·8

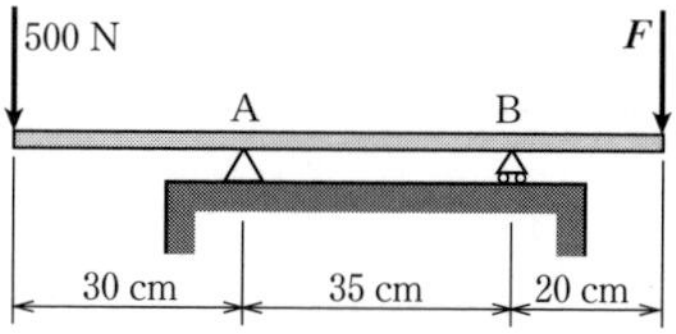

図 1·45　演習問題 1·9

れ，他端がロープで支えられた軽いはりに二つの力が働いている．ロープが水平と 30° の角をなすとき，支点における反力とロープの張力の大きさはいくらか．このはりと力は〔例題 **1·11**〕に与えたものと同じである．どちらの方法が力が少なくてすむか．

1·9　図 **1·45** に示すはりの左端に大きさ 500［N］の力を加えるとき，このはりが支点から離れないためには右端にどんな力を加えればよいか．

1·10　図 **1·46** に示すトラスの各部材に生じる力を求めよ．

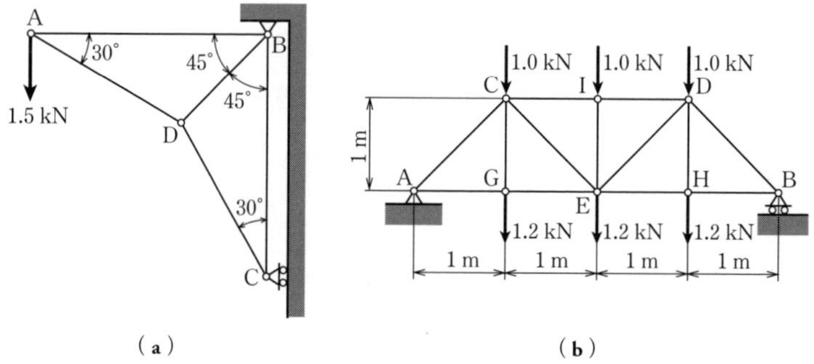

図 1·46　演習問題 1·10

2

立体的な力のつりあい

1章では，同一の平面内に働く力の問題だけを取り扱った．これだけで実用上かなりの問題が処理できるが，立体的な力の関係を考えないと完全に解けない問題も多い．立体的（三次元的）な力やモーメントの合成，分解やそのつりあいは空間的な直交座標系を用いてその成分を取り扱えば用が足りるが，力やモーメントのように大きさだけでなく，方向や向きをもつ量を取り扱うには，これらをベクトル量と考えるのが理解しやすいので，この章ではまずベクトルの概念とその計算法のあらましを述べる．ベクトルの表現を用いれば，立体的な力に関する法則や関係式も平面問題と同じくらいの簡単さで書けるが，実際の問題を解く場合は，ベクトル法なり，直交成分を用いる方法なり便利なほうを適当に使い分けるのがよい．

2·1 ベクトルとその加・減法

1. ベクトルとスカラー

長さ，質量，温度のようにただ大きさだけで定まる量を**スカラー**（scalar）と呼んでいるのに対して，速度，加速度，力のように大きさと同時に（向きを含めて）方向をもつ量を**ベクトル**（vector）といい，力を表わしたのと同様に，矢印を付した線分で図示するとともに肉太文字を用いて表わす．

大きさと向きを含めて方向が等しい二つのベクトル $\boldsymbol{a}$ と $\boldsymbol{b}$ とは互いに相等しいといい，これを

$$\boldsymbol{a}=\boldsymbol{b} \qquad (2\cdot1)$$

と書く．こうしてベクトル量はその大きさと向きを変えないで，単に平行移動するだけでは元の量と変わらないことになる．また $\boldsymbol{a}$ と大きさと方向が等しく，向きが反対のベクトルをその負ベクトルといい，$-\boldsymbol{a}$ で表わす．

2. ベクトルの加・減法

二つのベクトル $\boldsymbol{a}$ と $\boldsymbol{b}$ との和は，図 **2·1** のように $\boldsymbol{a}$ と $\boldsymbol{b}$ を二辺とする三角形の辺 $\boldsymbol{c}$ で与えられる．これを

$$\boldsymbol{a}+\boldsymbol{b}=\boldsymbol{c} \qquad (2\cdot2)$$

と書き，$\boldsymbol{c}$ を $\boldsymbol{a}$ と $\boldsymbol{b}$ の合成ベクトルと呼んでいる．二つのベクトルを加える場合，図 **2·2**(**a**)のようにその順序には関係なく

$$\textbf{交換法則}：\boldsymbol{a}+\boldsymbol{b}=\boldsymbol{b}+\boldsymbol{a} \qquad (2\cdot3)$$

が成り立つ．

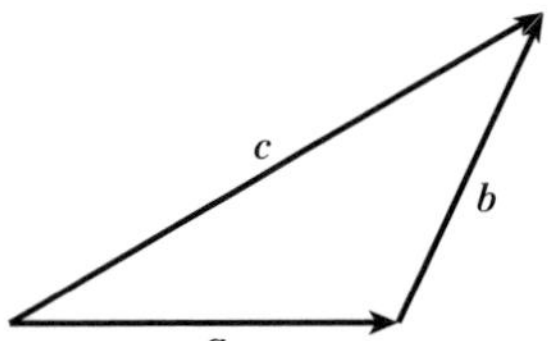

図 2·1　ベクトルの加法

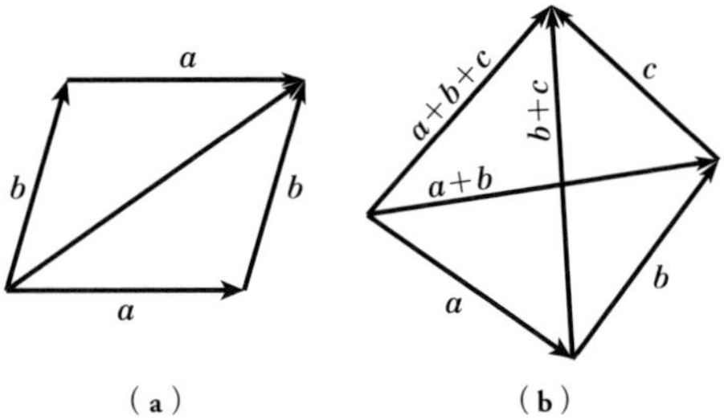

図 2·2　ベクトルの交換法則と結合法則

三つのベクトル $\boldsymbol{a}$，$\boldsymbol{b}$，$\boldsymbol{c}$ を加える場合は，図 **2·2**(**b**)のように二つのベクトルの和 $\boldsymbol{a}+\boldsymbol{b}$ に $\boldsymbol{c}$ を加えても，$\boldsymbol{a}$ にベクトル和 $\boldsymbol{b}+\boldsymbol{c}$ を加えても変わらないから

$$\textbf{結合法則}：(\boldsymbol{a}+\boldsymbol{b})+\boldsymbol{c}=\boldsymbol{a}+(\boldsymbol{b}+\boldsymbol{c}) \qquad (2\cdot4)$$

が成り立つ．したがって多くのベクトル和はそれらを加える順序に関係なく，ベクトルを表わす線分を矢印の向きに従って次々と継ぎ合わせたとき，その始点から終点へ引いた線分で表わされる．

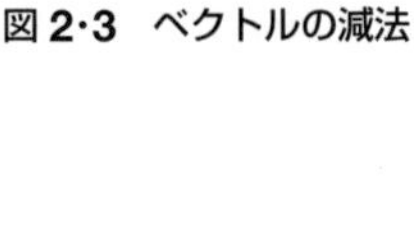

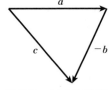

図 2·3　ベクトルの減法

図 **2·3** のように，ベクトル $\boldsymbol{a}$ に負ベクトル $-\boldsymbol{b}$ を加えて得られるベクトル $\boldsymbol{c}$ は，$\boldsymbol{a}$ から $\boldsymbol{b}$ を差し引いた差を表わす．

3. ベクトルの実数倍

同一のベクトル $\boldsymbol{a}$ を n 個加えたベクトル $n\boldsymbol{a}$ は $\boldsymbol{a}$ と同じ向きと方向をもち，n 倍の大きさをもつベクトルである．n は正の整数に限らず，任意の実数でもかまわない．n が負数の場合は，$n\boldsymbol{a}$ は $\boldsymbol{a}$ と向きが逆になる．$\boldsymbol{a}$，$\boldsymbol{b}$ を二つの任意ベクトルと

し，m, n を二つの任意の実数とすれば

$$\textbf{結合法則}：m(n\boldsymbol{a}) = (mn)\boldsymbol{a} \tag{2·5}$$

$$\textbf{分配法則}：(m+n)\boldsymbol{a} = m\boldsymbol{a} + n\boldsymbol{a} \tag{2·6}$$

$$m(\boldsymbol{a}+\boldsymbol{b}) = m\boldsymbol{a} + m\boldsymbol{b} \tag{2·7}$$

が成り立つ．分配法則の式(2·7)が成り立つことは図 2·4 からも明らかであろう．

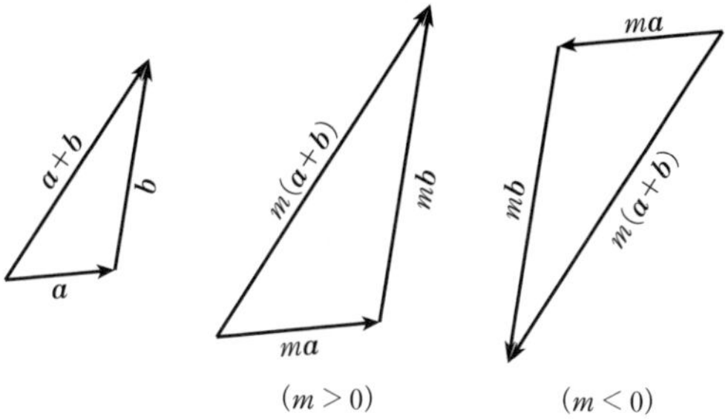

図 2·4　ベクトルの分配法則

〔**例題 2·1**〕 **線分の分割**　図 2·5 のように，任意にとった基準点を O として，ベクトル $\overrightarrow{\mathrm{OA}} = \boldsymbol{a}$, $\overrightarrow{\mathrm{OB}} = \boldsymbol{b}$ を用いて二点 A, B の位置を表わすとき，線分 AB を $m:n$ の比に内分する点と外分する点の位置を表わすベクトル $\overrightarrow{\mathrm{OP}}$ と $\overrightarrow{\mathrm{OQ}}$ を求めよ．

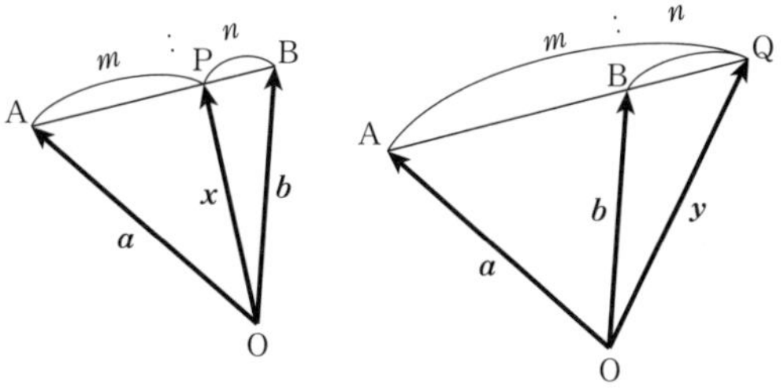

図 2·5　線分の内分点と外分点

〔**解**〕　$\overrightarrow{\mathrm{OP}} = \boldsymbol{x}$ とすれば，$\overrightarrow{\mathrm{AP}} = \boldsymbol{x} - \boldsymbol{a}$, $\overrightarrow{\mathrm{PB}} = \boldsymbol{b} - \boldsymbol{x}$ で表わされる．$\overline{\mathrm{AP}} : \overline{\mathrm{PB}} = m : n$ となるためには $n(\boldsymbol{x} - \boldsymbol{a}) = m(\boldsymbol{b} - \boldsymbol{x})$ でなければならない．この式より $\boldsymbol{x}$ を解くことによって，内分点 P の位置を表わすベクトル

$$\boldsymbol{x} = \frac{1}{m+n}(n\boldsymbol{a}+m\boldsymbol{b}) \tag{a}$$

が求められる．

次に $\overrightarrow{\mathrm{OQ}} = \boldsymbol{y}$ とすれば，$\overrightarrow{\mathrm{AQ}} = \boldsymbol{y} - \boldsymbol{a}$, $\overrightarrow{\mathrm{BQ}} = \boldsymbol{y} - \boldsymbol{b}$ で，$\overline{\mathrm{AQ}} : \overline{\mathrm{BQ}} = m : n$ であるためには $n(\boldsymbol{y} - \boldsymbol{a}) = m(\boldsymbol{y} - \boldsymbol{b})$ でなければならない．これより外分点 Q の位置は

$$\boldsymbol{y} = \frac{1}{n-m}(n\boldsymbol{a}-m\boldsymbol{b}) \tag{b}$$

で与えられる．

4. ベクトルの分解

図 **2·6** のように，空間内にとった直交座標系 O-xyz の原点 O から任意のベクトル $\boldsymbol{a}$ を引くとき，その終点 A の座標（a_x，a_y，a_z）をベクトル $\boldsymbol{a}$ の**成分**（components）と呼んでいる．決まった座標系に対しては，ベクトル $\boldsymbol{a}$ の三つの成分は一定の値をもち，逆に各成分を与えることによって一つのベクトルが決められる．いまベクトル $\boldsymbol{a}$ が x，y，z 軸となす角をそれぞれ α，β，γ とすれば

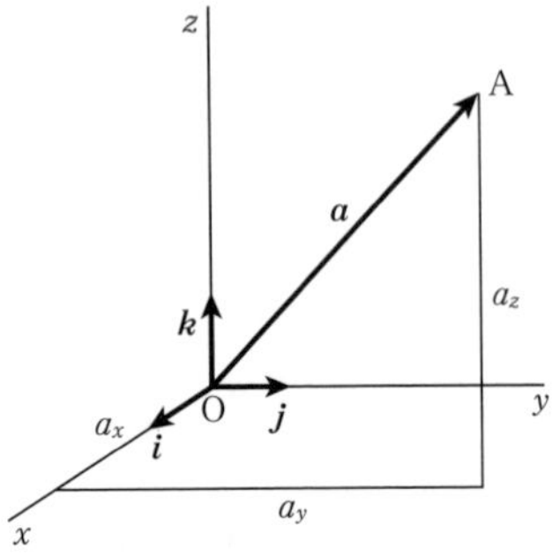

図 2·6 ベクトルの直交成分

$$\left.\begin{aligned} a_x &= a\cos\alpha \\ a_y &= a\cos\beta \\ a_z &= a\cos\gamma \end{aligned}\right\} \qquad (2\cdot8)$$

あるいは

$$a = \sqrt{a_x{}^2 + a_y{}^2 + a_z{}^2} \qquad (2\cdot9)$$

$$\cos\alpha = \frac{a_x}{a}, \qquad \cos\beta = \frac{a_y}{a}, \qquad \cos\gamma = \frac{a_z}{a} \qquad (2\cdot10)$$

となる．ここで $\cos\alpha$，$\cos\beta$，$\cos\gamma$ はベクトル $\boldsymbol{a}$ の方向余弦を与える．

長さの単位を［m］なり，［cm］なり一定の単位にそろえるものとして，大きさが 1 に等しいベクトルを**単位ベクトル**（unit vector）といい，とくに直交座標軸 x，y，z の正の方向にとった一組の単位ベクトル $\boldsymbol{i}$，$\boldsymbol{j}$，$\boldsymbol{k}$ を**基本単位ベクトル**（fundamental unit vectors），あるいは略して**基本ベクトル**と呼んでいる．いま一つのベクトル $\boldsymbol{a}$ をその成分の和で表わして

$$\boldsymbol{a} = a_x\boldsymbol{i} + a_y\boldsymbol{j} + a_z\boldsymbol{k}$$

と書き，別のベクトル $\boldsymbol{b}$ をこれと同様に

$$\boldsymbol{b} = b_x\boldsymbol{i} + b_y\boldsymbol{j} + b_z\boldsymbol{k}$$

と書けば

$$\boldsymbol{a} \pm \boldsymbol{b} = (a_x \pm b_x)\boldsymbol{i} + (a_y \pm b_y)\boldsymbol{j} + (a_z \pm b_z)\boldsymbol{k} \qquad (2\cdot11)$$

のように，二つのベクトルの和あるいは差は各ベクトルの成分の和あるいは差で表わすことができる．

2·2 ベクトルの積

1. ベクトルの内積

二つのベクトル $\boldsymbol{a}$ と $\boldsymbol{b}$ の大きさの積にベクトル間の角 θ の余弦を乗じたものを，ベクトルの**内積**（inner product）または**スカラー積**（scalar product）といい

$$\boldsymbol{a}\cdot\boldsymbol{b} = ab\cos\theta \tag{2·12}$$

で表わす．この積は方向と向きをもたない単なるスカラー量である．

スカラー積は $\boldsymbol{a}$ と $\boldsymbol{b}$ を掛ける順序に関係なく

$$\textbf{交換法則}：\boldsymbol{a}\cdot\boldsymbol{b} = \boldsymbol{b}\cdot\boldsymbol{a} \tag{2·13}$$

に従う．また図 **2·7** からわかるように，$\boldsymbol{a}\cdot\boldsymbol{c} + \boldsymbol{b}\cdot\boldsymbol{c} = \overline{\mathrm{OP}}\cdot c + \overline{\mathrm{PQ}}\cdot c = \overline{\mathrm{OQ}}\cdot c = (\boldsymbol{a} + \boldsymbol{b})\cdot\boldsymbol{c}$ となるから

$$\textbf{結合法則}：\boldsymbol{a}\cdot\boldsymbol{c} + \boldsymbol{b}\cdot\boldsymbol{c} = (\boldsymbol{a} + \boldsymbol{b})\cdot\boldsymbol{c} \tag{2·14}$$

も成り立つ．

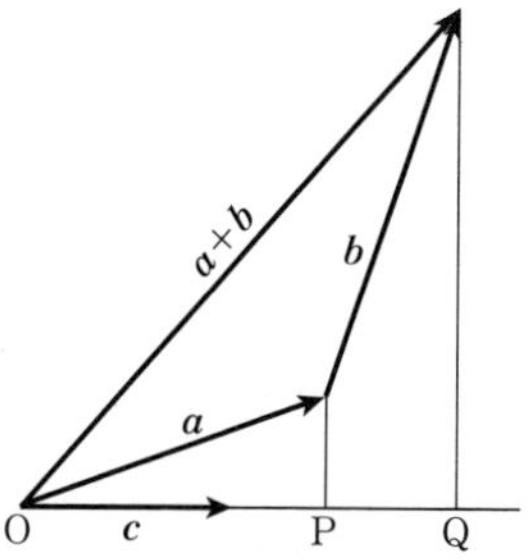

図 2·7　内積の結合法則

ベクトル $\boldsymbol{a}$ の方向への他のベクトル $\boldsymbol{b}$ の正射影は $b\cos\theta$ であるから，ベクトルの内積はこれに $\boldsymbol{a}$ の大きさ a を掛けたものともみられるし，また $\boldsymbol{b}$ の方向への $\boldsymbol{a}$ の正射影に b を掛けたものとみることもできる．とくに $\boldsymbol{a}$ と $\boldsymbol{b}$ とが互いに直角（$\theta = 90°$）のときは $\boldsymbol{a}\cdot\boldsymbol{b} = 0$，$\boldsymbol{a}$ と $\boldsymbol{b}$ が同じ向き（$\theta = 0°$）のときは $\boldsymbol{a}\cdot\boldsymbol{b} = ab$，逆向き（$\theta = 180°$）のときは $\boldsymbol{a}\cdot\boldsymbol{b} = -ab$ となる．基本ベクトルでは

$$\left.\begin{array}{l} \boldsymbol{i}\cdot\boldsymbol{i} = \boldsymbol{j}\cdot\boldsymbol{j} = \boldsymbol{k}\cdot\boldsymbol{k} = 1 \\ \boldsymbol{i}\cdot\boldsymbol{j} = \boldsymbol{j}\cdot\boldsymbol{i} = \boldsymbol{j}\cdot\boldsymbol{k} = \boldsymbol{k}\cdot\boldsymbol{j} = \boldsymbol{k}\cdot\boldsymbol{i} = \boldsymbol{i}\cdot\boldsymbol{k} = 0 \end{array}\right\} \tag{2·15}$$

となるから，この性質を利用して $\boldsymbol{a}$ と $\boldsymbol{b}$ の内積を

$$\begin{aligned} \boldsymbol{a}\cdot\boldsymbol{b} &= (a_x\boldsymbol{i} + a_y\boldsymbol{j} + a_z\boldsymbol{k})\cdot(b_x\boldsymbol{i} + b_y\boldsymbol{j} + b_z\boldsymbol{k}) \\ &= a_xb_x + a_yb_y + a_zb_z \end{aligned} \tag{2·16}$$

と書くことができる．とくに $\boldsymbol{a} = \boldsymbol{b}$ のときは

$$\boldsymbol{a}\cdot\boldsymbol{a} = a_x{}^2 + a_y{}^2 + a_z{}^2 = \boldsymbol{a}^2 \tag{2·17}$$

となる．

〔例題 2·2〕　二直線間の角　相交わる二直線間の角を各々の直線の方向余弦を用い

て表わせ.

〔解〕 各直線上に単位ベクトル $\boldsymbol{u}_1$, $\boldsymbol{u}_2$ をとり，これらのベクトル間の角を θ とすれば，式(2・12)と式(2.16)によって

$$\cos\theta = \boldsymbol{u}_1\cdot\boldsymbol{u}_2 = (\lambda_1\boldsymbol{i}+\mu_1\boldsymbol{j}+\nu_1\boldsymbol{k})\cdot(\lambda_2\boldsymbol{i}+\mu_2\boldsymbol{j}+\nu_2\boldsymbol{k})$$
$$=\lambda_1\lambda_2+\mu_1\mu_2+\nu_1\nu_2$$

となる．ここで $(\lambda_1,\ \mu_1,\ \nu_1)$ および $(\lambda_2,\ \mu_2,\ \nu_2)$ は各直線の方向余弦を表わす.

〔**例題 2・3**〕 **点と直線間の距離** 図 2・8 のように原点 O を通る一つの直線 l に任意の点 P から下した垂線 PQ の長さを，直線上の単位ベクトル $\boldsymbol{u}$ と P 点の位置を表わすベクトル $\boldsymbol{r}$ を用いて表わせ.

〔解〕 原点 O と垂線の足である Q 点との間の長さは $\overline{\mathrm{OQ}} = \boldsymbol{r}\cdot\boldsymbol{u}$, O 点と P 点の間の距離は $\overline{\mathrm{OP}}=\sqrt{\boldsymbol{r}^2}$ で表わされる．したがって，三平方の定理により垂線の長さは

$$\overline{\mathrm{PQ}}=\sqrt{\boldsymbol{r}^2-(\boldsymbol{r}\cdot\boldsymbol{u})^2}$$

で与えられる.

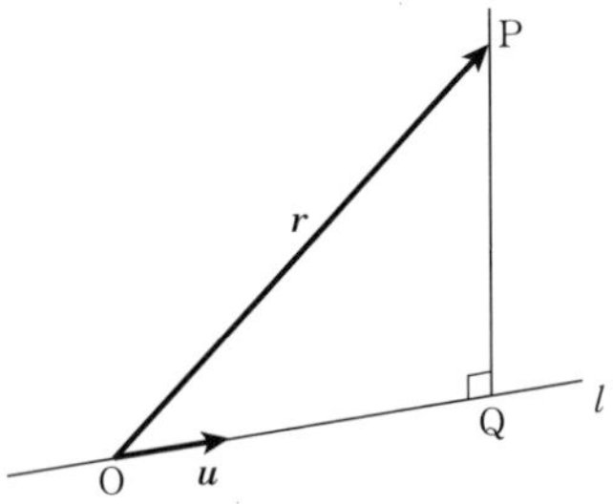

図 2・8　点と直線間の距離

2. ベクトルの外積

図 2・9 に示す二つのベクトル $\boldsymbol{a}$ と $\boldsymbol{b}$ とによって作られる平行四辺形 OACB の代表ベクトル $\boldsymbol{c}$ を，ベクトル $\boldsymbol{a}$ と $\boldsymbol{b}$ の**外積**（outer product）あるいは**ベクトル積**（vector product）といい，これを

$$\boldsymbol{c}=\boldsymbol{a}\times\boldsymbol{b} \tag{2・18}$$

で表わす．その大きさは $c=|\boldsymbol{a}\times\boldsymbol{b}|=ab\sin\theta$, 方向は $\boldsymbol{a}$ と $\boldsymbol{b}$ に垂直で，$\boldsymbol{a}$ を $\boldsymbol{b}$ のほうへ 180° 以内の角度で回転したとき，右ねじの進む向きを正と約束する．この定義によって

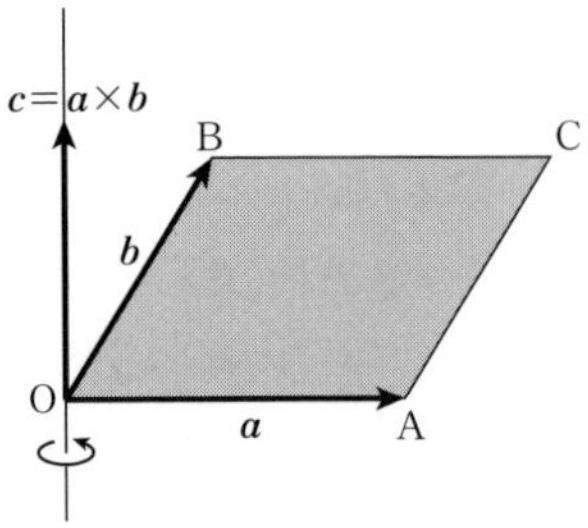

図 2・9　ベクトルの外積

$$\boldsymbol{b}\times\boldsymbol{a}=-\boldsymbol{a}\times\boldsymbol{b} \tag{2・19}$$

となり，ベクトル積は交換法則に従わない．しかし

分配法則：$\boldsymbol{c}\times(\boldsymbol{a}+\boldsymbol{b})=\boldsymbol{c}\times\boldsymbol{a}+\boldsymbol{c}\times\boldsymbol{b}$　(2・20)

が成り立つことは容易に証明される.

とくに二つのベクトル $\boldsymbol{a}$ と $\boldsymbol{b}$ が平行 ($\theta=0°$) のときは $\boldsymbol{a}\times\boldsymbol{b}=0$, 直角 ($\theta=90°$) のときには外積の大きさは最大値 ab をとる．右手系の基本ベクトルでは

$$\left.\begin{array}{l}\boldsymbol{i}\times\boldsymbol{i}=\boldsymbol{j}\times\boldsymbol{j}=\boldsymbol{k}\times\boldsymbol{k}=0\\ \boldsymbol{j}\times\boldsymbol{k}=\boldsymbol{i},\quad \boldsymbol{k}\times\boldsymbol{i}=\boldsymbol{j},\quad \boldsymbol{i}\times\boldsymbol{j}=\boldsymbol{k}\end{array}\right\}\tag{2·21}$$

で，この関係を用いると $\boldsymbol{a}$ と $\boldsymbol{b}$ のベクトル積は

$$\begin{aligned}\boldsymbol{a}\times\boldsymbol{b}&=(a_x\boldsymbol{i}+a_y\boldsymbol{j}+a_z\boldsymbol{k})\times(b_x\boldsymbol{i}+b_y\boldsymbol{j}+b_z\boldsymbol{k})\\&=(a_yb_z-a_zb_y)\boldsymbol{i}+(a_zb_x-a_xb_z)\boldsymbol{j}+(a_xb_y-a_yb_x)\boldsymbol{k}\end{aligned}\tag{2·22}$$

と書くことができる．行列式の記法を用いると，いっそう簡単に

$$\boldsymbol{a}\times\boldsymbol{b}=\boldsymbol{i}\begin{vmatrix}a_y & a_z\\ b_y & b_z\end{vmatrix}+\boldsymbol{j}\begin{vmatrix}a_z & a_x\\ b_z & b_x\end{vmatrix}+\boldsymbol{k}\begin{vmatrix}a_x & a_y\\ b_x & b_y\end{vmatrix}=\begin{vmatrix}\boldsymbol{i} & \boldsymbol{j} & \boldsymbol{k}\\ a_x & a_y & a_z\\ b_x & b_y & b_z\end{vmatrix}\tag{2·23}$$

で表わすことができる．

〔例題 2·4〕 二つのベクトル $\boldsymbol{a}-\boldsymbol{b}$ と $\boldsymbol{a}+\boldsymbol{b}$ の内積と外積を求めよ．

〔解〕

$$(\boldsymbol{a}-\boldsymbol{b})\cdot(\boldsymbol{a}+\boldsymbol{b})=\boldsymbol{a}\cdot\boldsymbol{a}-\boldsymbol{b}\cdot\boldsymbol{a}+\boldsymbol{a}\cdot\boldsymbol{b}-\boldsymbol{b}\cdot\boldsymbol{b}$$

$\boldsymbol{b}\cdot\boldsymbol{a}=\boldsymbol{a}\cdot\boldsymbol{b}$ であるから，内積は $\boldsymbol{a}^2-\boldsymbol{b}^2$ に等しい．一方

$$(\boldsymbol{a}-\boldsymbol{b})\times(\boldsymbol{a}+\boldsymbol{b})=\boldsymbol{a}\times\boldsymbol{a}-\boldsymbol{b}\times\boldsymbol{a}+\boldsymbol{a}\times\boldsymbol{b}-\boldsymbol{b}\times\boldsymbol{b}$$

$\boldsymbol{a}\times\boldsymbol{a}=\boldsymbol{b}\times\boldsymbol{b}=0$, $\boldsymbol{b}\times\boldsymbol{a}=-\boldsymbol{a}\times\boldsymbol{b}$ であるから，外積は $2(\boldsymbol{a}\times\boldsymbol{b})$ で表わされる．

〔例題 2·5〕 立体の体積 三つのベクトル $\boldsymbol{a}$, $\boldsymbol{b}$, $\boldsymbol{c}$ を相隣る三稜とする平行六面体の体積は

$$V=\boldsymbol{a}\cdot(\boldsymbol{b}\times\boldsymbol{c})=\boldsymbol{b}\cdot(\boldsymbol{c}\times\boldsymbol{a})=\boldsymbol{c}\cdot(\boldsymbol{a}\times\boldsymbol{b})\tag{a}$$

で与えられることを証明せよ．またこの結果を用いて，O (0, 0, 0)，A (2, 0, 0)，B (1, 1, 1)，C (0, 1, 2) (単位 m) に頂点を有する四面体の体積を求めよ．

〔解〕 $\boldsymbol{a}\cdot(\boldsymbol{b}\times\boldsymbol{c})$ は，$\boldsymbol{b}$ と $\boldsymbol{c}$ の外積であるベクトル $\boldsymbol{b}\times\boldsymbol{c}$ とベクトル $\boldsymbol{a}$ の内積を表わす．このスカラー量が平行六面体の体積を与えることは $|\boldsymbol{b}\times\boldsymbol{c}|$ が図 2·10 に示す平行四辺形 OBDC の面積を与え，$\boldsymbol{a}$ の $\boldsymbol{b}\times\boldsymbol{c}$ への正射影が平行六面体の高さ $\overline{\mathrm{OH}}$ を与えることから明らかである．$\boldsymbol{b}\cdot(\boldsymbol{c}\times\boldsymbol{a})$，$\boldsymbol{c}\cdot(\boldsymbol{a}\times\boldsymbol{b})$ も同じ理由によって平行六面体の体積を与える．

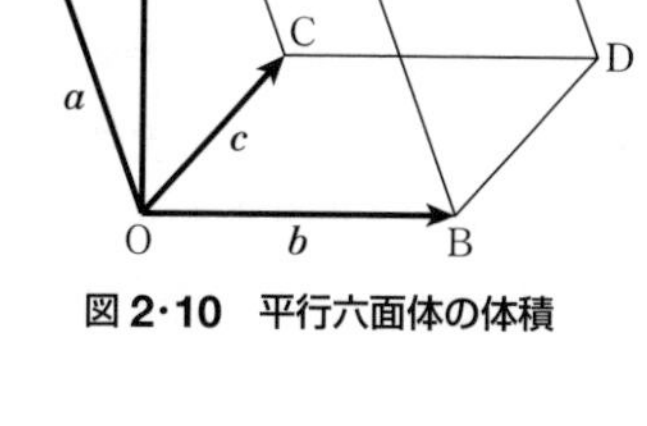

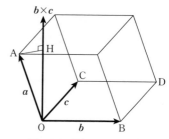

図 2·10 平行六面体の体積

三つのベクトル $\boldsymbol{a}$, $\boldsymbol{b}$, $\boldsymbol{c}$ の成分 (a_x, a_y, a_z), (b_x, b_y, b_z), (c_x, c_y, c_z) を用いてこの積の値を計算すると，式(**2·16**)と式(**2·22**)とによって次式が得られる．

$$\begin{aligned}\boldsymbol{a}\cdot(\boldsymbol{b}\times\boldsymbol{c}) &= (a_x\boldsymbol{i}+a_y\boldsymbol{j}+a_z\boldsymbol{k})\cdot[(b_yc_z-b_zc_y)\boldsymbol{i}\\ &\quad+(b_zc_x-b_xc_z)\boldsymbol{j}+(b_xc_y-b_yc_x)\boldsymbol{k}]\\ &= a_x(b_yc_z-b_zc_y)+a_y(b_zc_x-b_xc_z)+a_z(b_xc_y-b_yc_x)\end{aligned} \tag{b}$$

行列式を用いるといっそう簡単に

$$\boldsymbol{a}\cdot(\boldsymbol{b}\times\boldsymbol{c}) = a_x\begin{vmatrix} b_y & b_z \\ c_y & c_z \end{vmatrix} + a_y\begin{vmatrix} b_z & b_x \\ c_z & c_x \end{vmatrix} + a_z\begin{vmatrix} b_x & b_y \\ c_x & c_y \end{vmatrix} = \begin{vmatrix} a_x & a_y & a_z \\ b_x & b_y & b_z \\ c_x & c_y & c_z \end{vmatrix} \tag{c}$$

と書ける．

O, A, B, C を頂点とする四面体の体積は，$\overline{\mathrm{OA}}$, $\overline{\mathrm{OB}}$, $\overline{\mathrm{OC}}$ を相隣る三つの稜とする正六面体の体積の 1/6 に等しいから，式(**c**)により

$$V = \frac{1}{6}\begin{vmatrix} 2 & 0 & 0 \\ 1 & 1 & 1 \\ 0 & 1 & 2 \end{vmatrix} = \frac{1}{3} \quad [\mathrm{m}^3]$$

となる．

2·3 力のモーメント

1. 一点のまわりの力のモーメント

図 **2·11** のように，一点 O で支えられた物体の表面あるいは内部の点 A に力 $\boldsymbol{F}$ が働くとき，物体には O 点を通り，この点と力を含む平面に垂直な OX 軸のまわりのモーメントが作用する．その大きさは力 F と O 点からの腕の長さ d との積に等しいが，このモーメントは物体を立体的に回転させようとする方向と向きをもっているので，力と同様ベクトル量である．支点 O に対する着力点 A の位置を

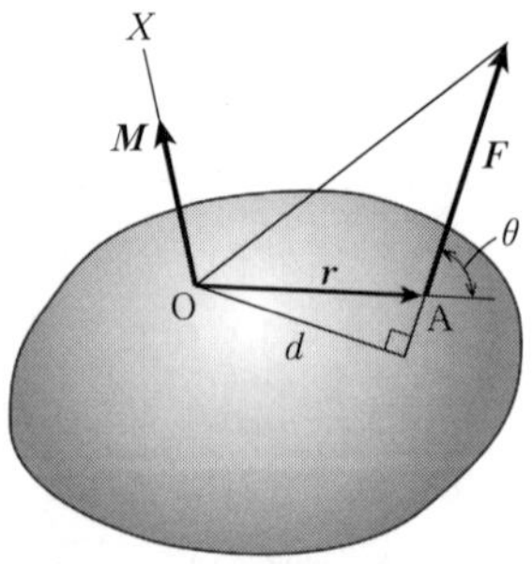

図 **2·11** 点のまわりの力のモーメント

与えるベクトルを $\boldsymbol{r}$ で表わし，$\boldsymbol{r}$ と力 $\boldsymbol{F}$ の間の角を θ とすれば，モーメントの大きさは $M=Fd=Fr\sin\theta$ で与えられるので，O 点まわりのモーメントは二つのベクトル $\boldsymbol{r}$ と $\boldsymbol{F}$ の外積で表わすことができる．すなわち

$$\boldsymbol{M}=\boldsymbol{r}\times\boldsymbol{F} \tag{2·24}$$

こうしてモーメント $\boldsymbol{M}$ の向きは，力が物体を回転させようとする方向に右ねじを回すとき，ねじが進む方向を向いている．

力と着力点の位置ベクトルとを直交座標系 O-xyz の各成分に分けて

$$\boldsymbol{F}=F_x\boldsymbol{i}+F_y\boldsymbol{j}+F_z\boldsymbol{k},\quad \boldsymbol{r}=x\boldsymbol{i}+y\boldsymbol{j}+z\boldsymbol{k} \tag{2·25}$$

で表わせば，式(**2·23**)によって

$$\boldsymbol{M}=M_x\boldsymbol{i}+M_y\boldsymbol{j}+M_z\boldsymbol{k}=\begin{vmatrix}\boldsymbol{i} & \boldsymbol{j} & \boldsymbol{k}\\ x & y & z\\ F_x & F_y & F_z\end{vmatrix} \tag{2·26}$$

となり，モーメントの各成分は

$$M_x=F_zy-F_yz,\quad M_y=F_xz-F_zx,\quad M_z=F_yx-F_xy \tag{2·27}$$

で与えられる．

物体に働く力 $\boldsymbol{F}$ を一定にしておいて支点 O の位置を変えると，支点のまわりのモーメントがどのように変化するかを考えてみよう．図 **2·12** のように，O 点の位置を O′ 点に移したものとして，ベクトル $\overrightarrow{\mathrm{O'O}}$ を $\boldsymbol{a}$，$\overrightarrow{\mathrm{O'A}}$ を $\boldsymbol{r}'$ で表わせば，$\boldsymbol{r}'=\boldsymbol{r}+\boldsymbol{a}$ の関係があるから，力 $\boldsymbol{F}$ の O′ 点に関するモーメントは

$$\begin{aligned}\boldsymbol{M}'&=\boldsymbol{r}'\times\boldsymbol{F}=(\boldsymbol{r}+\boldsymbol{a})\times\boldsymbol{F}\\ &=\boldsymbol{r}\times\boldsymbol{F}+\boldsymbol{a}\times\boldsymbol{F}=\boldsymbol{M}+\boldsymbol{a}\times\boldsymbol{F}\end{aligned} \tag{2·28}$$

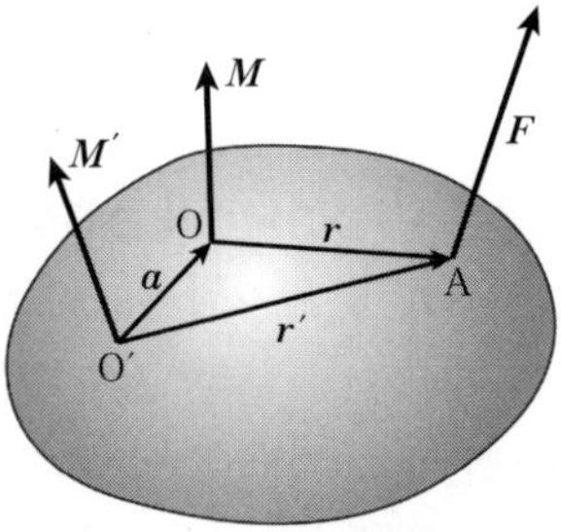

図 2·12　支点の移動によるモーメントの変化

となる．こうして，力 $\boldsymbol{F}$ の O′ 点まわりのモーメントは O 点まわりのモーメントと，$\boldsymbol{F}$ が O 点に働くときの O′ 点まわりのモーメントの和に等しいことがわかる．

〔**例題 2·6**〕 図 **2·13** のように，折れ曲がったパイプの先端 A を P 点からロープによって 300［N］の力で引張るとき，パイプの基部にはどれだけのモーメントが働くか．

〔**解**〕 図のように直交座標系 O-xyz をとれば，ベクトル $\overrightarrow{\mathrm{OA}}$ は

$$\boldsymbol{r}=20\boldsymbol{i}+50\boldsymbol{j}+60\boldsymbol{k}\quad [\mathrm{cm}]$$

で表わされる．A 点(20, 50, 60) と P 点(30, 60, 0) の間の長さは

$\sqrt{(30-20)^2+(60-50)^2+(-60)^2}=61.6$

［cm］であるから，ベクトル $\overrightarrow{\mathrm{AP}}$ の方向余弦は $(\lambda, \mu, \nu)=(10, 10, -60)/61.6=(0.162, 0.162, -0.974)$ となる．A 点に働く力はこの方向余弦に力の大きさを乗じて

$$\boldsymbol{F}=49\boldsymbol{i}+49\boldsymbol{j}-292\boldsymbol{k} \quad [\mathrm{N}]$$

で表わされる．式(**2·26**)によって O 点に生じるモーメントは

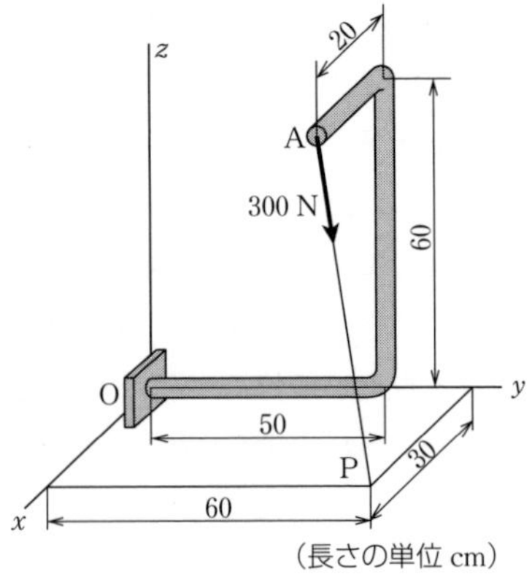

図 2·13 パイプに働く力とモーメント

$$\boldsymbol{M}=\boldsymbol{r}\times\boldsymbol{F}=\begin{vmatrix}\boldsymbol{i} & \boldsymbol{j} & \boldsymbol{k}\\ 20 & 50 & 60\\ 49 & 49 & -292\end{vmatrix}=-175\boldsymbol{i}+88\boldsymbol{j}-15\boldsymbol{k} \quad [\mathrm{N\cdot m}]$$

となる．x 軸と z 軸のまわりのモーメントはパイプの基部に働く曲げモーメントで，y 軸まわりのモーメントはねじりモーメントである．

2. 一つの軸のまわりのモーメント

一つの物体をある回転軸のまわりに回転させようとする力の作用を考えてみよう．図 **2·14** に示す力 $\boldsymbol{F}$ の作用は O 点のまわりに働くモーメント $\boldsymbol{M}_{\mathrm{O}}=\boldsymbol{r}\times\boldsymbol{F}$ の回転軸 OL の方向の成分に等しい．$\boldsymbol{M}_{\mathrm{O}}$ はベクトル量であるから，このモーメントを OL 軸の方向とこれに直角な方向との成分に分けることができるが，このうち直角方向の成分は軸のまわりの回転にはまったく関係しないからである．OL 軸の上にとった単位ベクトルを $\boldsymbol{l}$ で表わせば，$\boldsymbol{M}_{\mathrm{O}}$ の軸方向の成分の大きさは $\boldsymbol{l}\cdot\boldsymbol{M}_{\mathrm{O}}$ と書けるから，〔例題 **2·5**〕の式(**c**)によって力 $\boldsymbol{F}$ による OL 軸まわりのモーメントの大きさは

$$M_{\mathrm{OL}}=\boldsymbol{l}\cdot(\boldsymbol{r}\times\boldsymbol{F})=\begin{vmatrix}\lambda & \mu & \nu\\ x & y & z\\ F_x & F_y & F_z\end{vmatrix} \quad (\mathbf{2\cdot29})$$

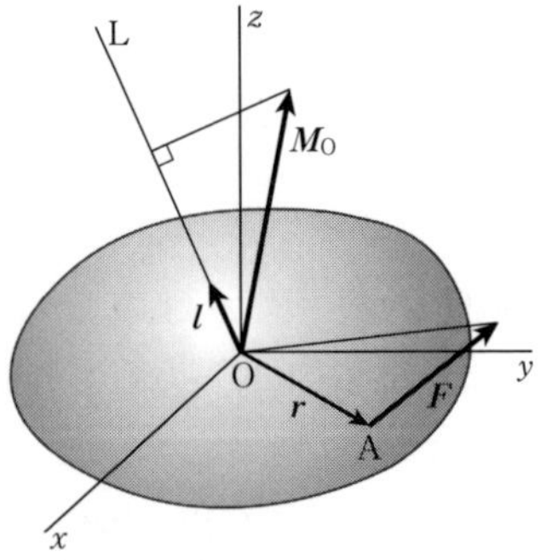

図 2·14 軸のまわりのモーメント

で与えられる．ここで $(\lambda,\ \mu,\ \nu)$ は回転軸の方向余弦を表わし，$(x,\ y,\ z)$ は着力点 $\mathrm{A}(\boldsymbol{r})$ の直交座標を表わす．

もっと一般的に原点を通らない軸のまわりのモーメントの大きさを計算してみよう．図 **2·15** において，力 $\boldsymbol{F}$ による BL 軸のまわりのモーメントの大きさは $M_{\mathrm{BL}} = \boldsymbol{l}\cdot(\boldsymbol{\Delta r}\times\boldsymbol{F})$ で与えられる．$\boldsymbol{\Delta r}$ は軸上の点 $\mathrm{B}(\boldsymbol{r}')$ と着力点 $\mathrm{A}(\boldsymbol{r})$ とを結ぶ線分を表わすベクトルで，$\boldsymbol{\Delta r} = \boldsymbol{r} - \boldsymbol{r}'$ と書けるので，結局

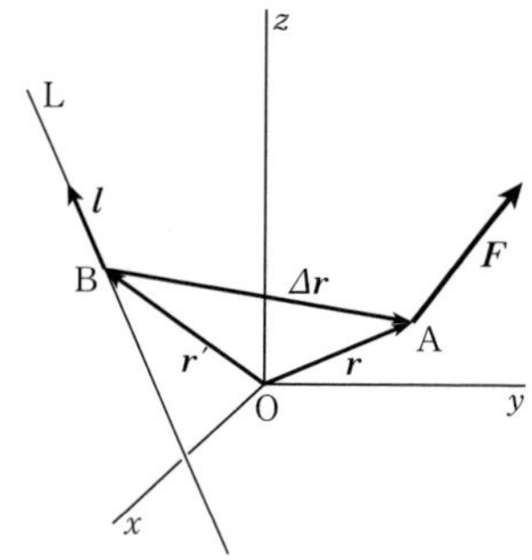

図 2·15　軸のまわりのモーメント

$$M_{\mathrm{BL}} = \boldsymbol{l}\cdot[(\boldsymbol{r}-\boldsymbol{r}')\times\boldsymbol{F}] = \begin{vmatrix} \lambda & \mu & \nu \\ x-x' & y-y' & z-z' \\ F_x & F_y & F_z \end{vmatrix} \tag{2·30}$$

となる．ここで再び $(\lambda,\ \mu,\ \nu)$ は回転軸の方向余弦，$(x,\ y,\ z)$ および $(x',\ y',\ z')$ は着力点 A と軸上にとった任意の点 B の直交座標を表わす．

〔**例題 2·7**〕 図 **2·16** のように，ロープによって 850［N］の力で機械の一隅 A が引張られるとき，底面上の直線 OB および BC のまわりにいくらのモーメントが働くか．

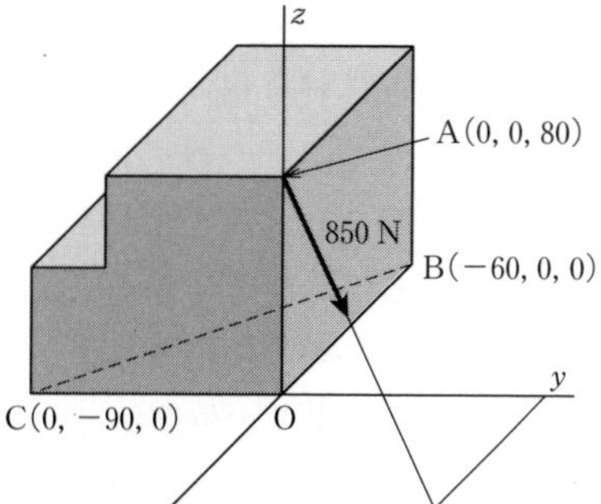

図 2·16　A 隅をロープで引張れる機械

〔**解**〕 A 点に働く力の方向余弦は $(55, 90, -80)/\sqrt{55^2+90^2+80^2} = (0.42,\ 0.68,\ -0.60)$ であるから，機械に働く力のベクトルは

$$\boldsymbol{F} = 850(0.42\boldsymbol{i} + 0.68\boldsymbol{j} - 0.60\boldsymbol{k})$$
$$= 360\boldsymbol{i} + 580\boldsymbol{j} - 510\boldsymbol{k} \quad [\mathrm{N}]$$

で与えられる．直線 OB の方向余弦は $(-1,\ 0,\ 0)$，着力点の座標は $(0,\ 0,\ 80)$［cm］であるから，式(**2·29**)によってこの直線のまわりのモーメントの大きさは

$$M_{\mathrm{OB}}=\begin{vmatrix} -1 & 0 & 0 \\ 0 & 0 & 0.80 \\ 360 & 580 & -510 \end{vmatrix}=465 \quad [\mathrm{N \cdot m}]$$

となる．また，直線 BC の方向余弦は $(60,\ -90,\ 0)/\sqrt{60^2+90^2}=(0.55,\ -0.83,\ 0)$，B 点の座標は $(-60,\ 0,\ 0)$ ［cm］であるから，式(**2·30**)によって，この直線のまわりに働くモーメントの大きさは

$$M_{\mathrm{BC}}=\begin{vmatrix} 0.55 & -0.83 & 0 \\ 0.60 & 0 & 0.80 \\ 360 & 580 & -510 \end{vmatrix}=-750 \quad [\mathrm{N \cdot m}]$$

となる．

2·4 力の合成とつりあい

1. 偶力のモーメント

立体的な力の合成とつりあいを調べるための準備として，図 **2·17** に示す偶力 $\boldsymbol{F}$ と $-\boldsymbol{F}$ によるモーメントを考えてみよう．任意の一点 O から，この二つの力の着力点 $\mathrm{A_1}$，$\mathrm{A_2}$ にいたるベクトルをそれぞれ $\boldsymbol{r}_1$，$\boldsymbol{r}_2$，点 $\mathrm{A_2}$ から $\mathrm{A_1}$ にいたるベクトルを $\boldsymbol{d}$ とすれば，$\boldsymbol{r}_1-\boldsymbol{r}_2=\boldsymbol{d}$ であるから，この偶力によるモーメントは

$$\boldsymbol{M}=\boldsymbol{r}_1\times\boldsymbol{F}+\boldsymbol{r}_2\times(-\boldsymbol{F})=(\boldsymbol{r}_1-\boldsymbol{r}_2)\times\boldsymbol{F}=\boldsymbol{d}\times\boldsymbol{F} \qquad (\mathbf{2 \cdot 31})$$

で与えられる．これは O 点の位置をどこにとっても一定で変わりはない．したがって，モーメントの等しい偶力はそれを構成する力やその位置がどうあろうとも一切関係なく，物体を

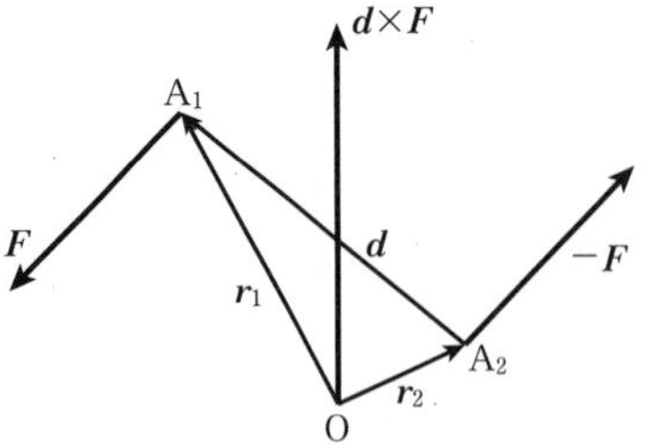

図 **2·17** 偶力のモーメント

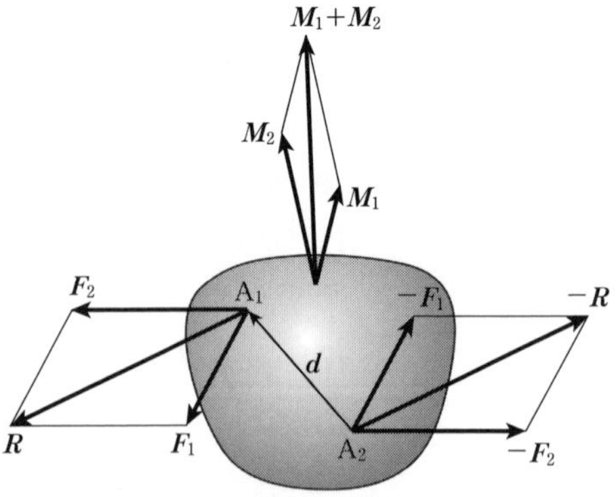

図 **2·18** 偶力のモーメントの合成

回転させようとする作用の点ではまったく等しいこととなる．

次に図 **2·18** のように，一つの物体にモーメントがそれぞれ $\boldsymbol{M}_1$ および $\boldsymbol{M}_2$ の二つの偶力が働く場合を考える．$\boldsymbol{M}_1$ が物体上の二つの点 A_1 と A_2 に働く偶力 $\boldsymbol{F}_1$, $-\boldsymbol{F}_1$ によるモーメントで，$\boldsymbol{M}_2$ がこれと同じ点に働く他の偶力 $\boldsymbol{F}_2$, $-\boldsymbol{F}_2$ によるモーメントであるとすれば，これら二つのモーメントの和は二つの着力点を結ぶベクトルを $\boldsymbol{d}$ として

$$\boldsymbol{M}_1+\boldsymbol{M}_2=\boldsymbol{d}\times\boldsymbol{F}_1+\boldsymbol{d}\times\boldsymbol{F}_2=\boldsymbol{d}\times(\boldsymbol{F}_1+\boldsymbol{F}_2)=\boldsymbol{d}\times\boldsymbol{R} \qquad (2\cdot32)$$

で与えられる．$\boldsymbol{R}$ は二つの力 $\boldsymbol{F}_1$ と $\boldsymbol{F}_2$ の合力で，二つのモーメントの和は偶力 $\boldsymbol{R}$, $-\boldsymbol{R}$ のモーメントに等しくなる．

こうして，偶力の作用はそのモーメントを表わすベクトルによって完全に表現され，偶力を合成するには単にモーメントをベクトル的に加え合わせればよいことになる．モーメントの等しい偶力はすべて**等価**（equivalent）であるという．

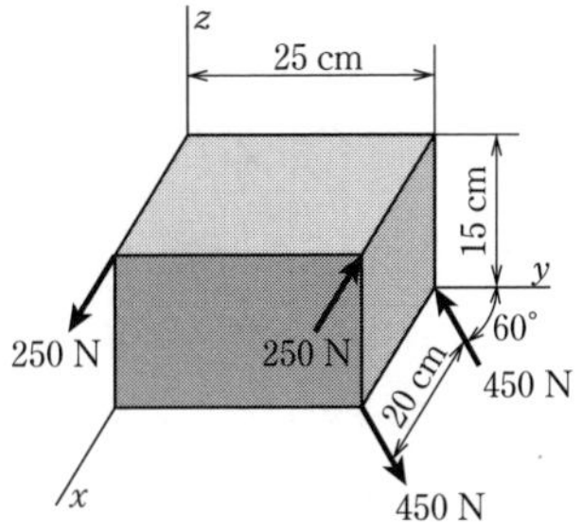

（a）

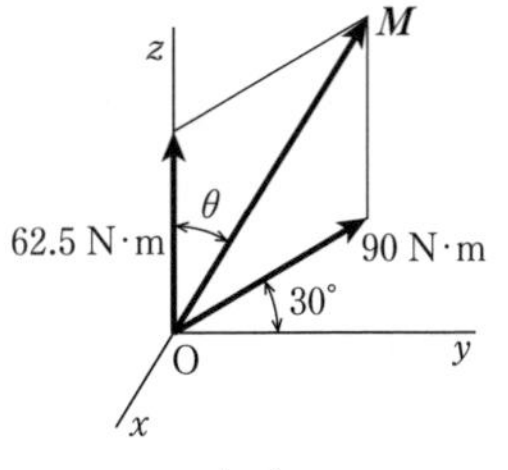

（b）

図 2·19　二つの偶力が働くブロック

〔例題 2·8〕　図 **2·19**（**a**）のように，一つのブロックに二つの偶力が働いている．これらの偶力を一つの等価な偶力で置き換えよ．

〔解〕　与えられた二組の偶力のモーメントはそれぞれ大きさが $250\times0.25=62.5$［N·m］，$450\times0.20=90$［N·m］で，いずれも yz 平面に平行なベクトルで表わされる．これらのベクトルは平行移動しても変わらないから，その始点を図（**b**）のように原点 O に移すことができる．二つの偶力に等価な偶力のモーメントは，これら二つのベクトルを合成することによって得られる．すなわち

$$M=\sqrt{90^2+62.5^2-2\times90\times62.5\cos120^\circ}=132.8 \ \ [\mathrm{N\cdot m}]$$

で，このベクトルが z 軸となす角 θ は正弦法則による式 $90/\sin\theta=133/\sin120^\circ$ を解いて求められる．すなわち

$$\sin\theta=\frac{90}{132.8}\times\sin120^\circ=0.587 \quad で，\theta=36^\circ$$

2. 立体的な力の合成

ある物体上の点 $A_i(\boldsymbol{r}_i)$ に力 $\boldsymbol{F}_i$ が作用する場合を考える．図 **2·20** のように，任意の点Oにこれと大きさが等しく，互いに向きが逆の力 $\boldsymbol{F}_i$ と $-\boldsymbol{F}_i$ を同時に作用させても，物体に及ぼす作用に変わりはない．この場合，A_i 点に働く力 $\boldsymbol{F}_i$ とO点に働く力 $-\boldsymbol{F}_i$ とはモーメント $\boldsymbol{r}_i\times\boldsymbol{F}_i$ の偶力を構成するので，その結果この物体にはO点に作用する力 $\boldsymbol{F}_i$ と，偶力 $\boldsymbol{r}_i\times\boldsymbol{F}_i$ が働くこととなる．物体に働くすべての力をこのように力と偶力に置き換えてから，これらをベクトル的に合成することによりO点に作用する合力と合モーメント

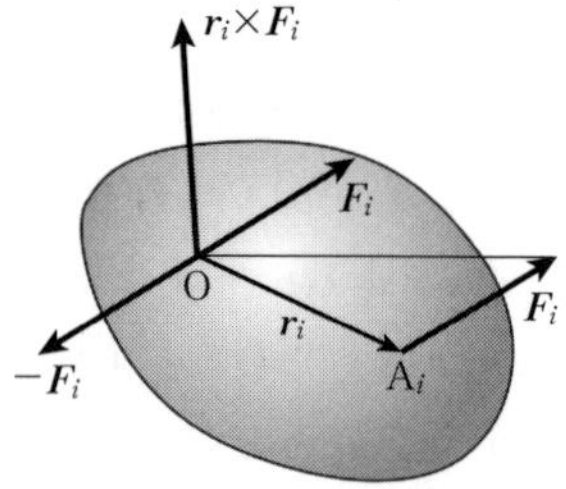

図 2·20　力とモーメント

$$\boldsymbol{R}=\sum_i\boldsymbol{F}_i,\qquad \boldsymbol{M}=\sum_i\boldsymbol{r}_i\times\boldsymbol{F}_i \tag{2·33}$$

が得られる．合力 $\boldsymbol{R}$ はO点が移動しても変わりはないが，合モーメント $\boldsymbol{M}$ はO点の位置によってその値が変化する．いまO点をO′点に移動し，O′点からO点にいたるベクトルを $\boldsymbol{a}$ で表わせば，力 $\boldsymbol{F}_i$ の作用点の位置ベクトル $\boldsymbol{r}_i$ は $\boldsymbol{r}_i+\boldsymbol{a}$ に移るので，O′点まわりの合モーメントは

$$\boldsymbol{M}'=\sum_i(\boldsymbol{r}_i+\boldsymbol{a})\times\boldsymbol{F}_i=\sum_i\boldsymbol{r}_i\times\boldsymbol{F}_i+\boldsymbol{a}\times\sum_i\boldsymbol{F}_i=\boldsymbol{M}+\boldsymbol{a}\times\boldsymbol{R} \tag{2·34}$$

となる．たまたま合力 $\boldsymbol{R}$ がゼロのときは，合モーメント $\boldsymbol{M}$ は原点Oの選び方に無関係となる．このときベクトル $\boldsymbol{M}$ を**トルク**（torque）と呼んでいる．

〔**例題 2·9**〕 図 **2·21** のように，一辺の長さが a に等しい正方形板の四隅に大きさ W，$2W$，$3W$，$4W$ の力が働いている．これらの力の合力の大きさと着力点の位置を求めよ．

〔**解**〕 四つの力はすべて一定の方向を向いた平行力であるから，合力の大きさは各々の力の大きさを加えた $10W$ に等しい．板上における合力の着力点の座標を x，y として，x，y 軸まわりの

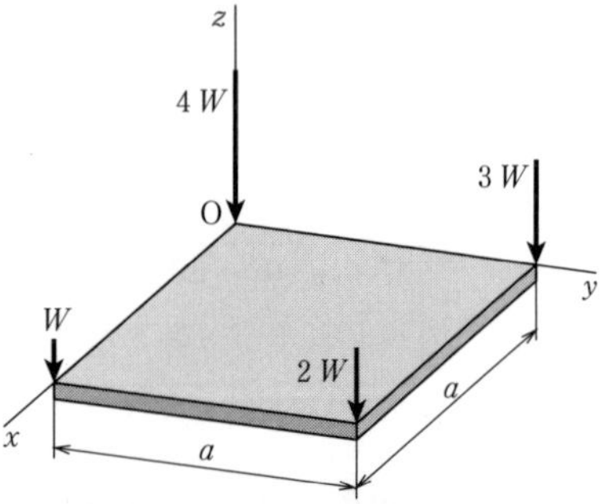

図 2·21　正方形板の四隅に働く平行力

各力と合力のモーメントをつくると

$$10W\cdot y=(2W+3W)a, \quad 10W\cdot x=(W+2W)a$$

となり，これよりただちに $x=3a/10$，$y=a/2$ が求まる．

〔**例題 2·10**〕　図 **2·22** のように，大きさ W，$2W$，$3W$ の三つの力が，一辺の長さが a に等しい立方体の頂点 P，Q，R に働いている．合力と原点まわりのモーメントを求めよ．

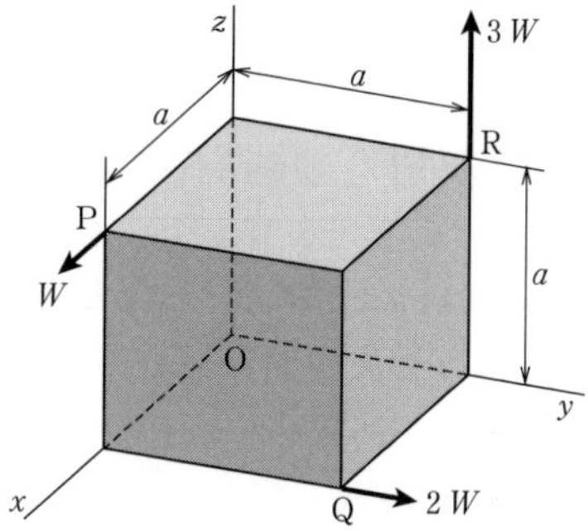

図 2·22　立方体の三頂点に働く力

〔**解**〕　式(**2·33**)に従って合力をベクトルで表わすと

$$\boldsymbol{R}=W\boldsymbol{i}+2W\boldsymbol{j}+3W\boldsymbol{k}$$

三つの頂点の位置を表わすベクトルはそれぞれ $\boldsymbol{r}_\mathrm{P}=a\boldsymbol{k}+a\boldsymbol{i}$，$\boldsymbol{r}_\mathrm{Q}=a\boldsymbol{i}+a\boldsymbol{j}$，$\boldsymbol{r}_\mathrm{R}=a\boldsymbol{j}+a\boldsymbol{k}$ と書けるので，原点まわりの合モーメントは

$$\boldsymbol{M}=(a\boldsymbol{k}+a\boldsymbol{i})\times W\boldsymbol{i}+(a\boldsymbol{i}+a\boldsymbol{j})\times 2W\boldsymbol{j}+(a\boldsymbol{j}+a\boldsymbol{k})\times 3W\boldsymbol{k}$$
$$=3Wa\boldsymbol{i}+Wa\boldsymbol{j}+2Wa\boldsymbol{k}$$

で与えられる．この結果から合力の大きさは $R=\sqrt{W^2+(2W)^2+(3W)^2}=\sqrt{14}\times W$ で，その方向は各々の座標軸と

$$\alpha=\cos^{-1}\left(\frac{1}{\sqrt{14}}\right)=74.5^\circ, \quad \beta=\cos^{-1}\left(\frac{2}{\sqrt{14}}\right)=57.7^\circ$$

$$\gamma=\cos^{-1}\left(\frac{3}{\sqrt{14}}\right)=36.7^\circ$$

の角度をなす．同様な計算により，原点まわりの合モーメントの大きさは $M=\sqrt{14}\,Wa$ で，各軸と 36.7°，74.5°，57.7° の方向をもつ直線のまわりに働く．

3.　立体的な力のつりあい

物体に作用するいくつかの力がつりあうためには，その合力と合モーメントがゼロでなければならない．すなわち

$$\sum_i \boldsymbol{F}_i=0, \qquad \sum_i \boldsymbol{r}_i\times\boldsymbol{F}_i=0 \tag{2·35}$$

あるいはこれを三つの直交成分に分けて

$$\left.\begin{aligned}&\sum_i F_{x,i}=\sum_i F_{y,i}=\sum_i F_{z,i}=0\\&\sum_i(F_{z,i}y_i-F_{y,i}z_i)=\sum_i(F_{x,i}z_i-F_{z,i}x_i)=\sum_i(F_{y,i}x_i-F_{x,i}y_i)=0\end{aligned}\right\}\tag{2·36}$$

と書くこともできる．

〔**例題 2·11**〕 辺の長さが 2［m］×1［m］で，質量が 150［kg］の鋼板を，図 **2·23** のように二つのヒンジ H, O と，O の真上 80［cm］の位置にある R 点に取り付けたロープ PR で水平に支えている．このときロープにはいくらの張力が生じるか．またヒンジの反力はいくらか．

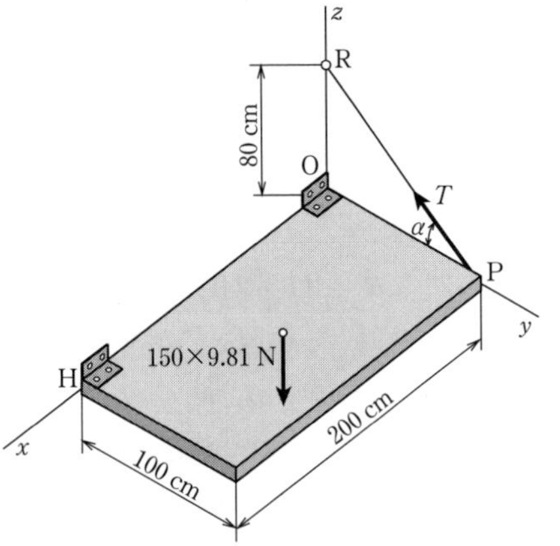

図 2·23　水平に支えられた鋼板

〔**解**〕 図のように直交座標系 O-xyz を定め，ヒンジ H，O の反力の成分をそれぞれ $(0,\ Y_H,\ Z_H)$，$(0,\ Y_O,\ Z_O)$ とおく．ロープの張力を T, ロープが水平となす角を α とすれば，鋼板に働く張力の成分は $(0,\ -T\cos\alpha,\ T\sin\alpha)$ となる．x 軸の方向には外力が働かないのでその方向の成分はない．板に働く重力も含めて，板に働く力と着力点を表に示すと表 **2·1** のようになる．ロープの角度 α は，$\alpha=\tan^{-1}(80/100)=39°$ である．力のつりあい式は

$$\sum_i F_{x,i}=0,\qquad \sum_i F_{y,i}=Y_H+Y_O-T\cos\alpha=0$$

$$\sum_i F_{z,i}=Z_H+Z_O+T\sin\alpha-1471.5=0$$

表 2·1

成分		H の反力	O の反力	ロープの張力	板の重力
力	$F_{x,i}$	0	0	0	0
	$F_{y,i}$	Y_H	Y_O	$-T\cos\alpha$	0
	$F_{z,i}$	Z_H	Z_O	$T\sin\alpha$	−1471.5［N］
着力点	x_i	200［cm］	0	0	100［cm］
	y_i	0	0	100［cm］	50［cm］
	z_i	0	0	0	0

と書け，各座標軸まわりのモーメントのつりあい式は式(**2·36**)によるまでもなく

$$\sum_i M_{x,i} = T\sin\alpha \times 100 + (-1471.5) \times 50 = 0$$

$$\sum_i M_{y,i} = -Z_{\mathrm{H}} \times 200 - (-1471.5) \times 100 = 0$$

$$\sum_i M_{z,i} = Y_{\mathrm{H}} \times 200 = 0$$

と書ける．これらの式から五つの未知数を解いて

$Y_{\mathrm{H}} = 0$,　$Z_{\mathrm{H}} = 735.8$［N］

$Y_{\mathrm{O}} = 910$［N］,　$Z_{\mathrm{O}} = 0$

$T = 1169.1$［N］

が得られる．

〔**例題 2·12**〕 **巻上機に働く力**　図 **2·24** に示す巻上機に 50［kg］の荷重とロープの張力 T が働いてつりあっている．二つの軸受 B_1，B_2 に働く反力とロープの張力を計算せよ．

〔**解**〕 巻上機の軸の方向には力が働いていないから，軸受にはこの方向の反力は生じない．したがって，各々の軸受反力の y，z 成分だけを考えれば十分で，これらをそれぞれ $(Y_1,\ Z_1)$，$(Y_2,\ Z_2)$ とすれば，まず力のつりあいから

$Y_1 + Y_2 = T$,　$Z_1 + Z_2 = 490.5$

x，y，z 軸まわりのモーメントのつりあいから

$T \times (30/2) = 490.5 \times (15/2)$

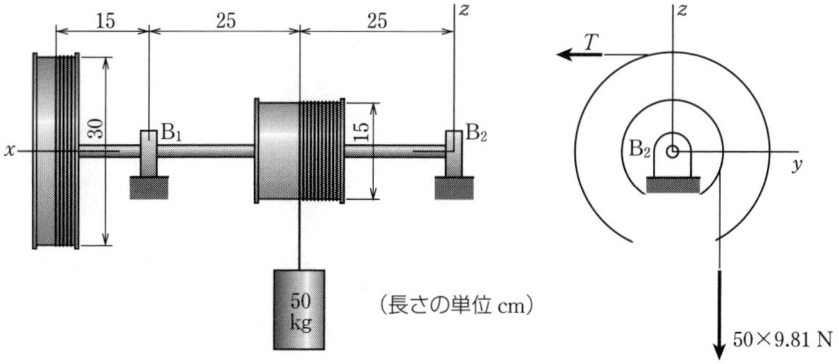

図 2·24　巻上機に働く力

$$Z_1 \times (25+25) = 490.5 \times 25$$
$$Y_1 \times (25+25) = T \times (25+25+15)$$

が得られる．その結果

$$Y_1 = 318.9\ [\mathrm{N}], \quad Z_1 = 245.3\ [\mathrm{N}]$$
$$Y_2 = -73.6\ [\mathrm{N}], \quad Z_2 = 245.2\ [\mathrm{N}]$$
$$T = 245.3\ [\mathrm{N}]$$

が求められる．各々の軸受に働く反力の大きさはそれぞれ

$$R_1 = \sqrt{318.9^2 + 245.3^2} = 402.3\ \ [\mathrm{N}]$$
$$R_2 = \sqrt{(-73.6)^2 + 245.2^2} = 256.0\ \ [\mathrm{N}]$$

である．

2章　演習問題

2·1　$\boldsymbol{a} = \boldsymbol{i} + 2\boldsymbol{j} + 4\boldsymbol{k}$, $\boldsymbol{b} = 2\boldsymbol{i} - 3\boldsymbol{j}$ のとき，次の値を計算せよ．

① $|\boldsymbol{a}|$, $|\boldsymbol{b}|$　　② $|\boldsymbol{a}+\boldsymbol{b}|$, $|\boldsymbol{a}-\boldsymbol{b}|$

③ $\boldsymbol{a}\cdot\boldsymbol{b}$, $\boldsymbol{a}\times\boldsymbol{b}$　　④ $\boldsymbol{a}\times(3\boldsymbol{a}-\boldsymbol{b})$

2·2　三角形の頂点から対辺の中点にいたるベクトルの和はゼロとなることを証明せよ．

2·3　直角座標系 O-xyz の原点を通る直線の方向余弦が（2/7, 3/7, 6/7）のとき，P 点（4, 6, 8）からこの直線にいたる距離はいくらか．

2·4　図 **2·25** のように，一辺の長さ a の立方体の一つの面の対角線の方向に力 $\boldsymbol{F}$ が働いている．

① 各座標軸まわりのモーメント

② 対角線 OQ, SB のまわりのモーメントを求めよ．

2·5　図 **2·26** のように，パイプ上の P，Q，

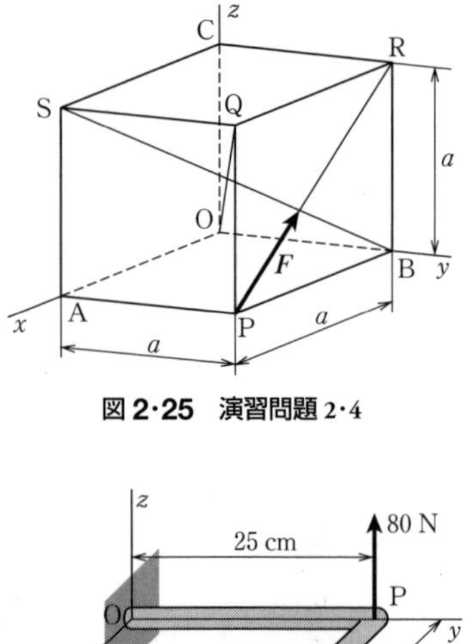

図 2·25　演習問題 2·4

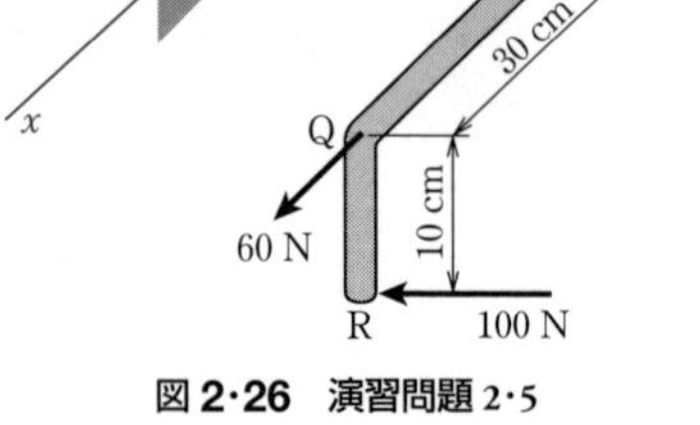

図 2·26　演習問題 2·5

R点にそれぞれ大きさ80［N］，60［N］，100［N］の力が作用している．パイプの基部に働く合力とモーメントを求めよ．

2·6 図**2·27**のように半径aの円板の周上に，等しい間隔（72°）で大きさW，$2W$，$3W$，$4W$，$5W$の鉛直力が働いている．合力の大きさと着力点を求めよ．

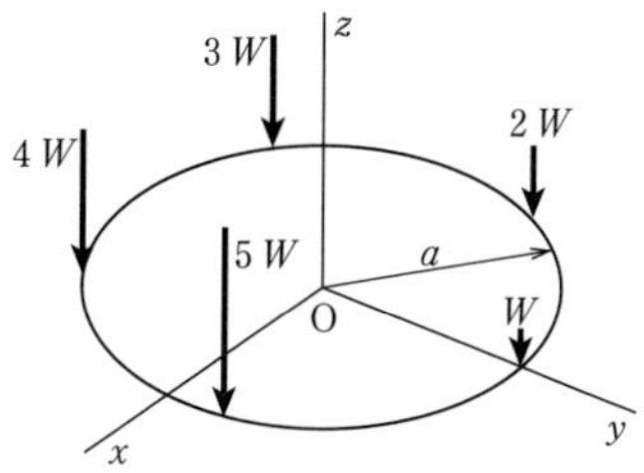

図2·27　演習問題2·6

2·7 図**2·28**のように柱が3本のロープで引張られている．柱と各ロープの間の角度はいくらか．ロープの張力がすべて300［N］であれば，柱の基礎にはどれだけの力とモーメントが働くか．

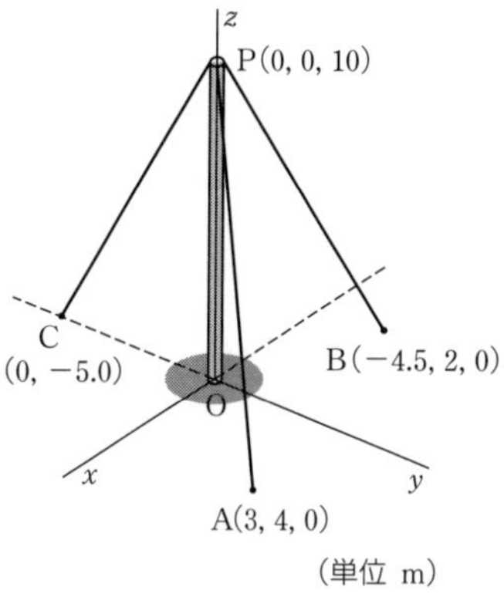

図2·28　演習問題2·7

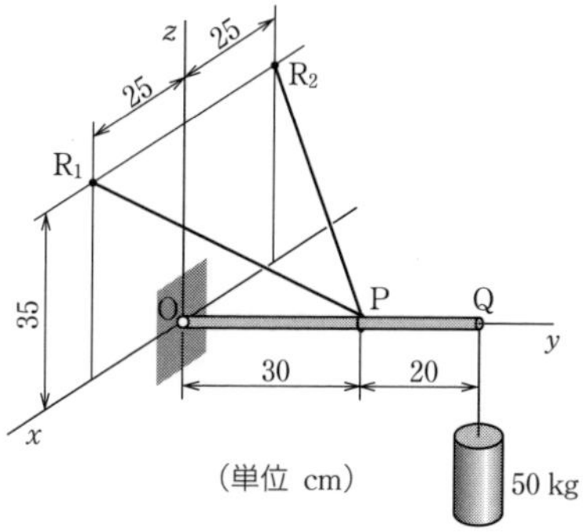

図2·29　演習問題2·8

2·8 図**2·29**のように一端がボールソケットで回転が自由に支持され，他端に質量50［kg］のおもりを吊った棒の途中を2本のロープで支持する．ロープに働く張力と，支点の反力を求めよ．

3

重心と分布力

3·1　重心

物体をいくつかの小さい部分に分けると，これらの各々にはその質量に比例した重力が作用する．重力はすべて鉛直下方を向いた平行力で，これらの合力の大きさは物体に働く重力に等しく，その作用線は物体の姿勢を変えても常に物体内の決まった一点を通る．この点を物体の**重心**（center of gravity）という．物体のつりあいや運動を論じるためには，物体に働く重力だけでなく，その重力の位置も知っておく必要がある．

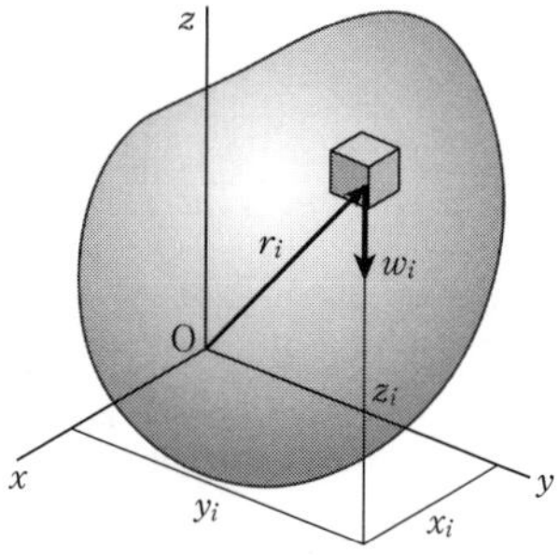

図 3·1　物体の重心計算

図 **3·1** のように直交座標系 O-xyz をとり，物体の各小部分に働く重力を w_1，w_2，…，w_N とすれば，これらの合力は物体の全体に働く重力 W に等しく

$$W = w_1 + w_2 + \cdots + w_N = \sum_i w_i \tag{3·1}$$

である．各部分の位置をそれぞれ $(x_1,\ y_1,\ z_1)$，$(x_2,\ y_2,\ z_2)$，…，$(x_N,\ y_N,\ z_N)$ の直交座標で表わし，物体全体の重心位置を $(x_G,\ y_G,\ z_G)$ で表わせば，各々の力 w_i のモーメントの和は合力 W のモーメントの値に等しいから，y 軸まわりのモーメントについて

$$Wx_G = w_1 x_1 + w_2 x_2 + \cdots + w_N x_N = \sum_i w_i x_i$$

が成り立つ．x 軸まわりのモーメントについても同様で

$$W y_G = w_1 y_1 + w_2 y_2 + \cdots + w_N y_N = \sum_i w_i y_i$$

となる．物体の姿勢を変えても重心の位置に変化はないから，物体と座標軸の関係位置をそのままにしておいて，重力の方向を x 軸方向に一致させれば

$$W z_G = w_1 z_1 + w_2 z_2 + \cdots + w_N z_N = \sum_i w_i z_i$$

が得られる．こうして空間的な物体の重心位置は

$$x_G = \frac{1}{W}\sum_i w_i x_i, \quad y_G = \frac{1}{W}\sum_i w_i y_i, \quad z_G = \frac{1}{W}\sum_i w_i z_i \tag{3·2}$$

で表わされる．あるいは物体内の点の位置を表わすベクトル $\boldsymbol{r}_i$ と重心の位置を表わすベクトル $\boldsymbol{r}_G$ を用いて，式(**3·2**)を

$$\boldsymbol{r}_G = \frac{1}{W}\sum_i w_i \boldsymbol{r}_i \tag{3·3}$$

と書くこともできる．

通常の連続体の場合，ごく小さい w_i を考え，その極限値 dw をとって

$$x_G = \frac{1}{W}\int x dw, \quad y_G = \frac{1}{W}\int y dw, \quad z_G = \frac{1}{W}\int z dw \tag{3·4}$$

あるいは

$$\boldsymbol{r}_G = \frac{1}{W}\int \boldsymbol{r} dw \tag{3·5}$$

のように積分形で書くことができる．材料が均質な物体では，重力が体積 V に比例するから

$$x_G = \frac{1}{V}\int x dv, \quad y_G = \frac{1}{V}\int y dv, \quad z_G = \frac{1}{V}\int z dv \tag{3·6}$$

となり，材質と厚さが一定な薄い板では，重力が面積 S に比例するから

$$x_G = \frac{1}{S}\int x ds, \quad y_G = \frac{1}{S}\int y ds \tag{3·7}$$

と書くことができる．さらに材質，太さとも一定な細い棒の場合には，V あるいは S に代わって長さ L を用いて計算すればよい．

均質な物体では，材料のいかんにかかわらず重心位置はただ物体の幾何学的な形状だけで決まる．このような点を**図心**（centroid）と呼んでいる．

3・2　重心の計算例

物体の重心位置は前節に述べた計算を行なって求められるが，簡単な形のものではごく手軽に重心位置がわかるものがある．たとえば物体が幾何学的な対称軸をもてば重心はその軸上にあり，物体に二つの対称軸があればその交点が重心となる．また物体を重力とその重心位置がすでにわかっているいくつかの部分に分け得るとき，各部分に働く平行力の合力を求めることによって全体の重心位置が容易に決定される．

以下に規則的な形をもった均質な物体について，その重心位置を求める計算例を示そう．

〔例題 3・1〕 L 形板　図 3・2 に示す均質な L 形板の重心位置を求めよ．

〔解〕　L 形板を二つの部分に分け，図のように直交座標軸をとる．各々の部分の面積はそれぞれ 100 [cm²]，35 [cm²] で，重心位置は $(x_1,\ y_1) = (2.5,\ 10)$ [cm]，$(x_2,\ y_2) = (8.5,\ 2.5)$ [cm] に等しいから，全体の重心位置は

$$x_G = \frac{1}{135}(2.5 \times 100 + 8.5 \times 35)$$

$$= 4.1 \quad [\text{cm}]$$

$$y_G = \frac{1}{135}(10 \times 100 + 2.5 \times 35)$$

$$= 8.1 \quad [\text{cm}]$$

となる．

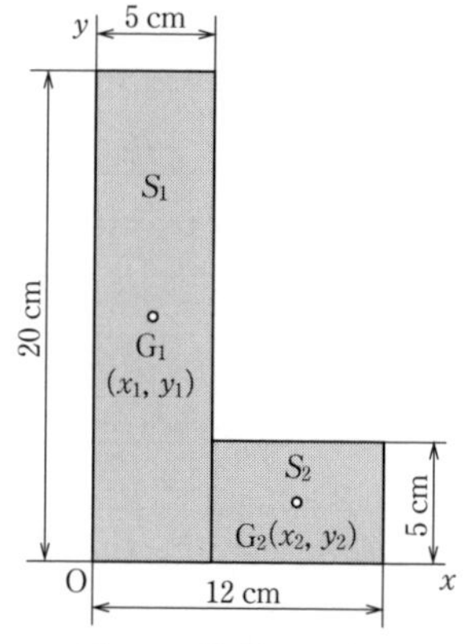

図 3・2　均質な L 形板

〔例題 3・2〕 有孔円板　図 3・3 のように一定厚さの円板の一部を円形に切り抜くと，円板の重心はどこに移るか．

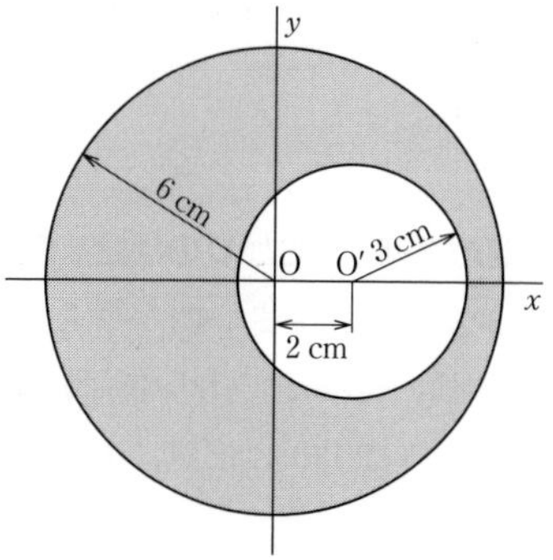

図 3・3　厚さ一様な有孔円板

〔解〕　図のように直角座標系 O-xy をとれば，円板は x 軸に関して対称で，重心はそ

の軸上にある．この場合，孔の中心には，切り抜いただけの面積 9π ［cm^2］に比例する力が，重力と反対方向に働くと考えればよいから

$$x_G = \frac{1}{(36-9)\pi}(36\pi \times 0 - 9\pi \times 2) = -\frac{2}{3} \quad [\mathrm{cm}]$$

となり，重心は円板の中心から孔の反対側へ 6.7［mm］だけ移動することとなる．

次に細い針金のような曲線状の物体の重心位置を計算してみよう．

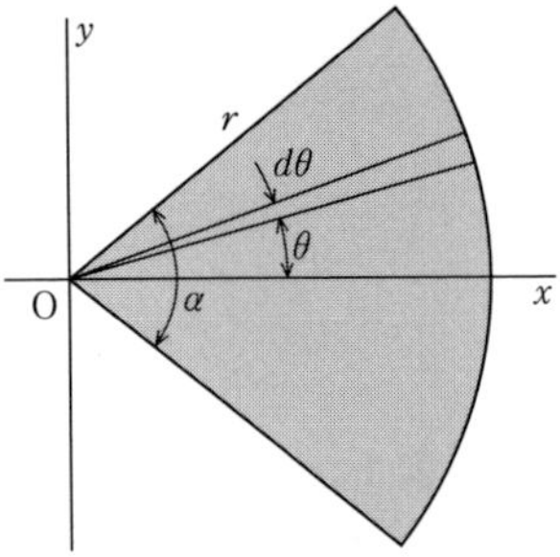

図 3·4　円弧

〔**例題 3·3**〕　**円弧**　半径 r，中心角 α の円弧の重心を求めよ．半円弧，四半円弧の場合はどうか．

〔**解**〕　円弧の中心 O を原点として，図 **3·4** のように直交座標軸をとる．x 軸と角 θ をなす位置にある長さ $rd\theta$ の微小円弧の x 座標は $x = r \times \cos\theta$ で表わされるから，式(**3·7**)と同じ考え方によって

$$x_G = \frac{\displaystyle\int_{-\alpha/2}^{\alpha/2} xrd\theta}{\alpha r} = \frac{r}{\alpha}\int_{-\alpha/2}^{\alpha/2}\cos\theta d\theta = \frac{2r}{\alpha}\sin\frac{\alpha}{2} \qquad \textbf{(a)}$$

となる．半円弧（$\alpha = \pi$）および四半円弧（$\alpha = \pi/2$）の場合は

$$\text{半円弧：} x_G = \frac{2r}{\pi} = 0.637r \qquad \textbf{(b)}$$

$$\text{四半円弧：} x_G = \frac{4r}{\pi}\frac{1}{\sqrt{2}} = 0.901r \qquad \textbf{(c)}$$

となる．

〔**例題 3·4**〕　**曲がりの小さい弧**　図 **3·5** に示す小さい曲がりをもつ対称弧の重心は，弧の中点から曲り h のほぼ 1/3 の位置にあることを示せ．

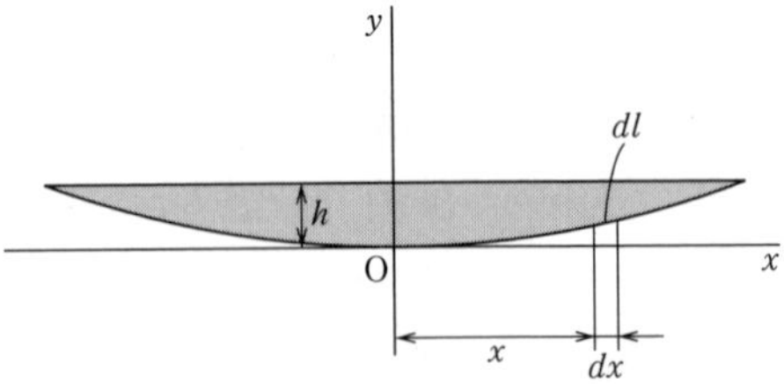

図 3·5　曲がりが小さい対称弧

〔**解**〕　図のように弧の中点 O に原

点をもつ直交座標軸をとる．弧の微小部分の長さ dl は x 軸に対するこう配 dy/dx を用いて $dl=\sqrt{1+(dy/dx)^2}dx$ と書けるが，曲がりが小さい弧では dy/dx の値は小さくて省略できるので，ほぼ $dl \fallingdotseq dx$ となる．弧の全長を L とし，弧の形状が放物線 $y=ax^2$ で近似できるものとすれば，その重心位置は

$$y_G=\frac{1}{L}\int_{-L/2}^{L/2} y dl \approx \frac{2}{L}\int_0^{L/2} ax^2 dx=\frac{2}{3L}a\left(\frac{L}{2}\right)^3=\frac{1}{3}a\left(\frac{L}{2}\right)^2$$

となるが，$h=a(L/2)^2$ で表わせるので

$$y_G=\frac{1}{3}h$$

となる．

次に平板の例を考えてみよう．

〔**例題 3·5**〕 **扇形板** 半径 r，中心角 α の扇形板の重心位置を求めよ．半円板，四半円板の場合はどうか．

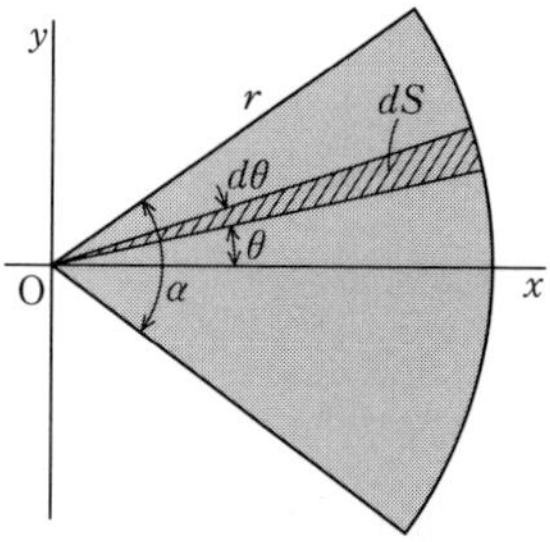

図 3·6 扇形板

〔**解**〕 図 **3·6** のように座標軸をとり，x 軸と角 θ をなす位置に中心角 $d\theta$ の小さい扇形板を考える．この小さい扇形板の面積は $dS=\frac{1}{2}r^2d\theta$ で，これを二等辺三角形と考えれば，その重心は中心から $\frac{2}{3}r$ の位置にあるから，扇形板全体の重心位置は

$$x_G=\frac{\int_{-\alpha/2}^{\alpha/2}\frac{2}{3}r\cos\theta\cdot\frac{1}{2}r^2\,d\theta}{\int_{-\alpha/2}^{\alpha/2}\frac{1}{2}r^2\,d\theta}=\frac{2r}{3\alpha}\cdot 2\int_0^{\alpha/2}\cos\theta d\theta=\frac{4r}{3\alpha}\sin\frac{\alpha}{2} \tag{a}$$

となる．半円板あるいは四半円板では

$$\text{半円板：}x_G=\frac{4r}{3\pi}=0.425r \tag{b}$$

$$\text{四半円板：}x_G=\frac{8r}{3\pi}\frac{1}{\sqrt{2}}=0.601r \tag{c}$$

最後に立体の重心を求める例をあげておこう.

〔**例題 3・6**〕 **直円すい** 底面の半径 a, 高さ h の直円すいの重心位置を求めよ.

〔**解**〕 図 **3・7** のように, 円すいの頂点に原点 O をとり, 円すいの軸を x 軸にとる. 頂点より x の位置にある厚さ dx の薄い円板の体積は $dv=\pi(ax/h)^2dx$ で表わされるので, 式(**3・6**)により

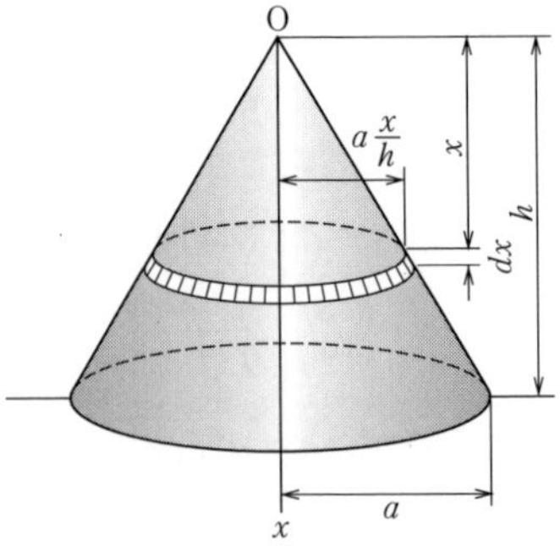

図 3・7 直円すい

$$x_G=\frac{\int_0^h x\pi(ax/h)^2\,dx}{\int_0^h \pi(ax/h)^2\,dx}=\frac{\int_0^h x^3\,dx}{\int_0^h x^2\,dx}=\frac{3}{4}h$$

すなわち直円すいの重心は底面より高さの 1/4 の位置にある.

回転面の重心

図 **3・8** のように, 曲線 $y=f(x)$ が x 軸のまわりに回転してできる曲面の重心位置を計算する方法を考えてみよう. 曲線上の微小な長さ dl が回転してできる薄い帯状の円すい面の面積は $dS=2\pi y dl$ で表わされるから, 式(**3・7**)によってその重心位置は

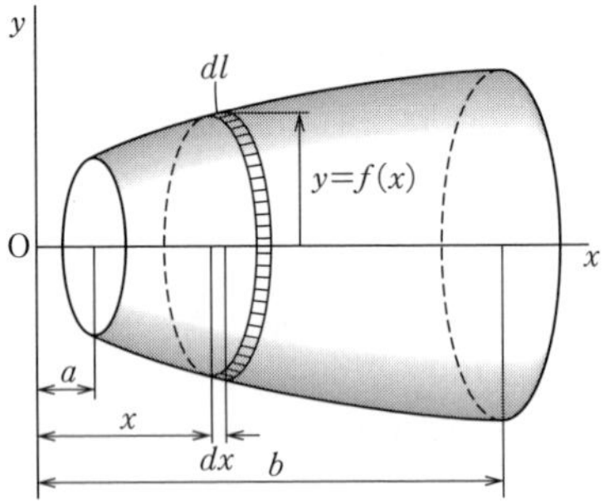

図 3・8 回転面

$$x_G=\frac{\int_S x\times 2\pi y dl}{\int_S 2\pi y dl}=\frac{\int_S xydl}{\int_S ydl} \qquad (3\cdot 8)$$

となる. dl は曲面のこう配 $dy/dx=f'(x)$ を用いて $dl=\sqrt{1+[f'(x)]^2}\,dx$ と書けるから, 式(**3・8**)は

$$x_G = \frac{\int_a^b xf(x)\sqrt{1+[f'(x)]^2}\,dx}{\int_a^b f(x)\sqrt{1+[f'(x)]^2}\,dx} \tag{3·9}$$

となり，元の曲線（母線）を表わす関数 $y=f(x)$ が与えられたとき，回転面の重心位置が確定する．

〔**例題 3·7**〕 **球帯** 図 3·9 に示す球帯（底面を除く球の表面）の重心位置を求めよ．

〔**解**〕 球の中心に原点 O をとり，球帯の軸を x 軸にとる．半径 r の球面はこの軸のまわりに曲線 $y=\sqrt{r^2-x^2}$ を回転することによって得られる．この場合 $f'(x) = -x/\sqrt{r^2-x^2}$ であるから，式(3·9)によって

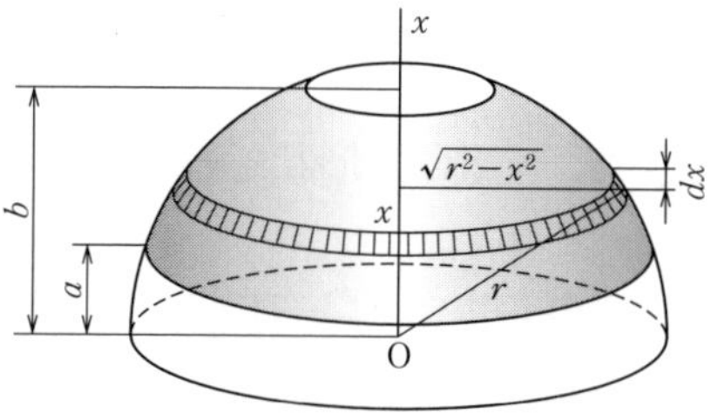

図 3·9 球帯

$$x_G = \frac{\int_a^b x\sqrt{r^2-x^2}\sqrt{r^2/(r^2-x^2)}\,dx}{\int_a^b \sqrt{r^2-x^2}\sqrt{r^2/(r^2-x^2)}\,dx} = \frac{\int_a^b xdx}{\int_a^b dx} = \frac{1}{2}(a+b)$$

となり，球帯の重心は二つの底面の中心を結ぶ軸の中点にあることがわかる．

回転体の重心

x 軸のまわりに曲線 $y=f(x)$ を回転させて得られる（中実）回転体の重心位置は次のようにして計算される．x の位置にある厚さ dx の薄い円板の体積は $dV=\pi y^2 dx$ で表わされるから，式(3·6)によって

$$x_G = \frac{\int_a^b xf^2(x)dx}{\int_a^b f^2(x)dx} \tag{3·10}$$

が得られる．

〔**例題 3·8**〕 **半球**　半径 r の半球の重心を求めよ．

〔**解**〕 球の中心Oに原点をとり，底面に垂直に x 軸をとれば，球体の表面は $y=\sqrt{r^2-x^2}$ で表わされるから，式(**3·10**)によって

$$x_G=\frac{\int_0^r x(r^2-x^2)dx}{\int_0^r (r^2-x^2)dx}=\frac{r^4\left(\frac{1}{2}-\frac{1}{4}\right)}{r^3\left(1-\frac{1}{3}\right)}=\frac{3}{8}r$$

となる．

3·3　簡単な形状をもつ物体の重心

実際の応用にしばしば出てくる均質な物体の重心位置を表 **3·1** ～表 **3·4** に示す．

表 3·1　線状物体の重心位置

(a) 線分	(b) 円弧
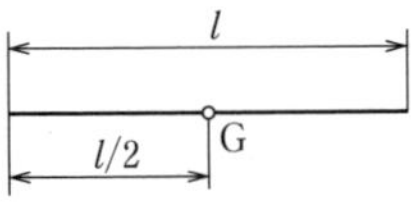	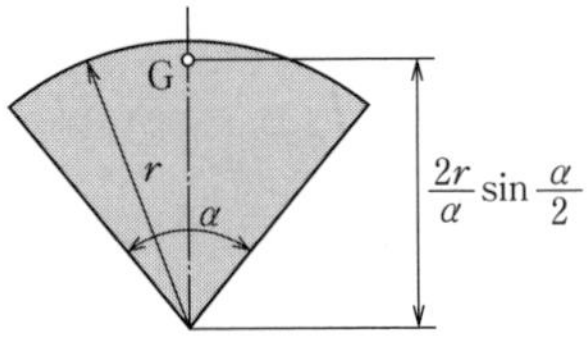

表 3·2　平板の重心位置

(a) 三角形板	(b) 平行四辺形板
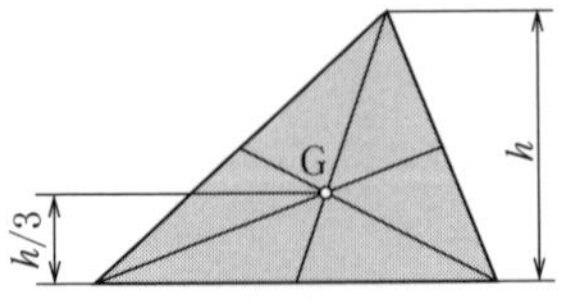 中線の交点	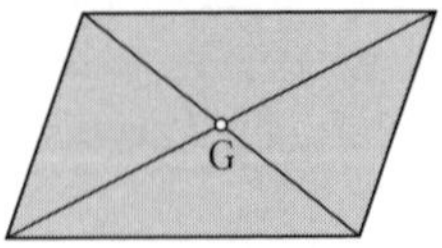 対角線の交点

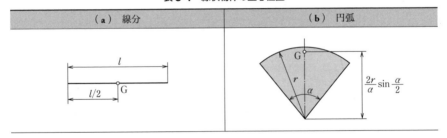

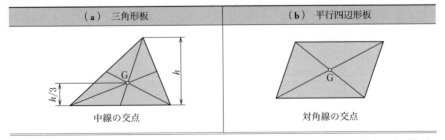

(次ページへ続く)

（c） 台形板

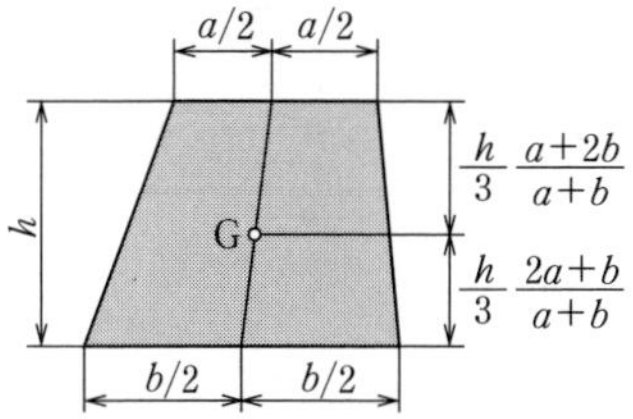

（d） 扇形板

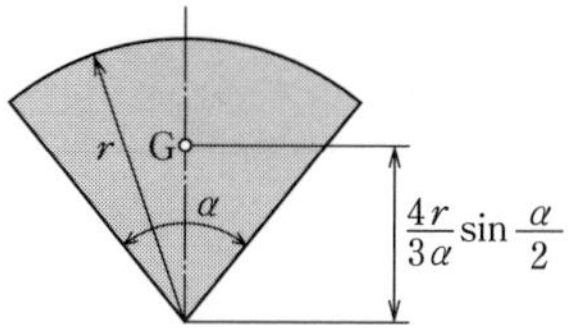

（e） 弓形板

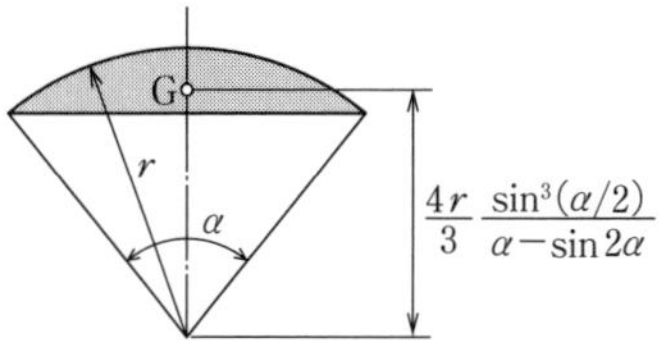

（f） 半円形板

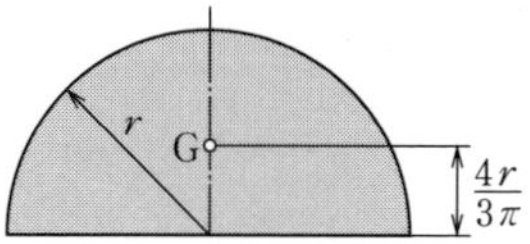

（g） 放物線で囲まれる面

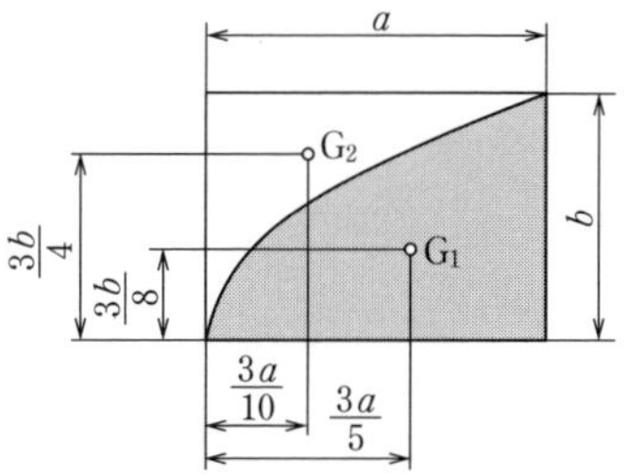

表 3·3 曲面（底面を除く）**の重心位置**

（a） 円すい面

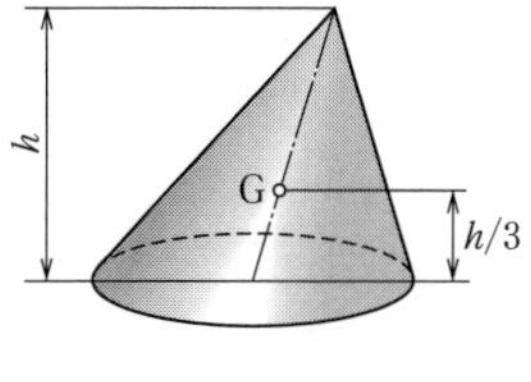

（b） 頭頂を切った直円すい面

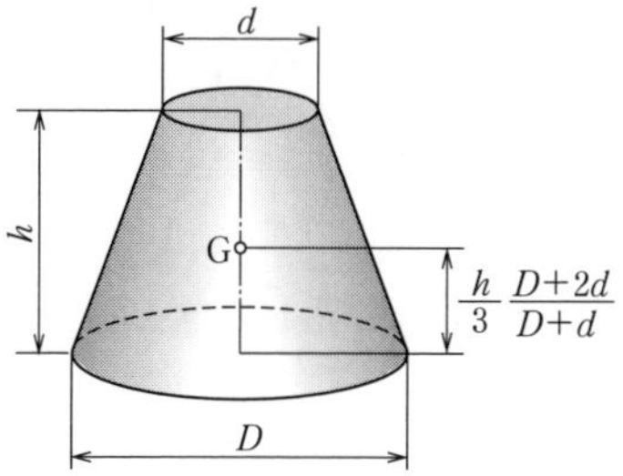

（次ページへ続く）

（c） 割球面

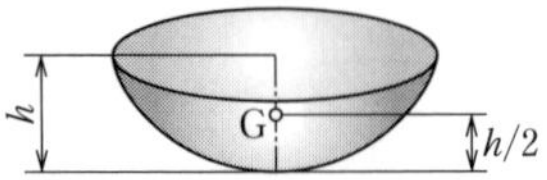

（d） 球帯面

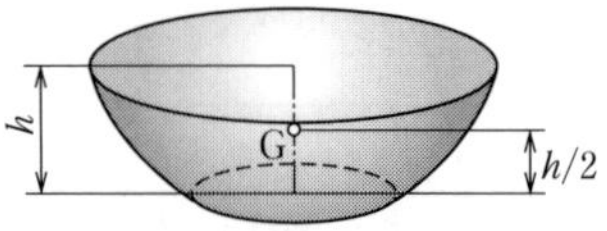

（e） 半球面

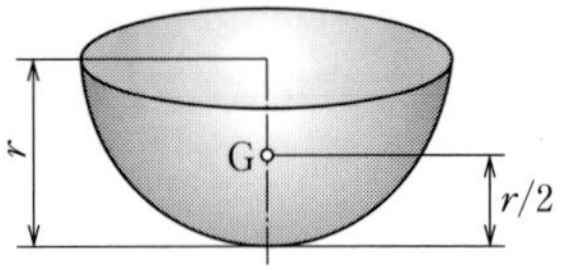

表 3·4　立体の重心位置

（a） 角柱

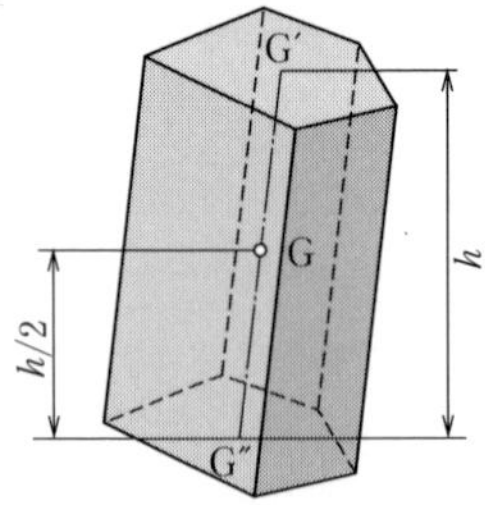

（G′，G″ は底面の重心）

（b） 円柱

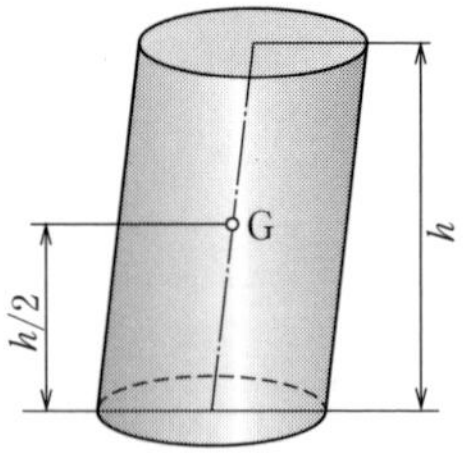

（c） 角すい

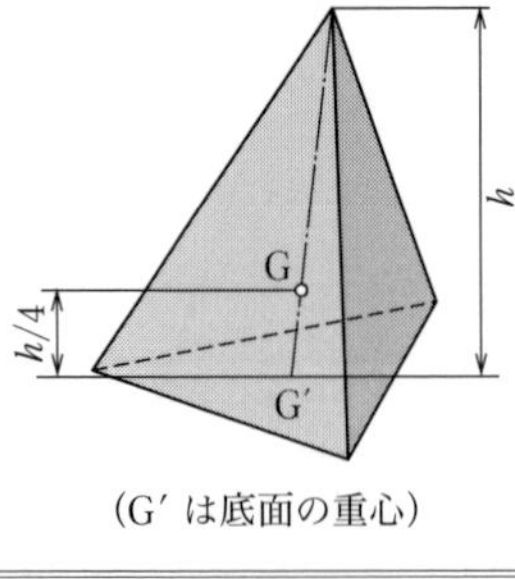

（G′ は底面の重心）

（d） 円すい

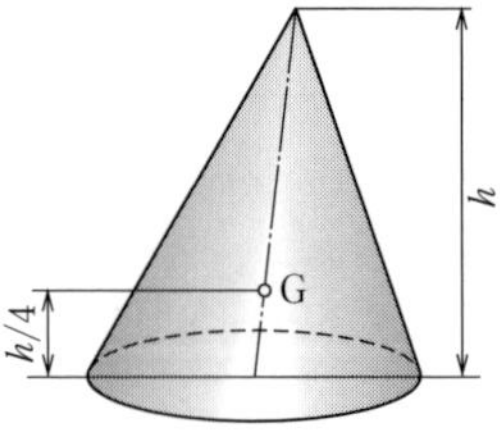

（次ページへ続く）

（e） 頭頂を切った円すい

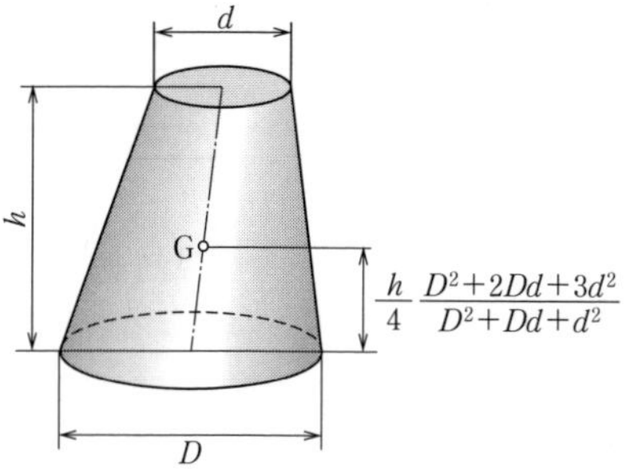

（f） 球欠

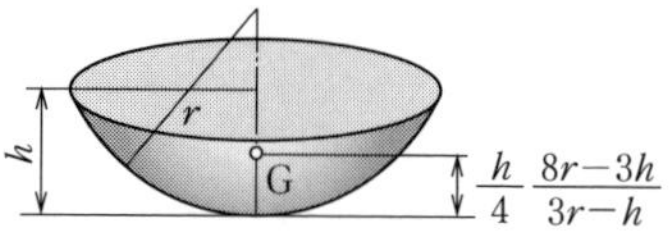

（g） 半球

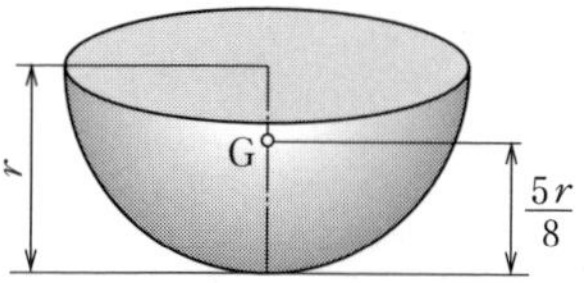

（h） 回転放物体

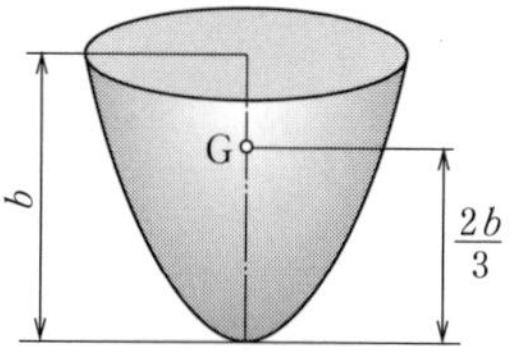

3·4　重心位置の測定

複雑な形をした機械の部品や，何百個，何千個の部品からなる機械の重心をひとつひとつ計算で求めるのは容易なことではない．しかし試作品かこれとよく似た品物があると，実測によって重心位置を求めることができる．

図**3·10**のように，物体に糸かロープを掛けて吊ると，物体は重心がその真下にきたときに静止する．このときの鉛直線（図のaa′）と，糸を掛け直したときの鉛直線（図のbb′）の交点を求めれば重心位置が確定する．測定が正確で，物体が変形しなければ，この2本の直線は正しく重心位置で交わるはずである．

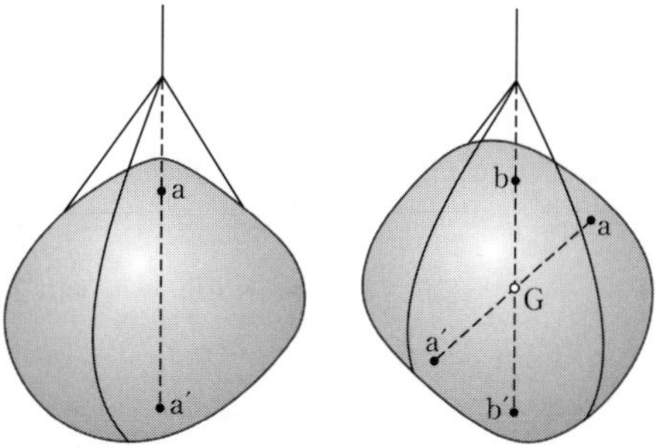

図3·10　重心の測定

物体を三点で支え，その反力を測定することによっても重心を通る直線が決められる．重心位置は三つの反力を合成した力の作用線上にあるからである．物体の姿勢を変えてもう一度同じことをやれば，重心を通る別の直線が決まる．実例について計算してみよう．

〔例題 3·9〕 自動車の重心　自動車の重心位置を求めるために，図 **3·11**(**a**)のように前後の車軸を同じ高さにして前，後輪に作用する力を測定したところ，それぞれ 6.4［kN］と 6.1［kN］であった．同図(**b**)のように，この車の前車軸を上げて，前，後車軸を結ぶ直線の傾きを 25° にしたとき，400［N］だけ前輪に働く力が後輪に移動した．両車軸間の距離は 2.53［m］である．この自動車の重心の位置はどこにあるか．

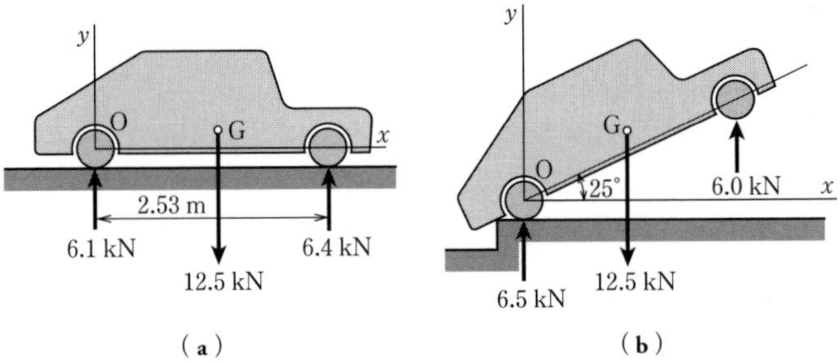

図 3·11　自動車の重心測定

〔解〕　図のように，後車軸に原点 O をとり，水平方向に x 軸，鉛直方向に y 軸をとる．自動車の重心にはその全重力に等しい 12.5［kN］の力が作用するから，まず自動車が水平に置かれたときの O 点まわりの力のモーメントを考えて

$$x_G = \frac{6.4 \times 2.53}{12.5} = 1.30 \quad [\mathrm{m}]$$

前車軸を上げたときは，図(**b**)からわかるように O 点に対する全重力の腕の長さは $x_G \cos 25° - y_G \sin 25°$ に等しいから，O 点まわりのモーメントのつりあいから

$$12.5 \times (1.30 \cos 25° - y_G \sin 25°) = 6.0 \times 2.53 \cos 25°$$

となる．この式から y_G を解くことによって

$$y_G = \left(1.30 - \frac{6.0}{12.5} \times 2.53\right) \cot 25° = 0.184 \quad [\mathrm{m}]$$

すなわち，重心は後車軸から前方 1.30［m］，前後の車軸を結ぶ直線より上へ 18［cm］の位置にあることがわかる．

3·5 つりあいの安定度

水平な床の上に置かれた直円すいを考えてみよう．図 **3·12**（**a**）のように底面を下にしておいた場合は，これを少し傾けても，床面からの反力とこの物体の重力によって生じる復原モーメントによって円すいは元の姿勢に戻ろうとする．このような状態を**安定**（stable）なつりあいという．

これに対して，同図（**b**）のように底面を上にした倒立円すいでは，少し傾けると，頂点に働く反力と物体の重力による転倒モーメントによって円すいはもはや元の姿勢には戻らない．このようなつりあいを**不安定**（unstable）という．

また円すいを同図（**c**）のように床面に置くと，少し動かしても偶力によるモーメントは生じないで，ただ転がるだけで任意の位置でつりあいを保つ．このような状態を**中立**（neutral）のつりあいと呼んでいる．これらの各図からわかるように，つりあいの状態にある物体の姿勢を少し変えた場合，安定なつりあいにあるときは重心が上がるが，不安定なつりあいにあるときには逆に重心が下がる．これに対して，中立なつりあいにある物体では，姿勢を変えても重心の高さはまったく変わらない．

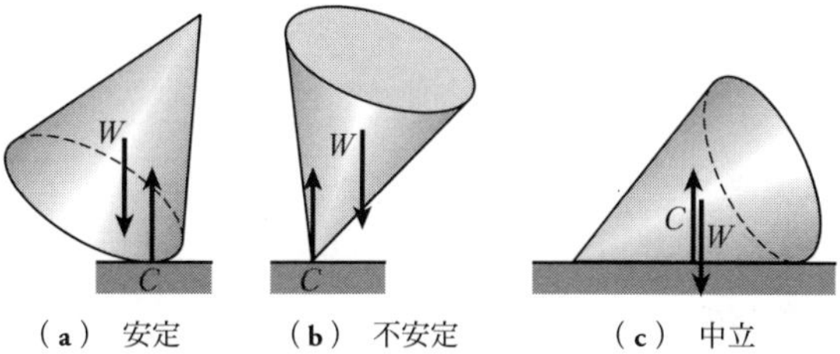

図 3·12 直円すいの安定性

〔**例題 3·10**〕 **半球の安定性** 水平な床の上に，底面を上にして置かれた均質な半球は安定なつりあい状態にあることを示せ．半球をつりあい位置から θ だけ傾けると，重心位置はいくら上下するか．

〔**解**〕 図 **3·13** のように半球を少し傾けると，半球に働く重力と床面の反力により復原モーメントを生じてつりあい時の姿勢に戻ろうとするから，この

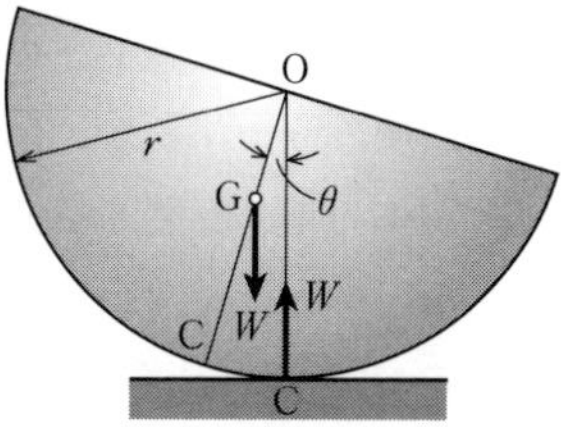

図 3·13 半球の安定性

つりあいは安定である．半球の重心位置は底面から $3r/8$ のところにある〔表 **3·4** (**g**)参照〕から，半球を θ だけ傾けると重心の高さは $r-(3r/8)\cos\theta$ となる．つりあい時の重心は床面から $5r/8$ の高さにあるから，重心は $(3r/8)(1-\cos\theta)$ だけ上昇したこととなる．

〔例題 3·11〕 直円柱を接合した半球 図 **3·14** のように，半球に同じ材料でつくった直円柱を接着してもなおつりあいが安定であるためには，直円柱の高さはどれだけであればよいか．

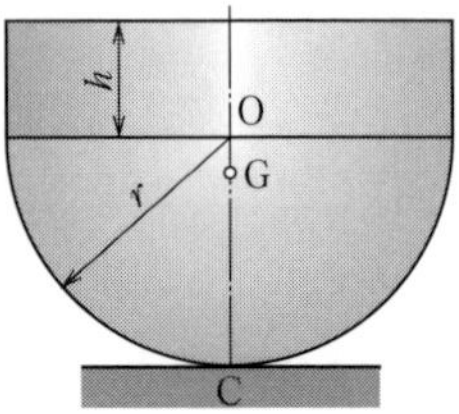

図 3·14 直円柱を接合した半球

〔解〕 二つの立体を合わせた全体の重心が半球内にある限りつりあいは安定で，この位置が半球の中心 O に一致したときつりあいは中立となる．半球と円柱の半径を r，円柱の高さを h，二つの物体の単位体積当りに働く重力を γ とすれば，それぞれ $\gamma 2\pi r^3/3$，$\gamma\pi r^2 h$ の重力が働くから，つりあいが安定であるためには，この二つの力による O 点まわりのモーメントに関して

$$\gamma\frac{2\pi}{3}r^3\frac{3}{8}r > \gamma\pi r^2 h\frac{h}{2}$$

が成り立たなければならない．これより円柱の高さが

$$h < \frac{r}{\sqrt{2}}$$

のとき，つりあいが安定であることがわかる．

物体の転倒

図 **3·15** のように，水平な床の上に置かれた物体を徐々に傾けてゆくと，角度が小さい間は，物体に働く重力と床の反力による偶力の復原モーメントのため物体は元の姿勢に戻ろうとするが，傾きが大きくなって，物体の重心を通る鉛直線が底面から外へ出るとモーメントの向きが変わって，物体はもはや元の位置に戻らないで転倒する．物体の重心位置が低いと転倒させるま

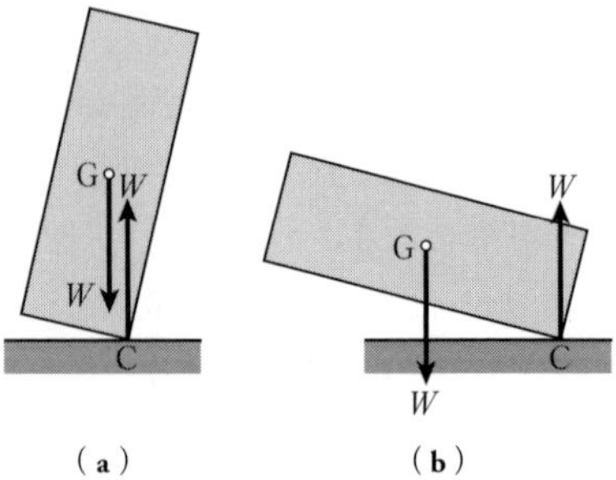

図 3·15 物体の転倒

での角度が大きく，少しの傾きではすぐ元の状態に戻る．物体が重くてその底面が広いと，重力と反力による復原モーメントが大きくて物体は倒れにくくなる．

〔**例題 3·12**〕 **斜面上の円すい** 底面の半径 r，高さ h の直円すいを，図 **3·16** のように粗くてすべらない斜面上に載せた．円すいは斜面がどれだけの傾きになるまで転倒しないか．

〔**解**〕 直円すいの重心は底面より $h/4$ の高さの位置にある〔表 **3·4**(**d**)参照〕から，重心を通る鉛直線が円柱底面から出ないためには

$$\tan\alpha < \frac{r}{h/4}$$

でなければならない．したがって，斜面の傾き角 α は $\tan^{-1}(4r/h)$ より小さい必要がある．

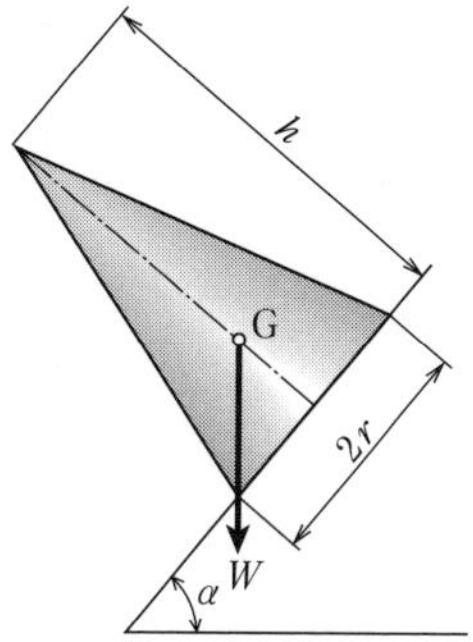

図 3·16 斜面に置かれた直円すい

3·6 分布力

これまでは，物体の表面あるいは内部の点に働く**集中荷重**（concentrated load）のみを考えてきたが，実際には水圧や風圧，あるいは砂袋を載せた場合のように力が連続的に分布して働く場合が多い．物体自体に働く重力を考える場合もこれと同様で，いずれも物体に働く**分布荷重**（distributed load）として取り扱わなければならない．

1. はり

図 **3·17** に示す両端が（単純）支持されたはりに，単位長さ当り w の分布荷重が働くときの支点の反力を計算してみよう．支点 A から x の位置にある微小長さ dx のはりの部分に作用する荷重は wdx に等しいから，この荷重による両支点まわりのモーメントの大きさはそれぞれ $wxdx$，w

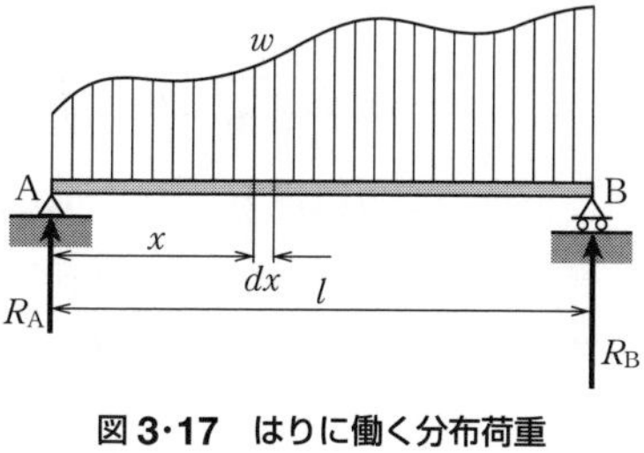

図 3·17 はりに働く分布荷重

$\times (l-x)dx$ で，すべての荷重についてはこれらをはりの全長にわたって積分した

$$M_{\mathrm{A}} = \int_0^l wxdx, \qquad M_{\mathrm{B}} = \int_0^l w(l-x)dx \tag{3・11}$$

となる．これより二つの支点における反力は

$$R_{\mathrm{A}} = \frac{1}{l}\int_0^l w(l-x)dx, \qquad R_{\mathrm{B}} = \frac{1}{l}\int_0^l wxdx \tag{3・12}$$

で，はりには分布荷重の総和に等しい

$$W = R_{\mathrm{A}} + R_{\mathrm{B}} = \int_0^l wdx \tag{3・13}$$

の力が分布曲線の重心に集中して働くと考えたのと同じであることがわかる．

〔例題3・13〕 はりの反力 図**3・18**のように，両端が（単純）支持されたはりに三角形の分布荷重が作用するとき，支点反力はいくらか．

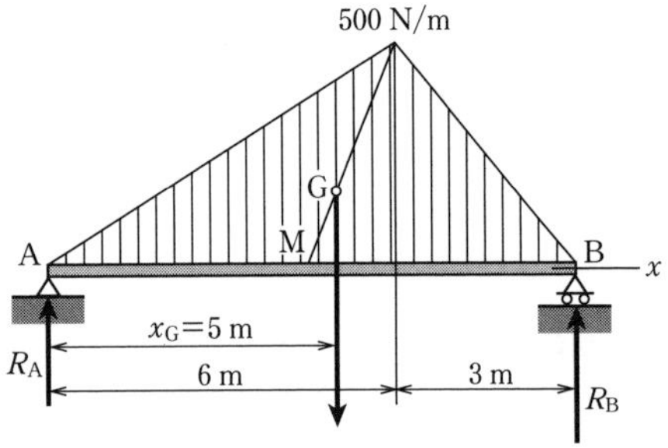

図3・18 はりに働く分布荷重

〔解〕 この場合の荷重分布曲線は，はり上にA点を原点とするx軸をとって

$$w = \frac{500}{6}x \quad (0 \leqq x \leqq 6),$$

$$w = \frac{500}{3}(9-x) \quad (6 \leqq x \leqq 9)$$

で与えられる．式(**3・12**)によって，まずB点の反力を求めると

$$R_{\mathrm{B}} = \frac{1}{9}\left[\int_0^6 \frac{500}{6}x^2 dx + \int_6^9 \frac{500}{3}(9-x)xdx\right] = 1250 \quad [\mathrm{N}]$$

全体の荷重は

$$W = \int_0^6 \frac{500}{6}xdx + \int_6^9 \frac{500}{3}(9-x)dx = 2250 \quad [\mathrm{N}]$$

なので，A点の反力は W' から R_{B} を差し引いた 1000［N］となる．全荷重の大きさが荷重曲線を表わす三角形の面積に等しく，その着力点が三角形の重心にあることから，上記の積分計算は必要もなく，ただちに

$$W = \frac{1}{2} \times 9 \times 500 = 2250 \quad [\mathrm{N}]$$

$$R_{\mathrm{A}} = \frac{1}{9} \times 4 \times 2250 = 1000 \quad [\mathrm{N}],\ R_{\mathrm{B}} = \frac{1}{9} \times 5 \times 2250 = 1250 \quad [\mathrm{N}]$$

を得る.

2. たわみやすいロープ

たわみやすいロープ（索）や鎖はそれ自体に働く重力のために曲がって，いわゆる**懸垂線**（catenary）と呼ばれる曲線をなす．送電線や吊橋などその例は多い．

図**3・19**のように両端A，Bで固定された自由にたわみ得る索を考えてみよう．

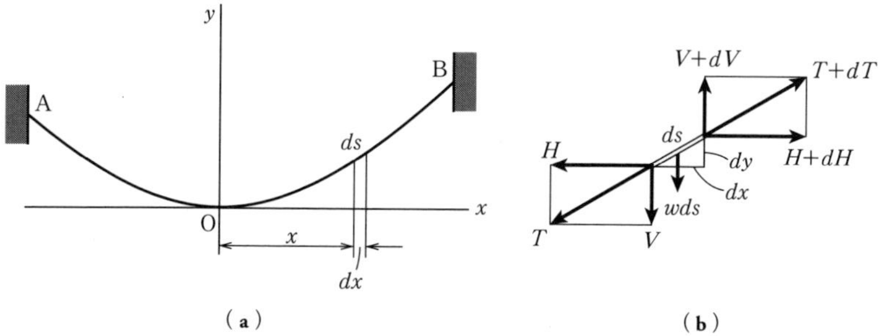

図3・19　懸垂索

索の曲線形状を求めるために，その最下点に原点をもつ直交座標軸をとる．まず同図(**b**)のように，長さ ds の部分に働く索の重力と張力のつりあいを考える．索の単位長さ当たりに働く重力を w とし，張力 T の水平と鉛直方向の分力をそれぞれ H, V とすれば

$$(H + dH) - H = 0, \quad (V + dV) - V - wds = 0$$

で

$$dH = 0 \quad (H = \mathrm{const.}), \quad dV = wds = w\sqrt{1+\left(\frac{dy}{dx}\right)^2}\,dx \qquad (\mathbf{3\cdot14})$$

となる．たわみやすい索では，張力は接線方向に働くので $dy/dx = V/H$ で，H は一定であるから，この関係を式(**3・14**)に代入して微分方程式

$$H\frac{d^2y}{dx^2} = w\sqrt{1+\left(\frac{dy}{dx}\right)^2} \qquad (\mathbf{3\cdot15})$$

が導かれる．式(**3・15**)の解法はそれほどむずかしくはない．曲線のこう配を $p=$

dy/dx とおくことによって

$$H\frac{dp}{dx}=w\sqrt{1+p^2} \quad \text{あるいは} \quad \frac{H}{w}\frac{dp}{\sqrt{1+p^2}}=dx$$

第二式は変数分離形の微分方程式なので，左右両辺がそのまま積分できて

$$\frac{H}{w}\sinh^{-1}p=x+C_1$$

となる．C_1 は積分定数であるが，索の最下点を座標の原点としてある（$x=0$ で $p=0$）ので，この場合ゼロである．したがって

$$p=\frac{dy}{dx}=\sinh\left(\frac{w}{H}x\right) \tag{3・16}$$

となり，もう一度積分することによって

$$y=\frac{H}{w}\cosh\left(\frac{w}{H}x\right)+C_2 \tag{3・17}$$

が得られる．$x=0$ で $y=0$ であるから，$C_2=-H/w$ となる．式(**3・17**)は索の形状を表わす懸垂線を与える．索の長さは最下点から測って

$$s=\int_0^x\sqrt{1+\left(\frac{dy}{dx}\right)^2}\,dx=\int_0^x\sqrt{1+\sinh^2\left(\frac{w}{H}x\right)}\,dx$$

$$=\int_0^x\cosh\left(\frac{w}{H}x\right)dx=\frac{H}{w}\sinh\left(\frac{w}{H}x\right) \tag{3・18}$$

となる．また，索に働く張力は

$$T=\sqrt{H^2+V^2}=H\sqrt{1+p^2}=H\cosh\left(\frac{w}{H}x\right) \tag{3・19}$$

で与えられる．普通は送電線にしても，吊橋にしても大きい張力をもたせて，たわみを小さくしている．このときは，近似的に

$$\cosh\left(\frac{w}{H}x\right)\approx 1+\frac{1}{2!}\left(\frac{w}{H}\right)^2x^2, \quad \sinh\left(\frac{w}{H}x\right)\approx\frac{w}{H}x+\frac{1}{3!}\left(\frac{w}{H}\right)^3x^3$$

とおけるので，索のたわみはおおむね放物線

$$y\approx\frac{1}{2}\frac{w}{H}x^2 \tag{3・20}$$

と考えてよく，また張力は

$$T\approx H\left[1+\frac{1}{2!}\left(\frac{w}{H}\right)^2x^2\right] \tag{3・21}$$

で，水平成分 H より少々大きい値をもつにすぎない．

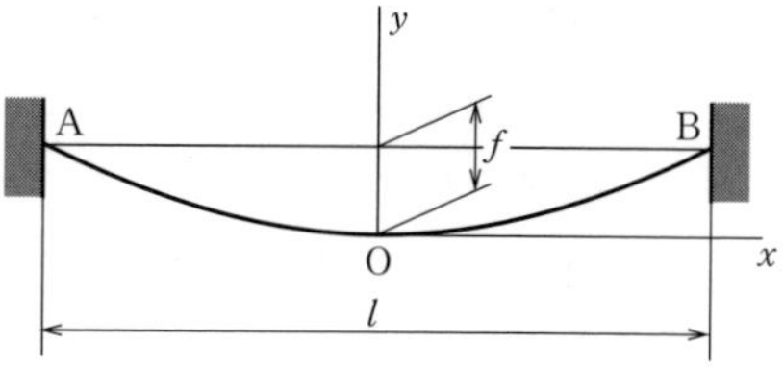

図 3·20　水平に近く張られたロープ

〔**例題 3·14**〕 **ロープの張力**　図 3·20 のように，l の距離を隔てて水平に近く張られたロープの，中央における最大たわみを測ったら f であった．ロープに働く全重力を W とすれば，張力はどれくらいか．

〔**解**〕 水平近く強く張られたロープでは，式(**3·20**)と式(**3·21**)の近似理論を用いれば十分である．$x=\pm l/2$ で $y=f$ として H を決めれば

$$H \approx \frac{Wl}{8f} \qquad (W \approx wl) \tag{a}$$

張力は

$$T = \frac{Wl}{8f}\left[1+32\left(\frac{f}{l}\right)^2\left(\frac{x}{l}\right)^2\right] \tag{b}$$

となり，両端に近いほどわずかに大きいが，水平分力とそれほどの差違はない．水平のスパン長に対する最大たわみの比 f/l をロープの**垂下比**（sag ratio）と呼んでいるが，式(**a**)あるいは式(**b**)より重力が大きく垂下比が小さいものほど張力が大きいことがわかる．

一つの例として，1［m］当たりの質量 2.90［kg］のロープ（6×7，直径 28［mm］）を，500［m］隔てた二つの支点間に 0.05 の垂下比で水平に張った場合を考えてみると，張力はおおむね

$$T = \frac{W}{8(f/l)} = \frac{2.90\times9.81\times500}{8\times0.05} = 35.6 \quad [\mathrm{kN}]$$

となる．

3. 静止流体の圧力

流体に接している物体の表面には連続的に分布する力が働き，静止した流体では，その中に任意に想定した境界面において，その両側の流体が互いにこの面に垂直な力を及ぼし合っている．境界面上で，単位面積当たりに働くこの力のことを流体の**圧力**（pressure）と呼んでいる．

〔例題3・15〕 ゲートに働く水圧 図**3・21**に示す上端が水面からdの深さに鉛直に沈められた高さh，幅bのゲートの表面に働く力の総和とその圧力中心を求めよ．

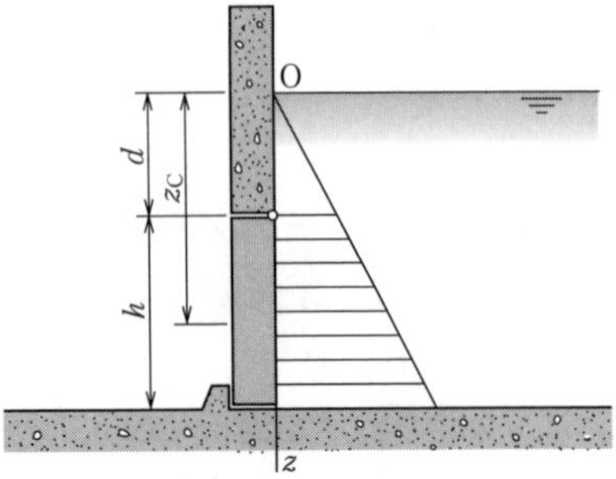

図3・21 ゲートに働く水圧

〔解〕 静水の圧力は深さに比例するので，深さzの微小面積bdzに働く力は$\rho gzbdz$で，ゲート全体に働く合力は

$$P=\int_d^{d+h}\rho gzbdz$$

$$=\frac{\rho gb}{2}\left[(d+h)^2-d^2\right]=\rho g\bar{z}bh \qquad \text{(a)}$$

となる．ここでρは水の密度，$\bar{z}=d+h/2$はゲートの平均深さで，ゲートの重心（図心）位置に当たる．したがって，水の全圧力はゲートの重心における水圧がゲートの全体に一様に分布して働いたのと等しくなる．全圧力が作用する圧力中心z_Cは水圧分布直線（台形）の図心にあるから

$$z_C=\frac{1}{P}\int_d^{d+h}\rho gz^2bdz=\frac{1}{3\bar{z}h}\left[(d+h)^3-d^3\right]=\bar{z}+\frac{h^2}{12\bar{z}} \qquad \text{(b)}$$

となり，ゲートに働く圧力中心はゲートの重心より$h^2/12\bar{z}$だけ下ほうにあることがわかる．ゲートの面が水平になると，水圧の分布が一様になるので，この二つは一致する．

流体に接する面が曲面の場合を考えてみよう．この場合は平面曲線と同じような考え方が適用できるので，図**3・22**に示す幅bの曲面C上に働く水圧を考えてみる．深さzにある微小な面積bdsに働く水圧dPの水平と垂直の成分はそれぞれ

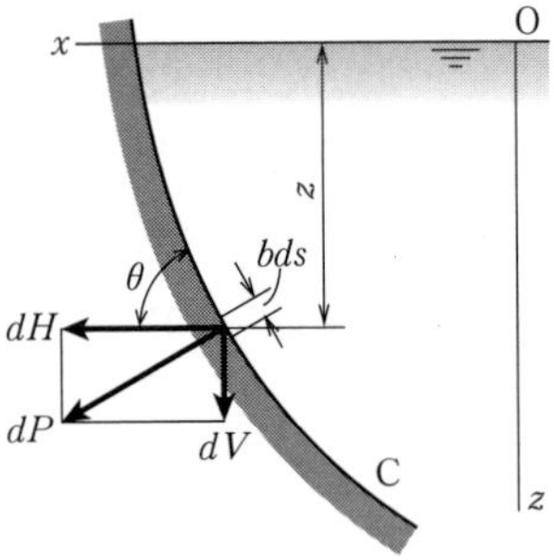

図3・22 曲面に作用する水圧

$$\left.\begin{aligned}dH&=dP\sin\theta=\rho gbz\sin\theta\cdot ds\\ dV&=dP\cos\theta=\rho gbz\cos\theta\cdot ds\end{aligned}\right\} \qquad (3\cdot 22)$$

で，この曲面を鉛直面と水平面に投影した面積は$bds\sin\theta=bdz$，$bds\cos\theta=bdx$なので，全面積については

$$H=\rho gb\int zdz, \qquad V=\rho gb\int zdx \tag{3·23}$$

となる．すなわち水平成分は平面の場合と同様，曲面の鉛直投影面積に作用する水圧に等しく，垂直成分は曲面の上部にある流体の重力と等しくなる．さらに水平成分と垂直成分の着力点の位置はモーメントのつりあいより，それぞれ

$$x_C=\frac{\rho gb\int xzdx}{V}, \qquad z_C=\frac{\rho gb\int z^2dz}{H} \tag{3·24}$$

で，z_C は〔例題 **3·15**〕の式(**b**)とまったく同等であり，x_C は曲面と水平線で囲まれる面積の重心位置と一致する．

4. 浮力

静止流体中に沈んでいる物体に働く力を考える．図 **3·23** のように，物体を微小な断面積 $dxdy$ を有する鉛直な角柱 AB で切断したと考え，流体の密度を ρ，角柱の高さを z，A 点の深さを h とすれば，角柱の上，下面にはそれぞれ $\rho ghdS_A$，$\rho g(h+z)\times dS_B$ の圧力が働く．この力の鉛直成分は $\rho ghdxdy$，$\rho g(h+z)dxdy$ で，角柱には合わせて $\rho gzdxdy$ の力が上向きに働く．したがって物体全体には，水平面への全投影面積 S にわたって積分した

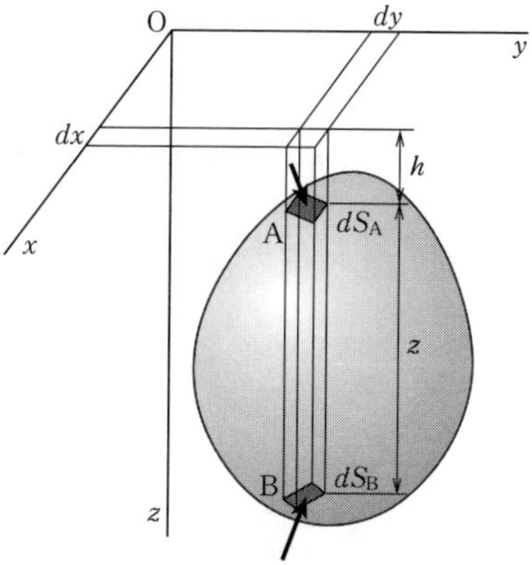

図 3·23　物体に働く浮力

$$B=\iint_S \rho gzdxdy=\rho gV \tag{3·25}$$

の力が働くこととなる．ここで V は物体の体積を表わす．この力の大きさは物体が排除した流体の重力に等しく，重力と逆の方向を向いている．この力を**浮力**（buoyancy）といい，この法則を**アルキメデス*の原理**（Archimedes' principle）と呼んでいる．また，物体によって排除された流体の重心位置を x_G，y_G とすれば，重心を通り x，y 軸に平行な軸のまわりのモーメントは

* Archimedes（B.C. 287−212）ギリシャの数学者．

$$M_x = \iint_S \rho g z(y - y_G)dxdy = \rho g\left(\iint_S zydxdy - Vy_G\right)$$

$$M_y = \iint_S \rho g z(x - x_G)dxdy = \rho g\left(\iint_S zxdxdy - Vx_G\right)$$

と書けるが，式(**3·6**)によっていずれもゼロとなるので，浮力の中心は排除された流体の重心に一致すると考えてよい．

〔例題3·16〕 半円柱に働く水圧 図**3·24**のように，幅 b，半径 r の半円柱が中心の深さが h で，すべて水中に沈んでいる．この半円柱に働く水圧の合力はいくらか，またその着力点はどこにあるか．

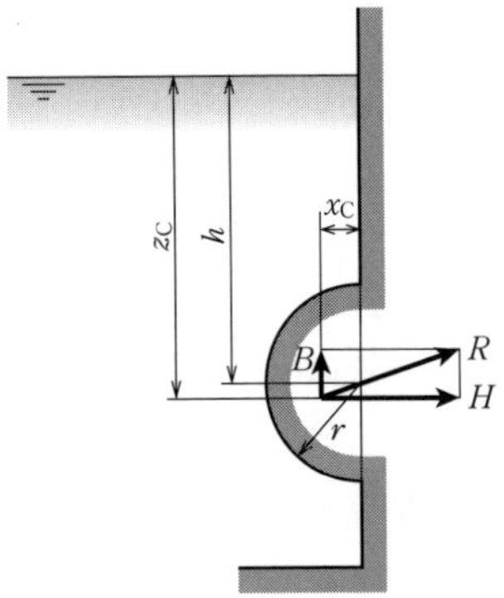

図 3·24 半円柱に働く水圧

〔解〕 水圧の水平成分は式(**3·23**)により

$$\rho g b\int_{h-r}^{h+r} z dz = 2\rho gbhr \qquad \textbf{(a)}$$

着力点 z_C は式(**3·24**)により

$$z_C = h + \frac{r^2}{3h} \qquad \textbf{(b)}$$

となる．垂直成分は上記により半円柱の浮力に等しく

$$B = \frac{\pi}{2}\rho gbr^2 \qquad \textbf{(c)}$$

その着力点は半円の重心

$$x_C = 4r/3\pi \qquad \textbf{(d)}$$

を通る．そしてこの水平成分と垂直成分を合成したものは

$$\frac{z_C - h}{x_C} = \frac{\pi r}{4h} = \frac{\pi\rho gbr^2/2}{2\rho gbhr} = \frac{B}{H} \qquad \textbf{(e)}$$

で，円柱の中心を通る．

5. メタセンタ

水の表面に浮かぶ船には，船の重力 W とこれに等しい大きさの浮力 B が反対向きに働き，かつ船の重心 G と浮力の中心 C とが同一の鉛直線上にある．いまこの船体が θ だけ傾いて，浮力の中心 C が図 **3·25**(**b**)のように C′ に移動したとすれ

ば，この重力と浮力による復原モーメントのため船体は元の姿勢に戻る．船の重心と浮力の中心を結ぶ直線 CG と浮力の作用線との交点 M を**メタセンタ**(metacenter) と呼んでいるが，図のようにメタセンタが船体の重心の上にあるときは，浮力と重力とは船体を元の状態に戻そうとする偶力を生じるために船は安定である．メタセンタが重心の下へくるようになると，モーメントの向きが逆になって船体は転覆する．安定な船でも，乗客や積荷の量によって船体の重心位置が高くなることに注意しなければならない．

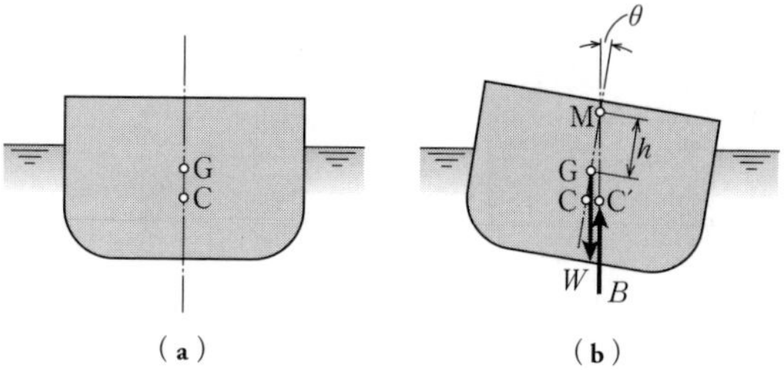

図 3·25 船体のメタセンタ

3章 | 演習問題

3·1 図 3·26 に示す針金の重心の位置を計算せよ．

3·2 図 3·27 に示す一様な厚さをもつ平板の重心位置を求めよ．

3·3 図 3·28(a)は直円柱と直円すいを接合した立体で，図

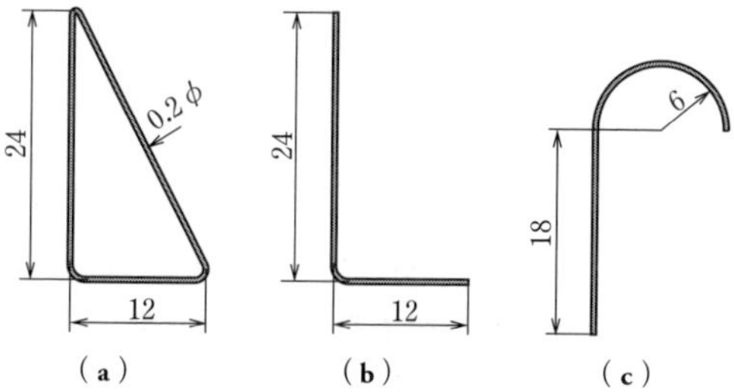

図 3·26 演習問題 3·1 (単位 cm)

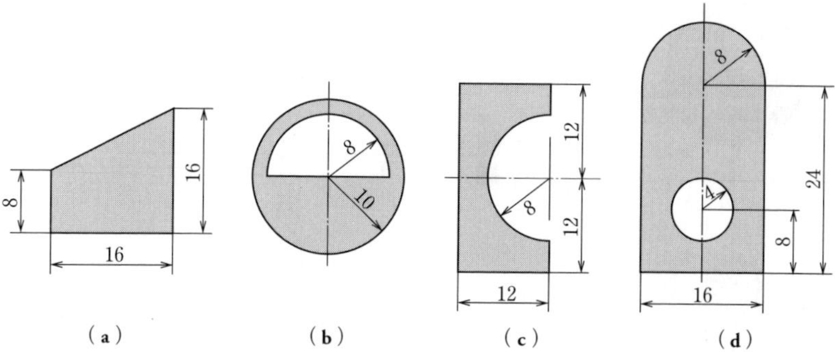

図 3·27 演習問題 3·2 (単位 cm)

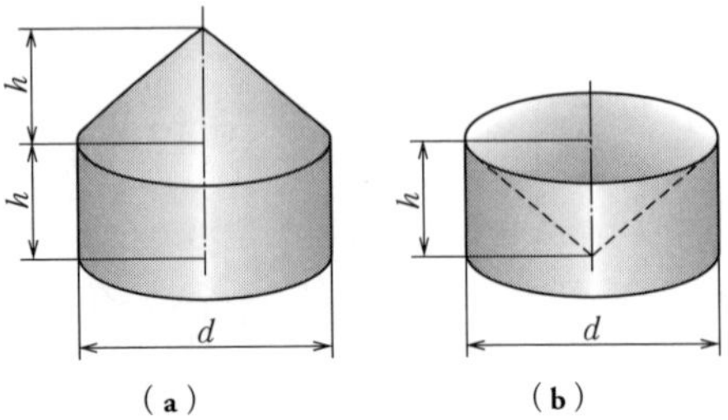

図 3·28　演習問題 3·3

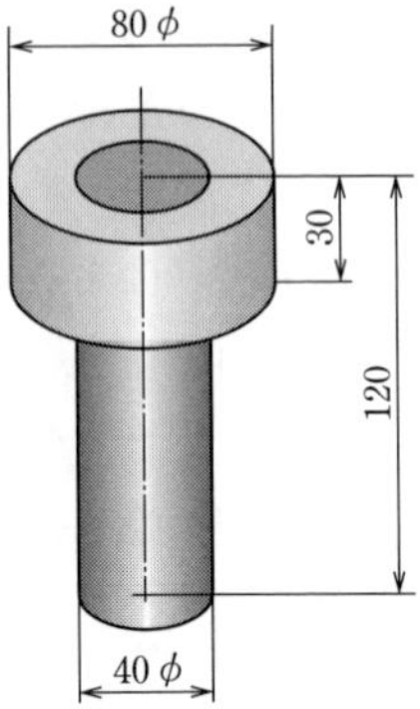

図 3·29　演習問題 3·4
(単位 mm)

(b)は直円すいを削り取った立体である．それぞれの重心位置を求めよ．

3·4　図 3·29 のように，アルミニウム製のリングに鋼製の軸を押し込んでつくった部品の重心はどこにあるか．

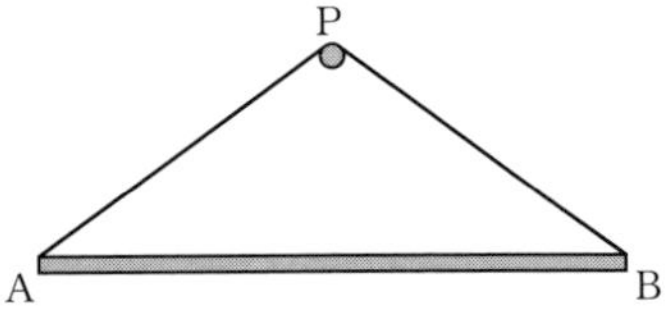

図 3·30　演習問題 3·5

3·5　図 3·30 のように一様な棒の両端をひもで吊って，棒が水平になるように軽いプーリに掛けた．プーリに摩擦が働かないとすれば，このつりあい状態は安定か．

3·6　図 3·31 に示す長さ l の片持はりに楕円（だえん）状の分布荷重 $w = w_0 \times \sqrt{1-(x/l)^2}$ が作用するとき，固定端に働く合力とモーメントはいくらか．

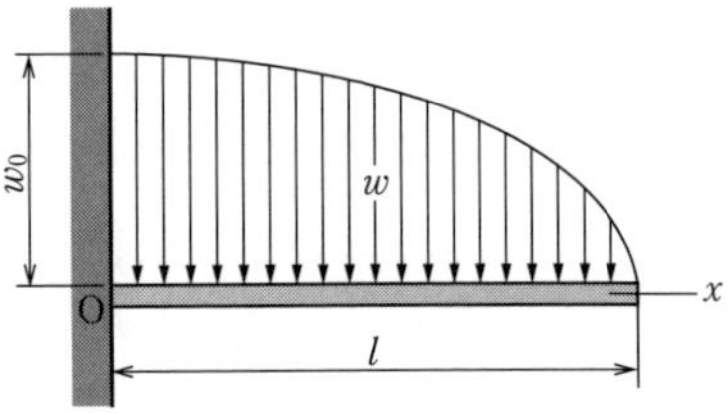

図 3·31　演習問題 3·6

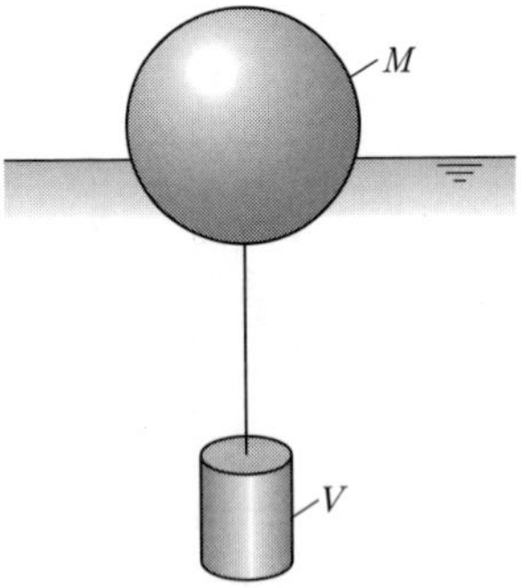

図 3·32　演習問題 3·7

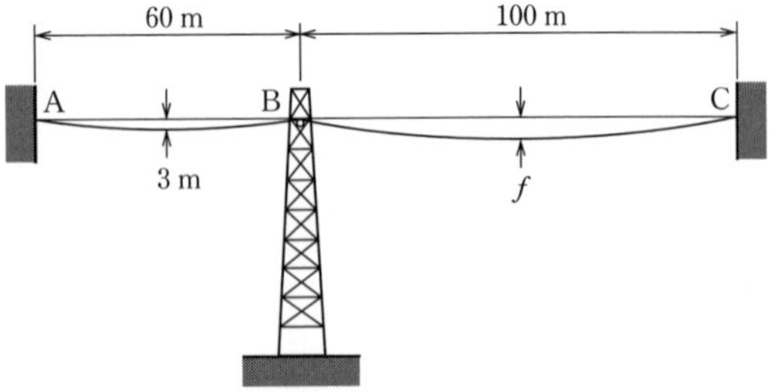

図 3·33　演習問題 3·8

3·7 図 **3·32** のように体積 V の鉄棒を吊った質量 M の球殻（きゅうかく）を水に浮かべたい．そのためには，球殻の半径がいくら以上でなければならないか．

3·8 図 **3·33** のように，中間鉄塔 B を介して二点 A, C 間に強く張られたケーブルの AB 間の最大たわみが 3［m］のとき，BC 間の最大たわみはいくらになるか．ただし，B 点でケーブルは左右に自由に移動し得るものとする．

4

運動学

4章では，力の作用をしばらく問題としないで，物体の運動のみを調べる．もちろん物体に運動を起こしたり，その運動を変化させる原因となるものは物体に働く力で，力との関連を除いては物体の運動は論じられない．このことは次章以下でくわしく述べるが，ここではある力の作用の下に起こる運動の記述法のみを説明する．この意味で本章はのちの章の準備と考えてよい．

4·1 点の直線運動

1. 速度と加速度

一つの点Pがある決まった直線上を運動するとき，その運動を記述するには，直線上に一つの基準点（原点）を設けて，この点までの距離 x の時間的な変化を調べればよい．P点がこの直線上を時刻 t から $t+\varDelta t$ までの間に $\varDelta x$ だけ移動するとき，$\varDelta x/\varDelta t$ は時間 $\varDelta t$ の間の平均速度で，$\varDelta t$ を限りなく小さくとった極限値

$$v=\lim_{\varDelta t\to 0}\frac{\varDelta x}{\varDelta t}=\frac{dx}{dt} \tag{4·1}$$

を時刻 t における**速度**（velocity）と呼んでいる．速度は〔長さ / 時間〕の次元をもっている．

次に時刻 t と $t+\varDelta t$ におけるP点の速度をそれぞれ v および $v+\varDelta v$ としたとき，速度の変化量 $\varDelta v$ を時間 $\varDelta t$ で割った $\varDelta v/\varDelta t$ をその間の平均加速度といい，$\varDelta t\to 0$ の極限値

$$a=\lim_{\varDelta t\to 0}\frac{\varDelta v}{\varDelta t}=\frac{dv}{dt}=\frac{d^2x}{dt^2} \tag{4·2}$$

を時刻 t における**加速度**（acceleration）と呼んでいる．加速度は〔長さ /(時間)^2〕

の次元をもっている．

2. 等速度運動と等加速度運動

P 点が直線上を一定の速度 v_0 で運動するときは，式(**4·1**)によって $dx/dt = v_0$ と書けるから，これを時間 t で積分して P 点の位置が求められる．すなわち

$$x = x_0 + v_0 t \qquad (\mathbf{4 \cdot 3})$$

ここで x_0 は P 点が最初（時刻 $t=0$）で占めていた位置を表わす．等速度運動では点の加速度はもちろんゼロである．

P 点が直線上を一定の加速度 a_0 で運動するときは $dv/dt = a_0$ で，これを t で二度積分することによってその速度と位置が決定する．すなわち

$$v = v_0 + a_0 t, \quad x = x_0 + v_0 t + \frac{1}{2} a_0 t^2 \qquad (\mathbf{4 \cdot 4})$$

ここで v_0 は $t=0$ における初速度を表わす．式(**4·4**)の二つの式から時間 t を消去することによって

$$v^2 - {v_0}^2 = 2a_0(x - x_0) \qquad (\mathbf{4 \cdot 5})$$

なる関係式が得られる．

〔例題 4·1〕 自動車の急制動　時速 50［km］の速さで走行している自動車が，急ブレーキをかけて 18［m］走ったのち，ようやく停止した．このときの運動を等減速度運動とすれば，減速度（負の加速度）の大きさはいくらか．また停止するまでにいくら時間がかかったか．また，この自動車が時速 100［km］で走っていたらどうか．自動車の制動能力を速度に関係なく一定であるとして略算してみよ．

〔解〕　式(**4·5**)で $v=0$，$v_0 = 50/3.6 = 14$［m/s］，$x - x_0 = 18$［m］とすれば，自動車に

$$a_0 = \frac{v^2 - {v_0}^2}{2(x - x_0)} = -\frac{14^2}{2 \times 18} = -5.4 \ [\mathrm{m/s^2}] \qquad (\mathbf{a})$$

だけの制動減速度が働く．停止するまでの時間は式(**4·4**)によって

$$t = \frac{v - v_0}{a_0} = \frac{-14}{-5.4} = 2.6 \ [\mathrm{s}] \qquad (\mathbf{b})$$

自動車の減速度が一定であれば，停止するまでの距離は自動車の速さの二乗に比例するから，100［km/h］の速さで走る自動車では急停止するまでに 18×

$(100/50)^2 = 72$［m］の距離を走り，5.2 秒の時間がかかる．いかに無謀運転が恐いかがわかる．

〔**例題 4･2**〕 **物体の自由落下** 空気の抵抗を考えなければ，地上から投げられた物体には重力の加速度 g が作用する．g の値は地球上の位置によって多少の違いはあるが，おおむね 9.81［$\mathrm{m/s^2}$］に等しい．

① 高さ h の建物の屋上から初速 v_0 で真上に投げられた物体はどれだけの高さまで昇るか．また，最高点に達するまでの時間はいくらか．

② 地上に落下するまでにどれだけの時間がかかるか．地上に達したときの速度はいくらか．

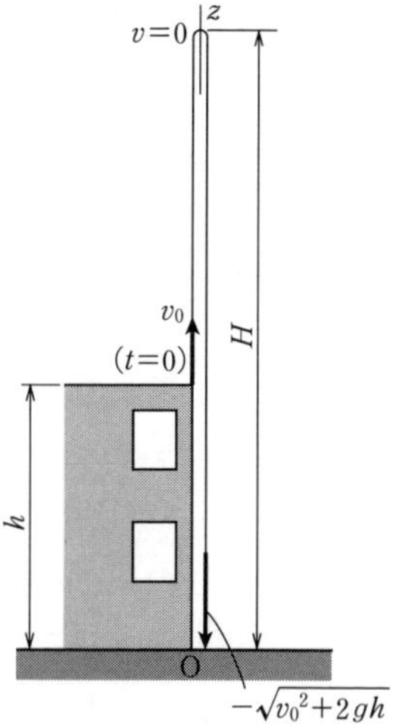

図 4･1 建物の屋上から投げ上げた物体

〔**解**〕 図 **4･1** のように，地面に原点 O をとり，鉛直上方に z 軸をとる．重力加速度 g は z の負の方向を向いているから，式(**4･4**)で $a_0 = -g$ とおいて

$$v = v_0 - gt, \quad z = h + v_0 t - \frac{1}{2}gt^2 \qquad \text{(a)}$$

が得られる．

① 最高点に達した瞬間には $v = 0$ となるから，それまでの時間 $t = v_0/g$ が求まる．この t の値を式(**a**)の第二式に代入して，最高点の高さ

$$H = h + \frac{v_0{}^2}{g} - \frac{v_0{}^2}{2g} = h + \frac{v_0{}^2}{2g} \qquad \text{(b)}$$

が求まる．

② 地上に落下するまでの時間は，式(**a**)で $z = 0$ とおいた式を解いて

$$t = \frac{1}{g}\left(v_0 + \sqrt{v_0{}^2 + 2gh}\right) \qquad \text{(c)}$$

そして，このときの落下速度は

$$v = v_0 - \left(v_0 + \sqrt{v_0{}^2 + 2gh}\right) = -\sqrt{v_0{}^2 + 2gh} \qquad \text{(d)}$$

となる．

3. 距離と速度，加速度との関係

加速度は

$$a=\frac{dv}{dt}=\frac{dv}{dx}\frac{dx}{dt}=v\frac{dv}{dx} \tag{4・6}$$

と書けるので，$x=x_0$ における速度が v_0 のとき，式(**4・6**)を積分して

$$v^2={v_0}^2+2\int_{x_0}^{x}adx \tag{4・7}$$

が得られる．時間が問題とならないときは，この関係を用いると便利である．

〔**例題 4・3**〕 **電車の惰行運動** 惰行運転中の電車の速度が図 **4・2** のように進行するにつれて直線的に減少した．惰行運転に入ってから x だけ走行したときの減速度はいくらか．

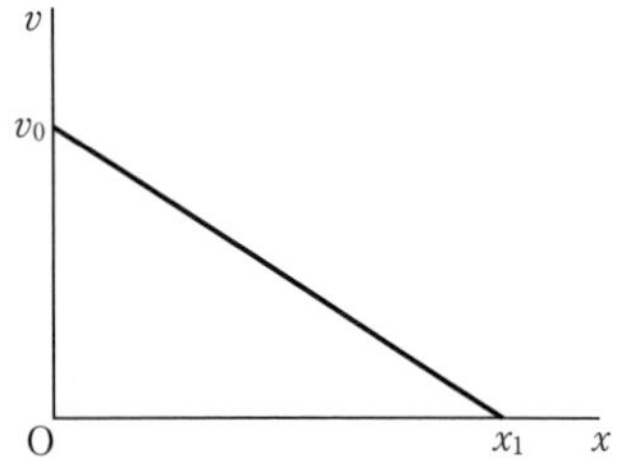

図 4・2 電車の惰行動

〔**解**〕 走行速度 v はこの図より

$$v=v_0(1-x/x_1) \tag{a}$$

したがって減速度は式(**4・6**)により

$$a=v\frac{dv}{dx}=-\frac{{v_0}^2}{x_1}\left(1-\frac{x}{x_1}\right)\quad(0<x<x_1) \tag{b}$$

となる．

4・2 点の平面運動・空間運動

図 **4・3** のように一つの点が平面上か，あるいは空間内を運動するとき，その点の位置を表わすベクトル $\boldsymbol{r}$ は時間とともに変化する．時刻 t に $\boldsymbol{r}$ の位置にあった点が時刻 $t+\Delta t$ に $\boldsymbol{r}+\Delta\boldsymbol{r}$ に移動するとき，$\Delta\boldsymbol{r}$ は Δt 時間における移動量であるから，時刻 t における点の速度 $\boldsymbol{v}$ は

$$\boldsymbol{v}=\lim_{\Delta t\to 0}\frac{\Delta\boldsymbol{r}}{\Delta t}=\frac{d\boldsymbol{r}}{dt} \tag{4・8}$$

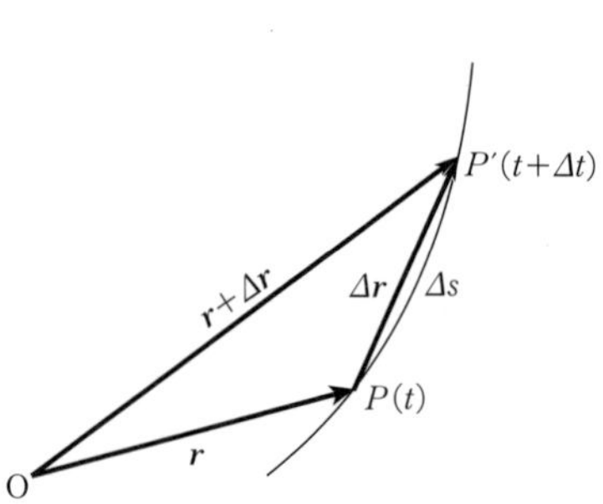

図 4・3 空間を移動する点

で表わされる．点が運動する経路に沿った長さ s を考え，時刻 t における点の位置Pを s，$t+\Delta t$ における点の位置P′を $s+\Delta s$ で表わせば，$\Delta\boldsymbol{r}$ を Δs で割った $\Delta\boldsymbol{r}/\Delta s$ は線分PP′と同じ方向・向きをもつベクトル量である．そして $\Delta s\to 0$ の極限ではその方向はP点における運動経路の接線方向と一致し，その大きさは1に等しい．したがって

$$\boldsymbol{t}=\lim_{\Delta s\to 0}\frac{\Delta\boldsymbol{r}}{\Delta s}=\frac{d\boldsymbol{r}}{ds} \tag{4・9}$$

は s が増加する向きにとった接線方向の単位ベクトルとなる．式(**4・8**)と式(**4・9**)から

$$\boldsymbol{v}=\frac{d\boldsymbol{r}}{dt}=\frac{d\boldsymbol{r}}{ds}\frac{ds}{dt}=v\boldsymbol{t} \tag{4・10}$$

で，速度 $\boldsymbol{v}$ は運動経路の接線方向において，点の運動の向きと同じ向きをもつベクトル量で表わされる．そして，その大きさは経路に沿った速さ $v=ds/dt$ に等しい．

直交座標系O-xyz の成分を用いて点の位置ベクトル $\boldsymbol{r}$ を

$$\boldsymbol{r}=x\boldsymbol{i}+y\boldsymbol{j}+z\boldsymbol{k} \tag{4・11}$$

と書けば，単位ベクトル $\boldsymbol{i}$，$\boldsymbol{j}$，$\boldsymbol{k}$ は時間が経過しても変わらないから，式(**4・11**)を時間 t で微分して速度

$$\boldsymbol{v}=\dot{x}\boldsymbol{i}+\dot{y}\boldsymbol{j}+\dot{z}\boldsymbol{k} \tag{4・12}$$

が得られる．これより速度 $\boldsymbol{v}$ の大きさは

$$v=\sqrt{\dot{x}^2+\dot{y}^2+\dot{z}^2} \tag{4・13}$$

によって計算される*．

加速度 $\boldsymbol{a}$ は，Δt 時間における速度変化を $\Delta\boldsymbol{v}$ として，再び $\Delta t\to 0$ の極限値をとった

$$\boldsymbol{a}=\lim_{\Delta t\to 0}\frac{\Delta\boldsymbol{v}}{\Delta s}=\frac{d\boldsymbol{v}}{ds}=\ddot{x}\boldsymbol{i}+\ddot{y}\boldsymbol{j}+\ddot{z}\boldsymbol{k} \tag{4・14}$$

で表わされる．そしてその大きさは

$$a=\sqrt{\ddot{x}^2+\ddot{y}^2+\ddot{z}^2} \tag{4・15}$$

に等しい．いま図**4・4**のように，ある決まった点Oを始点としてP点における速

* 力学では変数を時間で微分することがきわめて多い．以下ではまぎらわしくない限り，$\dot{x}=dx/dt$，$\ddot{x}=d^2x/dt^2$，…など時間 t に関する微分を・で表わす．

度ベクトル $\boldsymbol{v}$ を描き，その終点Qの動きによって速度の変化を表わしてみる．$\boldsymbol{v}$ の変化によって生じる $\Delta\boldsymbol{v}$ の方向，すなわち加速度の方向は一般に $\boldsymbol{v}$ の方向とは一致しないで，速さの変化 $\dot{v}$ と速度の向きの変化を含んでいる．図 **4·5** のように点が運動する経路上で Δs だけ離れた二点P，P′ における接線上の単位ベクトル $\boldsymbol{t}$, $\boldsymbol{t}+\Delta\boldsymbol{t}$ を考えれば，$\Delta s \to 0$ の極限においては，$\Delta\boldsymbol{t}$ の大きさは両ベクトル間の角 $\Delta\varphi$ に等しくて

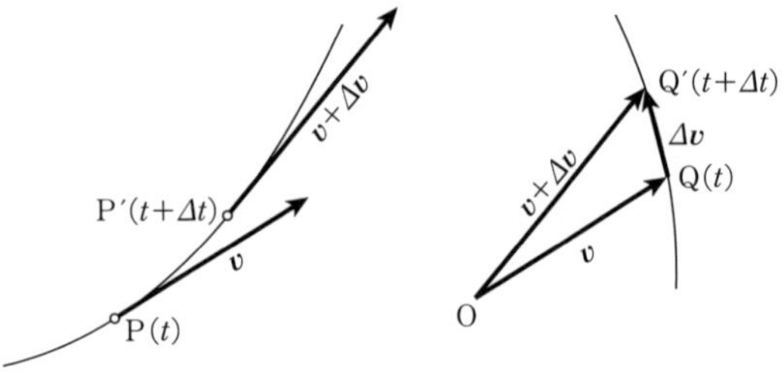

図 4·4　速度ベクトル

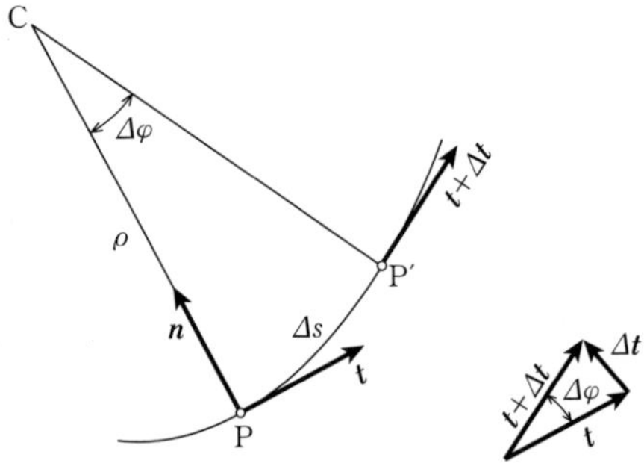

図 4·5　単位ベクトルと曲率

$$\left|\frac{d\boldsymbol{t}}{ds}\right| = \lim_{\Delta s\to 0}\left|\frac{\Delta\boldsymbol{t}}{\Delta s}\right| = \lim_{\Delta s\to 0}\frac{\Delta\varphi}{\Delta s} = \frac{d\varphi}{ds} \qquad (4\cdot16)$$

となる．経路を表わす曲線の曲率半径を ρ とすれば，$ds=\rho d\varphi$ の関係があるから

$$\frac{d\boldsymbol{t}}{ds} = \frac{1}{\rho}\boldsymbol{n} \qquad (4\cdot17)$$

と書ける．ここで $\boldsymbol{n}$ は経路に対する主法線方向の単位ベクトルで，曲率中心Cの方向を向いている．速度 $\boldsymbol{v}$ を与える式(**4·10**)を微分すれば，加速度は

$$\boldsymbol{a} = \dot{v}\boldsymbol{t} + v\frac{d\boldsymbol{t}}{ds}\frac{ds}{dt} = \dot{v}\boldsymbol{t} + \frac{v^2}{\rho}\boldsymbol{n} \qquad (4\cdot18)$$

で表わされ，接線方向と主法線方向にそれぞれ

$$a_t = \dot{v}, \qquad a_n = \frac{v^2}{\rho} \qquad (4\cdot19)$$

の成分をもっている．この a_t のことを**接線加速度**（tangential acceleration），a_n のことを**求心加速度**（centripetal acceleration）と呼んでいる．

投射体の運動

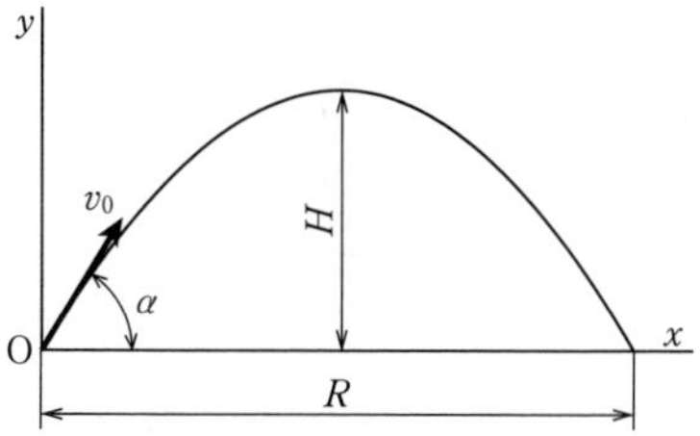

図 4・6　投射体の運動

図 **4・6** のように，初速 v_0，水平仰角 α で投射された物体の運動を考える．投射した点を原点とし，水平と鉛直方向にそれぞれ x，y 軸をとる．空気抵抗を無視すれば，物体には下向きに重力による等加速度運動が起こるのみで水平方向には速度変化はないので，時刻 t における速度成分は

$$v_x = v_0 \cos \alpha, \quad v_y = v_0 \sin \alpha - gt \tag{4・20}$$

で与えられ，これを積分して物体の位置

$$x = v_0 t \cos \alpha, \quad y = v_0 t \sin \alpha - \frac{1}{2} g t^2 \tag{4・21}$$

が決まる．式(**4・21**)は物体の運動経路を t をパラメータとして表わした方程式で，この式から t を消去することによって

$$y = x \tan \alpha - \frac{1}{2} \frac{g}{(v_0 \cos \alpha)^2} x^2 \tag{4・22}$$

が得られる．こうして投射物体は放物線を描いて運動することがわかる．式(**4・22**)において，$y=0$ として得られる x の値（0 を除く）

$$R = \frac{{v_0}^2}{g} \sin 2\alpha \tag{4・23}$$

は水平線上における最大到達距離で，これから一定の初速をもつ物体は 45° の仰角で投げられたとき，最も遠い距離に到達することがわかる．物体が最高点に達した瞬間には $v_y = 0$ となるから，式(**4・20**)から $t = (v_0/g) \sin \alpha$ で，この式を式(**4・21**)に代入することによって物体が到達し得る最大の高さ

$$H = \frac{{v_0}^2}{2g} \sin^2 \alpha \tag{4・24}$$

が得られる．同じ初速であれば，真上に投げたとき最も高く昇る．

点の運動の性質によっては直交座標系以外の座標系を用いたほうが都合がよい場合がある．平面内の運動を記述するために極座標（r，θ）を用いるとすれば

$$x = r \cos \theta, \quad y = r \sin \theta \tag{4・25}$$

の関係があるから，この式を微分して

$$\dot{x} = \dot{r} \cos \theta - r\dot{\theta} \sin \theta, \qquad \dot{y} = \dot{r} \sin \theta + r\dot{\theta} \cos \theta \tag{4・26}$$

および

$$\left.\begin{aligned}\ddot{x} &= \ddot{r}\cos\theta - 2\dot{r}\dot{\theta}\sin\theta - r\dot{\theta}^2\cos\theta - r\ddot{\theta}\sin\theta \\ \ddot{y} &= \ddot{r}\sin\theta + 2\dot{r}\dot{\theta}\cos\theta - r\dot{\theta}^2\sin\theta + r\ddot{\theta}\cos\theta\end{aligned}\right\} \quad (4\cdot27)$$

が導かれる．速度の r 方向の成分を v_r，これに直角な方向の成分を v_θ とすれば

$$v_r = \dot{x}\cos\theta + \dot{y}\sin\theta, \qquad v_\theta = -\dot{x}\sin\theta + \dot{y}\cos\theta \quad (4\cdot28)$$

の関係があるから，式(**4・26**)によって

$$\left.\begin{aligned}v_r &= (\dot{r}\cos\theta - r\dot{\theta}\sin\theta)\cos\theta + (\dot{r}\sin\theta + r\dot{\theta}\cos\theta)\sin\theta = \dot{r} \\ v_\theta &= -(\dot{r}\cos\theta - r\dot{\theta}\sin\theta)\sin\theta + (\dot{r}\sin\theta + r\dot{\theta}\cos\theta)\cos\theta = r\dot{\theta}\end{aligned}\right\} \quad (4\cdot29)$$

となる．r 方向と θ 方向の加速度成分についても

$$a_r = \ddot{x}\cos\theta + \ddot{y}\sin\theta, \qquad a_\theta = -\ddot{x}\sin\theta + \ddot{y}\cos\theta \quad (4\cdot30)$$

の関係があるから，式(**4・27**)を用いて

$$\left.\begin{aligned}a_r &= (\ddot{r}\cos\theta - 2\dot{r}\dot{\theta}\sin\theta - r\dot{\theta}^2\cos\theta - r\ddot{\theta}\sin\theta)\cos\theta \\ &\quad + (\ddot{r}\sin\theta + 2\dot{r}\dot{\theta}\cos\theta - r\dot{\theta}^2\sin\theta + r\ddot{\theta}\cos\theta)\sin\theta \\ &= \ddot{r} - r\dot{\theta}^2 \\ a_\theta &= -(\ddot{r}\cos\theta - 2\dot{r}\dot{\theta}\sin\theta - r\dot{\theta}^2\cos\theta - r\ddot{\theta}\sin\theta)\sin\theta \\ &\quad + (\ddot{r}\sin\theta + 2\dot{r}\dot{\theta}\cos\theta - r\dot{\theta}^2\sin\theta + r\ddot{\theta}\cos\theta)\cos\theta \\ &= 2\dot{r}\dot{\theta} + r\ddot{\theta} = \frac{1}{r}\frac{d}{dt}(r^2\dot{\theta})\end{aligned}\right\} \quad (4\cdot31)$$

が得られる．ここで $\dot{\theta}$ は**角速度**（angular velocity），$\ddot{\theta}$ は**角加速度**（angular acceleration）を表わす．

〔**例題 4・4**〕 半径 R の円周上を速さ V で円運動する点の加速度を求めよ．

〔**解**〕 角速度を ω で表わせば，式(**4・29**)の第二式によって $V=R\omega$ の関係がある．R は一定であるからその時間的な変化はゼロで，式(**4・31**)によって

$$a_r = -R\omega^2 = -\frac{V^2}{R}, \qquad a_\theta = R\dot{\omega} = \dot{V}$$

となる．

〔**例題 4・5**〕 **高速道路を走る自動車** 半径 1000［m］の高速道路の曲線上を自動車が一定の速さで走っている．求心加速度が 0.6［m/s^2］を超えないためには，時速いくらで走ればよいか．

〔**解**〕 前問によって求心加速度の大きさは $|a_r| = V^2/R$ であるから

$$V=\sqrt{R|a_r|}=\sqrt{1000\times0.6}=24.5\quad[\mathrm{m/s}]$$

時速になおして $V=3.6\times24.5=88.2$［km/h］以下でなければならない．

4·3 剛体の平面運動

実際の物体に力が作用すれば，それに応じて物体は多少の変形をする．しかし，ふつうの固体のように変形しにくい物体では，物体全体の運動に比べて変形量はごく小さいので，これを剛体とみなして簡単化してもかまわない．

1. 固定軸のまわりの回転運動

図4·7のように固定軸Ozのまわりに角速度ωで回転する剛体を考える．軸に平行な任意の直線上の点はすべて同一の運動をなし，軸方向には速度成分をもたない．そして回転軸からrの距離にある点の運動はすべて半径rの円運動であり，速度は大きさが$v=r\omega$で，常に円周方向を向いている．また前節の例題にみるように，この場合の接線方向の加速度は$a_\theta=r\dot{\omega}$で，法線方向には$a_r=r\omega^2$の大きさの求心加速度をもっている．

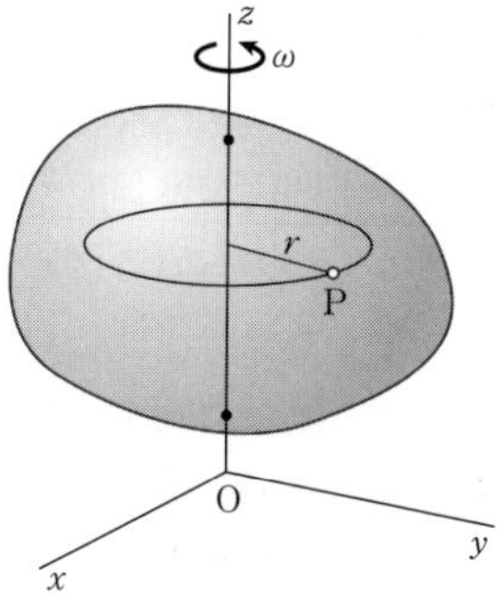

図4·7　固定軸まわりの回転運動

〔例題4·6〕　毎分3000回の速さで回転するロータに一定の制動角加速度が働いて10秒後に停止した．その間にロータはどれだけ回転したか．

〔解〕　初期の角速度をω_0，制動角加速度の大きさをαとすれば，時刻tにおける回転角は

$$\theta=\omega_0t-\frac{1}{2}\alpha t^2$$

で表わされる．$\omega_0=2\pi\times(3000/60)=100\pi$［rad/s］，$\alpha=\omega_0/t=100\pi/10=10\pi$［rad/s^2］であるから

$$\theta=100\pi\times10-\frac{1}{2}\times10\pi\times10^2=500\pi\quad[\mathrm{rad}]$$

1回転は2π［rad］に等しいから，このロータは停止するまでに250回だけ回

転したことになる．

2. ラジアン

角度の単位として度，分，秒のほかにラジアン（radian）がよく用いられる．半径 r の円において，中心角が θ の円弧の長さ s は θ をラジアンで測れば $s=r\theta$ に等しく，したがって円弧の長さがちょうど円の半径に等しいときの中心角が 1 ラジアンとなる．180° は π ラジアンに当たり，360° は 2π ラジアンに当たる．$s=r\theta$ の両辺が長さの単位をもつので，ラジアンは次元のない単位である．

3. 一般的な平面運動

剛体の表面や内部にあるすべての点が一つの平面に平行な運動をするとき，この面に垂直な直線上の点はすべて同じ運動をするので，剛体をこの平面に投影してその運動を調べることができる．そのために，図 **4·8** のようにこの平面上に固定した直交座標系 O-xy と，これに平行で運動する剛体に固定した直交座標系 A-$\xi\eta$ をとる．座標系 O-xy に対する A 点の座標を（x_A, y_A）とし，ξ 軸が x 軸となす角を θ とすれば，

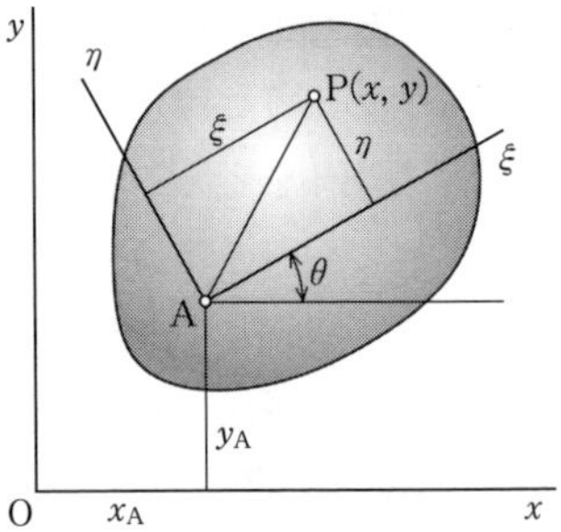

図 4·8　剛体の平面運動

x_A, y_A と θ とが時間の関数として与えられるとき物体の運動は完全に決定する．このとき剛体内の任意の一点 P（ξ, η）の位置は

$$\left.\begin{aligned} x&=x_A+\xi\cos\theta-\eta\sin\theta \\ y&=y_A+\xi\sin\theta+\eta\cos\theta \end{aligned}\right\} \qquad (4\cdot 32)$$

で表わされるから，その点の速度の成分は

$$\left.\begin{aligned} \dot{x}&=\dot{x}_A-\xi\dot{\theta}\sin\theta-\eta\dot{\theta}\cos\theta=\dot{x}_A-(y-y_A)\dot{\theta} \\ \dot{y}&=\dot{y}_A+\xi\dot{\theta}\cos\theta-\eta\dot{\theta}\sin\theta=\dot{y}_A+(x-x_A)\dot{\theta} \end{aligned}\right\} \qquad (4\cdot 33)$$

加速度の成分は

$$\left.\begin{aligned} \ddot{x}&=\ddot{x}_A-(\xi\cos\theta-\eta\sin\theta)\dot{\theta}^2-(\xi\sin\theta+\eta\cos\theta)\ddot{\theta} \\ &=\ddot{x}_A-(x-x_A)\dot{\theta}^2-(y-y_A)\ddot{\theta} \\ \ddot{y}&=\ddot{y}_A-(\xi\sin\theta+\eta\cos\theta)\dot{\theta}^2+(\xi\cos\theta-\eta\sin\theta)\ddot{\theta} \\ &=\ddot{y}_A-(y-y_A)\dot{\theta}^2+(x-x_A)\ddot{\theta} \end{aligned}\right\} \qquad (4\cdot 34)$$

で与えられる．式(**4·33**)の二つの式の右辺の第二項は A 点まわりの P 点の（大き

さ $\overline{\mathrm{AP}}\cdot\dot{\theta}$ の）回転速度の成分を表わし，式(**4・34**)の各式の右辺の第二，第三項はそれぞれ（大きさ $\overline{\mathrm{AP}}\cdot\dot{\theta}^2$ の）求心加速度と（大きさ $\overline{\mathrm{AP}}\cdot\ddot{\theta}$ の）接線加速度の各成分を表わす．こうしてＰ点の速度はＡ点の速度とＡ点まわりの回転速度とのベクトル和で表わされ，Ｐ点の加速度はＡ点の加速度とＡ点まわりの回転による求心加速度および接線加速度のベクトル和で表わされる．

〔例題 4・7〕 往復機構 図 **4・9** に示す往復機構において，クランクが角速度 ω で等速回転している．普通の往復機構では，コンロッドの長さ L はクランク半径 R の 3 〜 5 倍の大きさをもっている．① ピストンの速度と加速度，② コンロッドの角速度と角加速度を求めよ．

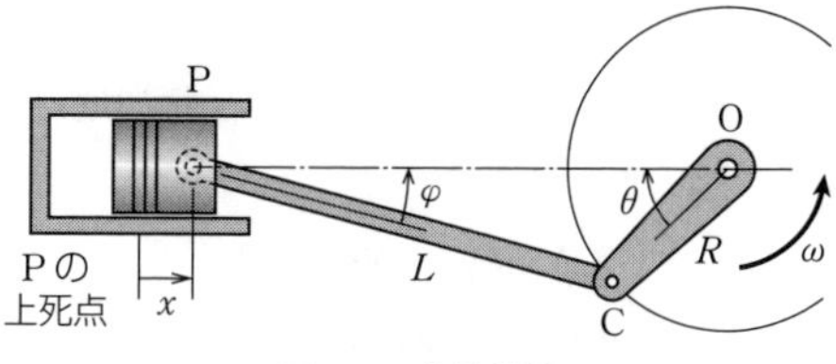

図 4・9 往復機構

〔解〕 ① 図のようにクランクの回転角を θ，コンロッドがシリンダの中心線となす角を φ とすれば，上死点 0 から測ったピストンの位置 x は

$$x = L(1-\cos\varphi) + R(1-\cos\theta) \tag{a}$$

と書ける．二つの角 θ と φ の間には三角形の正弦法則によって

$$L\sin\varphi = R\sin\theta \tag{b}$$

の関係があるから

$$\cos\varphi = \sqrt{1-\lambda^2\sin^2\theta} \tag{c}$$

となる．$\lambda = R/L$ はコンロッドの長さに対するクランク半径の比を表わす．ふつう $\lambda = 1/3 \sim 1/5$ で，λ^2 が 1 に比べてかなり小さいので，式(**c**)の右辺を二項定理によって

$$\cos\varphi = 1 - \frac{1}{2}\lambda^2\sin^2\theta - \frac{1}{8}\lambda^4\sin^4\theta - \cdots$$

のように展開し，λ^2 の高次の小さい項は省略する．この式を式(**a**)に代入すると

$$x = R\left(1-\cos\theta + \frac{1}{2}\lambda\sin^2\theta + \frac{1}{8}\lambda^3\sin^4\theta + \cdots\right)$$

となるが，さらに $\sin\theta$ の偶数べきを $\sin^2\theta = \frac{1}{2}(1-\cos 2\theta)$，$\sin^4\theta = \frac{1}{8}(3-4\times\cos 2\theta + \cos 4\theta)$，…で書き直し，$\theta = \omega t$ とおけば，ピストンの位置は

$$x = R\left(1 + \frac{\lambda}{4} - \cos\omega t - \frac{\lambda}{4}\cos 2\omega t - \cdots\right) \qquad \textbf{(d)}$$

で与えられる．ピストンの速度と加速度は式（**d**）を時間で微分して

$$\dot{x} = R\omega\left(\sin\omega t + \frac{\lambda}{2}\sin 2\omega t + \cdots\right) \qquad \textbf{(e)}$$

$$\dot{x} = R\omega^2(\cos\omega t + \lambda\cos 2\omega t + \cdots) \qquad \textbf{(f)}$$

となる．

② コンロッドの角速度と角加速度は，角度 φ の時間的な変化割合を調べることによって得られる．そのために，まず式（**b**）の両辺を時間で微分して

$$L\dot{\varphi}\cos\varphi = R\dot{\theta}\cos\theta = R\omega\cos\theta$$

この式から $\dot{\varphi}$ を解いて，再び二項定理を適用すれば

$$\dot{\varphi} = \frac{\lambda\omega\cos\theta}{\sqrt{1-\lambda^2\sin^2\theta}} = \lambda\omega\cos\theta\left(1 + \frac{\lambda^2}{2}\sin^2\theta + \cdots\right)$$

$$= \lambda\omega\left[\left(1 + \frac{\lambda^2}{2}\right)\cos\theta - \frac{\lambda^2}{2}\cos^3\theta + \cdots\right]$$

となる．三倍角で書かれた $\cos^3\theta = \frac{1}{4}(3\cos\theta + \cos 3\theta)$ を用いることによって，コンロッドの角速度と角加速度は

$$\dot{\varphi} = \lambda\omega\left[\left(1 + \frac{1}{8}\lambda^2\right)\cos\omega t - \frac{1}{8}\lambda^2\cos 3\omega t + \cdots\right] \qquad \textbf{(g)}$$

および

$$\ddot{\varphi} = -\lambda\omega^2\left[\left(1 + \frac{1}{8}\lambda^2\right)\sin\omega t - \frac{3}{8}\lambda^2\sin 3\omega t + \cdots\right] \qquad \textbf{(h)}$$

と書ける．

4. 瞬間中心

剛体がある一定時間の間に，図 **4・10** の AB の位置から A′B′ の位置まで移動したとする．この運動は物体の並進運動と回転運動とを合成して得られるものと考えることができる．たとえば，図 **4・10**（**a**）のように，まず AB が A*B* の位置まで並進運動したのち回転して A′B′ の位置までくることも可能であり，同図（**b**）のように AB が回転運動して A**B** の位置に移動したのち平行に運動して A′B′ の位置まで移動することも可能である．またこれとは別に図 **4・11** のように，A と

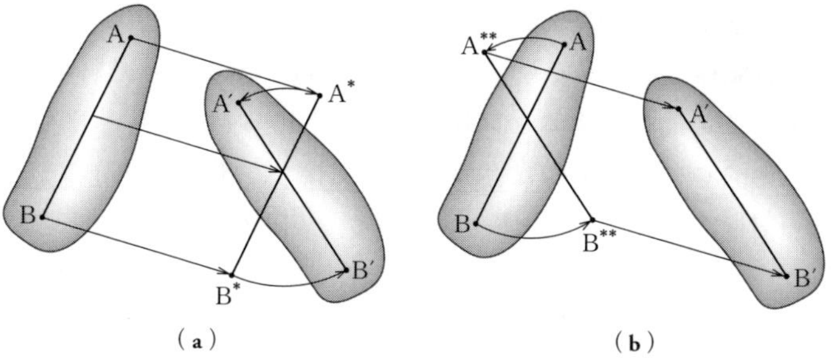

図 4・10　剛体の平面運動

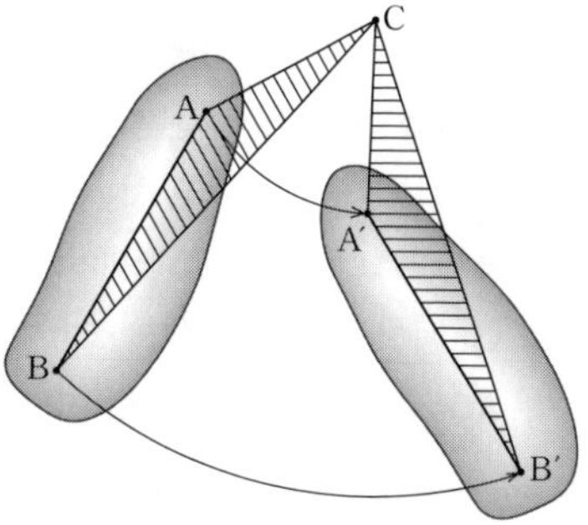

図 4・11　剛体の瞬間中心

A′ および B と B′ を結ぶ二つの線分の垂直二等分線の交点 C を中心として，回転運動だけで AB が A′B′ の位置に移動することも可能である．一般に剛体の任意の平面運動は，このような点 C を中心とした瞬間的な回転運動が連続するものと考えられ，この点を**瞬間中心**（instantaneous center）と呼んでいる．回転を伴わない単なる並進運動ではこの点の位置が求まらないが，このときは瞬間中心が無限遠方にあるものと考えればよい．

瞬間中心はある時刻において速度がゼロとなる不動点である．その位置（x_C, y_C）を求めるために，式(**4・33**)の（x, y）を（x_C, y_C）で置き換え，$\dot{x}_C=\dot{y}_C=0$ とおくことによって

$$x_C=x_A-\dot{y}_A/\dot{\theta}, \quad y_C=y_A+\dot{x}_A/\dot{\theta} \qquad (4\cdot35)$$

が得られる．これを剛体に固定した座標（ξ_C, η_C）で表わすと，式(**4・32**)によって

$$\xi_C\cos\theta-\eta_C\sin\theta=x_C-x_A$$
$$\xi_C\sin\theta+\eta_C\cos\theta=y_C-y_A$$

であるから，これらの式より θ を消去することにより

$$\xi_C{}^2+\eta_C{}^2=(x_C-x_A)^2+(y_C-y_A)^2 \qquad (4\cdot36)$$

となる．このようにして，剛体が運動するにつれて瞬間中心は移動して，図 **4・12** のように固

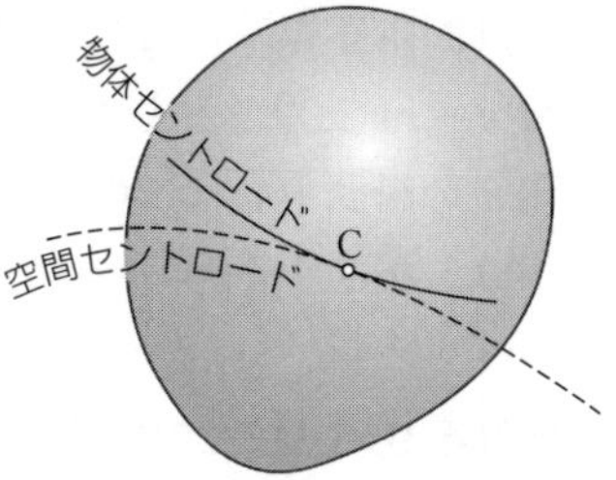

図 4・12　瞬間中心の軌跡

定した平面上に**空間セントロード**（space centrode）と呼ばれる一つの曲線（軌跡）を描く．これは剛体上からみてもこの点はまたある一つの曲線（剛体上における軌跡）を描くが，この曲線を**物体セントロード**（body centrode）と呼んでいる．任意の時刻にこれらの二つの曲線は互いにC点で接し，剛体が運動するに従って物体セントロードは空間セントロード上を転がる．実際の例でこのことを調べてみよう．

〔**例題4·8**〕 **円柱の転がり** 図4·13のように，半径Rの円柱が水平な床の上をすべらないで角速度ωで転がっている．このときの瞬間中心の位置を求めよ．円柱がすべりながら転がるときはどうなるか．

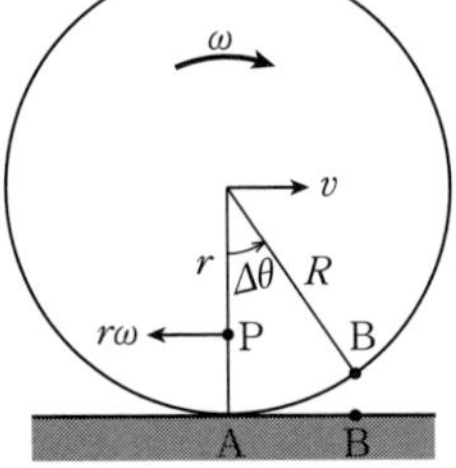

図4·13 床の上を転がる円柱

〔**解**〕 円柱と床がすべらないときは，円柱の接触点Aの速度はゼロでこの点が瞬間中心となる．円柱が転がってΔt時間後にB点が接触したとすれば，$\overline{AB'} = \widehat{AB} = R\Delta\theta = R\omega\Delta t$で，円柱の中心Oの速度は

$$v_0 = \lim_{\Delta t \to 0} \frac{\overline{AB'}}{\Delta t} = \lim_{\Delta t \to 0} \frac{R\omega\Delta t}{\Delta t} = R\omega$$

となる．円柱の運動に従って瞬間中心は床上を移動するので，この場合の空間セントロードは床面を通る直線となる．そして円柱からみると，瞬間中心はA→Bのように円柱の表面を動く．

すべりながら転がるときは，円柱の中心におけるすべり速度をv，回転の角速度をωとすれば，半径rの位置にあるP点は中心Oに対してvと反対向きの$r\omega$の相対速度をもつので，固定座標系に対してP点の速度は$v - r\omega$となる．したがって，この場合の瞬間中心はこの速度$v - r\omega$がゼロとなる半径$r = v/\omega$の点にある．

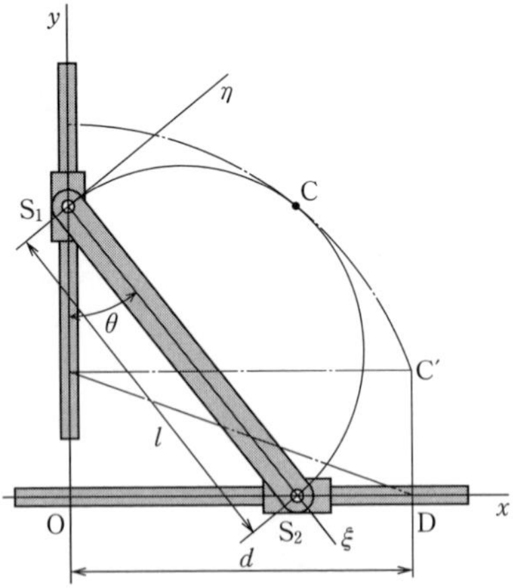

図4·14 リンクの運動

〔**例題4·9**〕 **リンクの運動** 長さlのロッドで連結された二つのスライダ

S_1 と S_2 がある．図 **4·14** のように，スライダ S_2 が長さ d の $\overline{OD}$ 間を往復運動するとき，ロッドの空間セントロードと物体セントロードはどのような曲線となるか．

〔**解**〕 図のように固定座標系 O-xy とロッドに固定され，ロッドとともに運動する直交座標系 S_1-$\xi\eta$ をとる．スライダ S_1 は鉛直，S_2 は水平に運動するので，この場合のロッドの瞬間中心は C 点となる．この点の座標を (x_C, y_C) とすれば $x_C = l \times \sin\theta$，$y_C = l\cos\theta$ で，ロッドが y 軸となす角 θ を消去して

$$x_C{}^2 + y_C{}^2 = l^2 \tag{a}$$

すなわち，空間セントロードは O 点を中心とする半径 l の円弧で，スライダ S_2 が右端 D に達するときの S_1 の高さ $\sqrt{l^2 - d^2}$ まで達する．

次に C 点を $(\xi,\ \eta)$ 座標で表わすと

$$\left.\begin{aligned} \xi_C \sin\theta + \eta_C \cos\theta &= x_C = l\sin\theta \\ \xi_C \cos\theta - \eta_C \sin\theta &= 0 \end{aligned}\right\} \tag{b}$$

で，これから再び θ を消去すれば

$$(\xi_C - l/2)^2 + \eta_C{}^2 = (l/2)^2 \tag{c}$$

物体セントロードはロッドの中点を中心とする半径 $l/2$ の半円で，ロッドが運動するにつれて空間セントロードに接しながら空間を移動する．

4·4 剛体の一般的な運動

1. 固定点のまわりの運動

剛体の表面あるいは内部の一点 O が空間に固定され，この点のまわりに剛体が回転する運動を調べてみよう．そのためには，剛体そのものを考えるよりは，剛体の中に O 点を中心とする任意の球を想定し，その球面上の任意の二点 A，B を結ぶ大円の弧 $\widehat{AB}$ を考えたほうがわかりやすい．この弧が剛体に固定されているものとして，その運動を追跡することによって剛体の運動が理解できるからである．

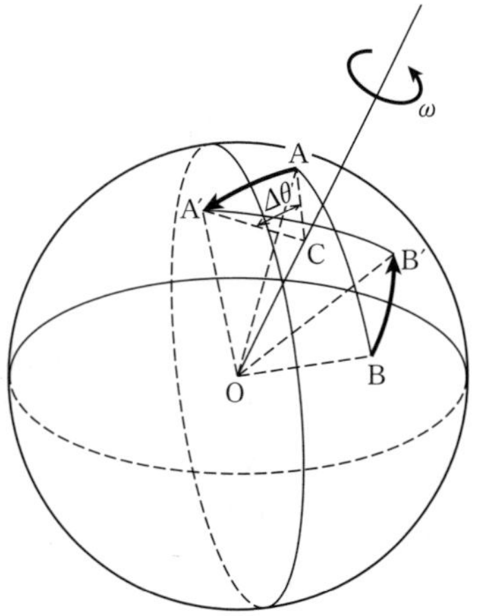

図 **4·15** 固定点まわりの運動

いま，図 **4·15** のように時間 Δt の間にこの $\widehat{\mathrm{AB}}$ が $\widehat{\mathrm{A'B'}}$ に移ったものとする．剛体の平面運動において瞬間中心を求めたのと同じ考え方によって，大円の弧 $\widehat{\mathrm{AA'}}$ と $\widehat{\mathrm{BB'}}$ を垂直に二等分する平面の交線上の一点をCとすれば，この剛体の運動はOC軸のまわりの回転によって表わされ，その大きさはOAC面とOA′C面，あるいはOBC面とOB′C面のなす角 $\Delta\theta$ で測られる．$\Delta\theta \to 0$ の極限を考えれば，OC軸はその瞬間の回転軸となり，角速度の大きさは $\omega = \dot{\theta}$ となる．こうして剛体の固定点まわりの瞬間的な運動は，その点を通る一つの軸のまわりの回転と等価であり，大きさ ω の角速度ベクトルで表わされる．

剛体が回転する際に内部の任意の点Pがもつ速度を求めてみよう．図 **4·16** のように，P点は瞬間軸OC軸のまわりを大きさ

$$v = \omega \overline{\mathrm{PQ}} = r\omega \sin\varphi \qquad (\mathbf{4·37})$$

の周速で，OQP面と垂直な方向に運動する．r はO点に対するP点の位置ベクトル $\boldsymbol{r}$ の長さを表わし，φ は二つのベクトル $\boldsymbol{r}$ と $\boldsymbol{\omega}$ の間の角を表わす．こうしてP点の速度はベクトル積

$$\boldsymbol{v} = \boldsymbol{\omega} \times \boldsymbol{r} \qquad (\mathbf{4·38})$$

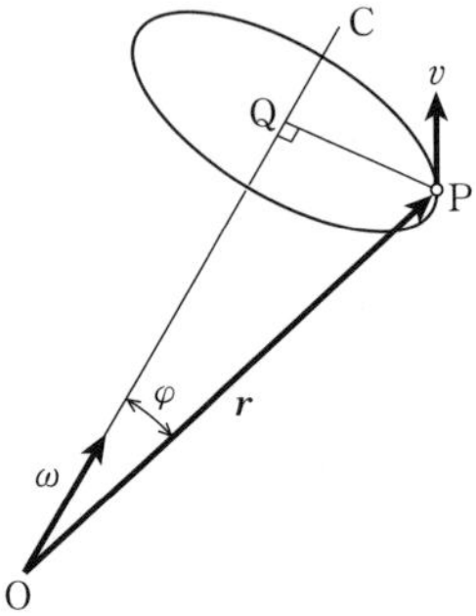

図 4·16　固定点まわりの回転

によって与えられる．O点を原点とする直交座標系O-xyz をとり，$\boldsymbol{\omega}$ の各成分を ω_x，ω_y，ω_z とすれば，式(**2·23**)によって

$$\boldsymbol{v} = (\omega_x \boldsymbol{i} + \omega_y \boldsymbol{j} + \omega_z \boldsymbol{k}) \times (x\boldsymbol{i} + y\boldsymbol{j} + z\boldsymbol{k}) = \begin{vmatrix} \boldsymbol{i} & \boldsymbol{j} & \boldsymbol{k} \\ \omega_x & \omega_y & \omega_z \\ x & y & z \end{vmatrix} \qquad (\mathbf{4·39})$$

となる．これを速度の成分で表わすと

$$v_x = \omega_y z - \omega_z y,\quad v_y = \omega_z x - \omega_x z,\quad v_z = \omega_x y - \omega_y x \qquad (\mathbf{4·40})$$

と書ける．

2. 固定点がない一般的な運動

この場合は剛体の運動は内部にある任意の点Aの運動と，その点のまわりの回転運動とを合成することによって得られる．ある時刻におけるA点の速度を $\boldsymbol{v}_\mathrm{A}$，この点のまわりの角速度を $\boldsymbol{\omega}$，剛体内の任意の位置にあるP点のA点に対する位置ベクトルを $\boldsymbol{r}$ とすれば，P点の速度は

$$\boldsymbol{v} = \boldsymbol{v}_\mathrm{A} + \boldsymbol{\omega} \times \boldsymbol{r} \qquad (\mathbf{4·41})$$

で表わされる．ここで$\boldsymbol{\omega}$はA点をどこにとっても同じベクトルを与えることが，次のようにして容易に示される．いま，図**4·17**のようにA点とは異なるA′点を基準にして，P点の速度を書くと

$$\boldsymbol{v}=\boldsymbol{v}_{\mathrm{A}}'+\boldsymbol{\omega}'\times\boldsymbol{r}' \qquad (4\cdot42)$$

となる．ここで$\boldsymbol{r}'$はA′点に対するP点の位置ベクトルで，$\boldsymbol{\omega}'$はA′点まわりの角速度を表わす．A′点の速度は$\boldsymbol{v}_{\mathrm{A}}'=\boldsymbol{v}_{\mathrm{A}}+\boldsymbol{\omega}\times(\boldsymbol{r}-\boldsymbol{r}')$と書けるから，この$\boldsymbol{v}_{\mathrm{A}}'$を式(**4·42**)の右辺に代入して得た式と式(**4·41**)とを等置することにより

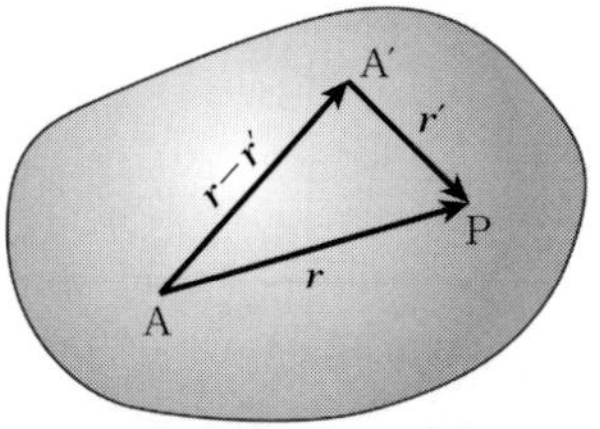

図 4·17　物体内の点の位置ベクトル

$$\boldsymbol{v}_{\mathrm{A}}+\boldsymbol{\omega}\times\boldsymbol{r}=\boldsymbol{v}_{\mathrm{A}}+\boldsymbol{\omega}\times(\boldsymbol{r}-\boldsymbol{r}')+\boldsymbol{\omega}'\times\boldsymbol{r}'$$

が得られる．この式の左右両辺から$\boldsymbol{v}_{\mathrm{A}}+\boldsymbol{\omega}\times\boldsymbol{r}$を差し引くことによって

$$(\boldsymbol{\omega}'-\boldsymbol{\omega})\times\boldsymbol{r}'=0 \qquad (4\cdot43)$$

となる．P点はまったく任意にとった点で，二つの速度ベクトル$\boldsymbol{\omega}$，$\boldsymbol{\omega}'$はいずれも$\boldsymbol{r}'$とは独立なので$\boldsymbol{\omega}'=\boldsymbol{\omega}$となる．こうして，回転軸の方向や回転角の大きさはどの点を基準にとってもまったく同じで，角速度ベクトル$\boldsymbol{\omega}$は剛体の回転を一義的に定める量となる．

以上のようにして，立体的な剛体の運動を空間に固定した座標についてみると，一つの基準点の並進運動の三つの成分と，この点のまわりの回転運動の三つの成分で表わされ，その結果，合計6個の独立変数をもつことになる．

3. オイラー角

ある固定点Oのまわりの剛体の運動を表わすのに，空間に固定された直交座標系O-xyzに対して，剛体に固定された直交座標系O-$\xi\eta\zeta$の各座標軸の方向を与える三つの角を用いるのが便利で，そのために考案されたのが図**4·18**に示す**オイラー***角（Euler's angle）θ，φ，ψである．

最初，固定座標系O-xyzとまったく一致していた回転座標系O-$\xi\eta\zeta$が，ある位置まで回転する運動を次に示す三つの段階に分けて考える．まず座標系O-$\xi\eta\zeta$をz軸のまわりにφだけ回転させると，図**4·18**(**a**)のように（x，y，z）軸は（x'，y'，z'）軸の位置まで運動する．そしてこの回転による座標系の変換式は

---

*　Leonhard Euler（1707−1783）スイス生まれの数学者．

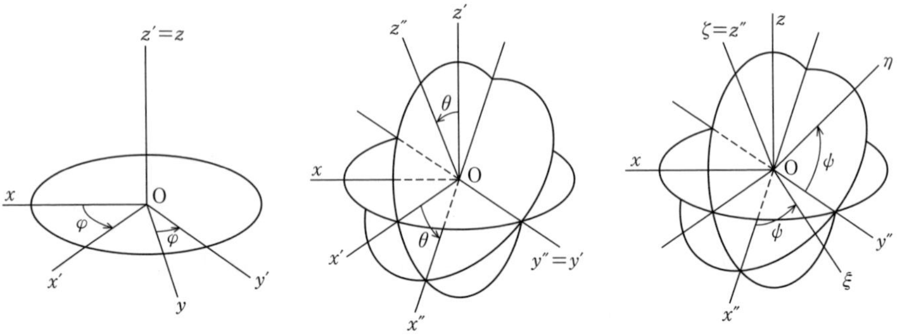

（a）　（b）　（c）

図4・18　オイラー角

$$x' = x\cos\varphi + y\sin\varphi,\quad y' = -x\sin\varphi + y\cos\varphi,\quad z' = z \qquad (4\cdot44)$$

で表わされる．次に同図(**b**)のように，座標系 O-$x'y'z'$ を y' 軸のまわりに θ だけ回転させると，(x'，y'，z') 軸は (x''，y''，z'') 軸の位置まで動く．このときの座標変換式は

$$x'' = x'\cos\theta - z'\sin\theta,\quad y'' = y',\quad z'' = x'\sin\theta + z'\cos\theta \qquad (4\cdot45)$$

である．最後に同図(**c**)のようにこれを z'' 軸のまわりに ϕ だけ回転させて，(x''，y''，z'') 軸が (ξ，η，ζ) 軸に一致したとすれば，このときの変換式は

$$\xi = x''\cos\varphi + y''\sin\phi,\quad \eta = -x''\sin\phi + y''\cos\phi,\quad \xi = z'' \qquad (4\cdot46)$$

で表わされる．式(**4・44**)の x'，y'，z' を式(**4・45**)の右辺に代入し，その結果をさらに式(**4・46**)の右辺に代入することによって，固定座標系 O-xyz に対する回転座標系 O-$\xi\eta\zeta$ の位置が確定する．この計算を実行するには，次のようなマトリックスの乗算をするのが間違いも少なく，かつわかりやすい．

$$\begin{Bmatrix}\xi\\ \eta\\ \zeta\end{Bmatrix} = \begin{bmatrix}\cos\phi & \sin\phi & 0\\ -\sin\phi & \cos\phi & 0\\ 0 & 0 & 1\end{bmatrix}\begin{bmatrix}\cos\theta & 0 & -\sin\theta\\ 0 & 1 & 0\\ \sin\theta & 0 & \cos\theta\end{bmatrix} \times\begin{bmatrix}\cos\varphi & \sin\varphi & 0\\ -\sin\varphi & \cos\varphi & 0\\ 0 & 0 & 1\end{bmatrix}\begin{Bmatrix}x\\ y\\ z\end{Bmatrix} \qquad (4\cdot47)$$

この結果をまとめると表**4・1**のようになる．式(**4・47**)のマトリックス乗算は簡単なので，読者自ら試みられたい．

このようにオイラー角を定義すると，角速度は

表4·1

	x	y	z
ξ	$\cos\theta\cos\varphi\cos\phi-\sin\varphi\sin\phi$	$\cos\theta\sin\varphi\cos\phi+\cos\varphi\sin\phi$	$-\sin\theta\cos\phi$
η	$-\cos\theta\cos\varphi\sin\phi-\sin\varphi\cos\phi$	$-\cos\theta\sin\varphi\sin\phi+\cos\varphi\cos\phi$	$\sin\theta\sin\phi$
ζ	$\sin\theta\cos\varphi$	$\sin\theta\cos\varphi$	$\cos\theta$

z 軸まわりに　$\dot{\varphi}$

y' 軸まわりに　$\dot{\theta}$

ζ 軸まわりに　$\dot{\phi}$

となる．これらは ξ, η, ζ 軸に対して

$$\dot{\theta}\begin{cases}\xi\text{成分} & \dot{\theta}\sin\phi\\ \eta\text{成分} & \dot{\theta}\cos\phi\end{cases}$$

$$\dot{\varphi}\begin{cases}\zeta\text{成分} & \dot{\varphi}\cos\theta\\ x''\text{成分} & -\dot{\varphi}\sin\theta\end{cases}\qquad\begin{cases}\xi\text{成分} & -\dot{\varphi}\sin\theta\cos\phi\\ \eta\text{成分} & \dot{\varphi}\sin\theta\sin\phi\end{cases}$$

$$\dot{\phi}-\zeta\text{成分}\quad\dot{\phi}$$

をもつので，角速度 $\boldsymbol{\omega}$ の ξ, η, ζ 軸方向の成分は

$$\left.\begin{aligned}\omega_\xi &= \dot{\theta}\sin\phi-\dot{\varphi}\sin\theta\cos\phi\\ \omega_\eta &= \dot{\theta}\cos\phi+\dot{\varphi}\sin\theta\sin\phi\\ \omega_\zeta &= \dot{\phi}+\dot{\varphi}\cos\theta\end{aligned}\right\}\qquad(4\cdot48)$$

で与えられる．同様にして角速度の x, y, z 軸方向の成分は

$$\left.\begin{aligned}\omega_x &= -\dot{\theta}\sin\varphi-\dot{\phi}\sin\theta\cos\varphi\\ \omega_y &= \dot{\theta}\cos\varphi+\dot{\phi}\sin\theta\sin\varphi\\ \omega_z &= \dot{\varphi}+\dot{\phi}\cos\theta\end{aligned}\right\}\qquad(4\cdot49)$$

と書ける．

4·5 相対運動

座標系は物体の運動を定量的に表わすためのもので，これをどこにとってもかまわない．たとえば，列車の中で動いている物体の運動を調べるためには，地上に固定した座標系を用いるより，列車に固定して列車とともに進行する座標系を用いるほうが便利である．一般に空間に固定した座標系を**固定座標系**（fixed coordinate system），運動する座標系を**運動座標系**（moving coordinate system）といい，固

定座標系について記述した運動を**絶対運動**（absolute motion），運動座標系について記述した運動を**相対運動**（relative motion）と呼んでいる．我々が地球上で力学の実験をする場合は，地球に相対的な運動を観測しているのであって，厳密には固定座標系に対する運動は観測できない．

1. 平面運動

再び図**4·8**に示す固定座標系 O-xy と運動座標系 A-$\xi\eta$ を考え，P点の相対座標を ξ，η とすれば，固定座標系に対するP点の位置は

$$\left.\begin{aligned} x &= x_A + \xi\cos\theta - \eta\sin\theta \\ y &= y_A + \xi\sin\theta + \eta\cos\theta \end{aligned}\right\} \quad (4\cdot 50)$$

で表わされる．この式を時間 t で微分することによって，固定座標系に対する**絶対速度**（absolute velocity）$\boldsymbol{v}$ の成分

$$\left.\begin{aligned} v_x &= \dot{x} = v_{tx} + v_{rx} \\ v_y &= \dot{y} = v_{ty} + v_{ry} \end{aligned}\right\} \quad (4\cdot 51)$$

が得られる．これらの式の右辺の第一項は

$$\left.\begin{aligned} v_{tx} &= \dot{x}_A - (\xi\sin\theta + \eta\cos\theta)\dot{\theta} \\ v_{ty} &= \dot{y}_A + (\xi\cos\theta - \eta\sin\theta)\dot{\theta} \end{aligned}\right\} \quad (4\cdot 52)$$

で，その中には運動座標系に対するP点の相対運動を与える項がない．これを**運搬速度**（translating velocity）と呼んでいる．これに対して第二項は

$$\left.\begin{aligned} v_{rx} &= \dot{\xi}\cos\theta - \dot{\eta}\sin\theta \\ v_{ry} &= \dot{\xi}\sin\theta + \dot{\eta}\cos\theta \end{aligned}\right\} \quad (4\cdot 53)$$

で，P点の**相対速度**（relative velocity）を表わしている．このように，固定座標系に対する絶対速度は運搬速度と相対速度の和で与えられる．

次に加速度を求めるために，式(**4·51**)をもう一度微分したのち，これをまとめると

$$\left.\begin{aligned} a_x &= \ddot{x} = a_{tx} + a_{rx} + a_{cx} \\ a_y &= \ddot{y} = a_{ty} + a_{ry} + a_{cy} \end{aligned}\right\} \quad (4\cdot 54)$$

となる．これら二つの式の第一項は

$$\left.\begin{aligned} a_{tx} &= \ddot{x}_A - (\xi\sin\theta + \eta\cos\theta)\ddot{\theta} - (\xi\cos\theta - \eta\sin\theta)\dot{\theta}^2 \\ a_{ty} &= \ddot{y}_A + (\xi\cos\theta - \eta\sin\theta)\ddot{\theta} - (\xi\sin\theta + \eta\cos\theta)\dot{\theta}^2 \end{aligned}\right\} \quad (4\cdot 55)$$

で，**運搬加速度**（translating acceleration）の成分を与え，第二項は

$$\left.\begin{aligned} a_{rx} &= \ddot{\xi}\cos\theta - \ddot{\eta}\sin\theta \\ a_{ry} &= \ddot{\xi}\sin\theta + \ddot{\eta}\cos\theta \end{aligned}\right\} \qquad (4\cdot56)$$

で，**相対加速度**（relative acceleration）の成分を与える．また第三項は

$$\left.\begin{aligned} a_{cx} &= -2(\dot{\xi}\sin\theta + \dot{\eta}\cos\theta)\dot{\theta} \\ a_{cy} &= 2(\dot{\xi}\cos\theta - \dot{\eta}\sin\theta)\dot{\theta} \end{aligned}\right\} \qquad (4\cdot57)$$

を表わす．この成分はP点が運動座標系の中で運動することによって生じるもので，これを**コリオリ*の加速度**（Coriolis acceleration）と呼んでいる．このように，絶対加速度は運搬加速度，相対加速度およびコリオリの加速度の三つから構成されている．

2. コリオリの加速度

運動座標系の回転角速度を $\omega = \dot{\theta}$ とすれば，式(**4·53**)と式(**4·57**)からコリオリの加速度成分は

$$a_{cx} = -2v_{ry}\omega, \quad a_{cy} = 2v_{rx}\omega \qquad (4\cdot58)$$

で与えられる．相対速度の大きさを v_r で表わせば，コリオリの加速度の大きさは

$$a_c = 2v_r\omega \qquad (4\cdot59)$$

で，図**4·19**のように相対速度 v_r に直角で運動座標系の回転方向を向いている．運動座標系がまったく回転しないときは $\omega = 0$ で，当然コリオリの加速度は生じない．

ここでもう少し具体的な問題について，コリオリの加速度の力学的な意味を考えてみよう．図**4·20**(**a**)のように，O点のまわりを一定角速度 ω で回転するなめらかな管の中を，小球が管に対して一定の相対速度 u で動いているものとする．同図(**b**)のように，時刻 t において半径 r の位置にある球のもつ速度成分は相対速度 u と運搬速度 $r\omega$ よりなり，合成されて v となる．時刻 $t + \Delta t$ においては，同図(**c**)のように管は $\Delta\theta = \omega\Delta t$ だけ回転し，球は $r + u\Delta t$ の半径のところまで移動する．この場合，相対速度の大きさは一定で，同図(**d**)のように方向が $\Delta\theta$ だけ変化するので，相対速度の変化量は

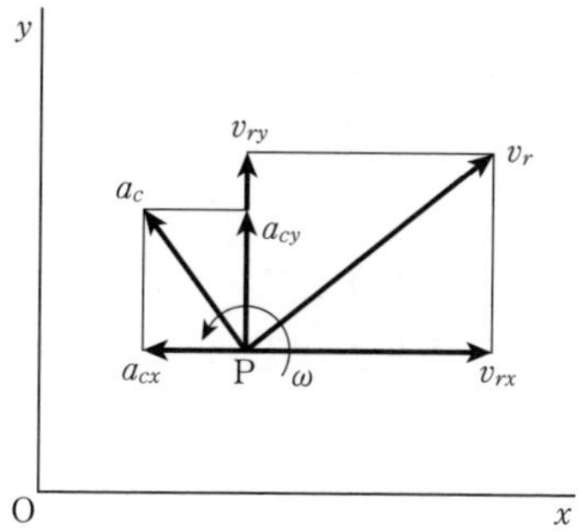

図 4·19　コリオリの加速度

* Gustave Gaspard Coriolis（1792－1843）フランスの土木学者，物理学者．

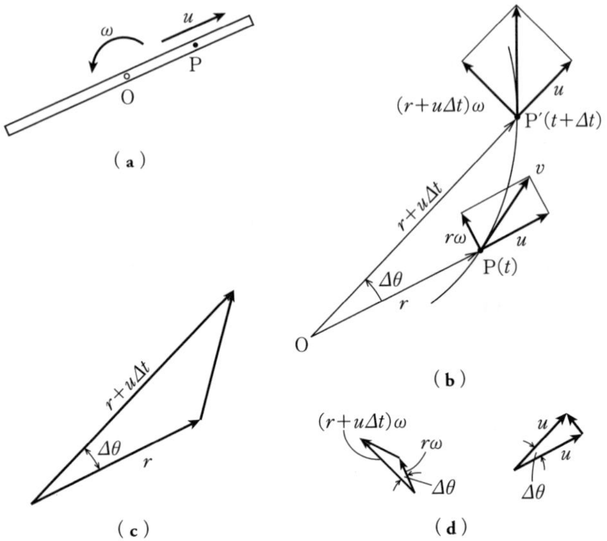

図 4・20　回転する管内を運動する小球

$$\Delta u = u\Delta\theta = u\omega\Delta t \qquad (4\cdot 60)$$

の大きさをもち，その方向は（管に直角な）円周方向を向いている．一方，運搬速度は Δt 時間の間に $r\omega$ から $(r+u\Delta t)\omega$ となり，大きさ，方向ともに変化する．図（**d**）によって運搬速度の円周方向と半径方向の成分を考えると

$$\left.\begin{aligned}&\text{円周方向に}\quad (\boldsymbol{r}+u\Delta t)\omega - r\omega\cos\Delta\theta \approx u\omega\Delta t\\&\text{半径方向に}\quad -r\omega\sin\Delta\theta \approx -r\omega^2\Delta t\end{aligned}\right\} \qquad (4\cdot 61)$$

となる．したがって，この場合の加速度成分は式(**4・60**)と式(**4・61**)を加えて得た速度の変化量を短い時間 Δt で割って

$$\left.\begin{aligned}&\text{円周方向に}\quad u\omega + u\omega = 2u\omega\quad\text{（コリオリの加速度）}\\&\text{半径方向に}\quad -r\omega^2\quad\text{（求心加速度）}\end{aligned}\right\} \qquad (4\cdot 62)$$

となる．こうしてコリオリの加速度は，運動する点の相対速度の方向の変化と運搬速度の大きさの変化によって生じ，求心加速度は単に運搬速度の方向の変化にのみよって生じることがわかる．

〔例題 4・10〕　航空機の対地速度　80［km/h］の北西風を受けて，対気速度 950［km/h］のジェット機が真北に飛行するためには，機首をどの方向に向ければよいか．またこのときの対地速度はいくらか．

〔**解**〕 図 **4·21** のように機首を向ける角度を真北から測って α とし，ジェット機の対地速度を V とすれば，速度ベクトルの東西と南北方向の成分について

$$950 \sin \alpha = 80 \sin 45^\circ$$
$$V = 950 \cos \alpha - 80 \cos 45^\circ$$

の関係がある．この式を解いて

$$\alpha = \sin^{-1}\left(\frac{80 \sin 45^\circ}{950}\right) = 3.4^\circ$$

$$V = 950 \cos 3.4^\circ - 80 \cos 45^\circ = 891.8 \quad [\mathrm{km/h}]$$

が得られる．

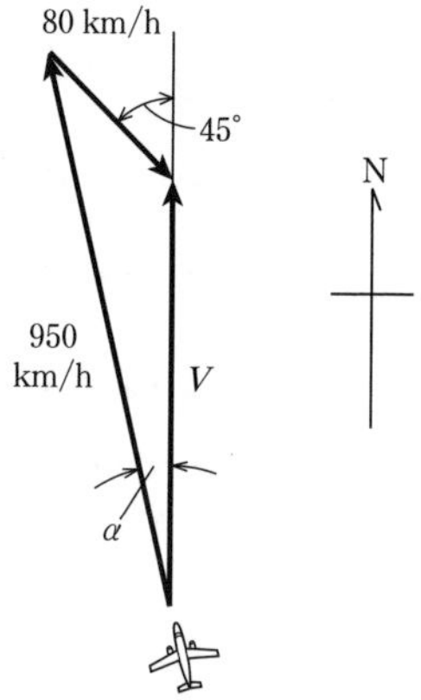

図 4·21　航空機の対地速度

3.　一般の空間座標

空間に固定された座標系 O-xyz に対して，任意の角速度 $\boldsymbol{\omega}$ で回転しながら空間を運動する運動座標系 A-$\xi\eta\zeta$ を考え，この運動座標系に対して相対運動する P 点の絶対速度と絶対加速度とを求めてみよう．

図 **4·22** のように，O 点に対する A 点の位置ベクトルを $\boldsymbol{r}_\mathrm{A}$ とし，両座標系の各原点に対する P 点の位置ベクトルをそれぞれ $\boldsymbol{r}$ および $\boldsymbol{r}'$ とすれば，ベクトル $\boldsymbol{r}$ は ξ，η，ζ 軸方向の単位ベクトル $\boldsymbol{i}$，$\boldsymbol{j}$，$\boldsymbol{k}$ を用いて

$$\boldsymbol{r} = \boldsymbol{r}_\mathrm{A} + \boldsymbol{r}' = \boldsymbol{r}_\mathrm{A} + (\xi\boldsymbol{i} + \eta\boldsymbol{j} + \zeta\boldsymbol{k}) \qquad (4\cdot63)$$

で与えられる．これを時間 t で微分することによって，絶対速度は運動座標系の回転も考慮したベクトル $\boldsymbol{r}'$ の時間的な変化割合 $\dot{\boldsymbol{r}}^{*\prime}$ を用いて

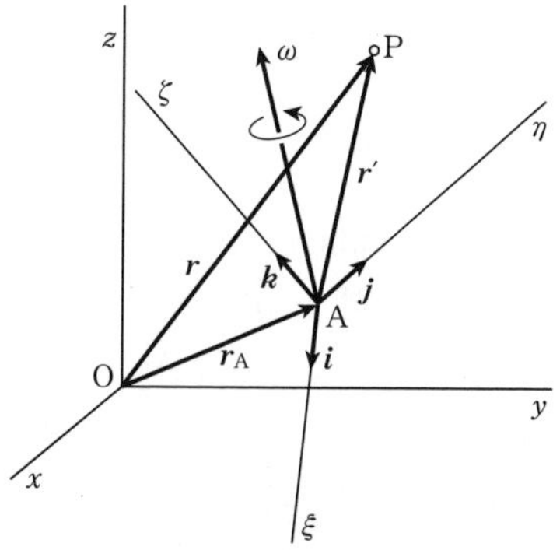

図 4·22　空間を運動する点

$$\dot{\boldsymbol{r}} = \dot{\boldsymbol{r}}_\mathrm{A} + \dot{\boldsymbol{r}}^{*\prime} = \dot{\boldsymbol{r}}_\mathrm{A} + (\dot{\xi}\boldsymbol{i} + \dot{\eta}\boldsymbol{j} + \dot{\zeta}\boldsymbol{k}) + \left(\xi\frac{d\boldsymbol{i}}{dt} + \eta\frac{d\boldsymbol{j}}{dt} + \zeta\frac{d\boldsymbol{k}}{dt}\right) \qquad (4\cdot64)$$

で表わされる．図にみるように，単位ベクトル $\boldsymbol{i}$ の変化量 $d\boldsymbol{i}$ は η 軸まわりの回転 $d\theta_\eta$ による変化量 $-\boldsymbol{k}d\theta_\eta$ と，ζ 軸まわりの回転 $d\theta_\zeta$ による変化量 $\boldsymbol{j}d\theta_\zeta$ との和で，$d\boldsymbol{i} = \boldsymbol{j}d\theta_\zeta - \boldsymbol{k}d\theta_\eta$ で与えられるので，$\boldsymbol{i}$ の時間的な変化割合は

$$\frac{d\boldsymbol{i}}{dt}=\dot{\theta}_\xi \boldsymbol{j}-\dot{\theta}_\eta \boldsymbol{k}=\omega_\xi \boldsymbol{j}-\omega_\eta \boldsymbol{k}=\boldsymbol{\omega}\times\boldsymbol{i} \tag{4·65}$$

で表わされる．$\boldsymbol{j}$ と $\boldsymbol{k}$ についても同じで

$$\frac{d\boldsymbol{j}}{dt}=\omega_\xi \boldsymbol{k}-\omega_\zeta \boldsymbol{i}=\boldsymbol{\omega}\times\boldsymbol{j},\qquad \frac{d\boldsymbol{k}}{dt}=\omega_\eta \boldsymbol{i}-\omega_\xi \boldsymbol{j}=\boldsymbol{\omega}\times\boldsymbol{k} \tag{4·66}$$

となり，式(4·64)右辺の第三項は

$$\boldsymbol{\omega}\times(\xi\boldsymbol{i}+\eta\boldsymbol{j}+\zeta\boldsymbol{k})=\boldsymbol{\omega}\times\boldsymbol{r}' \tag{4·67}$$

と書ける．したがって，式(4·64)は運動座標系が回転しないときの $\boldsymbol{r}'$ の時間的な変化割合 $\dot{\boldsymbol{r}}'=\dot{\xi}\boldsymbol{i}+\dot{\eta}\boldsymbol{j}+\dot{\zeta}\boldsymbol{k}$ を用いて

$$\dot{\boldsymbol{r}}=\dot{\boldsymbol{r}}_{\mathrm{A}}+\dot{\boldsymbol{r}}'+\boldsymbol{\omega}\times\boldsymbol{r}' \tag{4·68}$$

で表わされる．あるいはこれを

$$\boldsymbol{v}=\boldsymbol{v}_{\mathrm{A}}+\boldsymbol{v}'+\boldsymbol{\omega}\times\boldsymbol{r}' \tag{4·69}$$

と書くこともできる．ここで $\boldsymbol{v}_{\mathrm{A}}$ と $\boldsymbol{\omega}\times\boldsymbol{r}'$ は運搬速度で，$\boldsymbol{v}'$ がＰ点の相対速度を与える．

式(4·69)をもう一度時間で微分すると

$$\dot{\boldsymbol{v}}=\dot{\boldsymbol{v}}_{\mathrm{A}}+\boldsymbol{v}^{*\prime}+\dot{\boldsymbol{\omega}}\times\boldsymbol{r}'+\boldsymbol{\omega}\times\dot{\boldsymbol{r}}^{*\prime} \tag{4·70}$$

この式の第二項は式(4·67)を導いたのと同じ考え方によって

$$\dot{\boldsymbol{v}}^{*\prime}=\frac{d}{dt}(\dot{\xi}\boldsymbol{i}+\dot{\eta}\boldsymbol{j}+\dot{\zeta}\boldsymbol{k})=\ddot{\xi}\boldsymbol{i}+\ddot{\eta}\boldsymbol{j}+\ddot{\zeta}\boldsymbol{k}+\boldsymbol{\omega}\times\boldsymbol{v}'$$

となるが，相対加速度 $\boldsymbol{a}'=\ddot{\xi}\boldsymbol{i}+\ddot{\eta}\boldsymbol{j}+\ddot{\zeta}\boldsymbol{k}$ を用いて簡単に

$$\dot{\boldsymbol{v}}^{*\prime}=\boldsymbol{a}'+\boldsymbol{\omega}\times\boldsymbol{v}'$$

と書ける．また式(4·70)の最後の項は式(4·64)，式(4·67)によって

$$\boldsymbol{\omega}\times\dot{\boldsymbol{r}}^{*\prime}=\boldsymbol{\omega}\times(\boldsymbol{v}'+\boldsymbol{\omega}\times\boldsymbol{r}')=\boldsymbol{\omega}\times\boldsymbol{v}'+\boldsymbol{\omega}\times(\boldsymbol{\omega}\times\boldsymbol{r}')$$

となり，結局，式(4·70)は

$$\boldsymbol{a}=\boldsymbol{a}_{\mathrm{A}}+\boldsymbol{a}'+2\boldsymbol{\omega}\times\boldsymbol{v}'+\dot{\boldsymbol{\omega}}\times\boldsymbol{r}'+\boldsymbol{\omega}\times(\boldsymbol{\omega}\times\boldsymbol{r}') \tag{4·71}$$

と書くことができる．右辺の $\boldsymbol{a}_{\mathrm{A}}=\dot{\boldsymbol{v}}_{\mathrm{A}}$，$\dot{\boldsymbol{\omega}}\times\boldsymbol{r}'$，$\boldsymbol{\omega}\times(\boldsymbol{\omega}\times\boldsymbol{r}')$ はすべて運搬加速度，$\boldsymbol{a}'$ は相対加速度で，$2\boldsymbol{\omega}\times\boldsymbol{v}'$ がコリオリの加速度を与える．

〔例題 4·11〕 リング上のカラーの運動　図 4·23 に示す半径 r のリングが一定の角速度 ω で z 軸のまわりを回転している．このリングに沿ってカラーが一定速度 v で運動しているとすれば，カラーがリングの中心 A を通る水平面を横切るときと最高点にきたとき，カラーにはどのような加速度が生じるか．

〔**解**〕 図のように，固定座標系 O-xyz とリングの中心を原点とし，リングの平面内で水平方向に ξ 軸，鉛直方向に ζ 軸を有する運動座標系 A-$\xi\eta\zeta$ をとる．運動座標系の各軸の方向の単位ベクトルを $\boldsymbol{i}$, $\boldsymbol{j}$, $\boldsymbol{k}$ とすれば，A 点の加速度ベクトルは

$$\boldsymbol{a}_{\mathrm{A}} = -r\omega^2\boldsymbol{i} \qquad \text{(a)}$$

カラー C の相対加速度ベクトルは

$$\boldsymbol{a}' = -(v^2/r)\cos\theta\boldsymbol{i} - (v^2/r)\sin\theta\boldsymbol{k} \qquad \text{(b)}$$

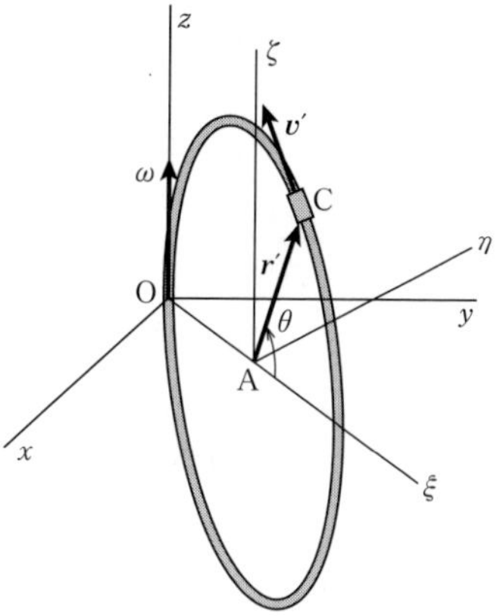

図 4·23　リング上を運動するカラー

となる．θ は ξ 軸から測ったカラーの位置を表わす．z 軸は ζ 軸に平行であるから，z 軸まわりのリングの回転ベクトル $\boldsymbol{\omega}$ は $\boldsymbol{\omega} = \omega\boldsymbol{k}$，カラーの運動座標系に対する位置ベクトル $\boldsymbol{r}'$ は

$$\boldsymbol{r}' = r\cos\theta\boldsymbol{i} + r\sin\theta\boldsymbol{k}$$

で，速度ベクトル $\boldsymbol{v}'$ は

$$\boldsymbol{v}' = -v\sin\theta\boldsymbol{i} + v\cos\theta\boldsymbol{k}$$

である．したがって，式(**4·71**)の第三項のコリオリの加速度は

$$2\omega \times \boldsymbol{v}' = 2\omega\boldsymbol{k} \times (-v\sin\theta\boldsymbol{i} + v\cos\theta\boldsymbol{k}) = -2\omega v\sin\theta\boldsymbol{j} \qquad \text{(c)}$$

となる．また式(**4·71**)の第五項は

$$\boldsymbol{\omega} \times (\boldsymbol{\omega} \times \boldsymbol{r}') = \omega\boldsymbol{k} \times [\omega\boldsymbol{k} \times (r\cos\theta\boldsymbol{i} + r\sin\theta\boldsymbol{k})]$$
$$= \omega\boldsymbol{k} \times r\omega\cos\theta\boldsymbol{j} = -r\omega^2\cos\theta\boldsymbol{i} \qquad \text{(d)}$$

で，結局カラーの絶対加速度は式(**a**)～式(**d**)を加えた

$$\boldsymbol{a} = -[r\omega^2 + (v^2/r)\cos\theta + r\omega^2\cos\theta]\boldsymbol{i} - 2\,\omega v\sin\theta\boldsymbol{j} - (v^2/r)\sin\theta\boldsymbol{k} \qquad \text{(e)}$$

となる．そして

$\theta = 0°$ のとき　$\boldsymbol{a} = -[2r\omega^2 + (v^2/r)]\boldsymbol{i}$

$\theta = 90°$ のとき　$\boldsymbol{a} = -r\omega^2\boldsymbol{i} - 2\omega v\boldsymbol{j} - (v^2/r)\boldsymbol{k}$

$\theta = 180°$ のとき　$\boldsymbol{a} = (v^2/r)\boldsymbol{i}$

で，コリオリの加速度はカラーがリングの最高点と最低点にあるとき最大となり，リングの中心を通る水平面を横切るときには生じないことがわかる．

4章 演習問題

4·1 静止している自動車を $0.2g$ の加速度で加速すれば，時速 60［km］の速度になるのにどれだけの時間がかかるか．またそれまでにどれだけの距離を走るか．

4·2 図 4·24 に示すスコッチヨークのクランクが一定の角速度 ω で回転するとき，ピストンに生じる最大速度と最大加速度はいくらか．

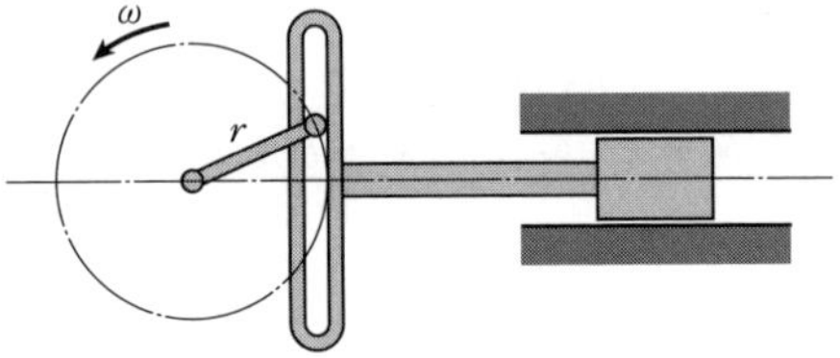

図 4·24 演習問題 4·2

4·3 空中に高く打ち上げられた花火が球状に開く（飛び散る）のはなぜか．

4·4 中心軸のまわりに $\omega = 60\pi$［rad/s］の角速度で回転しているロータが，鉛直軸のまわりにも $\Omega = 4\pi$［rad/s］の角速度でこの軸と 30° 傾いて回っている．ロータ自体の角速度はいくらか．

4·5 対気速度 230［km/h］の小型飛行機が，東へ機首を向けて飛ぶと北へ 15° 経路が傾き，南へ機首を向けると西へ 17° 経路が傾く．風の方向と風速を求めよ．

4·6 次のマトリックスの積を求めよ．

① $\begin{bmatrix} 0 & 1 & 2 \\ 3 & 4 & 5 \\ 6 & 7 & 8 \end{bmatrix}\begin{bmatrix} a_{11} & a_{12} & a_{13} \\ a_{21} & a_{22} & a_{23} \\ a_{31} & a_{32} & a_{33} \end{bmatrix}$　② $\begin{bmatrix} 0 & 1 & 2 \\ 3 & 4 & 5 \\ 6 & 7 & 8 \end{bmatrix}\begin{bmatrix} a_{11} & a_{12} \\ a_{21} & a_{22} \\ a_{31} & a_{32} \end{bmatrix}$

③ $\begin{bmatrix} 0 & 1 & 2 \\ 3 & 4 & 5 \\ 6 & 7 & 8 \end{bmatrix}\begin{bmatrix} a_{11} & a_{12} \\ a_{21} & a_{22} \end{bmatrix}$　④ $\begin{bmatrix} c_{11} & c_{12} & c_{13} \\ c_{21} & c_{22} & c_{23} \\ c_{31} & c_{32} & c_{33} \end{bmatrix}\begin{Bmatrix} x \\ y \\ z \end{Bmatrix}$

4·7 図 4·25 のように半径 $r = 80$［cm］の円柱が，速さ $u = 1.2$［m/s］のベルトコンベアの上をコンベアの運動とは逆の方向に転がっている．地上にいる人がこの円柱の中心 C の速度を測定したところ $v = 2.8$［m/s］であった．水平と $\theta = 60°$ の角を

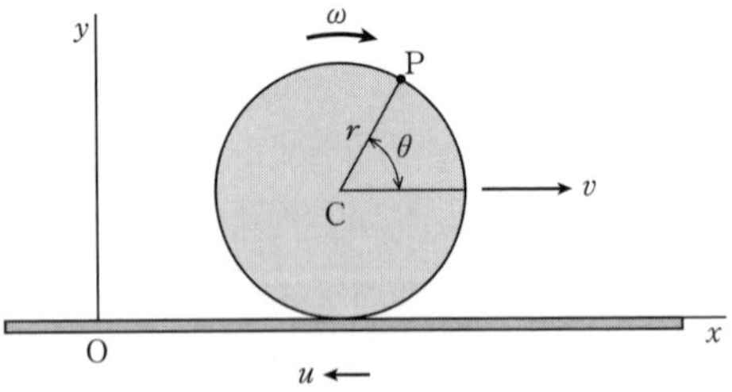

図 4·25 演習問題 4·7

なす点 P の絶対速度と絶対加速度はいくらか.

4·8 直交座標系 O-xyz の各軸に対して (2/7, 3/7, 6/7) の方向余弦をもつ回転軸が毎秒 30 回転している. この回転軸のオイラー角を求め, これによって各軸の方向の角速度成分を求めよ.

4·9 歯車は円板の周囲に歯を付けて一定の角速度比で回転を伝える機械要素である. その回転運動の瞬間中心の軌跡, すなわち物体セントロードは円で, これをピッチ円という. この円の半径が r, $r/2$ に等しい二つの歯車 A, B を図 **4·26** のようにかみあわせ, 歯車 A を固定してクランクを一定の角速度 ω で回転させると歯車 B の角速度はいくらになるか.

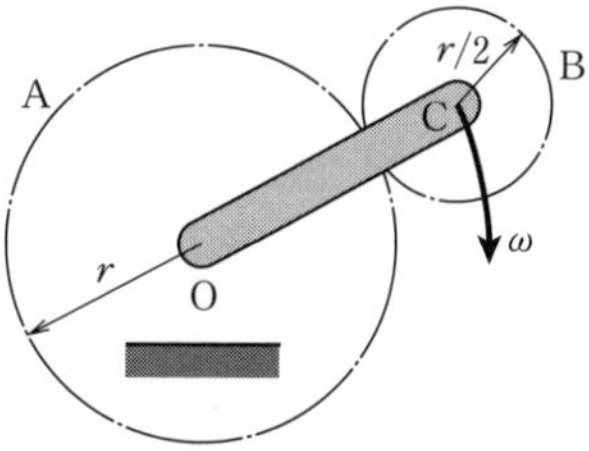

図 4·26 演習問題 4·9

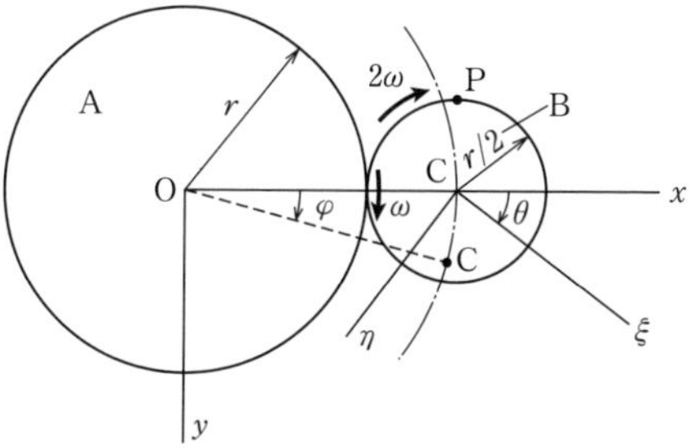

図 4·27 演習問題 4·10

4·10 前問のクランクが図 **4·27** のように水平になったとき, 歯車 B の最高点 P の加速度はいくらか.

5

質点の動力学

5・1　運動の法則

4章までは力の問題と物体の運動とをまったく別々に考えてきた．しかし実際に物体を動かしたり，またその運動を変化させたりする原因となるのが力であって，両者を切り離して考えるわけにはいかない．この力と運動との間の関係を与えるものはいわゆる三つの**ニュートン***の運動法則**（Newton's law of motion）であって，これによって力の概念もいっそう明確となり，客観的な現象の記述も可能となる．

第一法則　外部から力の作用を受けない限り，物体はいつまでも静止しているか，または等速直線運動を継続する．この法則を慣性の法則とも呼んでいる．

第二法則　物体に外力が働くときは，その方向に力の大きさに比例する加速度を生じる．

第三法則　二つの物体間に作用しあう力は，同一の直線上にあって，大きさが等しく向きが反対である．この一方の力を**作用**（action），他方の力を**反作用**（reaction）といい，この法則のことを作用・反作用の法則とも呼んでいる．

いま物体に働く力を$\boldsymbol{F}$，それによって生じる加速度を$\boldsymbol{a}$で表わせば，運動の第二法則は

$$m\boldsymbol{a} = \boldsymbol{F} \tag{5·1}$$

と書ける．この式の比例定数mは物体によってそれぞれ異なった固有の値をもっており，mの値が大きければ，同じ力に対しても小さい加速度しか生じないから，これは物体の慣性の大小を表わす量であるといえる．この物体の属性と考えられるmのことを**質量**（mass）と呼んでいる．その大きさは式(**5・1**)により，$\boldsymbol{F}$か$\boldsymbol{a}$のど

*　Sir Isaac Newton（1643－1727）イギリスの数学者，物理学者，天文学者．

れか一つが与えられたとき，他の量を測定することによって定めることができる．

たとえば，物体に働く重力加速度は地球上の場所によってわずかずつ異なる値をとるが，ほぼ $g=9.81$ [m/s^2] であるから，物体に働く重力の大きさ W を測定すれば $mg=W$ で，これより質量 m は

$$m=\frac{W}{g} \tag{5·2}$$

となる．

空中に放り投げた小石の運動や，太陽をまわる地球の運動のように，物体の大きさがその運動の範囲に比べて小さいときや，物体の変形や回転を考慮する必要がない場合には，物体を幾何学的な点として取り扱うのが簡便で，これを**質点**（mass point）と呼んでいる．質点は単なる幾何学的な点とは違って，どんなに小さくても決まった質量をもっている．

直交座標系 O-xyz における質点の位置を（x，y，z）とし，これに働く力の成分を（F_x，F_y，F_z）で与えれば，式(**5·1**)は次のように表わされる．

$$m\ddot{x}=F_x,\qquad m\ddot{y}=F_y,\qquad m\ddot{z}=F_x \tag{5·3}$$

力と質量が与えられるとき，式(**5·3**)を解くことによって質点の運動状態を知ることができるので，この式を質点の**運動方程式**（equation of motion）と呼んでいる．

運動の第一法則は，第二法則において $\boldsymbol{F}=0$ とした特別な場合にすぎなくて，当然 $\boldsymbol{a}=0$ で，速度 $\boldsymbol{v}$ は一定となる．第三法則はすでに力のつりあいを論じる際に何度も用いた法則である．作用と反作用は床の上に置かれた物体と床面，互いに結合された機械のいくつかの部品のように相接する物体間ばかりでなく，月と地球，地球と太陽間の万有引力など，互いに隔たった距離にある物体にも作用する．この第三法則では，力の作用は決して単独に存在するものではなくて，一つの力が作用しているときには，必ずこれと大きさが等しく，向きが反対の力が働いていることを述べているのである．

ニュートンの運動法則は，過去における多くの実験結果や経験的法則を基にしてつくられたものである*が，この法則はその後幾多の精密な測定によっても確かめられており，またこの法則に基づいて説明されるいろいろの物理的な現象も実験結果とよく一致している．もっとも，物体の運動が非常に高速になって光の速さに近くなったときや，原子と同じ程度の大きさの運動を問題とするときには，相対性理

* アインシュタイン，インフェルト（石原純訳）：物理学はいかに創られたか（岩波新書），岩波書店．

論や量子力学の助けを借りなければならないが，我々がふつう工学の分野で取り扱う巨視的な運動の範囲では，ニュートンの法則によって得られた結果は十分正しいと考えて差し支えない．

5·2 簡単な直線運動の例

1. 自動車の加速と減速

質量 m の自動車に駆動力 F を加えて加速させるとき，自動車に生じる加速度は

$$a=\frac{F}{m} \tag{5·4}$$

で，力の大きさが一定であれば，自動車は等加速度運動をする．逆に力 F で制動すれば，自動車は減速するが，減速度の大きさはただ式(**5·4**)の F と a を負号をとって計算すれば用が足りる．例について計算してみよう．

〔例題 5·1〕 自動車の制動力　質量 1250［kg］の自動車を，5 秒間に 80［km/h］から 50［km/h］まで減速するには，いくらの制動力（タイヤと路面の間に働く摩擦力）が必要か．

〔解〕　自動車の平均減速度は

$$a=\frac{1}{5}\frac{50-80}{3.6}=-1.67 \quad [\mathrm{m/s^2}]$$

であるから

$$F=ma=1250\times(-1.67)=-2.09 \quad [\mathrm{kN}]$$

の平均制動力が必要となる．

〔例題 5·2〕 自動車の惰行動　v_0 の速度で走っていた質量 m の自動車がクラッチを切って惰行運動に入った．走行抵抗が実験的に

$$F=\alpha v+\beta v^2 \quad (\alpha,\ \beta \text{ は定数}) \tag{a}$$

で与えられているとすれば，自動車が停止するまでにいくらの距離を走るか．

〔解〕　この場合の運動方程式は

$$m\frac{dv}{dt}=-F=-\alpha v-\beta v^2 \tag{b}$$

であるが，距離を s として $dv/dt=(dv/ds)(ds/dt)=v(dv/ds)$ の関係があることから，式(**b**)は

$$m\frac{dv}{\alpha+\beta v}=-ds$$

と書ける．したがって，この式を積分して停止するまでの距離 L は

$$m\int_{v_0}^{0}\frac{dv}{\alpha+\beta v}=-\int_0^L ds \qquad \therefore \quad L=\frac{m}{\beta}\ln\left(1+\frac{\beta}{\alpha}v_0\right) \tag{c}$$

となる．

2. 空中における物体の自由落下

4 章においては，物体の自由落下を空気の抵抗が働かないものとして計算したが，実際にはこれを考慮に入れなければ正しい結果が得られない．ふつう物体に働く空気抵抗は，速度が小さいときはその大きさに比例し，速度が大きくなるとその 2 乗に比例する．

（**1**） **抵抗が速度に比例する場合**　任意の点 O を原点として鉛直下向きに x 軸をとれば，質量 m の物体には重力 mg と空気抵抗 c_1v が働くから，運動方程式は

$$m\frac{dv}{dt}=mg-c_1v \tag{5・5}$$

と書ける．c_1 は一定の抵抗係数を表わす．この方程式を

$$\frac{dv}{(mg/c_1)-v}=\frac{c_1}{m}dt \tag{5・6}$$

と書き直して，両辺を積分すれば

$$-\ln\left(\frac{mg}{c_1}-v\right)=\frac{c_1}{m}t+A \tag{5・7}$$

となる．A は積分定数で，時刻 $t=0$ において物体が静止していたとすれば，$A=-\ln(mg/c_1)$ となる．この値を式(**5・7**)に代入して，速度 v について解けば

$$v=\frac{mg}{c_1}\left(1-e^{-\frac{c_1}{m}t}\right) \tag{5・8}$$

となる．c_1/m は正の値をもつので，時間が経過するにつれて，$e^{-(c_1/m)t}$ はゼロとなり，図 **5・1** に示すように，やがて速度は一定値 $v_t=mg/c_1$ に近づいてゆく．この速度を**終端速度**（terminal velocity）と呼んでいる．終端速度は重力と空気の抵抗力とがつりあったときの速度で，物体がこの速度に達すると式(**5・5**)で

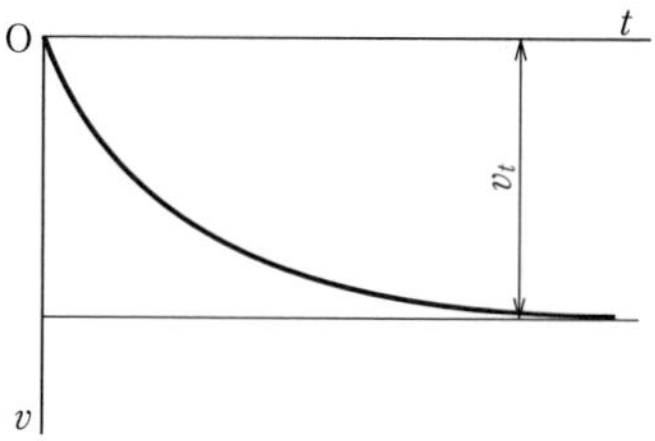

図 5·1 物体の落下速度

$\dot{v}=0$ となり，物体は等しい速さで落下する．こういった運動は雨滴が落下するときや，小さい物体が液中に沈んでゆく際にしばしばみられる．

（2） 抵抗が速度の 2 乗に比例する場合 航空機のように物体の速度がかなり大きくなると，空気抵抗は速度の 2 乗に比例するようになる．この場合の抵抗係数を c_2 とすれば，自由落下の運動方程式は

$$m\frac{dv}{dt}=mg-c_2v^2 \tag{5·9}$$

で表わされる．この式を

$$\frac{dv}{(\sqrt{mg/c_2})^2-v^2}=\frac{c_2}{m}dt \tag{5·10}$$

と書き直して，両辺を積分すれば

$$\frac{1}{2}\sqrt{\frac{c_2}{mg}}\ln\frac{\sqrt{mg/c_2}+v}{\sqrt{mg/c_2}-v}=\frac{c_2}{m}t+A \tag{5·11}$$

A は積分定数であるが，物体の初速がゼロのときは $A=0$ となる．式(**5·11**)の両辺に $2\sqrt{mg/c_2}$ を乗じて対数をとれば

$$\frac{\sqrt{mg/c_2}+v}{\sqrt{mg/c_2}-v}=e^{2\sqrt{c_2g/m}t} \tag{5·12}$$

となるが，これから速度 v を解いて

$$v=\sqrt{\frac{mg}{c_2}}\frac{1-e^{-2\sqrt{c_2g/m}t}}{1+e^{-2\sqrt{c_2g/m}t}}=\sqrt{\frac{mg}{c_2}}\tanh\left(\sqrt{\frac{c_2g}{m}}t\right) \tag{5·13}$$

が得られる．$t\to\infty$ のとき $\tanh(\sqrt{c_2g/m}\,t)\to 1$ なので，時間か経過するにつれてやがて速度は終端速度 $v_t=\sqrt{mg/c_2}$ に近づいてゆく．

物体の速度が音速に比べてかなり小さいときは，空気抵抗は速度 v の 2 乗と空気密度 ρ，および流れの方向からみた物体の最大面積（正面面積）に比例し，ふつう

$$D=C_D\frac{1}{2}\rho v^2S \tag{5·14}$$

の形で表わされる．C_D は無次元の抵抗係数で，物体の形に関係があり，流れに垂直に置かれた正方形板では 1.3，球では 0.3，流線形の物体では 0.03 以下の値をも

つ．こうして質量 m の物体が空気中を落下するときの終端速度は

$$v_t=\sqrt{\frac{2mg}{C_D\rho S}} \tag{5·15}$$

から計算される．

3. ばねで支えられる物体の運動

図 **5·2** のように，軽いばねで支えられた質量 m の物体の，なめらかな床の上における運動を考えてみよう．この場合，物体にはその変位 x に比例し，これと逆向きにばねによる復原力 $-kx$ が作用する．したがって，物体と床との間の摩擦を考えなければ，この場合の運動方程式は

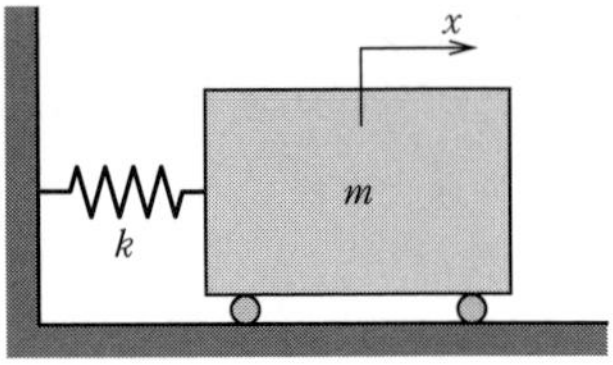

図 5·2　ばねで支えられた物体

$$m\ddot{x}=-kx \tag{5·16}$$

と書ける．k はばねを単位長さだけ変形させるのに要する力で，**ばね定数**（spring constant）と呼んでいる．この両辺を m で割り，$\omega_0{}^2=k/m$ とおけば

$$\ddot{x}+\omega_0{}^2x=0 \tag{5·17}$$

この方程式は 2 階の常微分方程式で，二つの独立な解 $x=\sin\omega_0t$ と $x=\cos\omega_0t$ をもっている．したがって，この方程式の一般解は C，C' を積分定数として

$$x=C\sin\omega_0t+C'\cos\omega_0t \tag{5·18}$$

で表わされる．あるいは C，C' を別の定数 A，φ を用い，$C=A\cos\varphi$，$C'=A\sin\varphi$ とおいて，式(**5·18**)を

$$x=A\cos\varphi\sin\omega_0t+A\sin\varphi\cos\omega_0t=A\sin(\omega_0t+\varphi) \tag{5·19}$$

と書くこともできる．式(**5·19**)は物体がその静的なつりあい位置の付近で振動することを示している．振動の問題は実際上重要でもあり，また力学を応用する上でも興味ある問題なので，**10** 章でくわしい説明をすることとする．

5·3　質点の平面運動

質点が運動する平面内に直交座標系 O-xy をとり，質点の位置を x，y，これに働く力の成分を F_x，F_y で与えれば，質点の運動方程式は

$$m\ddot{x}=F_x,\qquad m\ddot{y}=F_y \tag{5·20}$$

で表わされる．問題によってはむしろ極座標（r，θ）を用いたほうが便利なことがある．この場合は，質点に働く力の成分を F_r，F_θ で表わし，式(**4・31**)で与えられる加速度成分を用いて次の運動方程式を得る．

$$m(\ddot{r}-r\dot{\theta}^2)=F_r, \qquad m(r\ddot{\theta}+2\dot{r}\dot{\theta})=F_\theta \tag{5・21}$$

また，式(**4・19**)で与えられる質点の運動経路の接線と法線方向の加速度成分と，これらの方向の力の成分 F_t，F_n を用いて

$$m\dot{v}=F_t, \qquad m\frac{v^2}{\rho}=F_n \tag{5・22}$$

と書くこともできる．次に二，三の重要な平面運動の例について説明しよう．

1. 空中に投射された物体の運動

4・2 節で，空気抵抗を省略して計算すれば，空中に投射された物体は放物線を描いて運動することを説明したが，実際には物体に働く空気抵抗のため，その経路は放物線とは多少異なってくる．いま質点に速度に比例する抵抗が働くものとすれば，その運動方程式は

$$\begin{aligned} m\dot{v}_x &= -c_1 v\cos\theta = -c_1 v_x \\ m\dot{v}_y &= -c_1 v\sin\theta - mg = -c_1 v_y - mg \end{aligned} \tag{5・23}$$

と書ける．ここで c_1 は抵抗係数，v_x，v_y は速度成分，θ は経路の接線が水平となす角を表わしている．式(**5・23**)を式(**5・7**)を導いたのと同様にして計算すれば

$$\left.\begin{aligned} \ln v_x &= -\frac{c_1}{m}t+A \\ \ln\left(v_y+\frac{mg}{c_1}\right) &= -\frac{c_1}{m}t+A' \end{aligned}\right\} \tag{5・24}$$

となる．原点 O から初速度 v_0，角度 α で投射するときは，式(**5・24**)の二つの積分定数は $A=\ln(v_0\cos\alpha)$，$A'=\ln(v_0\sin\alpha+mg/c_1)$ で，速度成分

$$\left.\begin{aligned} v_x &= \dot{x} = v_0\cos\alpha\cdot e^{-\frac{c_1}{m}t} \\ v_y &= \dot{y} = \left(v_0\sin\alpha+\frac{mg}{c_1}\right)e^{-\frac{c_1}{m}t}-\frac{mg}{c_1} \end{aligned}\right\} \tag{5・25}$$

が得られる．さらにこの式を積分することによって

$$x=-\frac{m}{c_1}v_0\cos\alpha\cdot e^{-\frac{c_1}{m}t}+B$$

$$y=-\frac{m}{c_1}\left(v_0\sin\alpha+\frac{mg}{c_1}\right)e^{-\frac{c_1}{m}t}-\frac{mg}{c_1}t+B'$$

初期条件によってこの式の積分定数は $B=(m/c_1)v_0\cos\alpha$，$B'=(m/c_1)(v_0\sin\alpha+mg/c_1)$ となり，物体の位置を表わす

$$\left.\begin{aligned}x&=\frac{m}{c_1}v_0\cos\alpha\left(1-e^{-\frac{c_1}{m}t}\right)\\ y&=\frac{m}{c_1}\left(v_0\sin\alpha+\frac{mg}{c_1}\right)\left(1-e^{-\frac{c_1}{m}t}\right)-\frac{mg}{c_1}t\end{aligned}\right\}\qquad(5\cdot26)$$

が得られる．時間が十分経過する（$t\to\infty$）と，式(**5·25**)と式(**5·26**)は

$$\left.\begin{aligned}&v_x=0,\qquad v_y=-\frac{mg}{c_1}\\ &x=\frac{m}{c_1}v_0\cos\alpha,\qquad y=\frac{m}{c_1}\left(v_0\sin\alpha+\frac{mg}{c_1}\right)-\frac{mg}{c_1}t\end{aligned}\right\}\qquad(5\cdot27)$$

となり，図**5·3**のように，質点は出発点から水平に $(m/c_1)v_0\cos\alpha$ 以遠には飛ばないで，終端速度 mg/c_1 で落下する．物体の経路を与える方程式は式(**5·26**)から t を消去することによって求められる．すなわち，まず式(**5·26**)の第一式から t を解いて

$$t=-\frac{m}{c_1}\ln\left(1-\frac{c_1/m}{v_0\cos\alpha}x\right)\qquad(5\cdot28)$$

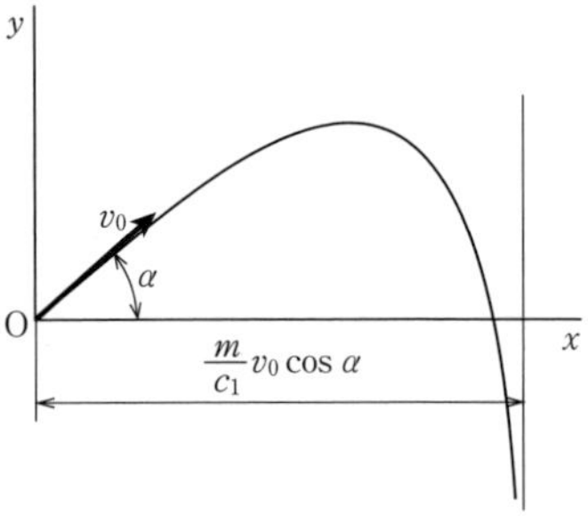

図5·3　空中に投射された物体の運動

この値を第二式に代入することによって

$$y=\left(\tan\alpha+\frac{mg/c_1}{v_0\cos\alpha}\right)x+\left(\frac{m}{c_1}\right)^2g\ln\left(1-\frac{c_1/m}{v_0\cos\alpha}x\right)\qquad(5\cdot29)$$

が得られる．

速度の2乗に比例する空気抵抗を受ける投射体の運動も，多少面倒ではあるが計算が可能である*．ただし，この場合は速度と経路が簡単な式では表わせなくて，いくらかの数値計算を必要とする．

*　参考図書（13），p. 52.

2. 惑星の運動

太陽のまわりを回転する惑星の運動や，地球のまわりを飛行する人工衛星の運動は，ニュートンの運動法則によって解き得る興味のある平面運動である．質量 m の惑星が**万有引力**（universal gravitation）の作用のもとに質量 M の太陽のまわりを運動する問題について考えてみよう．太陽の質量は惑星の質量に比べてきわめて大きいから，太陽は空間に固定され，惑星は太陽から中心力を受けてそのまわりを回転すると考えてよい．太陽と惑星間の距離を r とすれば，万有引力の法則によって中心力の大きさは

$$F = G\frac{Mm}{r^2} \tag{5·30}$$

で表わされる．G は万有引力の定数で $G=6.670\times10^{-11}$［$\mathrm{m^3/(kg\cdot s^2)}$］で与えられる．こういった一つの中心力による運動は平面運動で，常に半径方向の力しか働いていないので，太陽に原点 O をおいた極座標（r, θ）を用いて運動を表わすのが便利である．惑星の r 方向の運動方程式は，式(**5·21**)によって

$$m(\ddot{r}-r\dot{\theta}^2) = -G\frac{Mm}{r^2} \tag{5·31}$$

θ 方向については

$$m(r\ddot{\theta}+2\dot{r}\dot{\theta}) = 0 \tag{5·32}$$

で表わされる．式(**5·32**)に r を乗じた式は

$$m(r^2\ddot{\theta}+2r\dot{r}\dot{\theta}) = m\frac{d}{dt}(r^2\dot{\theta}) = 0$$

と書けるので，この式を積分することによって

$$mr^2\dot{\theta} = \text{一定} \tag{5·33}$$

が得られる．円周速度 $v=r\dot{\theta}$ を用いれば，この式の左辺は $mr^2\dot{\theta}=(mv)r$ となり，太陽のまわりの惑星運動量のモーメントを表わしている．運動量のモーメントのことを**角運動量**（angular momentum）と呼んでおり，式(**5·33**)は惑星のように中心力によって運動する物体では，常に角運動量は一定に保たれることを示している．惑星の単位質量当たりの角運動量を h とすれば，式(**5·33**)より

$$r^2\dot{\theta} = h = \text{一定} \tag{5·34}$$

となる．図 **5·4** のように，時刻 t において P 点にあった惑星が Δt 時間後 P′ 点まで移動したとすれば，動径 OP が動いて描いた面積は

$$\Delta A = \frac{1}{2}r(r\Delta\theta) = \frac{1}{2}r^2\Delta\theta$$

したがって面積速度は

$$\dot{A} = \frac{1}{2}r^2\dot{\theta} = \frac{1}{2}h \qquad (5\cdot35)$$

で，このように中心力を受けて運動する物体では，常に面積速度は一定に保たれる．

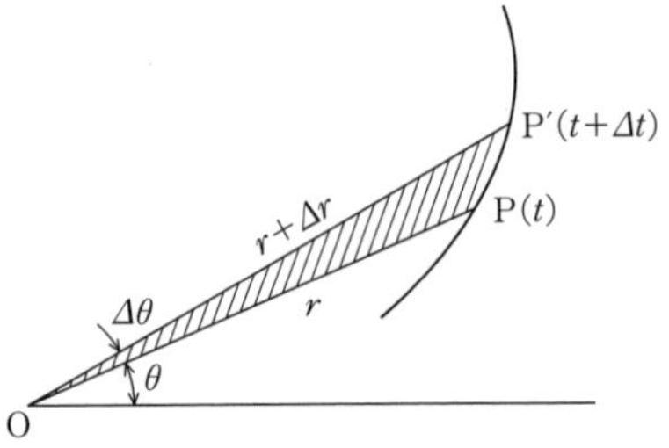

図 5·4　動径が描く面積

惑星の軌道は式(**5·31**)と式(**5·34**)により次のようにして決定される．まず $r = 1/u$ とおけば，式(**5·34**)は $(1/u^2)\dot{\theta} = h$ と書けるから，r を時間 t で微分して

$$\dot{r} = -\frac{1}{u^2}\dot{u} = -h\frac{\dot{u}}{\dot{\theta}} = -h\frac{du}{d\theta} \qquad (5\cdot36)$$

もう一度微分して

$$\ddot{r} = -h\frac{d^2u}{d\theta^2}\dot{\theta} = -h^2u^2\frac{d^2u}{d\theta^2} \qquad (5\cdot37)$$

が得られる．これらの式を式(**5·31**)に代入して

$$-GMu^2 = -h^2u^2\frac{d^2u}{d\theta^2} - \frac{1}{u}h^2u^4$$

この式を整理することによって

$$\frac{d^2u}{d\theta^2} + u = G\frac{M}{h^2} \qquad (5\cdot38)$$

となる．この式の右辺をゼロとしたものは，式(**5·17**)と同じ形の微分方程式なので，その一般解と式(**5·38**)の特解 $u = GM/h^2$ を組み合わせて

$$u = \frac{1}{r} = C\sin\theta + C'\cos\theta + G\frac{M}{h^2} \qquad (5\cdot39)$$

が得られる．ここで C と C' とは積分定数であるが，$\theta = 0$ のとき r が最小値となるように座標軸を選ぶと

$$\frac{du}{d\theta} = 0 \text{ から} \quad C = 0$$

$$\frac{d^2u}{d\theta^2} < 0\left(\frac{d^2r}{d\theta^2} > 0\right) \text{から} \quad C' > 0$$

さらに $h^2/GM = l$，$h^2C'/GM = e(>0)$ とおいて式(**5·39**)を簡単にすれば

$$r=\frac{l}{1+e\cos\theta} \tag{5·40}$$

となる．式(**5·40**)は原点Oを焦点，lを半直弦，eを離心率とする円すい曲線を表わし，図**5·5**のように$e=0$のときは円で，$e<1$，$e=1$，$e>1$に対しては，それぞれ楕円，放物線，双曲線を描く．太陽の周囲から離脱しない惑星では離心率の値は小さくて，円に近い楕円軌道を描くが，太陽に近づいては飛び去る彗星（すいせい）では上記の三つの軌道を描くものがある．

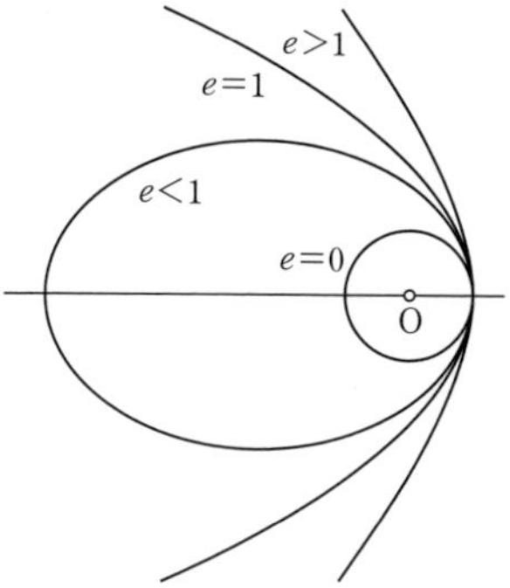

図 5·5　天体の軌道

惑星の場合は，図**5·6**のように太陽からの距離はP_0点（$\theta=0°$）で最小となり，P_1点（$\theta=180°$）で最大となる．天文学ではP_0点を**近日点**（perihelion），P_1点を**遠日点**（aphelion）と呼び，近日点から惑星にいたる角度θを**真近点距離**（true anomaly）と呼んでいる．この場合，楕円の長半径をaとすれば

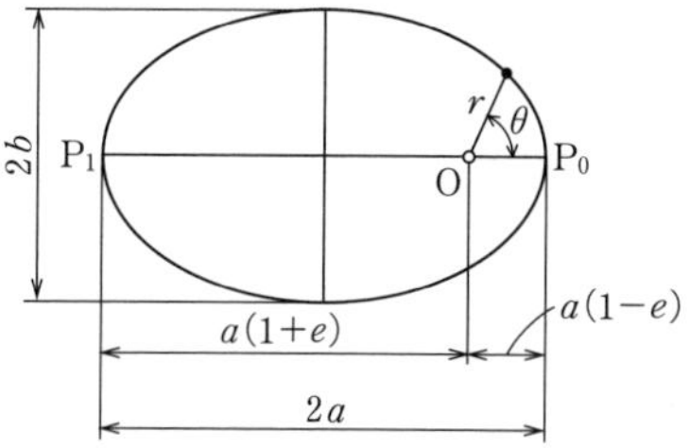

図 5·6　惑星の軌道

$$a=\frac{1}{2}\left(\frac{l}{1-e}+\frac{l}{1+e}\right)=\frac{l}{1-e^2} \tag{5·41}$$

で，式(**5·40**)は

$$r=\frac{1-e^2}{1+e\cos\theta}a \tag{5·42}$$

と書ける．したがって近日点距離は$a(1-e)$，遠日点距離は$a(1+e)$で与えられる．楕円の短半径をbとすれば

$$b=a\sqrt{1-e^2}=\sqrt{al} \tag{5·43}$$

で，楕円の面積Aは

$$A=\pi ab=\pi\sqrt{a^3 l}=\pi h\sqrt{\frac{a^3}{GM}} \tag{5·44}$$

で表わされる．惑星が一定の面積速度$\dot{A}=h/2$をもつことから，式(**5·44**)をこの速度で割って惑星が太陽の周囲を1回転する，いわゆる公転周期

$$T=\frac{\pi ab}{h/2}=2\pi\sqrt{\frac{a^3}{GM}} \tag{5·45}$$

が得られる．

ニュートンの少し以前に，ケプラー*はその師であるティコブラーエ**の膨大な観測記録を整理して，次の三つの法則を発見した．

第一法則　惑星の軌道は太陽に一つの焦点をおく楕円である．

第二法則　太陽を原点とする動径が描く面積速度は一定である．

第三法則　太陽のまわりの惑星公転周期はその軌道の長半径の 3/2 乗に比例する．

この**ケプラーの法則**は後にニュートンによる万有引力の法則の発見の基礎となったものであるが，万有引力の法則を用いてつくった運動方程式を解くことによって，逆にこの三つの法則がすべて数学的に導かれることを上記で説明したわけである．

太陽のまわりを回転する地球の場合は $e=0.01675$，$a=1.495\times10^8$ ［km］で，その軌道はほとんど円に近い．式(**5·45**)にこの a の値と万有引力定数，および公転周期を用いることによって，太陽の質量を計算することができる．すなわち

$$M=\frac{4\pi^2a^3}{GT^2}=\frac{4\pi^2\times(1.495\times10^{11})^3}{6.670\times10^{-11}\times(3600\times24\times365)^2}\fallingdotseq1.99\times10^{30}\quad[\mathrm{kg}] \tag{5·46}$$

となる．

3. 人工衛星

人類初の人工衛星「スプートニク 1 号」（1957 年，旧ソビエト連邦）が打上げられてから数えきれないほどの人工衛星が飛びかい，月だけでなくはるか彼方の惑星まで探査が行なわれるなど，宇宙も身近になった．地球の重力圏内で運動する人工衛星に対して，はるか彼方の太陽や月の力は小さくて省略できるものとすれば，軌道はほぼ上記の楕円に等しい．人工衛星をその軌道の近日点（$\theta=0°$）で，Hの高度から初速度 Vで水平に打ち出したものとすれば，式(**5·40**)によって

$$e=\frac{l}{r}-1=\frac{h^2}{GMr}-1=\frac{r^3\dot{\theta}^2}{GM}-1 \tag{5·47}$$

となる．ここで Mは地球の質量を表わす．地球の半径を Rとすれば，$r=R+H$

---

*　Johannes Kepler（1571−1630）ドイツの天文学者．

**　Tycho Brahe（1546−1601）デンマークの天文学者．

であるから

$$e=\frac{R+H}{GM}V^2-1 \qquad (5\cdot48)$$

したがって，発射速度 V が

$$V_1=\sqrt{\frac{GM}{R+H}} \qquad (5\cdot49)$$

に達すると，$e=0$ で軌道は円となり，V が V_1 を超えて

$$V_2=\sqrt{\frac{2GM}{R+H}} \qquad (5\cdot50)$$

との間の値をとると $0<e<1$ で楕円軌道となって，人工衛星は地球のまわりを回転する．さらに初速度が大きくなって V が V_2 を超えると，$e>1$ で双曲線軌道となり，もはや地球には戻らないで人工惑星となる．いま高度 $H=0$ で水平に打ち出すものとして，地表付近の空気抵抗を省略してこの速度の概略の値を計算してみよう．式(**5·30**)により $mg=GMm/R^2$，したがって

$$GM=gR^2 \qquad (5\cdot51)$$

となるから，地球の半径の値 $R=6370$ [km] を用いて

$$\left.\begin{aligned} V_1&=\sqrt{gR}=\sqrt{9.81\times10^{-3}\times6370}=7.9 \quad [\mathrm{km/s}] \\ V_2&=\sqrt{2gR}=\sqrt{2\times9.81\times10^{-3}\times6370}=11.2 \quad [\mathrm{km/s}] \end{aligned}\right\} \qquad (5\cdot52)$$

となる．この速度 V_1 を第一**宇宙速度** (spaceflight velocity)，V_2 を第二宇宙速度と呼んでいる．

〔**例題 5·3**〕 **地球の質量**　地球の質量はおよそいくらか．また地球の平均密度はどれくらいか．

〔**解**〕

$$M=\frac{gR^2}{G}=\frac{9.81\times(6370\times10^3)^2}{6.670\times10^{-11}}=6.0\times10^{24} \quad [\mathrm{kg}] \qquad (\mathrm{a})$$

で，太陽の質量の約 33 万分の 1 である．地球の体積は $(4/3)\pi R^3$ であるから，平均密度 ρ はほぼ

$$\rho=\frac{M}{(4/3)\pi R^3}=\frac{3g}{4\pi GR}=\frac{3\times9.81}{4\pi\times6.670\times10^{-11}\times6370\times10^3}$$
$$=5.5\times10^3 \quad [\mathrm{kg/m^3}] \qquad (\mathrm{b})$$

となる．

〔例題5·4〕 回転軸のたわみ 図5·7のように回転する弾性軸に取り付けられたロータがたわむと，軸の弾性のためにその中心Cに軸受の中心線Oからの変位rに比例した復原力が働く．この円板の中心Cが最初aのたわみをもち，直線OCに直角な方向に速度v_0をもっていたとすれば，その後どのような運動をするか．

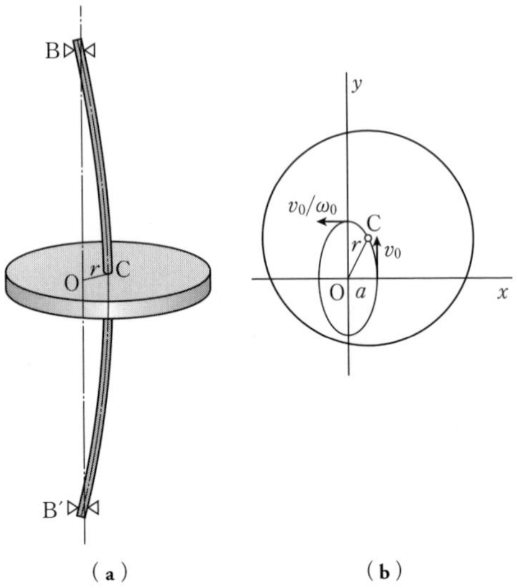

図5·7 回転軸のたわみ

〔解〕 図(**b**)のようにロータの面内にOを原点とする直交座標系O-xyをとる．質量mのロータに働く復原力を$-kr$とすれば，x，y軸方向の成分はそれぞれ$-kx$，$-ky$となるから

$$m\ddot{x}=-kx, \qquad m\ddot{y}=-ky \tag{a}$$

なる運動方程式が成り立つ．この二つの式は上述の式(**5·16**)と同じで，$\omega_0=\sqrt{k/m}$とおき，初期条件

$$t=0\text{ で}\quad x=a,\ y=0 \qquad \dot{x}=0,\ \dot{y}=v_0 \tag{b}$$

を用いれば

$$x=a\cos\omega_0 t, \qquad y=\frac{v_0}{\omega_0}\sin\omega_0 t \tag{c}$$

となる．これらの式から時間tを消去すれば

$$\left(\frac{x}{a}\right)^2+\left(\frac{y}{v_0/\omega_0}\right)^2=1 \tag{d}$$

となり，図(**b**)のようにロータの中心は長さ$2a$，$2v_0/\omega_0$の長短軸をもつ楕円形の軌跡を描く．この軌道上を1周するに要する時間は$T=2\pi/\omega_0=2\pi\sqrt{m/k}$である．

5・4 拘束された質点の運動

一定の長さをもった振子や，レールの上を走行する車両などのように一定の面や定まった線に沿って質点が運動するとき，これを**拘束された運動**（constrained motion）と呼んでいる．質点がこの一定の面や線から離れないためには，外力のほかに質点と面や線との間にある力が作用することが必要で，この力は質点の運動とともに変化する．こういった拘束力は物体の変形による弾性力に起因するものであるが，一般に物体の運動に比べてその変形量は小さいので，実際には接触点における弾性変形を無視し，単なる幾何学的な制限だけを設けて運動を考えればよい．

質点に働く外力を $\boldsymbol{F}$，拘束力を $\boldsymbol{R}$ で表わせば，質点の運動方程式は

$$m\ddot{\boldsymbol{r}} = \boldsymbol{F} + \boldsymbol{R} \tag{5・53}$$

で，これを直交座標系 O-xyz の成分に分けて書くと

$$m\ddot{x} = F_x + R_x, \quad m\ddot{y} = F_y + R_y, \quad m\ddot{z} = F_z + R_z \tag{5・54}$$

となる．外力が与えられるときは，未知の変数は x，y，z と R_x，R_y，R_z の 6 個で，三つの独立な拘束条件式が与えられれば，式(**5・54**)と合わせた合計 6 個の方程式から質点の運動と拘束力とが決定される．質点とその運動を拘束する面や線との間に摩擦力が作用しない場合には，拘束力はこれらの面や線に垂直に働き，接線方向の成分をもたない．

運動方程式(**5・54**)は直角座標系 O-xyz について書かれたものであるが，拘束された質点の運動を考える場合には，図 **5・8** に示す極座標系 O-$r\theta\varphi$ の運動方程式を用いると便利なことが多い．そのためにこの座標系に関する速度と加速度成分を求めておこう．この極座標系の正の方向は図のベクトルで示した方向で，r は動径，θ は天頂角，φ は方位角を表わしている．任意の点 P の直交座標（x，y，z）と極座標（r，θ，φ）との間には図からわかるように

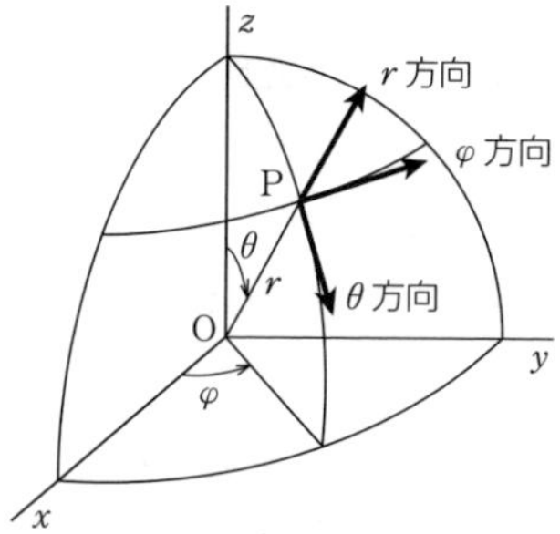

図 5・8　極座標

$$x = r\sin\theta\cos\varphi, \quad y = r\sin\theta\sin\varphi, \quad z = r\cos\theta \tag{5・55}$$

の関係があり，これらの式を r で割ったものは，直角座標系における r 方向の方向余弦を表わしている．同様に θ，φ 方向の方向余弦も容易に求まり，これから P 点

の速度ベクトル $\boldsymbol{v}$ の成分の間に

$$\begin{Bmatrix} v_r \\ v_\theta \\ v_\varphi \end{Bmatrix} = \begin{bmatrix} \sin\theta\cos\varphi & \sin\theta\sin\varphi & \cos\theta \\ \cos\theta\cos\varphi & \cos\theta\sin\varphi & -\sin\theta \\ -\sin\varphi & \cos\varphi & 0 \end{bmatrix} \begin{Bmatrix} v_x \\ v_y \\ v_z \end{Bmatrix} \tag{5·56}$$

の関係が導かれる．v_x，v_y，v_z は式(**5·55**)を微分することによって

$$\begin{Bmatrix} v_x \\ v_y \\ v_z \end{Bmatrix} = \begin{bmatrix} \sin\theta\cos\varphi & \cos\theta\cos\varphi & -\sin\theta\sin\varphi \\ \sin\theta\sin\varphi & \cos\theta\sin\varphi & \sin\theta\cos\varphi \\ \cos\theta & -\sin\theta & 0 \end{bmatrix} \begin{Bmatrix} \dot{r} \\ r\dot{\theta} \\ r\dot{\varphi} \end{Bmatrix}$$

となるので，この式を式(**5·56**)の右辺に代入してマトリックスの乗算をすれば，極座標を用いた速度成分が得られる．すなわち

$$v_r = \dot{r}, \quad v_\theta = r\dot{\theta}, \quad v_\varphi = r\dot{\varphi}\sin\theta \tag{5·57}$$

加速度ベクトル $\boldsymbol{a}$ の成分についてもこれと同様な計算をすれば，少々面倒ではあるが

$$\left.\begin{aligned} a_r &= \ddot{r} - r\dot{\theta}^2 - r\dot{\varphi}^2\sin^2\theta \\ a_\theta &= r\ddot{\theta} + 2\dot{r}\dot{\theta} - r\dot{\varphi}^2\sin\theta\cos\theta \\ a_\varphi &= r\ddot{\varphi}\sin\theta + 2\dot{r}\dot{\varphi}\sin\theta + 2r\dot{\theta}\dot{\varphi}\cos\theta \\ &= \frac{1}{r\sin\theta}\frac{d}{dt}(r^2\dot{\varphi}\sin^2\theta) \end{aligned}\right\} \tag{5·58}$$

が得られる．

1. 振子の運動

長さ l の軽い棒か糸の先端に質量 m の物体を取り付けた**振子**（pendulum）の鉛直面内の運動を考える．この振子の運動は，図 **5·9** のように支点Oを通る鉛直線と棒との間の角 θ の時間的変化を調べればわかる．物体には重力 mg と棒の拘束力 S が働いて半径 l の円運動をするが，これを円周方向と半径方向の成分に分けて考えれば，式(**5·22**)により次の運動方程式が得られる．

$$\left.\begin{aligned} m\frac{d}{dt}(l\dot{\theta}) &= -mg\sin\theta \\ ml\dot{\theta}^2 &= S - mg\cos\theta \end{aligned}\right\} \tag{5·59}$$

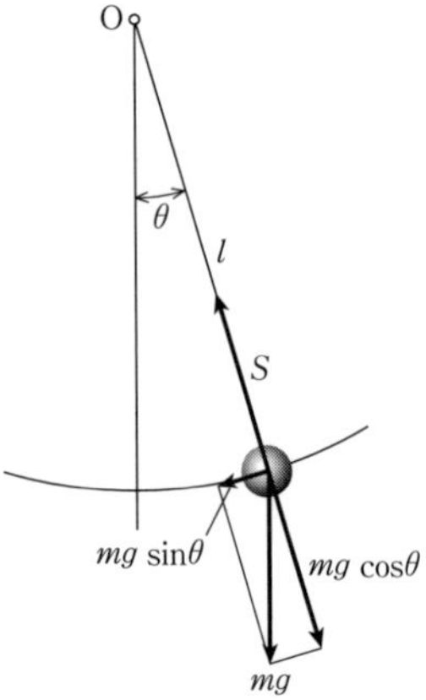

図 5·9　鉛直面内を運動する振子

第一式を簡単に書けば

$$l\ddot{\theta} = -g\sin\theta \tag{5·60}$$

で，振子の運動は質量 m の値に関係しない．このとき棒の拘束力は

$$S = ml\dot{\theta}^2 + mg\cos\theta \tag{5·61}$$

となる．$\sin\theta$ と $\cos\theta$ は

$$\sin\theta = \theta - \frac{1}{3!}\theta^3 + \cdots, \qquad \cos\theta = 1 - \frac{1}{2!}\theta^2 + \cdots$$

で展開されるが，角 θ が小さいときは最初の項だけをとり，他の項を省略して，式(**5·60**)は

$$\ddot{\theta} + \frac{g}{l}\theta = 0 \tag{5·62}$$

式(**5·61**)は $S = mg$ と書ける．式(**5·62**)は式(**5·17**)と同じ形の方程式で，その解は

$$\theta = C_1\sin\left(\sqrt{\frac{g}{l}}\,t\right) + C_2\cos\left(\sqrt{\frac{g}{l}}\,t\right) \tag{5·63}$$

で与えられる．時刻 $t=0$ で $\theta=0$，$l\dot{\theta}=v_0$ とすれば，$C_1 = v_0/\sqrt{gl}$，$C_2=0$ で，式(**5·63**)は

$$\theta = \frac{v_0}{\sqrt{gl}}\sin\left(\sqrt{\frac{g}{l}}\,t\right) \tag{5·64}$$

となり，角 $\theta = \pm v_0/\sqrt{gl}$ の間を往復する単振動を表わす．その周期は

$$T = 2\pi\sqrt{\frac{l}{g}} \tag{5·65}$$

で，振れの角度（振幅）が小さいときは，周期は棒の長さと重力加速度のみによって決まり，振子の質量や振幅には関係しない．この性質を振子の**等時性**(isochronism)と呼んでいる．振れの角が大きくなると計算はもう少し面倒である．まず式(**5·60**)の両辺に $\dot{\theta}$ を乗じた式 $l\dot{\theta}\ddot{\theta} = -g\dot{\theta}\sin\theta$ を積分して

$$\frac{1}{2}\dot{\theta}^2 = \frac{g}{l}\cos\theta + C$$

$\theta=0$ で $l\dot{\theta}=v_0$ から積分定数は $C = (v_0/l)^2/2 - g/l$ で

$$\frac{1}{2}\dot{\theta}^2 = \frac{1}{2}\left(\frac{v_0}{l}\right)^2 - \frac{2g}{l}\sin^2\frac{\theta}{2}$$

ここで ${v_0}^2/4gl = k^2$ とおけば

$$\dot{\theta}^2 = \frac{4g}{l}\left(k^2 - \sin^2\frac{\theta}{2}\right) \tag{5·66}$$

と書ける．式(**5·66**)では，$k \gtreqless 1$ によって角速度がゼロとなる θ が存在したり，存在しなかったりするので，別々の場合に分けて考えてみよう．

（1） $v_0 < 2\sqrt{gl}$ （$k<1$） **の場合**　式(**5·66**)を

$$dt = \frac{1}{2}\sqrt{\frac{l}{g}}\frac{d\theta}{\sqrt{k^2 - \sin^2(\theta/2)}}$$

と書き直す．ここでは時間の経過につれて θ が増加する場合のみを考え，平方根の正符号をとっている．$t=0$ で $\theta=0$ として，この式を積分すれば

$$t = \frac{1}{2}\sqrt{\frac{l}{g}}\int_0^\theta \frac{d\theta}{\sqrt{k^2 - \sin^2(\theta/2)}} \tag{5·67}$$

ここでさらに $\sin(\theta/2) = k\sin\varphi$ とおけば

$$t = \sqrt{\frac{l}{g}}\int_0^\varphi \frac{d\varphi}{\sqrt{1 - k^2\sin^2\varphi}} \tag{5·68}$$

となる．周期 T は振子が最下点より最大角に達するまでの時間の 4 倍であるから

$$T = 4\sqrt{\frac{l}{g}}\int_0^{\pi/2} \frac{d\varphi}{\sqrt{1 - k^2\sin^2\varphi}} \tag{5·69}$$

によって計算される．この式の積分は**楕円積分**（elliptic integral）と呼ばれ，初等関数で表わすことはできないが，数表もあり*，電子計算機から数値を求めることも容易である．この方法によらないで，式(**5·69**)の被積分関数を $k\sin\varphi$ のべき級数に展開し，各項を別々に積分すれば

$$\begin{aligned} T &= 4\sqrt{\frac{l}{g}}\int_0^{\pi/2}\left[1 + \frac{1}{2}k^2\sin^2\varphi + \frac{1\cdot 3}{2\cdot 4}k^4\sin^4\varphi + \cdots\right]d\varphi \\ &= 2\pi\sqrt{\frac{l}{g}}\left[1 + \left(\frac{1}{2}\right)^2 k^2 + \left(\frac{1\cdot 3}{2\cdot 4}\right)^2 k^4 + \cdots\right] \end{aligned} \tag{5·70}$$

が得られる．角振幅 α があまり大きくなくて，$k = \sin(\alpha/2) \approx \alpha/2$ とおけるときは，周期はおよそ

$$T \approx 2\pi\sqrt{\frac{l}{g}}\left(1 + \frac{1}{16}\alpha^2\right) \tag{5·71}$$

となる．第一項は振子の微小振動に対して得た式(**5·65**)と同じもので，振幅が大

* 林桂一，森口繁一：高等函数表第 2 版，岩波書店（1967）ほか．

きくなるにつれて，その影響のため周期がいくらか長くなる．たとえば $\alpha=1$ rad (57.3°) のとき，式(**5·71**)により約 1/16 = 6.3% 程度の補正を必要とする．

（**2**） $\boldsymbol{v_0=2\sqrt{gl}}$ （$\boldsymbol{k=1}$） **の場合**　式(**5·66**)で $\theta=180°$ のとき $\dot{\theta}=0$ となる．振子が最高点に達するまでの時間は，式(**5·68**)によって

$$t=\sqrt{\frac{l}{g}}\int_0^{\pi/2}\frac{d\varphi}{\cos\varphi}=\sqrt{\frac{l}{g}}\left|\ln\tan\left(\frac{\pi}{4}+\frac{\varphi}{2}\right)\right|_0^{\pi/2}=\infty \qquad (5\cdot72)$$

で，振子は最高点に近づくに従って次第に速度が小さくなり，有限の時間では最高点に達し得ない．

（**3**） $\boldsymbol{v_0>2\sqrt{gl}}$ （$\boldsymbol{k>1}$） **の場合**　この場合 $\dot{\theta}=0$ になることはなく，同一方向に何回でも回転する．$\theta/2=\varphi$ とおいて式(**5·67**)を書き直せば

$$t=\frac{2l}{v_0}\int_0^{\varphi}\frac{d\varphi}{\sqrt{1-(1/k)^2\sin^2\varphi}} \qquad (5\cdot73)$$

となる．

次にこの場合の拘束力 S の変化を求めてみよう．式(**5·66**)を式(**5·61**)に代入し，角度を θ になおせば

$$S=mg(4k^2-2+3\cos\theta) \qquad (5\cdot74)$$

となる．

$$k^2>5/4 \quad \text{あるいは} \quad v_0>\sqrt{5gl} \qquad (5\cdot75)$$

のときは拘束力は正の値をとり，棒には張力が働くが，k あるいは v_0 の値がこれより小さくなると棒には圧縮力が働き，糸の場合には糸がたるむ．$k<1$ の場合，$k=\sin(\alpha/2)$ であることを考慮して，式(**5·74**)を変形すれば

$$S=mg\left[\cos\theta+4\left(\sin^2\frac{\alpha}{2}-\sin^2\frac{\theta}{2}\right)\right] \qquad (5\cdot76)$$

$\theta<\alpha$ なので，式(**5·76**)で $\alpha\leqq\pi/2$，すなわち

$$k^2<\frac{1}{2} \quad \text{あるいは} \quad v_0<\sqrt{2gl} \qquad (5\cdot77)$$

のとき力 S は正となる．以上のことから

$$\sqrt{2gl}<v_0<\sqrt{5gl} \qquad (5\cdot78)$$

のとき拘束力 S は負となり，振子が糸で吊られるときは糸がたるみ，質点は円周から離れて放物運動をする．

2. 球面振子

振子を勝手な方向に運動させると，振子はもはや鉛直面内で運動しないで，半径 l の球面運動をする．このような振子を**球面振子**（spherical pendulum）と呼んでいる．上述の極座標を用い，式(**5·58**)で $r=l$（一定）とすれば，運動方程式は

$$\left.\begin{aligned} &m(l\dot{\theta}^2+l\dot{\varphi}^2\sin^2\theta)=S+mg\cos\theta=0 \\ &m(l\ddot{\theta}-l\dot{\varphi}^2\sin\theta\cos\theta)=mg\sin\theta \\ &\frac{m}{l\sin\theta}\frac{d}{dt}(l^2\dot{\varphi}\sin^2\theta)=0 \end{aligned}\right\} \tag{5·79}$$

と書ける．半径方向の加速度はゼロなので，式(**5·79**)の第一式の値は常にゼロである．第三式を積分すれば

$$l^2\dot{\varphi}\sin^2\theta=h \quad (一定) \tag{5·80}$$

で，これは振子が鉛直軸のまわりに一定の角運動量で運動することを示す．式(**5·80**)の $\dot{\varphi}$ を式(**5·79**)の第二式に代入することによって

$$ml\left(\ddot{\theta}-\frac{h^2}{l^4}\frac{\cos\theta}{\sin^3\theta}\right)-mg\sin\theta=0 \tag{5·81}$$

となり，この両辺に $l\dot{\theta}$ を乗じた式を積分することによって，エネルギー保存則

$$\frac{m}{2}l^2\left(\dot{\theta}^2+\frac{h^2}{l^4}\frac{1}{\sin^2\theta}\right)+mgl\cos\theta=E \ (一定) \tag{5·82}$$

が得られる．ここで E は積分定数である．式(**5·82**)を変形すれば

$$l^4\dot{\theta}^2\sin^2\theta=2l^2\sin^2\theta\left(\frac{E}{m}-gl\cos\theta\right)-h^2$$

これを

$$dt=\pm\frac{l^2\sin\theta d\theta}{\sqrt{2l^2\sin^2\theta(E/m-gl\cos\theta)-h^2}} \tag{5·83}$$

と書けば，微分形ながら角 θ と t との関係が定まり，さらに式(**5·80**)によって角 φ も定まるが，一般的な解法は複雑でむずかしい．これは振子に与えられる初期条件によって，振子が球面上に種々の曲線を描くことに対応する．

振子が鉛直面内で振動するのは $\dot{\varphi}=0$ の場合であり，$\dot{\theta}=0$ のときは角度 θ は一定で，振子は支点を通る鉛直線のまわりに円すい状の等速回転運動をする．この場合，式(**5·79**)の第二式によって

$$-l\dot{\varphi}^2\cos\theta=g \tag{5·84}$$

で，回転の角速度は

$$\omega = \sqrt{\frac{g}{l|\cos\theta|}} \tag{5·85}$$

となる．このような振子を**円すい振子**（conical pendulum）と呼んでいる．

〔例題 5·5〕円すい振子　質量 5［kg］の小さなボールを，図 **5·10** のように長さ 1.2［m］の軽いひもで吊り，鉛直軸まわりに回転させる．ひもが 150［N］の力に耐え得るものとすれば，ひもが切れるときの振子の角速度はいくらか．またそのときの振れ角はいくらか．

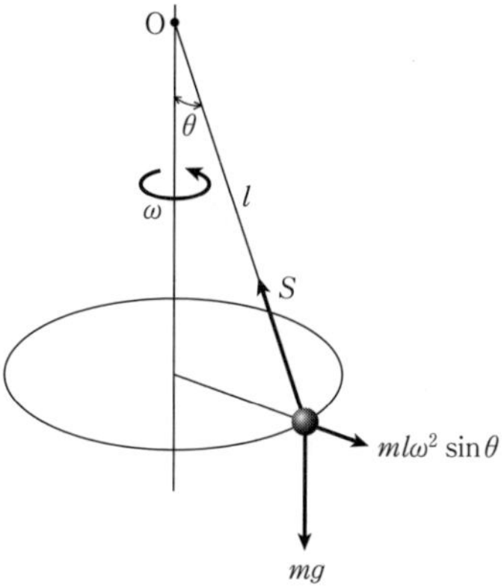

図 5·10　円すい振子

〔解〕　ひもの張力を S とすれば，質点に働く水平と鉛直方向の力のつりあいより

$$S\sin\theta = ml\omega^2\sin\theta$$
$$S\cos\theta = mg \tag{a}$$

これよりひもが切れる角速度は

$$\omega = \sqrt{\frac{S}{ml}} = \sqrt{\frac{150}{5\times1.2}} = 5.0 \quad [\text{rad/s}] \tag{b}$$

すなわち毎分約 48 回転のときであり，振れ角は

$$\theta = \cos^{-1}\left(\frac{mg}{S}\right) = \cos^{-1}\left(\frac{5\times9.81}{150}\right) = 71^\circ \tag{c}$$

となる．

3.　電磁場内の電子の運動

電子が電場や磁場の中に置かれたときの運動も，電子を質点とみなして同じような計算をすることができる．電荷 e をもつ電子が電界 $\boldsymbol{E}$，磁界 $\boldsymbol{S}$ に置かれたときは，ローレンツ*の力

$$\boldsymbol{F} = -e(\boldsymbol{E} + \boldsymbol{v}\times\boldsymbol{B}) \tag{5·86}$$

が働く．ここで $\boldsymbol{v}$ は電子の速度を表わす．静止している電子は $m = 9.109\times10^{-28}$［g］の質量をもち，大きさ $e = 1.602\times10^{-19}$ C（クーロン）の負の電荷をもつ．

* Hendrik Antoon Lorentz（1853－1928）オランダの物理学者．

電子の簡単な平面運動の例として，図**5·11**に示すブラウン管オシロスコープの内部で陰極Cと陽極Aによって加速された電子が，長さlの偏向電極によって曲げられる場合の運動を考えてみよう．

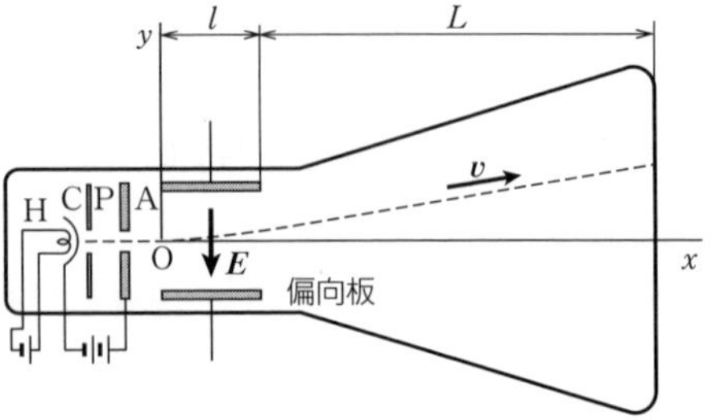

図5·11　ブラウン管内部の電子の運動

図のように直交座標系O-xyをとった場合，偏向板の間の電界の強さEが一様であれば，$x=0$とlの間における電子の運動方程式は

$$m\ddot{x}=0, \qquad m\ddot{y}=eE \tag{5·87}$$

と書ける．電子が偏向板に入るとき（$x=0$）の速度をvとすれば，距離lだけ進むに要する時間はl/vであるから，式(**5·87**)により偏向板を出るときの電子の速度は

$$x=l\text{で}\quad \dot{x}=v, \qquad \dot{y}=\frac{eEl}{mv} \tag{5·88}$$

偏向角は

$$x=l\text{で}\quad \tan\theta=\frac{dy}{dx}=\frac{eEl}{mv^2} \tag{5·89}$$

で，電子の変位は$y=eEl^2/2mv^2$である．偏向板を出てからは電子は直進するので，これよりさらにLの距離にある蛍光膜に達したときの電子の全偏向量は

$$y=\frac{eEl^2}{2mv^2}+\frac{eEl}{mv^2}L=\frac{eEl}{mv^2}\left(\frac{l}{2}+L\right) \tag{5·90}$$

となる．

次に，図**5·12**に示す磁束密度$\boldsymbol{B}$の一様な磁界内における電子の運動を考えてみよう．この場合の運動方程式は

$$m\dot{\boldsymbol{v}}=-e(\boldsymbol{v}\times\boldsymbol{B}) \tag{5·91}$$

で与えられる．図のように磁界の方向にz軸をとれば，式(**5·91**)は速度のx，y成分を用いて

$$\left.\begin{aligned} m\dot{v}_x&=-eBv_y\\ m\dot{v}_y&=eBv_x\\ m\dot{v}_z&=0 \end{aligned}\right\} \tag{5·92}$$

と書ける．最初（$t=0$），xy平面内に発射

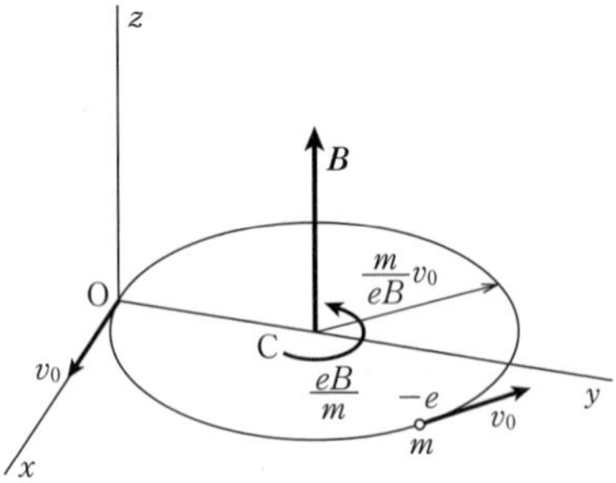

図5·12　一様な磁界内の電子の運動

された電子は，その後，磁界の方向に加速されることなく，xy 平面内の運動に停まっている．式(**5·92**)から v_x か v_y のいずれかを消去すれば

$$\ddot{v}_x+\left(\frac{eB}{m}\right)^2 v_x=0, \qquad \ddot{v}_y+\left(\frac{eB}{m}\right)^2 v_y=0 \tag{5·93}$$

が得られる．これらの式はいずれも振動の方程式で，時刻 $t=0$ に電子が原点 O から初速 $v_x=v_0$，$v_y=0$ で放射されるときは

$$v_x=v_0\cos\left(\frac{eB}{m}t\right), \qquad v_y=v_0\sin\left(\frac{eB}{m}t\right) \tag{5·94}$$

この式を積分することによって

$$x=\frac{m}{eB}v_0\sin\left(\frac{eB}{m}t\right), \qquad y=\frac{m}{eB}v_0\left[1-\cos\left(\frac{eB}{m}t\right)\right] \tag{5·95}$$

この二つの式から t を消去して電子の軌道を求めると

$$x^2+\left(y-\frac{m}{eB}v_0\right)^2=\left(\frac{m}{eB}v_0\right)^2 \tag{5·96}$$

となって，電子は出発点から mv_0/eB の距離にある点を中心とし，半径 mv_0/eB の円軌道上を初速と同じ速さ v_0 で運動する．磁界の方向にもある初速 v_0' を与えれば，電子はこの方向にも一定の速度成分 v_0' をもったらせん運動をする．この原理は荷電粒子を高速に加速するためのサイクロトロンに応用されている．

5·5 相対運動（運動座標系による動力学）

我々が物体の運動を観測する場合，地球上に設けられた座標系を基準としている．地球は自転しながら太陽のまわりを公転しているので，外部の静止座標系から観測すれば，これとは異なるはずである．静止している固定座標系で成立するニュートンの運動法則が，運動座標系ではどのように書き表わされるかを考えてみよう．

1. 並進座標系

まず簡単な並進座標系の場合から考える．並進運動する運動座標系を A-$\xi\eta\zeta$ とし，固定座標系 O-xyz に対する A 点の位置を $\boldsymbol{r}_{\mathrm{A}}$，運動座標系で測った質点の位置を $\boldsymbol{r}'$ で表わせば，この質点の固定座標系に対する絶対加速度は

$$\ddot{\boldsymbol{r}} = \ddot{\boldsymbol{r}}_A + \ddot{\boldsymbol{r}}' \qquad (5\cdot97)$$

で与えられる．質点の質量とこれに働く力はどの座標系からみても変わりはないから，運動座標系における運動方程式は

$$m\ddot{\boldsymbol{r}}' = \boldsymbol{F} - m\ddot{\boldsymbol{r}}_A \qquad (5\cdot98)$$

となる．このように運動座標系においては，実際に働く力$\boldsymbol{F}$のほかに見かけの力$-m\ddot{\boldsymbol{r}}_A$が働く．この力は運動座標系が加速度運動をするために生じるいわゆる**慣性力**（inertia force）である．一定速度で並進運動している座標系では，この見かけの力はゼロで，固定座標系と同じ運動方程式が成り立つ．

こうしたニュートンの運動法則がそのまま成り立つ座標系を**慣性系**（inertial system）と呼んでいる．慣性系においては，一定の速度をもつ並進運動の分だけが不定で，どれが静止している座標系であるかを判別することができない．現在では，太陽系の重心や恒星の平均位置に固定した座標系は完全な慣性系と認められているが，我々が通常用いる地球上に固定した座標系は，地球の自転や公転のため厳密な慣性系ではない．

〔例題 5·6〕 上昇するエレベータ　質量 55［kg］の人がエレベータに乗っている．エレベータが $0.2g$ の加速度で上昇するとき，この人に働く床の反力はいくらか．また，いく人かの乗客を乗せた 1.5［ton］のエレベータのロープには，いくらの力が働くか．

〔解〕　図 **5·13** のように，建物に固定した座標系 O-xy に対してエレベータとともに運動する座標系 A-$\xi\eta$ を考える．加速度 a で上昇するエレベータに乗っている質量 m の人には，重力，床からの反力 R のほかに加速度 a による慣性力が働くから，運動方程式は

$$m\ddot{\eta} = -mg + R - ma \qquad \text{(a)}$$

となる．エレベータの中で人は動かないから，この場合 $\ddot{\eta}=0$ である．したがって

$$R = m(g+a) = mg\left(1+\frac{a}{g}\right) \qquad \text{(b)}$$

で，体重 55［kg］の人に働く床の反力は $R=55\times 9.81\times(1+0.2)=647.5$［N］となる．エレベータのロープに働く力もこれと同様な計算によって $1.5\times$

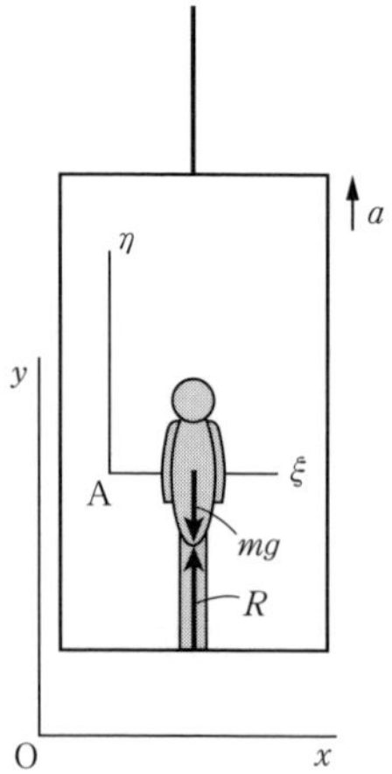

図 5·13　上昇するエレベータ

$9.81 \times (1+0.2) = 17.7$ ［kN］となる．

2. 回転座標系

回転座標系における加速度を与える式(**4·71**)で $\boldsymbol{a}_\mathrm{A}=0$ とおくことにより，回転座標系 O-$\xi\eta\zeta$ に関する質点の運動方程式は

$$m\ [\ddot{\boldsymbol{r}}' + 2\boldsymbol{\omega} \times \dot{\boldsymbol{r}}' + \dot{\boldsymbol{\omega}} \times \boldsymbol{r}' + \boldsymbol{\omega} \times (\boldsymbol{\omega} \times \boldsymbol{r}')] = \boldsymbol{F} \qquad (5\cdot99)$$

と書ける．この式を

$$m\ddot{\boldsymbol{r}}' = \boldsymbol{F} - 2m\boldsymbol{\omega} \times \dot{\boldsymbol{r}}' - m\dot{\boldsymbol{\omega}} \times \boldsymbol{r}' - m\boldsymbol{\omega} \times (\boldsymbol{\omega} \times \boldsymbol{r}') \qquad (5\cdot100)$$

と書き直すと，右辺は実際に作用する力 $\boldsymbol{F}$ を除き，すべて回転座標系から観測することによって生ずる見かけの力である．このうち第二項はコリオリの加速度と逆向きの力で，**コリオリの力**（Coriolis force）と呼ばれている．第三項は回転座標系の角加速度によって生ずる力，第四項は座標の回転による遠心力で，この二つの力は質点が回転座標系に対して運動しない場合にも働いている．

3. 投射体に対する地球の自転の影響

地球は太陽のまわりを公転しながら，1 恒星日（86164 秒）に 1 回の割合で地軸のまわりを自転しており，地球の表面近くを運動する物体はその影響を受ける．ここでは地球の公転を無視して，物体に及ぼす地球の自転の影響を調べてみよう．

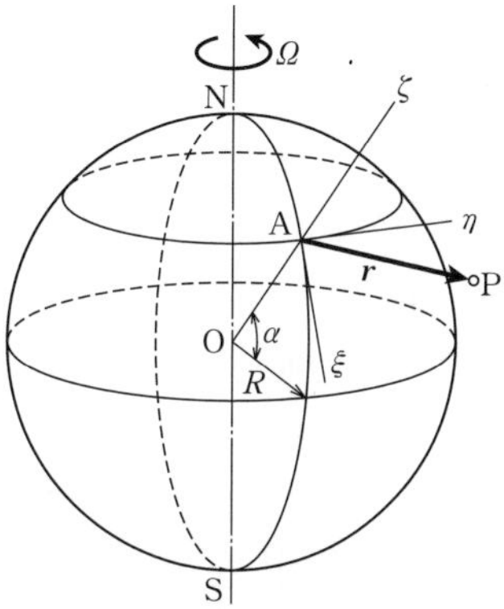

図 5·14 地表に固定された運動座標系

地球を半径 R の完全な球体と考え，図 **5·14** のように，地球の表面において緯度 α にある点 A を原点として，水平南向きに ξ 軸，東向きに η 軸，鉛直上方に ζ 軸をとる．運動座標系 A-$\xi\eta\zeta$ に対する物体の位置ベクトルを $\boldsymbol{r}$ とすれば，式(**5·98**)と式(**5·100**)によって質量 m の物体には次の運動方程式が成り立つ．

$$m\ddot{\boldsymbol{r}} = \boldsymbol{F} - m\boldsymbol{a}_\mathrm{A} - 2m\boldsymbol{\Omega}\times\dot{\boldsymbol{r}} - m\dot{\boldsymbol{\Omega}}\times\boldsymbol{r} - m\boldsymbol{\Omega}\times(\boldsymbol{\Omega}\times\boldsymbol{r}) \qquad (5\cdot101)$$

$\boldsymbol{\Omega}$ は地球の自転の角速度を表わすベクトルで

$$\Omega = \frac{2\pi}{86164} = 7.292 \times 10^{-5} \quad [\mathrm{rad/s}]$$

の大きさをもち，ξ，η，ζ 軸方向の単位ベクトル $\boldsymbol{i}$，$\boldsymbol{j}$，$\boldsymbol{k}$ を用いて

$$\boldsymbol{\Omega} = -\boldsymbol{i}\Omega\cos\alpha + \boldsymbol{k}\Omega\sin\alpha \tag{5・102}$$

で表わされる．また地球の自転によってA点に生じる運搬加速度（求心加速度）は

$$\boldsymbol{a}_{\mathrm{A}} = -\boldsymbol{i}(R\cos\alpha)\Omega^2\sin\alpha - \boldsymbol{k}(R\cos\alpha)\Omega^2\cos\alpha \tag{5・103}$$

と書ける．空気抵抗を考慮に入れなければ，投射物体に働く外力 $\boldsymbol{F}$ は重力 $-mg\boldsymbol{k}$ のみであるから，以上の量を式(**5・101**)に代入して得られる式によってその運動を調べることができる．自転に基づく求心加速度の大きさは，赤道上においてもたかだか $R\Omega^2 = 6370\times10^5\times(7.292\times10^{-5})^2 = 3.4$ [cm/s^2] で g の 0.35% にすぎない．

我々が地球上で測定する重力は正しい重力と遠心力との合力で，図**5・15**のように大きさも向きもわずかに異なっているが，この二つの力の間の角はごく小さく，地球も完全な球ではないので，ζ 軸の方向を鉛直方向としておいて十分である．また公転による加速度はわずか 0.6 [cm/s^2] 程度で，地球表面のすべての地点でほぼ一様に働くから，これも省略して差し支えない．

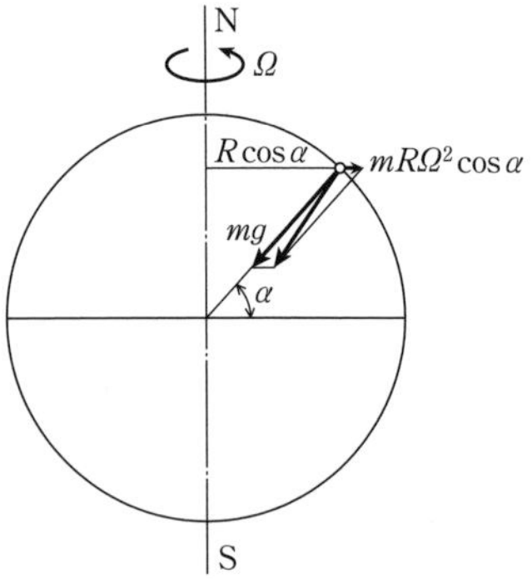

図5・15　地表で測定される重力

以上のことから，地球の自転の影響としてコリオリの力だけを考えればよく，次の運動方程式が得られる．

$$\left.\begin{aligned} m\ddot{\xi} &= 2m\Omega\dot{\eta}\sin\alpha \\ m\ddot{\eta} &= -2m\Omega(\dot{\xi}\sin\alpha + \dot{\zeta}\cos\alpha) \\ m\ddot{\zeta} &= -mg + 2m\Omega\dot{\eta}\cos\alpha \end{aligned}\right\} \tag{5・104}$$

この式を用いて地上の点Aから初速度（u_0，v_0，w_0）で発射された物体の運動を計算してみよう．重力の大きさに比べてコリオリの力の成分は小さいので，まずこれらを省略した上で式(**5・104**)を積分すれば，普通の投射体の運動の式

$$\xi = u_0 t, \quad \eta = v_0 t, \quad \zeta = w_0 t - \frac{1}{2}gt^2 \tag{5・105}$$

が得られる．この場合，物体の運動はその質量には関係しない．この式を式(**5・104**)の右辺に代入した上で，再び積分すれば

$$\left.\begin{aligned}\xi &= u_0 t + \Omega v_0 t^2 \sin\alpha \\ \eta &= v_0 t - \Omega t^2 (u_0 \sin\alpha + w_0 \cos\alpha) + \frac{1}{3}\Omega g t^3 \cos\alpha \\ \zeta &= w_0 t - \frac{1}{2} g t^2 + \Omega v_0 t^2 \cos\alpha\end{aligned}\right\} \qquad (\mathbf{5{\cdot}106})$$

となる（逐次近似法）．物体を初速 v_0 で東へ向けて水平に投射する（$u_0 = w_0 = 0$）と，式(**5·106**)は

$$\xi = \Omega v_0 t^2 \sin\alpha, \quad \eta = v_0 t + \frac{1}{3}\Omega g t^3 \cos\alpha \qquad (\mathbf{5{\cdot}107})$$

となり，速度 u_0 で南へ向けて水平に投射する（$v_0 = w_0 = 0$）と

$$\xi = u_0 t, \quad \eta = -\,\Omega u_0 t^2 \sin\alpha + \frac{1}{3}\Omega g t^3 \cos\alpha \qquad (\mathbf{5{\cdot}108})$$

となる．その結果，図 **5·16** のように，北半球（$\alpha > 0$）で投射された物体は右に曲がり，南半球（$\alpha < 0$）では左に曲がる．地上から発射されたロケットの経路が多少偏向したり，我が国を襲う台風の進路が右へ曲がるのもすべてこのためである．

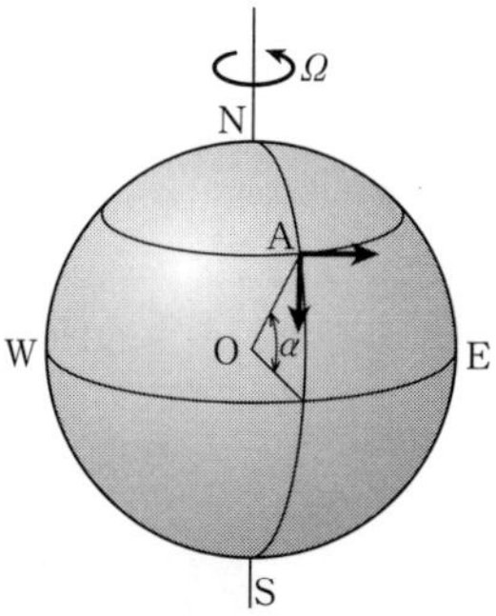

図 5·16　地球の自転による影響

物体を h の高さで静かに放して自由落下させるときは $u_0 = v_0 = w_0 = 0$ で，物体が地面に落下するまでの時間は $t = \sqrt{2h/g}$ であるから，このときの落下地点は式(**5·106**)により

$$\xi = 0, \quad \eta = \frac{1}{3}\Omega g \left(\frac{2h}{g}\right)^{3/2} \cos\alpha \qquad (\mathbf{5{\cdot}109})$$

となり，鉛直線よりわずか東にずれる．1802 年にベンツェンベルグ（Benzenberg）がハンブルグの教会の塔の内部で，高さ 76.34［m］のところから球を落したところ，鉛直の方向に落ちないで 9.0 ± 3.6［mm］ほど東にずれて落ちた．ハンブルグの緯度はおよそ 54° なので，式(**5·109**)によって計算してみると

$$\eta = \frac{1}{3} \times (7.292 \times 10^{-5}) \times (9.81 \times 10^3) \times \left(\frac{2 \times 76.34 \times 10^3}{9.81 \times 10^3}\right)^{3/2} \cos 54^\circ$$

$$= 8.6 \quad [\mathrm{mm}]$$

となり，ベンツェンベルグの観測結果とよくあっている．

4. フーコーの振子

1851年，フーコー*が鉛直面内で振子を振らせて実験していたところ，ごくゆっくりではあるが，振子の振動面が上からみて時計まわりに回転することに気がついた．これも地球の自転の影響によるもので，次のようにして説明される．

図**5·17**のようにP点から長さlの糸で吊られた質量mの振子を考える．この振子が小さい振幅で鉛直面内を振動するときは，前節で説明したように糸の張力はほぼmgに等しく，振子にはξ，η方向に$-mg\xi/l$，$-mg\eta/l$の力が働く．このときはξ，η方向の運動に比べてζ方向の運動は小さいから，これを無視して，式(**5·104**)を導いたと同様な考え方で式(**5·101**)から運動方程式

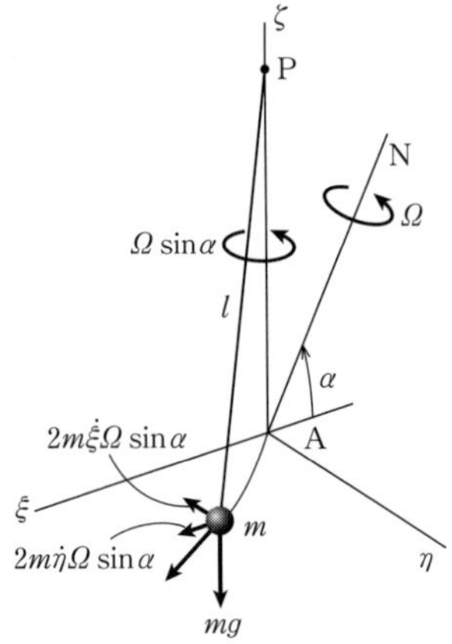

図 5·17　フーコーの振子

$$\left.\begin{aligned} m\ddot{\xi} &= -mg\frac{\xi}{l}+2m\dot{\eta}\Omega\sin\alpha \\ m\ddot{\eta} &= -mg\frac{\eta}{l}-2m\dot{\xi}\Omega\sin\alpha \end{aligned}\right\} \qquad (5\cdot110)$$

が得られる．あるいはこの式を書き直して

$$\left.\begin{aligned} &\ddot{\xi}-2\dot{\eta}\Omega\sin\alpha+\frac{g}{l}\xi=0 \\ &\ddot{\eta}+2\dot{\xi}\Omega\sin\alpha+\frac{g}{l}\eta=0 \end{aligned}\right\} \qquad (5\cdot111)$$

となる．いまζ軸のまわりに，上からみて時計の回転方向に角速度$\omega=\Omega\sin\alpha$で，ごくゆっくり回転する座標系O-$\xi^*\eta^*\zeta$を考える．このとき

$$\xi=\xi^*\cos\omega t+\eta^*\sin\omega t, \quad \eta=-\xi^*\sin\omega t+\eta^*\cos\omega t \qquad (5\cdot112)$$

であるから，この式を式(**5·111**)に代入することによって

$$\ddot{\xi}^*+\left(\frac{g}{l}+\omega^2\right)\xi^*=0, \qquad \ddot{\eta}^*+\left(\frac{g}{l}+\omega^2\right)\eta^*=0 \qquad (5\cdot113)$$

が得られる．この式は座標系O-$\xi^*\eta^*\zeta$における周期$2\pi/\sqrt{g/l+\omega^2}$の単振動を表わす（**10·2**節参照）．こうして，振子は図**5·18**のように北半球では$\Omega\sin\alpha$の角

* Jean Bernard Léon Foucault（1819−1868）フランスの物理学者．

速度でごくゆっくり時計まわりに回転する．南半球ではその回転方向は逆であり，赤道上ではまったく回転しない．絶対静止座標系から眺めれば，振子の振動面の方向は変わらないが，自転する地球上で観測するからこのように回転してみえるのである．

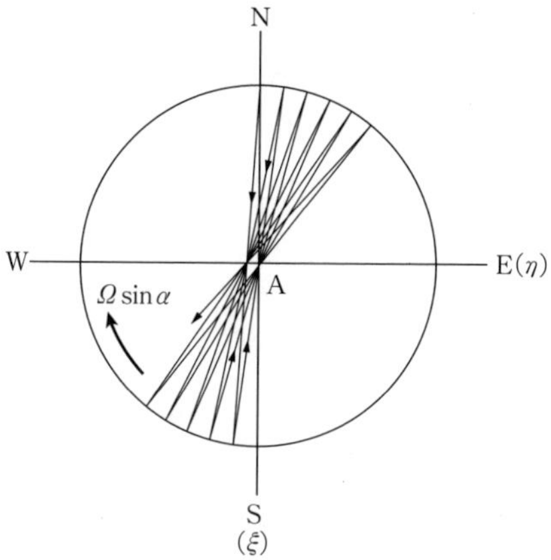

図 5·18　フーコーの振子の軌跡

5章　演習問題

5·1　漁船が振幅 1［m］，周期 3 秒で上下に揺られている，この船の運動を単振動とすれば，甲板に立っている質量 65［kg］の船員に働く最大加速度はいくらか．この船員が足で感じる力の最大値と最小値はいくらか．

5·2　ストークス*の法則によると，直径 d の球が小さい速度 v で液中を運動するとき受ける抵抗は，液体の粘性係数を ν として $F=3\pi\nu dv$ で表わされる．直径 0.5［mm］と 0.02［mm］の雨滴が $\nu=1.8\times10^{-5}$［Pa·s］の空中を落下するときの（終端）速度はいくらか．

5·3　小さい物体を初速 v_0 で投げ上げたとき，この物体に速度の 2 乗に比例する空気抵抗が作用するとすれば，物体の到達する最大高さはいくらか．空気抵抗を考えないときの値と比較してみよ．

5·4　軌間 1067［mm］の鉄道車両が半径 800［m］のカーブを 50［km/h］で走行する．車両に横方向の力が働かないためには何［mm］のカント（内外レールの高さの差）が必要か．また速度を倍に上げるとどうなるか．

5·5　図 5·19 のように，2 本の針金で吊られた質量 m のおもりが水平面内を一定の速さ v で円運動するとき，どの針金もたるまないためには，どんな速さで運動すればよいか．

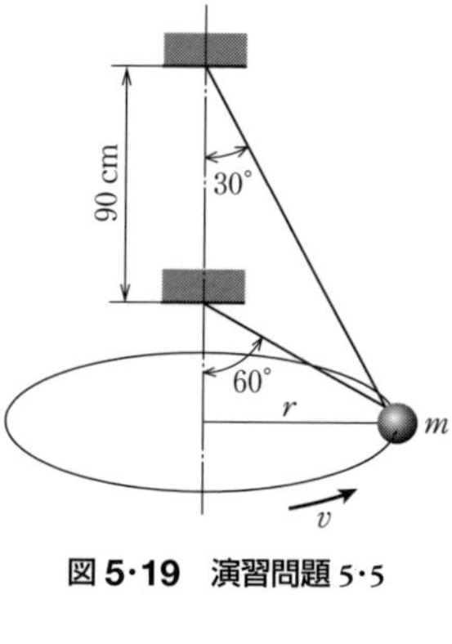

図 5·19　演習問題 5·5

* Sir George Gabriel Stokes（1819−1903）イギリスの数学者，物理学者．

5·6 質量 m_1，m_2 の二つの球が一定の距離 a を隔てて置かれている．この二つの球の中間に質量 m の別の球を置くとき，球がどの位置にあれば二つの球から引かれる（万有）引力がつりあうか．

5·7 地球の赤道上空を西から東へ 86164 秒（1 恒星日）の周期で円軌道を描いて飛ぶ人工衛星がある．このような衛星は，地球上から眺めるとあたかも上空に静止しているようにみえるので，静止衛星と呼ばれている．この人工衛星の速度と高度（地表からの高さ）はいくらか．

5·8 月の半径は 1738［km］，質量は地球のおよそ 1/80 である．月面における重力加速度はいくらか．

5·9 長さ l の細い管が，一端を軸として，水平面内で一定の角速度 ω で回転している．最初，この管内の半径 $r = l/50$ の位置にあった質量 m の小さい球が，この管を抜け出るまでの間に，どのような力を管に及ぼすか．管の内部はなめらかで，摩擦の影響はないものとして力の大きさの変化を調べよ．

5·10 上野の国立科学博物館（緯度 36°）にフーコーの振子がある．この振子は 1 日にどれだけの角度だけ鉛直軸のまわりに回転するか．

6

仕事とエネルギー，摩擦

6・1　仕事とエネルギー

力を加えて重い物体を動かしたり，電気でモータをまわしたり，ガソリンの燃焼によって動くエンジンで自動車を走らせるなど，いろいろな物体を運動させるとき，力のほかに力のする仕事やエネルギーの概念が重要となる．これをニュートンの運動法則から出発して説明してみよう．

直交座標系 O-xyz について書かれた運動方程式

$$m\ddot{x}=F_x,\quad m\ddot{y}=F_y,\quad m\ddot{z}=F_z \tag{6・1}$$

の各々の式に，速度成分 $\dot{x}$, $\dot{y}$, $\dot{z}$ を乗じて加えた式

$$m(\dot{x}\ddot{x}+\dot{y}\ddot{y}+\dot{z}\ddot{z})=F_x\dot{x}+F_y\dot{y}+F_z\dot{z}$$

を時刻 t_0 から t まで積分すると

$$\frac{1}{2}m\left|\dot{x}^2+\dot{y}^2+\dot{z}^2\right|_{t_0}^{t}=\int_{\mathrm{P}_0}^{\mathrm{P}}(F_x dx+F_y dy+F_z dz) \tag{6・2}$$

あるいはこれを書き直して

$$\frac{1}{2}mv^2-\frac{1}{2}mv_0{}^2=\int_{\mathrm{P}_0}^{\mathrm{P}}(F_x dx+F_y dy+F_z dz) \tag{6・3}$$

が得られる．v_0, v はそれぞれ時刻 t_0, t における速さを表わし，P_0, P はこれらの時刻における質点の位置を表わす．式(**6・3**)の右辺は力 $\boldsymbol{F}$ と，この力によって移動した距離 $d\boldsymbol{r}$ のスカラー積で

$$\frac{1}{2}mv^2-\frac{1}{2}mv_0{}^2=\int_{\mathrm{P}_0}^{\mathrm{P}}\boldsymbol{F}\cdot d\boldsymbol{r} \tag{6・4}$$

と書ける．力と物体の経路とのなす角を θ とすれば $\boldsymbol{F}\cdot d\boldsymbol{r}=F\cos\theta\cdot dr$ で，このように質点の移動距離とその方向に働いた力の成分との積を**仕事**（work）と呼ん

でいる．したがって式(**6·4**)の右辺は，図**6·1**のように質点 m がある経路に沿って P_0 点から P 点まで運動する間に力 $\boldsymbol{F}$ のなした仕事を表わしており，その結果，質点の速さは v_0 から v まで変化したと考えられる．逆の見方をすれば，v_0 の速さで運動している物体は完全に静止するまでに外部に対してそれだけの仕事をなし得る能力をもっているわけで，この意味で $\frac{1}{2}mv^2$ を質点のもつ**運動のエネルギー**（kinetic energy）と呼んでいる．速度の方向のいかんにかかわらず，運動のエネルギーは正の値をもったスカラー量で，座標のとり方には無関係な不変量である．

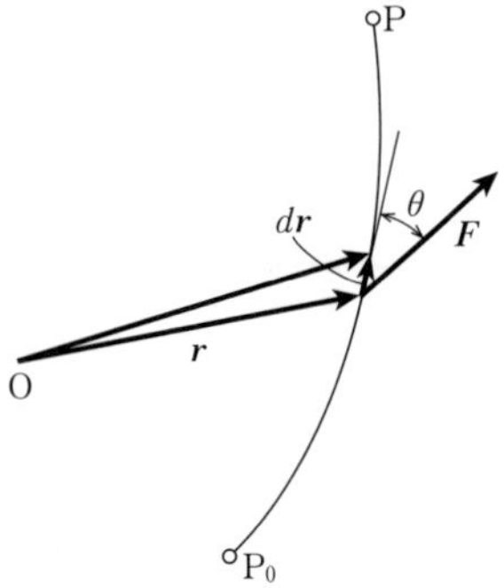

図 6·1　質点の移動経路

一般に力 $\boldsymbol{F}$ は質点の位置の関数であるが，その成分が

$$F_x = -\frac{\partial U}{\partial x}, \quad F_y = -\frac{\partial U}{\partial y}, \quad F_z = -\frac{\partial U}{\partial z} \tag{6·5}$$

によって位置の一価関数 U（x, y, z）から求められるときは，全微分の形で

$$-dU = F_x dx + F_y dy + F_z dz \tag{6·6}$$

と書けるから，式(**6·3**)は

$$\frac{1}{2}mv^2 - \frac{1}{2}mv_0{}^2 = -[U(\mathrm{P}) - U(\mathrm{P_0})] \tag{6·7}$$

で表わされる．このように P_0 点から P 点にいたる仕事の量は，始めと終わりの位置だけで決まり，途中の運動には関係しない．このような力を**保存力**(conservative force）といい，U を位置エネルギーあるいは**ポテンシャルエネルギー**（potential energy）と呼んでいる．式(**6·6**)を P_0 点から P 点まで積分すれば

$$U(\mathrm{P_0}) - U(\mathrm{P}) = \int_{\mathrm{P_0}}^{\mathrm{P}} \boldsymbol{F} \cdot d\boldsymbol{r} \tag{6·8}$$

で，質点がある点から他の点まで運動する場合には一定のポテンシャルエネルギーが放出され，エネルギーが減少しただけ保存力は外部に対して仕事をしたこととなり，逆に保存力に抗して仕事をすれば，その分だけポテンシャルエネルギーとして貯えられる．

運動エネルギーを T とおいて，式(**6·7**)を書き直すと

$$T(\mathrm{P}) - T(\mathrm{P_0}) = -U(\mathrm{P}) + U(\mathrm{P_0}) \tag{6·9}$$

となる．P点は経路上にとった任意の点であるから，質点が運動する間

$$T(\mathrm{P}) + U(\mathrm{P}) = 一定 \tag{6·10}$$

である．このように物体に保存力が働いて運動する場合は，運動エネルギーとポテンシャルエネルギーとの総和は常に一定に保たれている．これを**エネルギーの保存の法則**（law of conservation ot energy）という．

物体に摩擦力や空気の抵抗などが働くと，運動の経路によって仕事の量がすべて違ってくるので，もはやエネルギー保存則は成り立たない．実際に働く力はそのほとんどが非保存力で，完全な保存力ではない．物体に働く力を保存力 $\boldsymbol{F}$ と非保存力 $\boldsymbol{F}'$ に分けて書けば，式(**6·4**)は

$$\frac{1}{2}mv^2 - \frac{1}{2}m{v_0}^2 = \int_{\mathrm{P}_0}^{\mathrm{P}} \boldsymbol{F}\cdot d\boldsymbol{r} + \int_{\mathrm{P}_0}^{\mathrm{P}} \boldsymbol{F}'\cdot d\boldsymbol{r} \tag{6·11}$$

あるいは

$$[T(\mathrm{P})+U(\mathrm{P})]-[T(\mathrm{P}_0)+U(\mathrm{P}_0)] = \int_{\mathrm{P}_0}^{\mathrm{P}} \boldsymbol{F}'\cdot d\boldsymbol{r} \tag{6·12}$$

と書ける．この場合は，もはやエネルギー保存則は成立せず，運動エネルギーとポテンシャルエネルギーの和は非保存力がなした仕事だけ増減する．

〔**例題 6·1**〕 水平面と 30° の傾きをもつなめらかな斜面に沿って，質量 50［kg］の物体を 8［m］引き上げるには，どれだけの仕事が必要か．

〔**解**〕 物体を引き上げるのに必要な力は $F = 50 \times 9.81 \sin 30° = 245.3$［N］，この力で 8［m］だけ引き上げるためには $245.3 \times 8 = 1962.4$［J］の仕事を要する．

回転体のエネルギーと仕事

図**6·2**のようにO軸のまわりに回転する物体に，回転軸と直角に力 $\boldsymbol{F}$ を加えて小さい角 $\Delta\theta$ だけ回転させたときの仕事は $\Delta W = \boldsymbol{F}\cdot\Delta\boldsymbol{r} = Fr\Delta\theta\cos\theta$ に等しい．$Fr\cos\theta$ はO軸まわりの力 $\boldsymbol{F}$ のモーメントで，その大きさを M とすれば，角 θ_0 から θ まで回転させるときの仕事は

$$W = \int_{\theta_0}^{\theta} M d\theta \tag{6·13}$$

で与えられる．

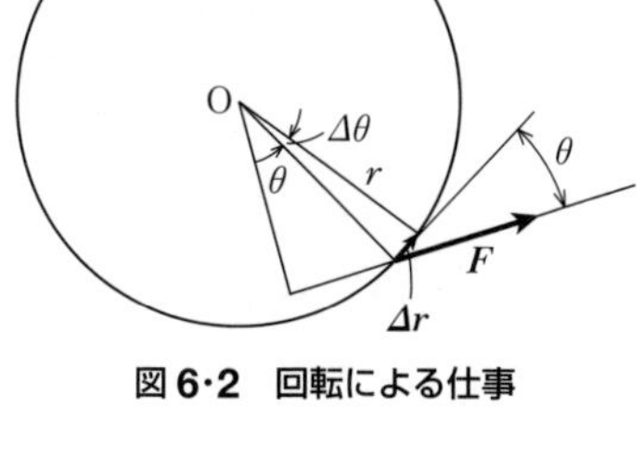

図 6·2 回転による仕事

〔**例題 6・2**〕 15［cm］の半径をもつペダルを上から 300［N］の力で踏んで，真上から真下まで回転させたときは，いくらの仕事をしたことになるか．

〔**解**〕 直上から測ったペダルの角を θ とすれば，回転体に働く力のモーメントは $M = 300 \times 0.15 \sin\theta = 45 \sin\theta$［N・m］で与えられるので，式(**6・13**)により，この場合の仕事は

$$W = 45\int_0^{\pi} \sin\theta d\theta = -45|\cos\theta|_0^{\pi} = 90 \quad [\mathrm{J}]$$

となる．鉛直線に沿って真上から真下までこの力でペダルを移動させたと考えても仕事の量に変わりはないから，$W = 300 \times 2 \times 0.15 = 90$［J］だけの計算で用が足りる．

6・2 保存力の例

日常しばしば経験したり，耳にする二,三の例を取り上げてみよう．

1. ばねの力

物体が変形するときに働く力は，その内部に働く摩擦力を考えなければ，保存力である．ばね定数 k のばねを ξ だけ引張るためには $k\xi$ の力が必要であるから，変形していないばねを x だけ伸ばすためには

$$W = \int_0^{\pi} k\xi d\xi = \frac{1}{2}kx^2 \tag{6・14}$$

の仕事を必要とし，ばねにはそれだけのポテンシャルエネルギーが貯えられたことになる．このエネルギーは図 **6・3**(**a**)の三角形 OAB の面積に当たる．同図（b）のように，最初からばねを変形させて F_0 だけの力を与えておけば，ξ だけ変形させたときのばね力は $F_0 + k\xi$ で，x だけ伸ばすためには $W' = F_0x + kx^2/2$ の仕事を必要とし，いっそう大きいエネルギー（台形 OACD の面積）を貯えることができる．この考え方

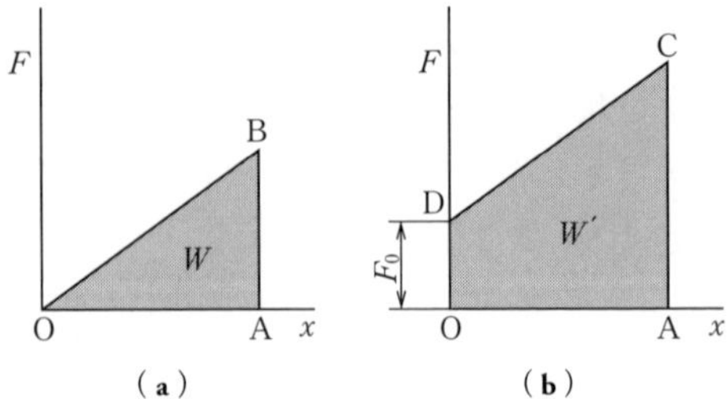

図 6・3 ばねに貯えられるエネルギー

は航空機の降着装置（landing gear）に利用され，着陸時の衝撃エネルギーを緩和するのに役立っている．

2. 重力

地球の表面近くにある質量 m の物体には一定の重力 mg が働き，地上 h の高さにある物体のもつポテンシャルエネルギーは

$$U = mgh \tag{6·15}$$

で与えられる．この高さから物体を初速ゼロで投げ下せば，物体が地上に達するときには，エネルギー保存則により高さ h のときもっていたポテンシャルエネルギーがすべて運動エネルギーに変換されるので

$$\frac{1}{2}mv^2 = mgh \tag{6·16}$$

が成り立ち，物体が地上に達したときの速度は

$$v = \sqrt{2gh} \tag{6·17}$$

となる．実際には空気抵抗に打ち勝つためにエネルギーの一部が消費されるので，これだけの速度には達しない．

3. 万有引力

5·3 節で述べた万有引力も代表的な保存力である．地球以外の天体から受ける力を考慮に入れなければ，地球の中心より r の距離にある質量 m の物体に働く引力は，地球の質量を M として

$$F = G\frac{mM}{r^2} \tag{6·18}$$

である．したがって，物体が r_0 の位置から r まで運動する間にこの力がなす仕事は

$$W = \int_{r_0}^{r} G\frac{mM}{r^2}dr = -\left| G\frac{mM}{r} \right|_{r_0}^{r} = -G\frac{mM}{r} + G\frac{mM}{r_0} \tag{6·19}$$

である．したがって，地球から無限に遠い点（$r_0 = \infty$）におけるポテンシャルエネルギーをゼロとすれば，r の距離にある物体のもつポテンシャルエネルギーは

$$U = -G\frac{mM}{r} \tag{6·20}$$

となる．

〔**例題 6･3**〕 **ロケットの打上げ**　地上より真上に打ち上げられた質量 m の観測用ロケットが高度 $H_0=50$ [km] の地点で燃料が燃えつき，速度 $V_0=4000$ [m/s] に達した．このロケットが到達できる高度を計算せよ．この高さでは空気はごく希薄で，もはや空気抵抗を考慮する必要はない．

〔**解**〕 地球の半径を R，質量を M，ロケットが到達し得る高度を H とすれば，エネルギー保存則とロケットのポテンシャルエネルギー式(**6･20**)によって

$$\frac{1}{2}mV_0{}^2-G\frac{mM}{R+H_0}=-G\frac{mM}{R+H} \qquad \textbf{(a)}$$

となり，式(**5･51**)の関係 $GM=gR^2$ によって，ロケットの質量に関係なく

$$\frac{1}{2}V_0{}^2=gR^2\left(\frac{1}{R+H_0}-\frac{1}{R+H}\right) \qquad \textbf{(b)}$$

となる．これから H を解いて，ロケットの到達高度

$$H=R\left[\frac{1+H_0/R}{1-(1+H_0/R)V_0{}^2/2gR}-1\right]$$

$$=6370\left[\frac{1+50/6370}{1-(1+50/6370)\times4000^2/(2\times9.81\times6370\times10^3)}-1\right]$$

$$=1001.1 \text{ [km]} \qquad \textbf{(c)}$$

が求められる．

〔**例題 6･4**〕 図 **6･4** のように，長さ l の糸の先端に付けられた質点 m が支点 O と水平な点 A で支えられている．この質点を静かに放すと振子は支点を中心とする円運動をするが，支点の真下で a の距離にある釘 B で糸を引掛けるとき，質点がこの釘のまわりを回転するためには，a の長さにどんな制限があるか．

〔**解**〕 質点 m が O 点の直下にきたときの速度は式(**6･17**)により $v_0=\sqrt{2gl}$ で，このとき振子のもつ運動エネルギーは

$$E=\frac{1}{2}mv_0{}^2=mgl \qquad \textbf{(a)}$$

である．一方，振子が B 点を中心として θ だけ回転したとき振子のもつエネルギーは，質点が最下点にあるときのポテンシャルエネルギーをゼロとして

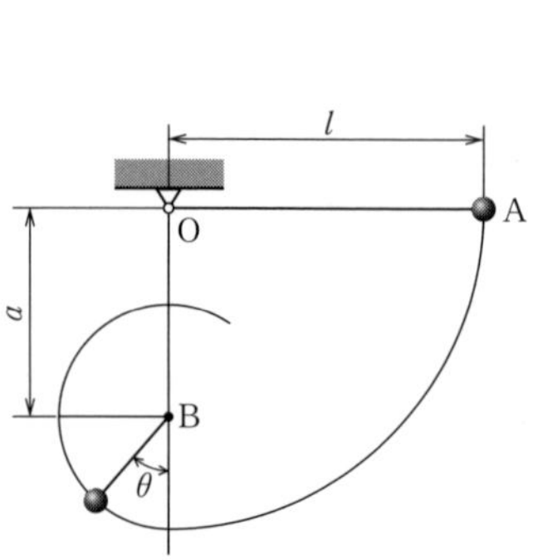

図 6･4　釘に引掛かる振子

$$E=\frac{1}{2}mv^2+mg(l-a)(1-\cos\theta) \tag{b}$$

で与えられる．B 点のまわりに回転するためには，$\theta=180°$ のときにも正の速度 v_1 をもたなければならない．この系は保存系なので，式(**a**)と式(**b**)とを等置した式から

$$\frac{1}{2}{v_1}^2=g(2a-l) \tag{c}$$

が導かれる．a が小さいほど速度 v_1 も小さくなり，$a=l/2$ 以下では釘のまわりを回転することができなくなる．

6·3 動力

仕事は連続的にされるのがふつうなので，単位時間当たりの仕事の量が問題となる．仕事の時間に対する割合を**動力**または**工率**（power）と呼んでおり，［W］あるいは［N·m/s］の単位で表わされる．力 $\boldsymbol{F}$ が働いて，$\varDelta t$ 時間に $\varDelta W$ の仕事がなされたとすれば，この間の平均動力は

$$P=\frac{\varDelta W}{\varDelta t}=\boldsymbol{F}\cdot\frac{\varDelta \boldsymbol{r}}{\varDelta t} \tag{6·21}$$

で，任意の瞬間における動力は

$$P=\lim_{\varDelta t\to 0}\frac{\varDelta W}{\varDelta t}=\frac{dW}{dt}=\boldsymbol{F}\cdot\boldsymbol{v}=Fv\cos\theta \tag{6·22}$$

で表わされる．あるいは力 $\boldsymbol{F}$ と速度 $\boldsymbol{v}$ の成分を用いて

$$P=F_xv_x+F_yv_y+F_zv_z \tag{6·23}$$

と書くこともできる．

物体が回転モーメント M によってある軸のまわりに角速度 ω で回転するときの動力は，式(**6·13**)によって

$$P=\frac{dW}{dt}=M\frac{d\theta}{dt}=M\omega \tag{6·24}$$

で与えられる．

一般に機械は外から動力の供給を受けて，別の形の動力として他に供給する．

〔**例題 6·5**〕 **水車の動力**　高さ 15［m］のところから毎秒 2.8［m^3］の水が流れ落ちている．この水を有効に利用して水車を回転すれば，どれだけの動力が得られるか．効率を 60% として計算せよ．

〔**解**〕 体積 1［m^3］の水は 1［t］の質量をもつので，1 秒間に流れ落ちる水がなす仕事，すなわち動力は $P' = 15 \times 2800 \times 9.81 = 412.0$［kW］である．その結果，得られる正味の動力は，これに効率 η を乗じて $P = \eta P' = 0.60 \times 412.0 = 247.2$［kW］となる．

1. 自動車の登坂性能

角度 α の斜面を登る自動車（質量 m）の速度を v とし，車輪の駆動力を T，斜面の垂直反力を N，転がり抵抗を $\mu_R N$（$\mu_R =$ 転がり抵抗係数）とすれば，斜面に沿った方向の運動方程式は

$$m \frac{dv}{dt} = T - mg \sin\alpha - \mu_R N \quad (N = mg \cos\alpha) \tag{6·25}$$

で与えられる．自動車の前，後輪にかかる垂直反力をそれぞれ N_F，N_R とすれば

$$N_F + N_R = N \tag{6·26}$$

後輪で駆動する場合，地面と車輪の間の駆動力係数を μ_D とすれば，駆動力が

$$T \leqq \mu_D N_R \tag{6·27}$$

でないと車輪は空転する．自動車が一定速度で登坂するときは

$$T = mg(\sin\alpha + \mu_R \cos\alpha) \tag{6·28}$$

で，この式に速度 v を掛けて登坂に必要な動力

$$P = mgv(\sin\alpha + \mu_R \cos\alpha) \tag{6·29}$$

が得られる．たとえば質量 1250［kg］の自動車が 5° の坂を 30［km/h］の速さで登るためには，車輪の転がり抵抗係数を 0.015 とする*と，少なくとも

$$P = 1250 \times 9.81 \times (30/3.6) \times (\sin 5^\circ + 0.015 \cos 5^\circ) = 10.43 \quad \text{[kW]}$$

の動力を必要とする．

2. 航空機の水平飛行

水平飛行をしている航空機には，図 **6·5** のように揚力 L と重力 W，エンジン推力 T と抗力 D の四つの力が働いてつりあいを保っている．すなわち

---

* 近藤政市：基礎自動車工学，養賢堂（1965），p.9.

$$L = W, \quad T = D \tag{6·30}$$

空気力による揚力（lift）と抗力（drag）は空気の密度を ρ，航空機の対気速度を v，主翼面積を S として

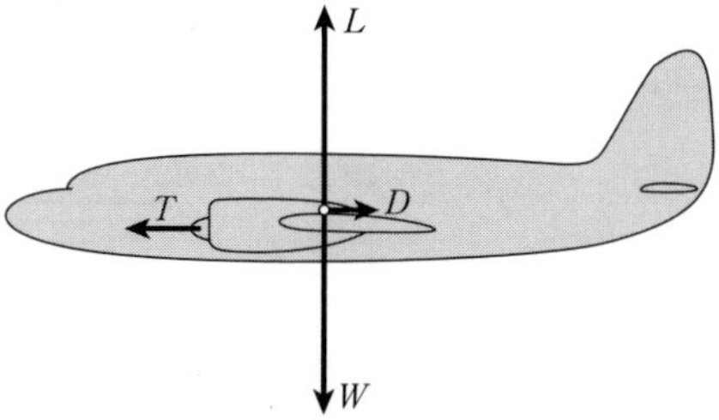

図 6·5　航空機の水平飛行

$$\left.\begin{aligned} L &= C_{\mathrm{L}}\frac{1}{2}\rho v^2 S \\ D &= C_{\mathrm{D}}\frac{1}{2}\rho v^2 S \end{aligned}\right\} \tag{6·31}$$

で表わされる．C_{L}，C_{D} はそれぞれ揚力係数，抗力係数と呼ばれるディメンションのない数で，主翼の基準線と風速とのなすいわゆる迎角（angle of attack）によって変化する．式(**6·30**)，式(**6·31**)から

$$W = C_{\mathrm{L}}\frac{1}{2}\rho v^2 S, \quad T = C_{\mathrm{D}}\frac{1}{2}\rho v^2 S \tag{6·32}$$

で，エンジン推力に速度 v を掛けた

$$Tv = C_{\mathrm{D}}\frac{1}{2}\rho v^3 S \tag{6·33}$$

の左辺はエンジンの推力から決まるいわゆる利用動力（available power），右辺は航空機が速度 v で飛ぶための必要動力（necessary power）である．必要動力を P とおけば

$$P = Dv = \frac{C_{\mathrm{D}}}{C_{\mathrm{L}}}Wv \tag{6·34}$$

で，$C_{\mathrm{L}}/C_{\mathrm{D}}$ は揚抗比（lift-drag ratio）と呼ばれる航空機の性能の大切な指標の一つである．

〔**数値例**〕 質量 4200 [kg]，主翼面積 16.5 [m^2] の航空機が高度 7500 [m] を水平飛行している．このとき主翼はある一定の迎角を保っているが，揚力係数を 0.49，揚抗比を 12 とすれば，この高度における大気密度は 0.556 [kg/m^3] であるから，式(**6·32**)の第一式より巡航速度は

$$v = \sqrt{\frac{2W}{C_{\mathrm{L}}\rho S}} = \sqrt{\frac{2 \times 4200 \times 9.81}{0.49 \times 0.556 \times 16.5}} = 135.4 \quad [\mathrm{m/s}]$$

で，時速になおして約 490［km/h］となる．またこのときのエンジン推力は，再び式(**6･32**)により

$$T=\frac{W}{C_{\mathrm{L}}/C_{\mathrm{D}}}=\frac{4200\times9.81}{12}=3.434\quad[\mathrm{kN}]$$

利用動力はこの値に速度を乗じて

$$P=Tv=3434\times135.4=465.0\quad[\mathrm{kW}]$$

となる．

3. 航空機の離陸

滑走路から離陸する航空機には，図 **6･6** のように揚力と抗力，エンジン推力と航空機に働く重力のほか，滑走路の垂直反力 N と抵抗 $\mu_{\mathrm{R}}N$ が働く．航空機を質点とみなして，その速度を v とすれば，運動方程式は

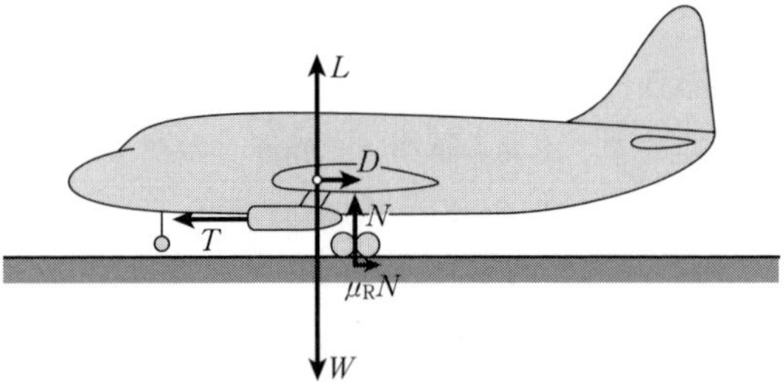

図 6･6　航空機の離陸

$$m\frac{dv}{dt}=T-D-\mu_{\mathrm{R}}N,\quad L+N=W=mg \tag{6･35}$$

で，これから

$$m\frac{dv}{dt}=T-\mu_{\mathrm{R}}mg-(C_{\mathrm{D}}-\mu_{\mathrm{R}}C_{\mathrm{L}})\frac{1}{2}\rho v^2S \tag{6･36}$$

が得られる．距離に制限がある滑走路から離陸するためには，フルパワーで式(**6･36**)の加速度を最大とするような姿勢（迎角 α）で滑走する必要がある．すなわち

$$\frac{d}{d\alpha}\left\{T-\mu_{\mathrm{R}}\,mg-(C_{\mathrm{D}}-\mu_{\mathrm{R}}\,C_{\mathrm{L}})\frac{1}{2}\rho v^2\,S\right\}=0$$

ふつう C_{L} と C_{D} 以外は定数なので

$$\frac{dC_{\mathrm{D}}}{d\alpha}=\mu_{\mathrm{R}}\frac{dC_{\mathrm{L}}}{d\alpha}\quad\text{すなわち}\quad\frac{dC_{\mathrm{D}}}{dC_{\mathrm{L}}}=\mu_{\mathrm{R}} \tag{6･37}$$

を満足する迎角 α_0 で滑走すると早く離陸速度に達することができる．コンクリート滑走路の場合，タイヤの転がり抵抗係数 μ_{R} の値はほぼ 0.02 程度の値である．離

陸時には $N=0$ で，離陸速度は

$$v_{\mathrm{Take\,off}}=\sqrt{\frac{2mg}{C_{\mathrm{L}}(\alpha_0)\rho S}} \tag{6·38}$$

となる.

6·4 すべり摩擦

これまでは，物体の表面はなめらかで運動を妨げる抵抗がまったくないものとして問題を取り扱ってきた．しかし現実には，一つの物体を他の物体の表面に沿って動かすと，その接触面に物体が運動するのを妨げようとする力が生じる．この力を**摩擦力**（frictional force）と呼んでいるが，これにはすべり摩擦と転がり摩擦の二つの種類がある.

1. 静止摩擦

図**6·7**のように，ある平面に垂直に一定の力 N で押し付けられている物体に，接触面に沿って大きさ F の力を加えると，その面に力と逆向きの摩擦力が生じる．加える力の大きさが

$$F\leqq \mu_{\mathrm{S}}N \tag{6·39}$$

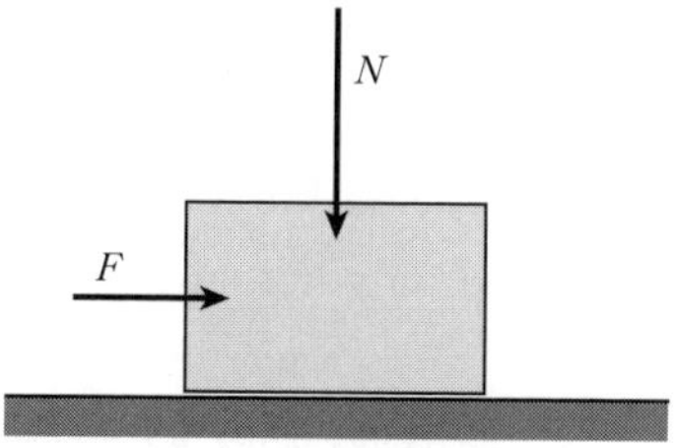

図 6·7　静止摩擦力

であるうちは，物体は運動をはじめないが，力の大きさがこの値を超えると運動しはじめる．これは力の大きさがそれほど大きくないときには，接触面で外力とつりあうだけの摩擦力が働いていてすべりを起こさないが，摩擦力の大きさは一定の値以上にはなり得ないので，この値を超えると力のつりあいが破れてすべりが起こりはじめるのである．このときの比例定数 μ_{S} を**静止摩擦係数**（coefficient of statical friction）と呼んでいる．式(**6·39**)は角度 λ_{S} を用いて

$$\frac{F}{N}\leqq \mu_{\mathrm{S}}=\tan\lambda_{\mathrm{S}} \tag{6·40}$$

とも書ける．このように，接触面では垂直反力のほか接線（接平面）方向の反力である摩擦力 F も同時に働いており，これらの合力と法線とのなす角が式(**6·40**)

の角 λs を超えたとき物体は運動をはじめるわけで，この角を**静止摩擦角**（angle of static friction）と呼んでいる．接触面の状態に方向性がなければ，この関係は接触面に沿ったどの方向の外力についても成り立つので，限界点における N と F との合力は図 **6･8** に示す頂角 $2\lambda_s$ の直円すいを形成する．この円すいを**摩擦円すい**（cone offriction）と名づけている．

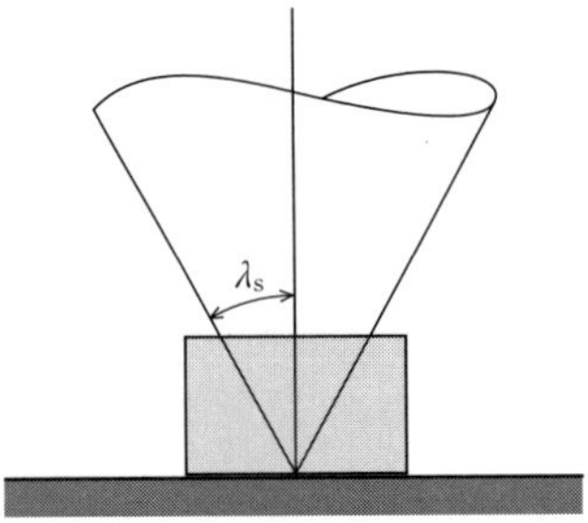

図 6･8　摩擦円すい

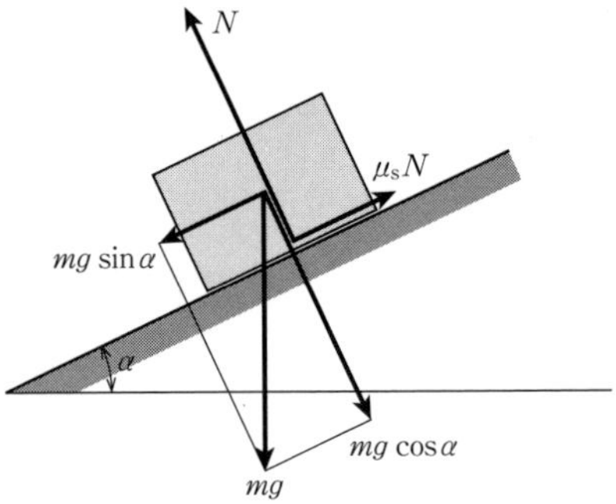

図 6･9　斜面に置かれた物体

図 **6･9** のように質量 m の物体を一つの平面の上に載せて，この平面を次第に傾けていったらある角度 α で物体がすべりはじめた．この限界点における力のつりあい式 $mg\sin\alpha = \mu_S mg\cos\alpha$ より

$$\mu_S = \tan\alpha \tag{6･41}$$

で，このときの斜面の角度が静止摩擦角に等しくなる．

2.　運動摩擦

一つの面に沿って物体に働く力が最大静止摩擦力を超えると物体が動きはじめるが，いったん運動しはじめてからも物体の運動を妨げようとする摩擦力が働く．そしてこの場合も静止摩擦の場合と同様に

$$F = \mu_k N \tag{6･42}$$

の関係が成り立つ．この μ_k を**運動摩擦係数**（coefficient of kinetic friction）と呼んでいる．外力がこの摩擦力より大きければ物体は次第に加速されるが，これより小さいと次第に減速される．通常は運動摩擦の場合も静止摩擦と同様に，摩擦力の大きさは接触面に加えられる垂直力に比例し，接触面の面積やすべり速度の大きさには関係しない．そして一般に運動摩擦は静止摩擦より小さい．この摩擦に関する

表 6·1　静止摩擦係数**

摩擦片	摩擦面	μ_s
硬　鋼	硬　鋼	0.44
〃	鋳　鉄	0.18
鋳　鉄	〃	0.21
石	金　属	0.3 ～ 0.4
木	木	0.5 ～ 0.2
〃	金　属	0.6 ～ 0.2
ゴ　ム	ゴ　ム	0.5
皮　革	金　属	0.4 ～ 0.6
ナイロン	ナイロン	0.15 ～ 0.25
スキー	雪	0.08

表 6·2　運動摩擦係数**

摩擦片	摩擦面	μ_k
硬　鋼 軟　鋼	硬　鋼 軟　鋼	0.35 ～ 0.40
カーボン	〃	0.21
鉛，ニッケル，亜鉛	〃	0.40
ホワイトメタル ケルメット，りん青銅	〃	0.30 ～ 0.35
銅	銅	1.4
ガラス	ガラス	0.7
スキー	雪	0.06

法則を**クーロン*の法則**（Coulomb's law）と呼んでいる．この簡単な法則は接触面のよごれが少ないか，潤滑が不十分ないわゆる固体摩擦（または乾性摩擦）について経験的に得られた法則であるが，接触面の間の圧力や相対速度が特別に大きいとか逆に小さくない限り，かなり一般的に成り立つものである．

表 **6·1**，表 **6·2** にふつうの材料のすべり摩擦係数の値を示しておく．

〔**例題 6·6**〕 水平な床の上に置かれた質量 45［kg］の物体を，水平方向に 150［N］の力で引張ったところ動きはじめた．この物体と床との間の静止摩擦係数，静止摩擦角はいくらか．

〔**解**〕 式(**6·39**)によって静止摩擦係数は $\mu_s = 150/(45 \times 9.81) = 0.34$，式(**6·40**)によって静止摩擦角は $\lambda_s = \tan^{-1} 0.34 = 18.8°$ となる．

〔**例題 6·7**〕 自動車が雨に濡れた水平な道路上で，半径 50［m］のカーブを曲がるとき，横すべりしない最大の速度はいくらか．道路とタイヤとの間の摩擦係数を 0.25 として計算せよ．

〔**解**〕 速さ V で，半径 R のカーブを走っている質量 m の自動車が横すべりしないためには，その遠心力が最大摩擦力 $\mu_s mg$ を超えてはならないから

$$m\frac{V^2}{R} \leqq \mu_s mg \qquad \text{(a)}$$

で，このときの最大速度は自動車の質量に関係なく

* Charles Augustin de Coulomb（1736－1806）フランスの土木学者，電気学者．

** 参考図書（19）p. 3－34.

$$V_{max} = \sqrt{\mu_s g R} = \sqrt{0.25 \times 9.81 \times 50} = 11.1 \quad [\text{m/s}] \qquad \textbf{(b)}$$

時速になおして 40［km/h］となる．

6·5 転がり摩擦

円柱や球が平面上をすべらないで転がるときにも，この運動を妨げようとして転がる方向とは逆のモーメントが働く．このような接触面に生じる回転抵抗を**転がり摩擦**（rolling friction）と呼んでいる．

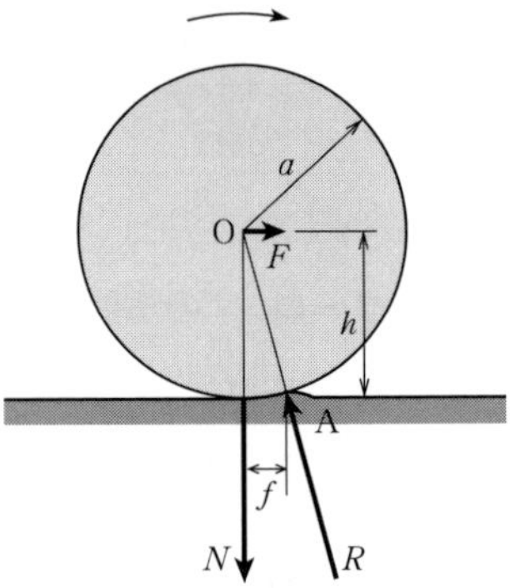

図 6·10　転がり摩擦

接触する物体が完全に剛体であれば，接触点においてまったく変形が起こらないが，実際にはわずかではあるが物体は変形し，その結果，図 **6·10** のように前方に小さい隆起が生じて，大きさ R の反力がごくわずか前方（f）の点 A に働くものと考えられる．この反力と垂直力 N，および回転体を転がす力 F の三つが互いにつりあうことから，反力 R の作用線も回転体の中心 O を通る．そして A 点まわりのモーメントのつりあいから $Fh = Nf$ となるが，h はほぼ回転体の半径 a に等しいから，力 F は

$$F = f\frac{N}{a} \qquad \textbf{(6·43)}$$

となる．

この式の f を**転がり摩擦係数**（coefficient of rolling friction）と呼んでいるが，f は長さのディメンションをもっており，物体の材質や表面の状態などによってかなり異なった値を示す．表 **6·3** のような経験値が得られているが，これはだいたいの値で一つの目安にすぎない．

表 6·3　転がり摩擦係数*

回転体	転がり面	f［cm］
鋼	鋼	0.02 ～ 0.04
〃	木	0.15 ～ 0.25
に　れ	かしわ	0.08
空気入りタイヤ	良い道	0.05 ～ 0.055
〃	悪い道	0.1 ～ 0.15

*　参考図書（19）p. 3−35.

〔**例題 6·8**〕 斜面上で直径 50［mm］の丸い鋼棒を一定の速度で転がり落とすためには，斜面の角度をいくらにすればよいか．転がり摩擦係数を 2［mm］として計算せよ．

〔**解**〕 斜面の角度を α，棒の質量を m とすれば $F = mg\sin\alpha$，$N = mg\cos\alpha$ で，式(**6·43**)により

$$\tan\alpha = \frac{f}{a} = \frac{2}{25} = 0.08$$

したがって $\alpha = 4.6°$ となる．

6·6 機械の摩擦

簡単な機械や要素に働く摩擦の代表的な例をあげてみよう．

1. 斜面の摩擦

図 **6·11** のように，質量 m の物体を水平と角 α をなす斜面に沿って引き上げる場合を考える．まず静止している物体を引き上げるためには

$$P = mg\sin\alpha + \mu_S mg\cos\alpha \tag{6·44}$$

だけの力が必要で，静止摩擦角 λ_S を用いて書けば

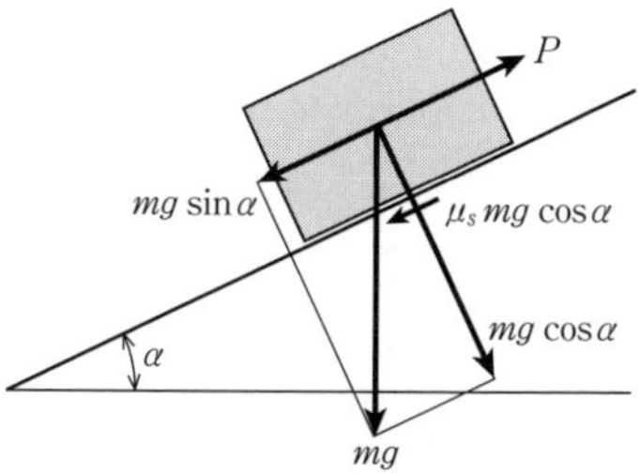

図 6·11 斜面に沿って引き上げる力

$$P = mg\cos\alpha(\tan\alpha + \tan\lambda_S) \tag{6·45}$$

一定の速さで引き上げるためには，運動摩擦角 λ_k を用いて書けば

$$P = mg\cos\alpha(\tan\alpha + \tan\lambda_k) \tag{6·46}$$

となる．

〔**例題 6·9**〕 傾き 30° の斜面上に置かれた質量 100［kg］の物体を水平な力で支えるためにはいくらの力が必要か．物体と斜面との間の静止摩擦係数は 0.2 であったとする．摩擦係数の値がこの半分になるとどうなるか．

〔**解**〕 図 **6·12** のように必要な水平力の大きさを H，斜面の垂直反力を N とすれば，

斜面の方向とこれに垂直な方向の力のつりあいより

$$H\cos\alpha+\mu_\mathrm{s}N=mg\sin\alpha,$$
$$N=mg\cos\alpha+H\sin\alpha \qquad \text{(a)}$$

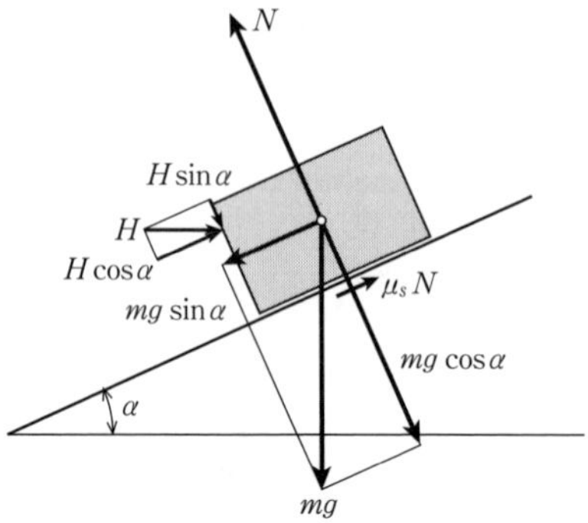

図 6･12 物体を水平に支える力

この式より H を解くことによって

$$H=mg\frac{\sin\alpha-\mu_\mathrm{s}\cos\alpha}{\cos\alpha+\mu_\mathrm{s}\sin\alpha}$$
$$=mg\frac{\tan\alpha-\mu_\mathrm{s}}{1+\mu_\mathrm{s}\tan\alpha} \qquad \text{(b)}$$

この問題では

$$H=100\times9.81\times\frac{\tan30^\circ-0.2}{1+0.2\tan30^\circ}=330 \quad \text{[N]}$$

で，摩擦係数がその半分になると少なくとも

$$H=100\times9.81\times\frac{\tan30^\circ-0.1}{1+0.1\tan30^\circ}=442.7 \quad \text{[N]}$$

の力が必要となる．

2. くさび

まず図 **6･13** に示す角度 α のくさびを力 P で打ち込む場合を考えてみよう．くさびの両側に働く垂直力を N，摩擦力を F とすれば，力 P は

$$P=2\left(F\cos\frac{\alpha}{2}+N\sin\frac{\alpha}{2}\right) \qquad \text{(6･47)}$$

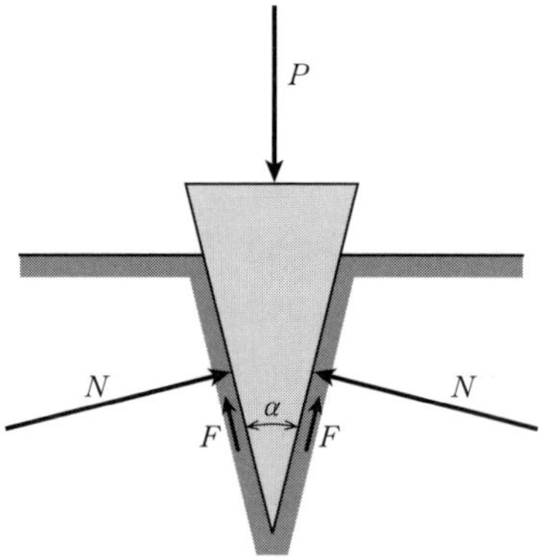

図 6･13 くさびに働く力

静止摩擦角 λ（添字 s を省略）を用いれば

$$P=2N\left(\tan\lambda\cos\frac{\alpha}{2}+\sin\frac{\alpha}{2}\right)=2N\frac{\sin(\lambda+\alpha/2)}{\cos\lambda} \qquad \text{(6･48)}$$

で，くさびに打ち込む力はその内部で

$$\frac{N}{P}=\frac{\cos\lambda}{2\sin(\lambda+\alpha/2)} \tag{6·49}$$

倍に拡大される．くさびの角度が小さいときは，力の拡大率はおよそ

$$\frac{N}{P}\approx\frac{1}{2\lambda+\alpha} \tag{6·50}$$

となる．くさびを引き抜く場合には，式(**6·47**)の力 P と摩擦力 F の向きを逆にして

$$-P'=2\left(-F\cos\frac{\alpha}{2}+N\sin\frac{\alpha}{2}\right)$$

したがって

$$P'=2N\left(\tan\lambda\cos\frac{\alpha}{2}-\sin\frac{\alpha}{2}\right)=2N\frac{\sin(\lambda-\alpha/2)}{\cos\lambda} \tag{6·51}$$

の力を必要とする．くさびの角度が $\alpha=2\lambda$ のとき $P'=0$ で，$\alpha>2\lambda$ になると $P'<0$ となって，くさびは自然に抜け出ることになる．したがって，固定用のくさびが抜け落ちないためには

$$\alpha<2\lambda \tag{6·52}$$

の角度をもたせる必要がある．

〔例題6·10〕 図**6·14**に示すくさびは重量物を押し上げたり，支えたりするのに用いられる．このくさびを力 P で打ち込むときの力の拡大率はいくらか．くさびが抜けないためには角度はいくらであればよいか．各接触面の静止摩擦角をすべて λ として計算せよ．

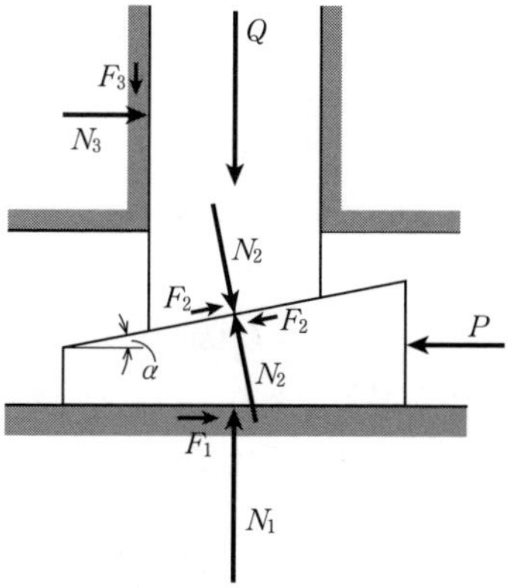

図6·14　くさびに働く力

〔解〕 くさびを打ち込むときには，各接触面に図に示すいくつかの力が働く．下側のくさびは P；N_1，F_1；N_2，F_2 の力でつりあいを保ち，これらの間に

$$F_1+N_2\sin\alpha+F_2\cos\alpha=P,\quad N_1-N_2\cos\alpha+F_2\sin\alpha=0 \tag{a}$$

の関係がある．一方，上側のくさびでは N_2，F_2；N_3，F_3；Q の力がつりあいを保ち

$$-N_2 \sin\alpha - F_2 \cos\alpha + N_3 = 0, \quad N_2 \cos\alpha - F_2 \sin\alpha - F_3 = Q \quad \textbf{(b)}$$

が成り立つ．摩擦角 λ を用いてこれらの式を書き直せば

$$N_1 \tan\lambda + N_2 \frac{\sin(\lambda+\alpha)}{\cos\lambda} = P, \qquad N_1 - N_2 \frac{\cos(\lambda+\alpha)}{\cos\lambda} = 0$$

$$N_2 \frac{\sin(\lambda+\alpha)}{\cos\lambda} - N_3 = 0, \qquad N_2 \frac{\cos(\lambda+\alpha)}{\cos\lambda} - N_3 \tan\lambda = Q$$

この四つの式から N_1，N_2，N_3 を消去することによって，P と Q の二つの力の関係式

$$P = Q\tan(2\lambda + \alpha) \quad \textbf{(c)}$$

が得られる．このくさびの拡大率は $Q/P = \cot(2\lambda + \alpha)$ となる．このくさびを引き抜くのに要する力は，式(**c**)の P を $-P'$，λ を $-\lambda$ で置き換えて，$P' = Q\tan(2\lambda - \alpha)$．やはりくさびが抜けないためには $\alpha < 2\lambda$ でなければならない．

3. ねじ

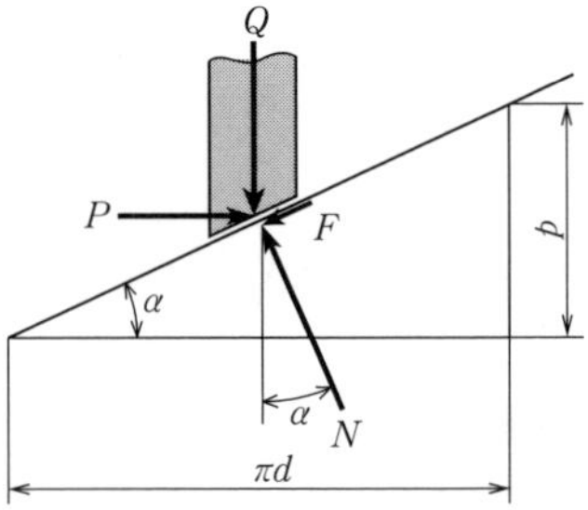

図 6·15　ねじの原理

摩擦に打ち勝ってねじを回すのに必要なトルクを求める計算も，図 **6·15** のようにねじの1ピッチ分を一つの平面に展開してみると，物体を斜面に沿って押し上げる問題と同じになる．ねじに働く軸方向の力を Q とすれば，この力に抗してねじを動かすためには

$$P = N\sin\alpha + F\cos\alpha$$

$$Q = N\cos\alpha - F\sin\alpha \quad (F = N\tan\lambda)$$

から解いた

$$P = Q\tan(\alpha + \lambda) \quad \textbf{(6·53)}$$

の力が必要である．ねじの有効直径を d，ピッチを p とすれば，$\tan\alpha = p/\pi d$ であるから，摩擦係数 $\mu = \tan\lambda$ を用いて

$$P = Q\frac{\tan\alpha + \tan\lambda}{1 - \tan\alpha\tan\lambda} = Q\frac{\mu\pi d + p}{\pi d - \mu p} \quad \textbf{(6·54)}$$

と書ける．これより，ねじをまわすに必要なトルクは

$$T = P\frac{d}{2} = \frac{1}{2}Qd\frac{\mu\pi d + p}{\pi d - \mu p} \quad \textbf{(6·55)}$$

ねじに摩擦がなければ，必要なトルクは単に

$$T_0 = \frac{1}{2} Qd \tan\alpha = \frac{1}{2\pi} Qp \qquad (6\cdot 56)$$

で，トルク T に対する T_0 の比

$$\eta = \frac{T_0}{T} = \frac{\tan\alpha}{\tan(\alpha+\lambda)} \qquad (6\cdot 57)$$

をねじの**効率**（efficiency）と呼んでいる．$d\eta/d\alpha = 0$ から η が極値をとる角 α を求めると*

$$\alpha = \frac{\pi}{4} - \frac{\lambda}{2} \qquad (6\cdot 58)$$

で，このときねじは最大効率**

$$\eta_{\max} = \left[\frac{1-\tan(\lambda/2)}{1+\tan(\lambda/2)}\right]^2 \approx 1-2\mu \qquad (6\cdot 59)$$

をもつ．ねじを逆に回そうとするときは，前問と同様な考え方によってそれに必要なトルクは

$$T' = -\frac{1}{2} Qd \tan(\alpha-\lambda) \qquad (6\cdot 60)$$

となる．$\alpha > \lambda$ になると $T' < 0$ で，手を放すと，ねじはひとりでに逆回転するが，$\alpha < \lambda$ のときは $T' > 0$ となって自然にゆるむことはない．移動用のねじではピッチ角 α を大きくとっているが，固定用のねじではゆるまないように小さい角度を採用している．メートルねじやウィットウォースねじでは $\alpha = 2 \sim 3^\circ$ 程度である．

4. 軸受の摩擦

往復運動する軸や回転運動する軸を支えるものを軸受という．軸受にはいろいろの形式のものがあるが，回転軸を支えるためによく使われる**ジャーナル軸受**

---

* $\dfrac{d\eta}{d\alpha} = \dfrac{\sin\lambda\cos(2\alpha+\lambda)}{\cos^2\alpha\sin^2(\alpha+\lambda)} = 0$ より　$\sin\lambda \fallingdotseq 0$　であるから，$\cos(2\alpha+\lambda) = 0$

これより　$2\alpha+\lambda = \pi/2$ で，式(6·58)が導かれる．

** 式(6·58)を式(6·57)に代入して

$$\eta_{\max} = \left[\frac{1-\tan(\lambda/2)}{1+\tan(\lambda/2)}\right]^2 = \left[1-2\tan\left(\frac{\lambda}{2}\right)+\cdots\right]^2 \approx 1-4\tan\left(\frac{\lambda}{2}\right)$$

ところで

$$\mu = \tan\lambda = \frac{2\tan(\lambda/2)}{1-\tan^2(\lambda/2)} \approx 2\tan\left(\frac{\lambda}{2}\right)$$

となり，$\eta_{\max} \approx 1-2\mu$ が導かれる．

(journal bearing) と**スラスト軸受** (thrust bearing) に働く摩擦トルクを計算してみよう．

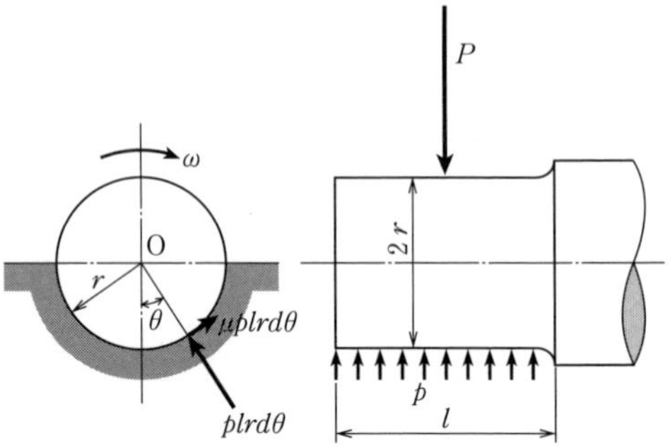

図 6·16　ジャーナル軸受

まず，図 **6·16** に示す横方向に大きさ P の荷重を受けて回転する軸を支えるジャーナル軸受を考える．力 P はジャーナルの下面に分布した反力（圧力）p によって支えられるが，軸受の長さを l，軸の半径を r とし，この圧力が軸受の半円柱面にわたって一様に分布するものと考えれば，その大きさは次のようにして計算することができる．回転軸の方向にとった微小面積 $lrd\theta$ に働く反力の大きさ $plrd\theta$ で，この力の P の方向の成分を半円柱面で積分したものが荷重 P とつりあうことから

$$P = \int_{-\pi/2}^{\pi/2} plr\cos\theta \, d\theta = 2plr \tag{6·61}$$

これより

$$p = \frac{P}{2lr} \tag{6·62}$$

が得られる．その結果，軸の下面の微小面積において，回転とは逆な円周方向の摩擦力 $\mu plr \, d\theta$ を生じ，軸の中心線に対して大きさ

$$M = \int_{-\pi/2}^{\pi/2} r\mu \frac{P}{2lr} lr \, d\theta = \frac{\pi}{2}\mu rP \tag{6·63}$$

の摩擦モーメントを与える．

以上は軸受上で圧力 p が一様に分布すると仮定して求めた結果であるが，実際には p の分布はよくわかっていない．それで p の分布がわからないまま

$$M = \mu' rP \tag{6·64}$$

とおいて，軸受の摩擦係数 μ' を実験的に求めている．$r' = \mu' r$ を半径とする円を軸受の**摩擦円** (circle of friction) と呼んでいるが，軸に働く軸受反力は大きさが P で，その作用線がこの摩擦円に接していると考えてよい．

次に，図 **6·17** に示す平面スラスト軸受の摩擦モーメントを求めてみよう．そのためには，半径 r の軸の端面が，軸方向に働く力 P によって他の平面に接触して生じる摩擦力によるモーメントを計算すればよい．接触面に垂直な圧力 p が一様であると仮定すれば，半径 x において微小な幅 dx をもつリングの面に働く力の大きさは $p2\pi x\,dx=(P2x/r^2)\,dx$ に等しいから，これによって生じる摩擦力のモーメントは

$$M=\int_0^r x\mu\frac{2Px}{r^2}dx=2\mu P\frac{1}{r^2}\int_0^r x^2\,dx$$

$$=\frac{2}{3}\mu rP \qquad (6\cdot65)$$

で，力 P と接触面の半径 r に比例する．このように軸受面積が小さいほど摩擦モーメントも小さくなるが，実際には材料の強度や摩耗の点から面積をむやみに小さくすることはできない．

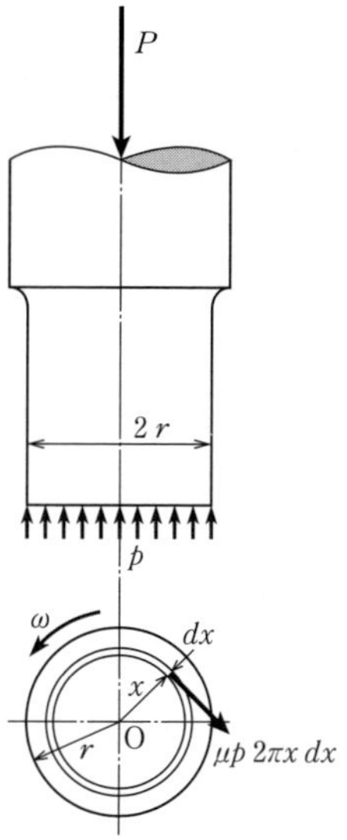

図 6·17 平面スラスト軸受

以上はいずれもクーロンの法則に基づいて計算した結果であるが，軸と軸受の間の潤滑が十分であれば，油の粘性による流体摩擦が働くようになる．この場合は，軸と軸受とは十分な厚さの油膜で隔てられていて互いに直接接触することはない．また球軸受やころ軸受を用いる場合には，転がり摩擦が働くので摩擦モーメントははるかに小さい値となる．

〔**例題 6·11**〕 直径 10［cm］の軸が平面スラスト軸受に支えられて毎分 1200 回転している．軸方向に 20［kN］の荷重を受けるとき，摩擦によってどれだけの動力が失われるか．軸受の摩擦係数を 0.02 として計算せよ．

〔**解**〕 式(**6·65**)により軸に働く摩擦モーメントは

$$M=\frac{2}{3}\times0.02\times0.05\times20\times10^3=13.3 \quad [\mathrm{N\cdot m}]$$

で，これによって失われる動力は

$$P=M\omega=13.3\times\left(2\pi\times\frac{1200}{60}\right)=1.67 \quad [\mathrm{kW}]$$

となる．

5. ロープとベルトの摩擦

ロープを柱に巻き付けて船をけい留したり，二つの滑車の間にベルトをかけて動力を伝達するなど，よく柱とロープ，滑車とベルトの間の摩擦が利用されることがある．

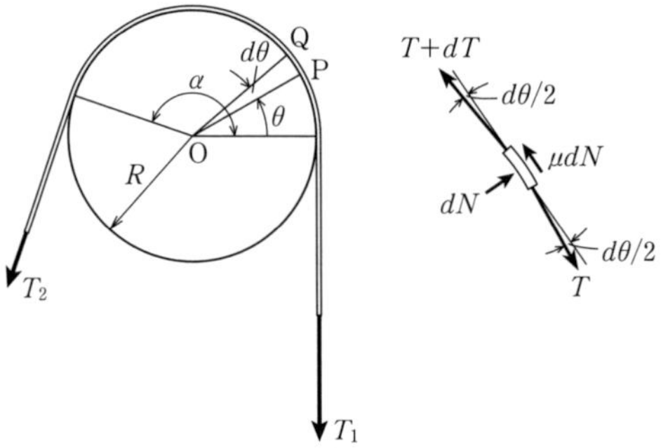

図 6・18　ロープの摩擦

図 **6・18** のようにロープを柱にかけて T_1 の側から引張ると，ロープにはこれと逆向きの摩擦力が働く．ロープと柱との間の摩擦係数を μ とすれば，ロープの微小部分 PQ には柱の垂直反力 dN，すべり摩擦力 μdN，ロープの張力 T，$T+dT$ が働き，これらの力の半径方向と円周方向のつりあいより

$$T\sin\frac{d\theta}{2}+(T+dT)\sin\frac{d\theta}{2}=dN,\quad T=T+dT+\mu dN$$

$d\theta$ は小さい角なので，$Td\theta=dN$，$dT+\mu dN=0$ となる．この二つの式から dN を消去すれば

$$\frac{dT}{T}=-\mu d\theta \tag{6・66}$$

で，接触しているロープの全体にわたって積分すれば

$$\ln\frac{T_2}{T_1}=-\mu\alpha\quad \text{あるいは}\quad T_2=T_1e^{-\mu\alpha} \tag{6・67}$$

となる．T_1，T_2 は両側のロープの張力，α は柱の上のロープの接触角を表わす．

〔**例題 6・12**〕 質量 m の物体を吊ったロープを柱に 1 巻きして支えた．ロープと柱の間の摩擦係数を 0.4 とすれば，物体に働く重力 W の何分の 1 の力で支えられるか．ロープを 2 巻きすればどうか．

〔**解**〕 式(**6・67**)において，$T_1=W$ で $\alpha=2\pi$ とすれば $T_2=We^{-0.4\times2\pi}=(1/12)\,W$，$\alpha=4\pi$ とすれば $T_2=We^{-0.4\times2\pi}=(1/152)\,W$．すなわちロープを 1 巻きするだけで 1/12 となり，2 巻きすれば約 1/150 となる．

6章 演習問題

6·1 横倒しになっている直径 $d=50$［cm］，長さ $h=2$［m］，質量 37［kg］の太い鋼管を直立させるためには，いくらの仕事が必要か．

6·2 質量 6.5［t］の貨車が水平な軌道を走行するときの摩擦抵抗が 160［N］であるという．この貨車を水平な軌道上で 300［N］の力で押し，18［m］動いたところで放すとそれ以後どれだけ移動するか．貨車を放したときの速さはいくらか．

6·3 質量 25［kg］の物体を 180［kN/m］のコイルばねの上に落として 3［cm］縮めるためには，どれだけの高さから落とせばよいか．

6·4 質量 65［kg］の人が傾斜 10° の山道を 2.0［km/h］の速さで登るためには，いくらのパワーが必要か．

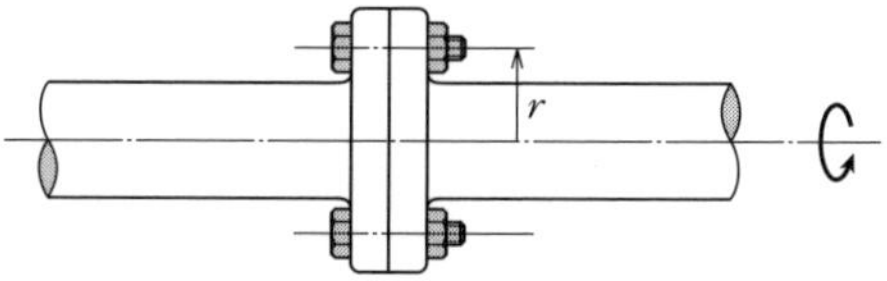

図 6·19　演習問題 6·5

6·5 図 6·19 に示す軸継手が，半径 10［cm］の位置で 4 本のボルトで連結されている．軸を毎分 90 回転で駆動し，15［kW］の動力を伝達するためには，各々のボルトにいくらの力が働くか．

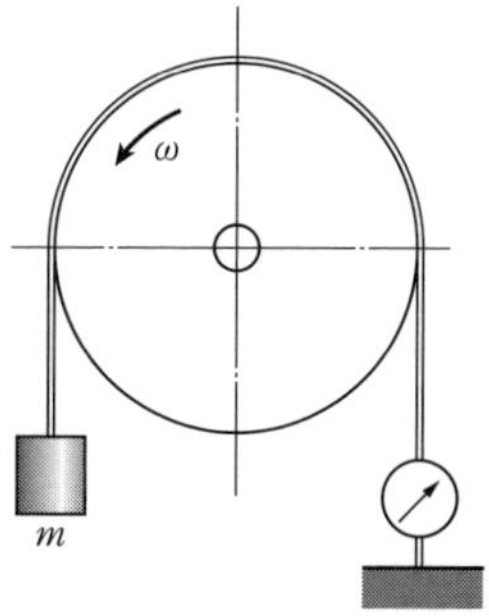

図 6·20　演習問題 6·6

6·6 バンド式動力計を図 6·20 のように直径 90［cm］のロータに取り付け，バンドの左端に 10［kg］のおもりを吊り下げたところ，ばね秤の読みが 300［N］になった．ロータが毎分 200 回転しているとすれば，この回転機械の動力はいくらか．

6·7 質量 1250［kg］の自動車が水平な路面を 60［km/h］で走行している．タイヤの転がり抵抗と空気抵抗があわせて重力の 5% であるとすれば，エンジンの供給している動力はいくらか．

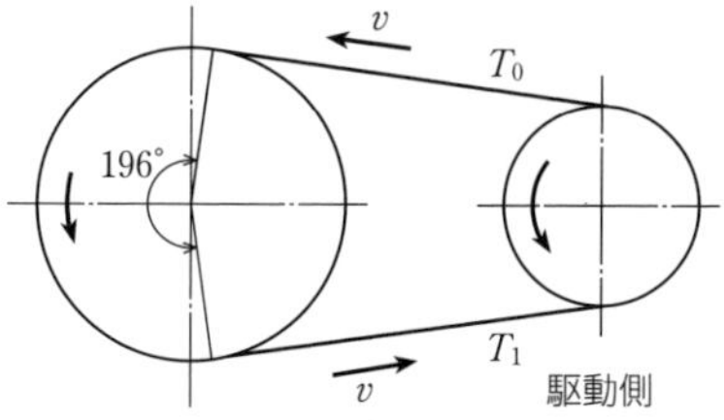

図 6·21　演習問題 6·8

6·8 図 6·21 はベルト伝動装置を示す．無負荷時にベルトに 1.8［kN］の張力を与えれば，ベルトが 8［m/s］の速さで運転されるとき，伝達しうる最大の動力はいくらか．ただし，ベルトの接触角は 196°，摩擦係数は 0.28 であるとする．

6·9 後輪で駆動する自動車が水平な路面上で加速する際，車輪が空まわりせずに出し得る最大加速度はいくらか．自動車の重心から前後車軸までの距離を l_F, l_R, 重心の高さを h, タイヤと路面の間の駆動力係数を μ_D として計算せよ．

6·10 平均直径 50［mm］，ピッチ 10［mm］のねじを有するジャッキで 2.5［t］の荷重を押し上げたい．ジャッキの腕の長さが 85［cm］，摩擦係数が 0.15 であるとすれば，いくらの力が必要か．

7

運動量と力積，衝突

7·1 運動量と力積

ニュートンの運動方程式(**5·1**)は

$$m\frac{d\boldsymbol{v}}{dt}=\frac{d}{dt}(m\boldsymbol{v})=\boldsymbol{F} \tag{7·1}$$

と書くことかできる．質量 m と速度 $\boldsymbol{v}$ との積 $m\boldsymbol{v}$ は**運動量**（momentum）と呼ばれ，$\boldsymbol{v}$ と同じ方向をもつベクトル量で常に経路の接線方向を向いている．こうして運動の第二法則は“運動量の時間的な変化割合は物体に働く力に等しい”といいかえることができる．外力が働かないときは，$\boldsymbol{F}=0$ であるから

$$m\boldsymbol{v}=一定 \tag{7·2}$$

で，時間が経過しても運動量は変わらない．これを**運動量保存の法則**（law of conservation of momentum）と呼んでいる．式(**7·1**)を時刻 0 から t まで積分すれば

$$m\boldsymbol{v}-m\boldsymbol{v}_0=\int_0^t \boldsymbol{F}dt \tag{7·3}$$

で，右辺の積分を t 時間の間に作用した**力積**（impulse）という．運動方程式(**5·1**)や式(**7·1**)はある瞬間に成り立つ微分方程式であるが，これをある時間にわたって積分した運動量の式(**7·3**)は，物体をハンマでたたくとか，物体が衝突するといったごく短い時間に大きい**衝撃力**（impulsive force）が働いて運動が変化するような問題を考えるのに便利である．ふつう，ごく短い時間の衝撃力の変化を測定することはむずかしく，また実際には衝撃力そのものより衝撃力が働いたために起こる運動の変化が問題となる場合が多い．

〔**例題 7・1**〕 5［m］の高さから質量 150［kg］のおもりを落として杭を打ち込むとき，当たって静止するまでにおよそ 1/2 秒かかった．杭に働く平均の衝撃力を求めよ．

〔**解**〕 平均の衝撃力を F，質量 m の杭が打ち込まれる時間を t とすれば，式(**7・3**)により $Ft = m(v - v_0)$．杭に与えられる初速度は $v_0 = \sqrt{2 \times 9.81 \times 5} = 9.9$［m/s］なので，$t = 0.5$［s］における杭の速度をゼロとして

$$F = \frac{1}{0.5} \times 150 \times (0 - 9.9) = -3 \quad [\mathrm{kN}]$$

となる．負の値をとるのは杭に対する地盤の反力が計算されるからである．

〔**例題 7・2**〕 速度 $\boldsymbol{u}$ で運動している質量 m の物体の速度の大きさを変えることなく，その方向を 30° だけ変えるためには，どれだけの力積を与えたらよいか．その大きさと方向を求めよ．

〔**解**〕 物体の速度 $\boldsymbol{u}$ と角 θ をなす方向に力積 $\boldsymbol{I}$ を与えて，その方向に速度 $\boldsymbol{v}$ を与えれば，その後の物体の速度は $\boldsymbol{u}' = \boldsymbol{u} + \boldsymbol{v}$ となる．速度 $\boldsymbol{u}$ と $\boldsymbol{u}'$ の大きさが等しく，その間の角が 30° であるためには，図 **7・1** のように速度 $\boldsymbol{v}$ の大きさは

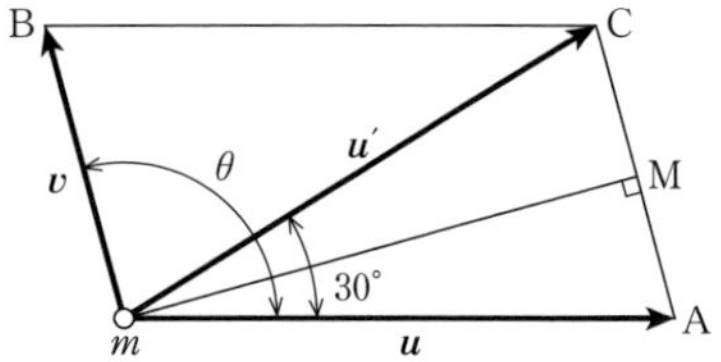

図 7・1　質点の方向変化

$$v = 2\,\overline{\mathrm{AM}} = 2u \sin 15^\circ = 0.52u$$

で，物体に与えるべき力積の大きさは $I = mv = 0.52mu$，その方向は速度 $\boldsymbol{u}$ と角 $\theta = 90^\circ + 15^\circ = 105^\circ$ をなす方向である．

7・2　角運動量

図 **7・2** のように，原点 O に対して $\boldsymbol{r}$ の位置にある質点 m に力 $\boldsymbol{F}$ が働くとき，O 点まわりのモーメント $\boldsymbol{M}$ は

$$\boldsymbol{M} = \boldsymbol{r} \times \boldsymbol{F} \qquad (7\cdot4)$$

で与えられる．運動の法則によって力 $\boldsymbol{F}$ を書き直すと $\boldsymbol{M} = \boldsymbol{r} \times m d\boldsymbol{v}/dt$ となるが

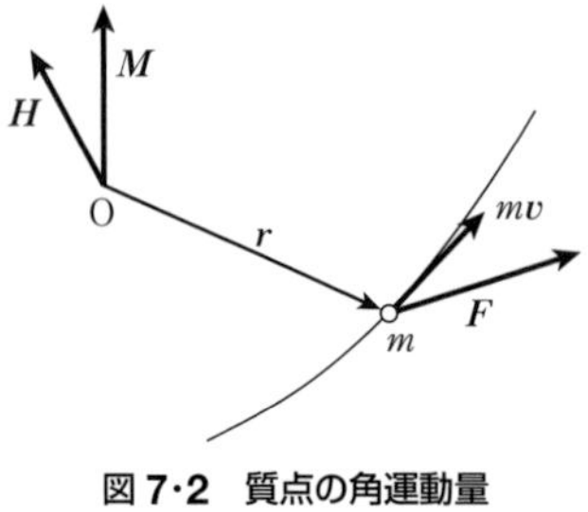

図 7・2　質点の角運動量

$$\frac{d}{dt}(\boldsymbol{r}\times\boldsymbol{v})=\frac{d\boldsymbol{r}}{dt}\times\boldsymbol{v}+\boldsymbol{r}\times\frac{d\boldsymbol{v}}{dt}=\boldsymbol{v}\times\boldsymbol{v}+\boldsymbol{r}\times\frac{d\boldsymbol{v}}{dt}$$

$$\boldsymbol{v}\times\boldsymbol{v}=0$$

の関係があるから，結局

$$\boldsymbol{M}=\frac{d}{dt}(\boldsymbol{r}\times m\boldsymbol{v}) \qquad (7\cdot5)$$

となる．$\boldsymbol{H}=\boldsymbol{r}\times m\boldsymbol{v}$ を**運動量のモーメント**（moment of momentum），あるいは**角運動量**（angular momentum）とも呼んでいる．こうして“角運動量の時間に対する変化の割合は力のモーメントに等しい”ことがわかる．式(**7·5**)は運動方程式の一つの変形で，天体の運動や任意の軸のまわりの回転運動などの計算に用いると便利である．物体に働く力やモーメントがゼロの場合は，式(**7·5**)によって $\boldsymbol{H}=$ 一定で，角運動量に変化は起こらない．これを**角運動量保存の法則**（law of conservation of angular momentum）と呼んでいる．

〔例題 7·3〕 ロケットの到達速度　もう一度〔例題 **6·3**〕で述べたロケットの問題を考えてみよう．ロケットに高度 $H_0=500$［km］で地球の表面と平行な速度 $V_0=10$［km/s］を与えたとすれば，このロケットが到達し得る最高高度はいくらか．

〔解〕　求める最高高度を H_1，そのときの速度を V_1 とすれば，エネルギー保存則とロケットのポテンシャルエネルギー式(**6·20**)によって

$$\frac{1}{2}mV_0{}^2-G\frac{mM}{R+H_0}=\frac{1}{2}mV_1{}^2-G\frac{mM}{R+H_1} \qquad (\mathrm{a})$$

ロケットに働く力は地球の引力のみで，地球のまわりのモーメントは働かないので，角運動量の保存則

$$mV_0(R+H_0)=mV_1(R+H_1) \qquad (\mathrm{b})$$

が成り立つ．式(**a**)，式(**b**)より V_1 を消去して H_1 を解き，式(**5·51**)の関係 $GM=gR^2$ を用いれば

$$H_1=\frac{R+H_0}{2gR^2/(R+H_0)V_0{}^2-1}-R \qquad (\mathrm{c})$$

与えられた数値を入れると

$$\frac{2gR^2}{(R+H_0)V_0{}^2}-1=\frac{2\times9.81\times10^{-3}\times6370^2}{(6370+500)\times10^2}-1=0.159$$

で，最高高度は

$$H_1 = \frac{6370+500}{0.159} - 6370 = 36837.5 \quad [\text{km}]$$

このときのロケットの速度は，地表に平行で

$$V_1 = \frac{R+H_0}{R+H_1} V_0 = \frac{6370+500}{6370+36837.5} \times 10 = 1.59 \quad [\text{km}]$$

となる．

7·3 物体の衝突

二つの物体が互いにぶつかりあうときは，物体はきわめて短い時間に大きな速度変化を受ける．このような現象を**衝突**（collision，impact）といい，とくに二つの物体の速度の方向がその接触面と垂直な場合を**直衝突**（direct impact），そうでない場合を**斜衝突**（oblique impact）と呼んでいる．また，衝突時に二物体間に働く力の作用線が各々の物体の重心を通る場合を心向き衝突，そうでない場合を偏心衝突と呼んで区別しているが，ここでは心向き衝突だけを取り扱う．

1. 直衝突

図 **7·3** のように，質量 m_1，m_2 の二つの物体が一つの直線上をそれぞれ異なる速度 v_1，v_2 で運動している．

$v_1 > v_2$ であれば，ある時間ののちに二つの物体は衝突して，速度が変化する．衝突時に二つの物体間に働く力を F，衝突後の速度をそれぞれ v_1'，v_2' とすれば，運動量の法則によって

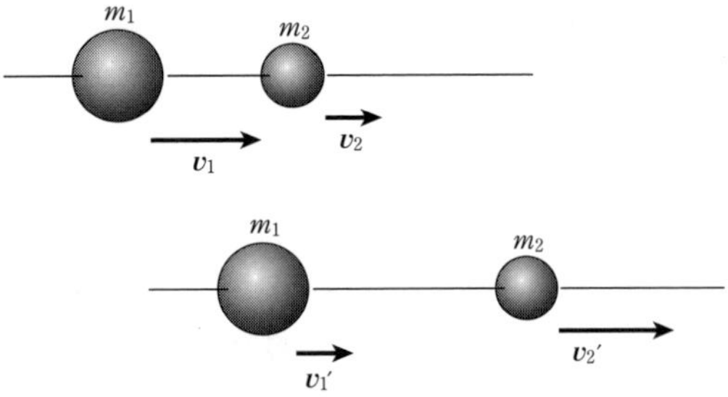

図 7·3　心向き直衝突

$$\left.\begin{aligned} m_1(v_1' - v_1) &= -\int F dt \\ m_2(v_2' - v_2) &= \int F dt \end{aligned}\right\} \qquad (7\cdot6)$$

が成り立つ．この二つの式を加え合わせると

$$m_1v_1+m_2v_2=m_1v_1{}'+m_2v_2{}' \tag{7·7}$$

となり，衝突の前後で二つの物体がもつ運動量の総和は変わらない．これは衝突力 F が二物体間の内力であることによる．衝突の際には接触点において局部的な圧縮が生じ，この変形に対する抵抗が大きい瞬間的な衝突力となるのであるが，ふつう衝突はきわめて短時間に起こり，そのために衝突力の大きさを知ることはむずかしい．衝突した物体は変形前の物体に戻ろうとする性質（弾性）のために互いに反発しあうが，衝突問題を取り扱う際には複雑な反発のメカニズムを考えないで，衝突前後における相対速度の比

$$e=\frac{v_2{}'-v_1{}'}{v_1-v_2} \tag{7·8}$$

を定義して計算に用いている．この e を**反発係数**あるいは**はねかえり係数**（coefficient of restitution）と呼んでいる．式(**7·7**)と式(**7·8**)から $v_1{}'$，$v_2{}'$ を解くことによって，衝突直後の速度

$$\left.\begin{aligned} v_1{}'&=v_1-\frac{m_2}{m_1+m_2}(1+e)(v_1-v_2)\\ v_2{}'&=v_2+\frac{m_1}{m_1+m_2}(1+e)(v_1-v_2)\end{aligned}\right\} \tag{7·9}$$

が求められる．衝突の前後にもっていた物体のエネルギーは，それぞれ

$$E=\frac{1}{2}m_1v_1{}^2+\frac{1}{2}m_2v_2{}^2,\quad E'=\frac{1}{2}m_1v_1{}'^2+\frac{1}{2}m_2v_2{}'^2 \tag{7·10}$$

で，その差をとれば

$$\varDelta E=E-E'=\frac{1}{2}\frac{m_1}{m_1+m_2}(1-e^2)(v_1-v_2)^2 \tag{7·11}$$

となる．$e=1$ のときは $\varDelta E=0$ で，衝突によるエネルギー損失はまったくなく，これを**完全弾性衝突**（perfectly elastic collision）と呼んでいる．質量が等しい二つの完全弾性球が衝突するときは，式(**7·9**)で $m_1=m_2$，$e=1$ として

$$v_1{}'=v_2,\quad v_2{}'=v_1 \tag{7·12}$$

となり，二つの球は単に衝突前後の速度を交換するだけである．$e=0$ の場合はエネルギーの損失は最大で，再び式(**7·9**)によって衝突後の速度はともに

$$v_1{}'=v_2{}'=\frac{m_1v_1+m_2v_2}{m_1+m_2} \tag{7·13}$$

となって，衝突による変形は回復せず二つの物体は一体となって運動する．このような衝突を**完全非弾性衝突**（perfectly inelastic collision）と呼んでいる．ふつうの物体に起こる衝突は，この二つの場合の中間（$0 < e < 1$）で，物体がもつ全体のエネルギーは衝突によって減少する．反発係数 e は物体の形，材質，衝突速度などによって決まる定数であるが，確定した値はもっていない．表**7·1**にその大体の値を示す．硬い物質では e は1に近く，軟らかい物質ほど小さい．

表7·1　反発係数

材質	e	材質	e
鋼×鋼	0.55	木×木	0.50
鋳鉄×鋳鉄	0.65	ガラス×ガラス	0.95
黄銅×黄銅	0.35	ぞうげ×ぞうげ	0.95
鉛×鉛	0.20		

球が壁に衝突する場合は，式(**7·9**)において壁の質量を $m_2 = \infty$，速度を $v_2 = 0$ と考えれば

$$v_1{}' = v_1 - (1+e)v_1 = -ev_1, \quad v_2{}' = 0 \tag{7·14}$$

球は壁に衝突したときの速度の e 倍ではね返される．

〔**例題7·4**〕　2［m］の高さからボールを床の上に落としたところ，60［cm］はね上がった．ボールと床の反発係数はいくらか．

〔**解**〕　ボールが床に衝突するときの速度は $v_1 = \sqrt{2 \times 9.81 \times 2.00} = 6.26$［m/s］で，床からはね上がるときの速度は $v_1{}' = \sqrt{2 \times 9.81 \times 0.60} = -3.43$［m/s］である．したがって反発係数は $e = \sqrt{0.60/2.00} = 0.55$ である．

〔**例題7·5**〕　**貨車の連結**　質量45［t］の貨車が5［m/s］の速度で静止している25［t］の別の貨車に連結した．2両の連結貨車の速度はいくらか．連結するのに0.5秒の時間を要したとすれば，貨車に働く平均衝撃力はいくらか．貨車とレールの間の転がり摩擦を省略して計算せよ．

〔**解**〕　2両の貨車の質量を m_1，m_2，連結前の速度を v_1，$v_2(=0)$ とすれば

① 連結後の速度は式(**7·13**)により

$$v' = \frac{m_1 v_1}{m_1 + m_2} = \frac{45 \times 5}{45 + 25} = 3.2 \quad [\mathrm{m/s}]$$

② 貨車に働く平均の衝撃力は式(**7·6**)によって

$$F = \frac{m_2 v'}{t} = \frac{25 \times 3.2}{0.5} = 160 \quad [\mathrm{kN}]$$

となる．

2. 斜衝突

図7·4のように，二つの球が心向き斜衝突をする場合を考えてみよう．二つの球の接触面に摩擦力が働かないとすれば，接平面における球の速度の成分に変化はなく，衝突の前後で変化するのは二つの球の中心線の方向の速度の成分だけで，その値の変化は直衝突の場合と同様である．いま二つのなめらかな球 m_1，m_2 の衝突前の速度を v_1，v_2，衝突後の速度を v_1'，v_2' として，これらの球の経路が衝突時の中心線となす角を図のようにとれば，接平面における速度成分については単に

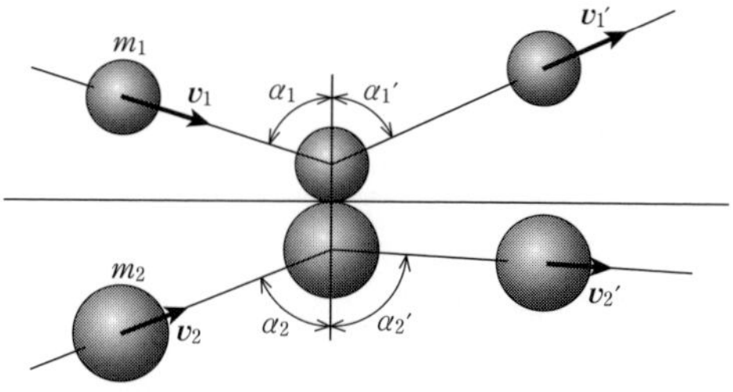

図7·4 心向き斜衝突

$$v_1 \sin\alpha_1 = v_1' \sin\alpha_1', \qquad v_2 \sin\alpha_2 = v_2' \sin\alpha_2' \tag{7·15}$$

中心線の方向の衝突後の速度成分は式(**7·9**)により

$$\left.\begin{aligned} v_1' \cos\alpha_1' &= v_1 \cos\alpha_1 - \frac{m_2}{m_1+m_2}(1+e)(v_1\cos\alpha_1 - v_2\cos\alpha_2) \\ v_2' \cos\alpha_2' &= v_2 \cos\alpha_2 + \frac{m_1}{m_1+m_2}(1+e)(v_1\cos\alpha_1 - v_2\cos\alpha_2) \end{aligned}\right\} \tag{7·16}$$

となる．式(**7·15**)と式(**7·16**)から衝突後の速度の大きさとその方向が求められる．

〔例題7·6〕 図7·5のように，質量20［kg］の球が8［m/s］の速度で40°の角度からなめらかな壁に衝突した．壁と球との間の反発係数が0.6であったとすれば，衝突後の速度と方向はどうなるか．

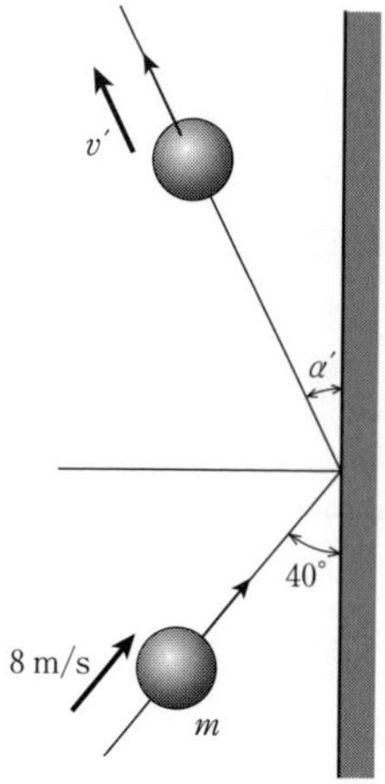

図7·5 壁に衝突する球

〔解〕 衝突後の球の速度を v'，壁となす角を α' とすれば，壁の面に沿った方向の速度成分は $v'\cos\alpha' = 8\cos 40° = 6.1$［m/s］，壁に直角な方向の速度成分は $v'\sin\alpha' = 0.6\times 8\sin 40° = 3.1$［m/s］となる．したがって，衝突後の速度の大きさとその方向は

$$v' = \sqrt{6.1^2 + 3.1^2} = 6.84\ [\mathrm{m/s}], \qquad \alpha' = \tan^{-1}\left(\frac{3.1}{6.1}\right) = 26.9^\circ$$

で与えられる.

7章 | 演習問題

7·1 35［m/s］の速さで投げられた野球のボール（質量 280［g］）をバットで打ったら 42［m/s］の速さで飛んだ. 接触時間が 0.02 秒であったとすれば，ボールに与えられた力積と平均の力はいくらか.

7·2 床の上に静止している質量 $M = 8$［kg］の木片に $m = 100$［g］の鉛球を水平に撃ち込んだら，12［cm］移動して止まった. 物体と床の摩擦係数が 0.2 であったとすれば，鉛の球の速さはいくらか.

7·3 $h_0 = 1$［m］の高さからなめらかな床に斜めにボールを落として運動を調べたところ，最初はね返ったあと，70［cm］の高さまではね上がって 30［cm］の水平距離のところへ落下した. 5 回はね返りを繰り返すと，どれだけの距離まで到達するか.

7·4 図 7·6 のように，質量 3［kg］の鋼球 ① を，$\theta_1 = 60^\circ$ の位置から静かに放して 1［kg］の鋼球 ② と衝突させた. 二つの球の間の反発係数を 0.9 として，鋼球 ② の最大振れ角 θ_2 を求めよ.

7·5 質量 m の物体が速度 v でばね定数 k のばねに衝突すると，ばねにはいくらの最大変位と加速度を生じるか. またこのときの衝突持続時間はいくらか. 物体とばねの間の反発係数をゼロとして計算せよ.

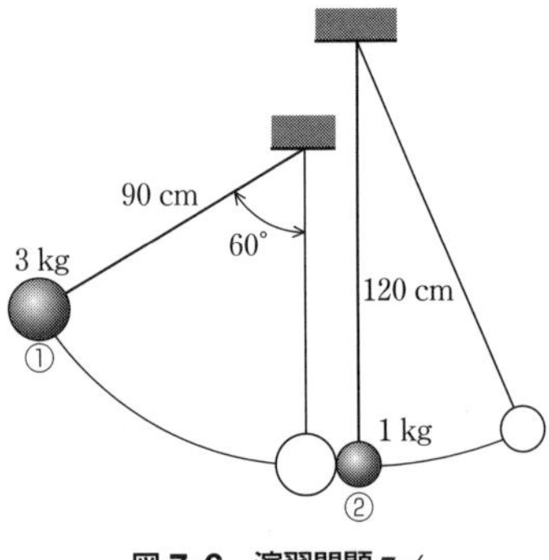

図 7·6 演習問題 7·4

8

質点系の動力学

8·1 質点系の運動量

1. 運動量の法則

質量が m_1, m_2, …, m_n のいくつかの質点から構成される力学系を**質点系** (system of particles) という．一般に質点系には外部から加わる力と，各質点間の作用・反作用による内力とが働く．質点 m_i に働く外力を $\boldsymbol{F}_i$, 質点 m_i と m_j との間に働く内力を $\boldsymbol{F}_{ij}$ とし，速度を $\boldsymbol{v}_i$ で表わせば，質点に関する運動方程式は

$$m_i \frac{d\boldsymbol{v}_i}{dt} = \boldsymbol{F}_i + \sum_j \boldsymbol{F}_{ij} \tag{8·1}$$

で与えられる．この式を質点系の全質点について加え合わせれば

$$\sum_i m_i \frac{d\boldsymbol{v}_i}{dt} = \sum_i \boldsymbol{F}_i + \sum_{ij} \boldsymbol{F}_{ij} \tag{8·2}$$

このうち右辺の第二項は内力の合力で，作用と反作用の関係からゼロとなる．また左辺は各質点がもつ運動量の総和である

$$\boldsymbol{P} = \sum_i m_i \boldsymbol{v}_i \tag{8·3}$$

の時間的な変化割合を示しており，これを用いて式(**8·2**)は

$$\frac{d\boldsymbol{P}}{dt} = \sum_i \boldsymbol{F}_i \tag{8·4}$$

と書ける．こうして，質点系がもつ運動量の時間的な変化割合はすべての質点に働く外力の総和に等しいこととなる．質点系にまったく外力が働かないか，あるいは合力がゼロとなるときは

$$\boldsymbol{P} = \text{一定} \tag{8·5}$$

で，その運動量は一定の値を保つ（質点系に関する運動量の保存法則）．

各質点の位置ベクトルを $\boldsymbol{r}_i$ とし，質点系の全質量を M，重心の位置ベクトルを $\boldsymbol{r}_{\mathrm{G}}$ で表わせば

$$M\boldsymbol{r}_{\mathrm{G}}=\sum_i m_i\boldsymbol{r}_i \tag{8·6}$$

で，式(**8·4**)は次のように書ける．

$$M\frac{d^2\boldsymbol{r}_{\mathrm{G}}}{dt^2}=\sum_i \boldsymbol{F}_i \tag{8·7}$$

質点系に外力が作用しなければ，その重心は一定の速度で直線運動を継続する．

2. 噴流の圧力

図 **8·1** のように，一定の流速 v で平行に流れる噴流が壁に垂直に当たるとき，壁面が受ける力を求めてみよう．流体の密度を ρ，噴流の断面積を A とすれば，単位時間当たりに壁に衝突する質量は

$$M=\rho Av \tag{8·8}$$

に等しい．図のように壁に噴流が衝突したのち，壁に沿って平行に流出するものと仮定すれば，壁に垂直な方向の噴流の速度変化は v であるから，

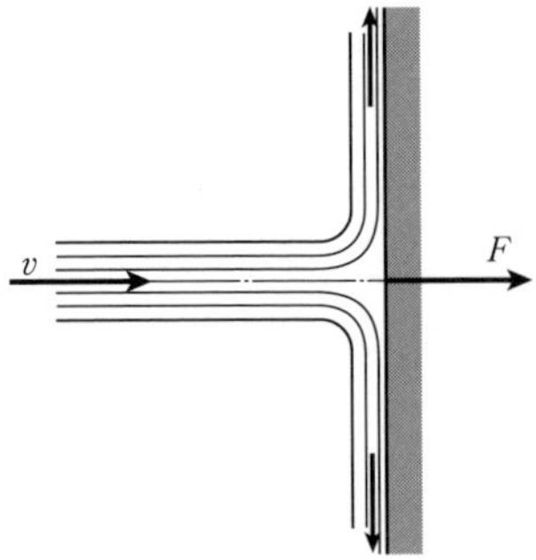

図 8·1　噴流の衝突

この場合の運動量変化は $dP/dt=Mv$ で，式(**8·4**)により壁面の受ける圧力は

$$F=Mv=\rho Av^2 \tag{8·9}$$

となる．壁面が噴流と同じ方向に u の速さで移動するときは，噴流が壁面に当たる相対速度は $v-u$ で，壁面に働く力は

$$F=\rho A(v-u)^2 \tag{8·10}$$

となる．たとえば毎分 5［m^3］の噴流が 6.5［m/s］の速さで静止した平板に垂直に衝突するときは，水の密度は $\rho=1000$［$\mathrm{kg/m^3}$］なので，式(**8·9**)により

$$F=\rho(Av)v=1000\times(5/60)\times6.5=541.7\quad[\mathrm{N}]$$

となる．平板が噴流と同じ方向に 2.5［m/s］の速さで移動するときは，噴流の断面積は $A=5/(60\times6.5)=0.013$［m^2］なので，式(**8·10**)により壁に働く力は

$$F=\rho A(v-u)^2=1000\times0.013\times(6.5-2.5)^2=208\quad[\mathrm{N}]$$

となる．

〔**例題 8·1**〕 単位長さ当たり質量 ρ，長さ l の鎖が机の上に置かれている．この鎖の一端を一定の速さ v で真上に引き上げるためにはいくらの力が必要か．

〔**解**〕 時刻 t までに机から離れた鎖の長さは vt で，鎖の全長が机から離れない限り，その運動量 P は

$$P=\rho v^2 t \quad (t<l/v) \tag{a}$$

で与えられる．この鎖には，上端に働く力 F と机から離れた部分の重力 ρgvt が作用するので，式(**8·4**)により

$$\frac{d}{dt}(\rho v^2 t)=F-\rho gvt \tag{b}$$

これより F を解いて

$$F=\rho v^2+\rho gvt \quad (t<l/v) \tag{c}$$

が得られる．鎖が机から離れたのちは運動量が一定となる．したがってまた $F=\rho gl$ で，鎖を引き上げるのに要する力はその重力と等しくなる．

8·2 質量が変わる質点の運動

ロケットやジェット機は，毎秒決まった量の燃焼ガスを後方へ高速で噴射しながら推進する．そして燃料を消費した分だけ連続的に質量が変化する．いま空気の希薄な高い高度を飛行するロケットの運動を考えてみよう．

図 **8·2** のように，ロケット本体の質量を M，時刻 t における搭載燃料の質量を m，速度を v とし，ロケットから相対速度 v_g で高速ガスが噴射しているものとする．

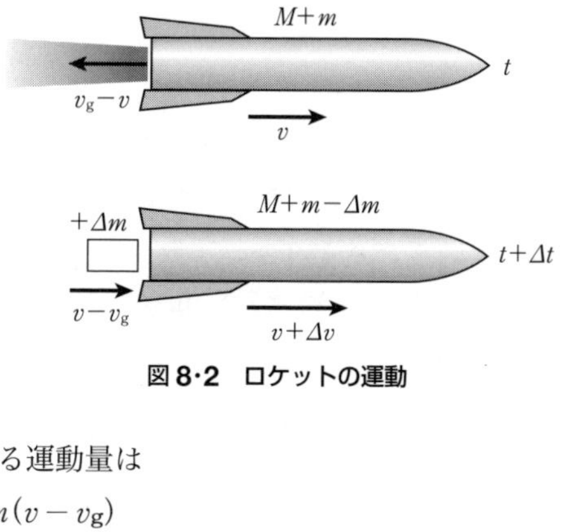

図 8·2　ロケットの運動

時刻 t においてロケットがもつ運動量は $(M+m)v$ であるが，時間 Δt の間に Δm の燃料が噴射され，その結果ロケットの速度が Δv だけ増加したものとすれば，時刻 $t+\Delta t$ における運動量は

$$(M+m-\Delta m)(v+\Delta v)+\Delta m(v-v_g)$$

となる．簡単のために地球の重力を省略すれば，ロケットに働く外力はないので，

その運動量に変化はない．したがって

$$(M+m-\Delta m)(v+\Delta v)+\Delta m(v-v_{\rm g})=(M+m)v \qquad (8\cdot11)$$

この式を整理したのち，両辺を Δt で割って $\Delta t\to 0$ の極限をとれば

$$(M+m)\frac{dv}{dt}=\frac{dm}{dt}v_{\rm g} \qquad (8\cdot12)$$

ここで

$$T=\mu v_{\rm g} \quad \left(\mu=\frac{dm}{dt}>0\right) \qquad (8\cdot13)$$

とおけば

$$(M+m)\frac{dv}{dt}=T \qquad (8\cdot14)$$

と書ける．T はロケットの推力で，単位時間に噴射する燃料の質量 μ が大きく，かつ噴射速度 $v_{\rm g}$ が大きいほど推力が大きく，ロケットの加速性能もよい．初期（$t=0$）の燃料搭載量が m_0 で，燃料噴射率 μ が一定であれば，時刻 t における燃料は $m=m_0-\mu t$（$t\leqq m_0/\mu$）で，式(**8･14**)は

$$\frac{dv}{dt}=\frac{\mu v_{\rm g}}{M+m_0-\mu t} \qquad (8\cdot15)$$

と書ける．ロケットの初速をゼロとすれば，この式を $t=0$ から噴射終了時（$t=m_0/\mu$）まで積分することによって，ロケットの最終速度

$$v=\int_0^{m_0/\mu}\frac{\mu v_{\rm g}}{M+m_0-\mu t}dt=-v_{\rm g}|\ln(M+m_0-\mu t)|_0^{m_0/\mu}$$

$$=v_{\rm g}\ln\left(1+\frac{m_0}{M}\right) \qquad (8\cdot16)$$

が求まる．ロケットが到達し得る最終速度は燃料噴射率には関係なく，ガスの噴射速度とロケットに対する搭載燃料の質量比 m_0/M だけで決まる．通常のロケットでは $v_{\rm g}=2\sim3$［km/s］であるが，$v_{\rm g}=2$［km/s］の場合，ロケットが式(**5･52**)の第一宇宙速度 $V_1=7.9$［m/s］に到達するためには $7.9=2.0\ln(1+m_0/M)$ で，これを解いて

$$\frac{m_0}{M}=e^{\frac{7.9}{2.0}}-1\approx 51$$

すなわち，ロケットには本体の数十倍の燃料を搭載しなければならないことになる．

〔**例題 8·2**〕 **雨滴の落下** 雨滴は落下する間に空気中の水蒸気を吸収しながら次第に大きくなってゆく．雨滴は球形で，その表面積に比例して大きくなるものとすれば，① 雨滴の大きさ，② 落下速度はどのように変化するか，簡単のため雨滴に働く空気抵抗を省略して計算してみよ．

〔**解**〕 ① 雨滴の体積が表面積に比例して増加するときは，その比例定数を λ，雨滴の半径を r として

$$\frac{d}{dt}\left(\frac{4}{3}\pi r^3\right)=\lambda 4\pi r^2 \quad \text{あるいは} \quad \frac{dr}{dt}=\lambda \tag{a}$$

が成り立つ．雨滴の半径が最初 $(t=0)\,r_0$ であったとすれば，t 秒後には

$$r=r_0+\lambda t \tag{b}$$

となり，半径は経過した時間に比例して増加する．

② 時刻 t における雨滴の質量を m，速度を v とし，$\varDelta t$ の間に質量 $\varDelta m$，速度 0 の水蒸気が付着して速度が $\varDelta v$ だけ増したものとすれば，この間の運動量の変化は雨滴に働く重力による力積に等しいので

$$(m+\varDelta m)(v+\varDelta v)-mv=mg\,\varDelta t$$

となる．$\varDelta t\to 0$ の極限値をとって

$$m\frac{dv}{dt}+v\frac{dm}{dt}=mg \tag{c}$$

雨滴の密度を ρ とすれば，質量は $m=\rho 4\pi r^3/3$ で，これを式(**c**)に代入すれば

$$\frac{dv}{dt}+\frac{3\lambda}{r_0+\lambda t}v=g \tag{d}$$

最初雨滴の速度がゼロであったとすれば，式(**d**)を解いて，その後の速度

$$v=\frac{g}{4\lambda}\left[r_0+\lambda t-\frac{{r_0}^4}{(r_0+\lambda t)^3}\right]$$

が求められる*.

---

* 式(**d**)の解は次のようにして簡単に求められる．すなわち式(**d**)の両辺に $(r_0+\lambda t)^3$ を掛けたものは

$$\frac{d}{dt}\left[(r_0+\lambda t)^3 v\right]=(r_0+\lambda t)^3 g$$

となるから，これを t で積分して

$$(r_0+\lambda t)^3 v=\frac{g}{4\lambda}(r_0+\lambda t)^4+C$$

$t=0$ で $v=0$ とすれば，$C=-g{r_0}^4/4\lambda$ で，式(**e**)が得られる．

8・3 質点系の角運動量

任意の一点Oに対する質点 m_i の位置ベクトルを $\boldsymbol{r}_i$ とすれば，質点系の全角運動量は

$$\boldsymbol{L}=\sum_i \boldsymbol{r}_i \times (m_i \boldsymbol{v}_i) \tag{8·17}$$

角運動量の時間的な変化割合は

$$\frac{d\boldsymbol{L}}{dt}=\sum_i \boldsymbol{v}_i \times (m_i \boldsymbol{v}_i)+\sum_i \boldsymbol{r}_i \times (m_i \dot{\boldsymbol{v}}_i) \tag{8·18}$$

と書ける．$\boldsymbol{v}_i$ と $m_i\boldsymbol{v}_i$ とは平行なベクトルであるため，式(**8·18**)の右辺の第一項はゼロで，第二項を運動方程式(**8·1**)によって書き直せば $d\boldsymbol{L}/dt=\sum_i \boldsymbol{r}_i \times (\boldsymbol{F}_i+\sum_i \boldsymbol{F}_{ij})$ となる．右辺の内力 $\boldsymbol{F}_{ij}$ によるモーメントの総和はゼロなので，結局

$$\frac{d\boldsymbol{L}}{dt}=\sum_i \boldsymbol{r}_i \times \boldsymbol{F}_i \tag{8·19}$$

が得られる．すなわち，質点系の角運動量の変化割合は，すべての質点に作用する外力のモーメントの総和に等しい．質点系にまったく外力が働かないか，あるいは働いてもモーメントの総和がゼロであれば，質点系の全角運動量は一定で，いわゆる角運動量の保存則が質点系においても成立する．

アトウッド（Atwood）の器械

物体の自由落下の法則を，ごくゆるやかな運動として計測するために考案されたものにアトウッドの器械がある．これは，図 **8·3** のように軽い滑車にひもをかけ，質量が少し異なる2個のおもり m_1，m_2 を吊したときの運動を調べるものである．滑車の中心Oを原点として下向きに x 軸をとり，二つのおもりの重心の位置を x_1，x_2 とすれば，O点のまわりの系の角運動量と外力のモーメントはそれぞれ

$$\left.\begin{aligned} L&=r(m_1\dot{x}_1-m_2\dot{x}_2)\\ N&=r(m_1-m_2)g \end{aligned}\right\} \tag{8·20}$$

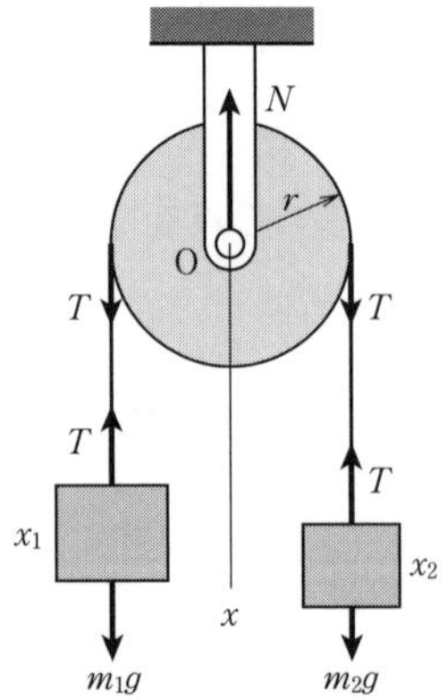

図 8·3　アトウッドの器械

で表わされる．ここで r は滑車の半径である．この場合，角運動量の法則の式(**8·19**)によって

$$r(m_1\ddot{x}_1 - m_2\ddot{x}_2) = r(m_1 - m_2)g \tag{8·21}$$

が成り立つ．ひもが伸び縮みしないときは $x_1 + x_2 = 0$ で，$\ddot{x}_1 = -\ddot{x}_2$ となるから，式(**8·21**)によって

$$\ddot{x}_1 = \frac{m_1 - m_2}{m_1 + m_2}g, \qquad \ddot{x}_2 = -\frac{m_1 - m_2}{m_1 + m_2}g \tag{8·22}$$

2 個の質量の差が小さければ，おもりが上下する加速度も小さくなって観測が容易となる．たとえば $m_1 = 11$ [kg]，$m_2 = 9$ [kg] であれば

$$\ddot{x}_1 = -\ddot{x}_2 = \frac{11-9}{11+9}g = 0.1g \tag{8·23}$$

で，わずか $0.1g$ というゆるやかな等加速度運動が起こる．次にこの場合の系の力と運動量の関係を考えてみよう．質点系がおもりと滑車で構成されていると考えれば，この系に働く外力はおもりの重力と滑車の軸の反力 N で，ひもの張力は内力として働いている．したがって，系の運動量とこれに働く外力はそれぞれ

$$\left.\begin{aligned} P &= m_1\dot{x}_1 + m_2\dot{x}_2 \\ F &= m_1 g + m_2 g - N \end{aligned}\right\} \tag{8·24}$$

で，運動量の法則の式(**8·4**)によって

$$m_1\ddot{x}_1 + m_2\ddot{x}_2 = m_1 g + m_2 g - N \tag{8·25}$$

この式と式(**8·22**)によって，滑車の反力は

$$N = \frac{4m_1 m_2}{m_1 + m_2}g \tag{8·26}$$

となる．ひもの張力 T は内力なので，個々のおもりの運動方程式からでないと求められないが，この場合は，滑車に働く力のつりあいから $2T = N$ で，張力は反力の半分の大きさをもつ．以上では質点系の角運動量と運動量とを用いて計算したが，各々のおもりの運動方程式と滑車に働く力のつりあいからも計算できることはいうまでもない．

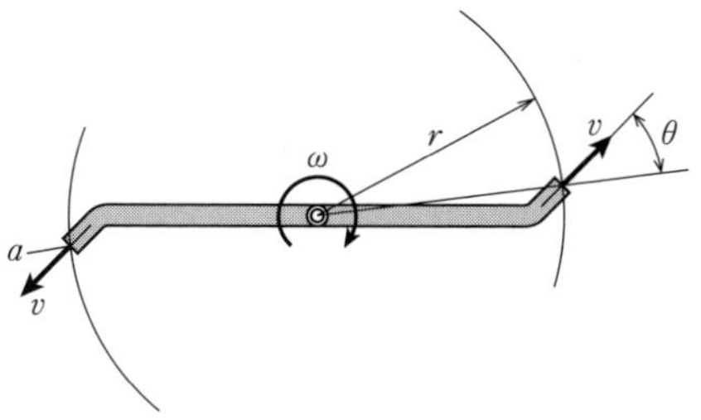

図 8·4　スプリンクラー

〔例題 8·3〕 **スプリンクラーの回転**

図 **8·4** に示すアームの半径 $r = 20$

［cm］のスプリンクラーが，両端にある直径 8［mm］のノズルから角度 $\theta = 40°$ で水を噴出して回転している．噴流の速度が $v = 4$［m/s］であったとすれば

① このスプリンクラーの回転を止めるためには，いくらのトルクが必要か．

② スプリンクラーに働く摩擦力が無視できるとすれば，回転速度はいくらになるか．

〔**解**〕 ① 水の密度を ρ，ノズル出口の面積を α とすれば，式(**8·9**)により回転に関係あるスプリンクラー出口における反力の円周方向の成分は $F = \rho a v^2 \sin\theta$ で与えられる．したがって，回転を止めるのに必要なトルクは

$$T = 2\rho a v^2 r \sin\theta$$

$$= 2 \times 10^3 \times \frac{\pi}{4} \times (8 \times 10^{-3})^2 \times 4^2 \times 0.20 \sin 40° = 0.21 \quad [\mathrm{N \cdot m}]$$

となる．

② 回転するスプリンクラーの角速度を ω とすれば，ノズルの周速は $r\omega$ である．円周方向の反力はこれと同じ方向の噴流の相対速度 $v \sin\theta - r\omega$ により $F = \rho a v\ (v \sin\theta - r\omega)$ となり，スプリンクラーはこの反力がゼロとなる一定速度で回転する．すなわち

$$\omega = \frac{v}{r} \sin\theta = \frac{400}{20} \sin 40° = 12.9 \quad [\mathrm{rad/s}]$$

で，毎分 124 回の速さで回転する．

8·4 質点系のエネルギー

質点系を構成する各質点 m_i の運動エネルギーは $(1/2)m_i v_i^2$ で，系全体の運動エネルギーは

$$T = \frac{1}{2}\sum_i m_i \boldsymbol{v}_i^2 \qquad (\mathbf{8 \cdot 27})$$

で与えられる．図 **8·5** のように，原点 O に対する質点 m_i の位置ベクトル $\boldsymbol{r}_i$ を，質点系の重心 G の位置ベクトル $\boldsymbol{r}_G$ と重心に対する質点の位置ベクトル $\boldsymbol{r}_i'$ とに分けて

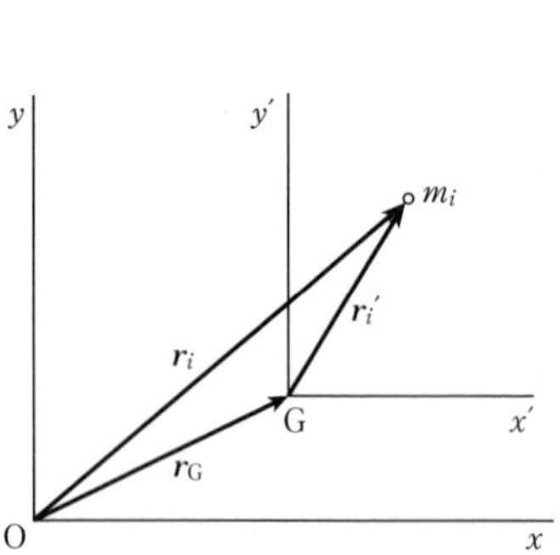

図 8·5 質点の位置ベクトル

$\boldsymbol{r}_i = \boldsymbol{r}_G + \boldsymbol{r}_i{}'$ と書けば，式(**8・27**)は

$$T = \frac{1}{2}\sum_i m_i(\boldsymbol{v}_G + \boldsymbol{v}_i{}')^2 = \frac{1}{2}\sum_i m_i \boldsymbol{v}_G{}^2 + \boldsymbol{v}_G \cdot \sum m_i \boldsymbol{v}_i{}' + \frac{1}{2}\sum_i m_i \boldsymbol{v}_i{}'^2$$

$$= \frac{1}{2}\sum_i m_i \boldsymbol{v}_G{}^2 + \frac{1}{2}\sum_i m_i \boldsymbol{v}_i{}'^2 \qquad (\mathbf{8 \cdot 28})$$

となる．式(**8・28**)を導くに当たって，$\boldsymbol{r}_i{}'$ は重心に対する m_i の位置ベクトルで

$$\sum_i m_i \boldsymbol{v}_i{}' = \frac{d}{dt}\sum_i m_i \boldsymbol{r}_i{}' = 0 \qquad (\mathbf{8 \cdot 29})$$

であることを考慮している．こうして，質点系の運動エネルギーは全質量が重心に集中したと考えたときのエネルギーと，各質点が重心に対して相対運動することによるエネルギーとの和として表わされる．

式(**8・1**)の両辺に $\boldsymbol{v}_i$ を乗じた式

$$\frac{d}{dt}\left(\frac{1}{2} m_i \boldsymbol{v}_i{}^2\right) = \boldsymbol{F}_i \cdot \boldsymbol{v}_i + \sum_j \boldsymbol{F}_{ij} \cdot \boldsymbol{v}_i = \boldsymbol{F}_i \cdot \frac{d\boldsymbol{r}_i}{dt} + \sum_j \boldsymbol{F}_{ij} \cdot \frac{d\boldsymbol{r}_i}{dt} \qquad (\mathbf{8 \cdot 30})$$

を質点系全体で集めて，時刻 $t = 0$ から t まで積分すれば

$$T - T_0 = \sum_i \int_0^t \boldsymbol{F}_i \cdot d\boldsymbol{r}_i + \sum_{ij} \int_0^t \boldsymbol{F}_{ij} \cdot d\boldsymbol{r}_i \qquad (\mathbf{8 \cdot 31})$$

右辺の第一項は外力のなす仕事の総和を表わし，第二項は内力のなす仕事の総和を表わす．こうして，質点系に働く外力と内力がなす仕事の分だけ全体の運動エネルギーが変化する．外力と内力がいずれも保存力である場合には，式(**8・31**)の右辺はポテンシャルエネルギーの減少量に等しくて，エネルギー保存則

$$T - T_0 = U_0 - U, \quad T + U = \text{一定} \qquad (\mathbf{8 \cdot 32})$$

が成り立つ．各質点間の距離が一定に保たれるときは，内力のなす仕事がゼロとなるのはいうまでもない．

〔例題 8・4〕 前節に述べたアトウッドの器械で，時刻 $t = 0$ において静かに動き出した二つのおもりが高さ h だけ上下したとき，どれだけの速さになるか．エネルギーの関係式を用いて計算せよ．

〔解〕 求める速さを v とすれば，系の運動エネルギーが $(1/2)(m_1 + m_2)v^2$ だけ増加したのに対して，ポテンシャルエネルギーは m_1 が下がっただけ m_2 が上がって $(m_1 - m_2)gh$ だけ減少した．増減したエネルギーを等置することによって

$$v=\sqrt{\frac{m_1-m_2}{m_1+m_2}2gh}$$

となる．

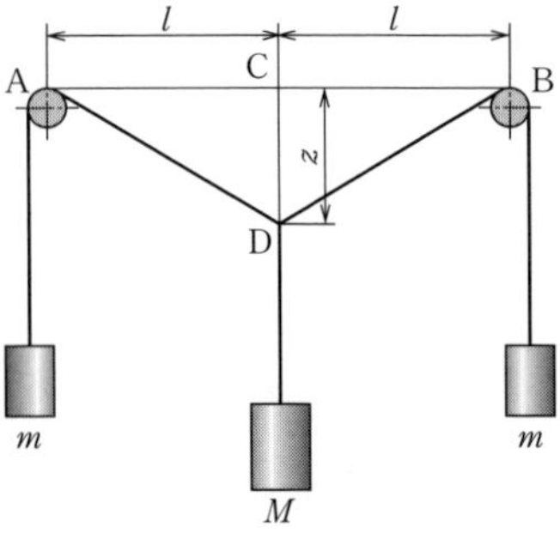

図 8·6　ロープに吊られた物体の運動

〔**例題 8·5**〕　図 **8·6** のように，水平に $2l=5$［m］だけ離れた二つの軽い滑車の間に質量 $m=25$［kg］の等しい 2 個のおもりを吊したロープが張られている．ロープの中央に質量 $M=30$［kg］のおもりを吊って水平から静かに放すと，① おもり M はどれだけの速度で降下するか．② どの位置でつりあうか．ロープはたわみやすく，滑車の慣性や摩擦は小さくて省略できるものとして計算せよ．

〔**解**〕　①　おもり M が静止の位置 C から D まで z だけ降下したとき失ったポテンシャルエネルギーは Mgz で，得た運動エネルギーは $(1/2)Mv^2$（v は D 点における降下速度）である．したがって，D 点における力学エネルギーは

$$E_1=-Mgz+\frac{1}{2}Mv^2 \qquad \textbf{(a)}$$

これに対して，両端のおもりはいずれも $\overline{\mathrm{AD}}-\overline{\mathrm{AC}}=\sqrt{l^2+z^2}-l$ だけ上昇し，D 点において $v(\overline{\mathrm{CD}}/\overline{\mathrm{AD}})=vz\sqrt{l^2+z^2}$ の速さになるから，これら二つのおもりがもつエネルギーは

$$E_2=2mg\left(\sqrt{l^2+z^2}-l\right)+mv^2\frac{z^2}{l^2+z^2} \qquad \textbf{(b)}$$

となる．E_1 と E_2 を計算する際，ロープが水平なときのポテンシャルエネルギーをゼロとしており，このときロープも静止しているので，エネルギー保存則により

$$E_1+E_2=0 \qquad \textbf{(c)}$$

で，この式に式(**a**)と(**b**)を代入することによって

$$v=\sqrt{2g\frac{Mz-2m\left(\sqrt{l^2+z^2}-l\right)}{M+2mz^2/(l^2+z^2)}} \qquad \textbf{(d)}$$

が求められる．

②　質量 M が D まで下がったときの系のポテンシャルエネルギーは

$$U=2mg\left(\sqrt{l^2+z^2}-l\right)-Mgz \qquad \textbf{(e)}$$

で，この値が極小となる位置 z_0 を $dU/dz=0$ によって求めると

$$z_0=\frac{Ml}{\sqrt{4m^2-M^2}} \tag{f}$$

となり，質量Mの下降位置が得られる．Uをzで二度微分した値は$d^2U/dz^2=2mgl^2/(l^2+z^2)^{3/2}$で，正の値となるので$z_0$は安定な平衡位置である．与えられた数値を入れると

$$z_0=\frac{30\times 2.5}{\sqrt{4\times 25^2-30^2}}=1.88 \quad [\mathrm{m}]$$

で，この値は静的な力のつりあいから求めたものと変わらない．

8章 | 演習問題

8·1 質量Mの物体から質量mの物体を速さvで水平に打ち出すと，物体Mはいくらの速度で動きはじめるか．

8·2 質量800［kg］のヘリコプターが空中に停止（hovering）している．このヘリコプターのロータが直径9［m］，最大流速12［m/s］の一様な吹下ろし流を生じさせることができるとすれば，このヘリコプターの積載できる質量はいくらか．地上の空気密度は1.25［kg/m^3］である．

8·3 巡航速度880［km/h］で水平飛行するジェット機に働く抗力が15［kN］であるという．ジェットエンジンの排気速度が機体に対して550［m/s］であるとすれば，この速度で水平飛行するためには，毎秒どれだけの空気がエンジンを通過しなければならないか．

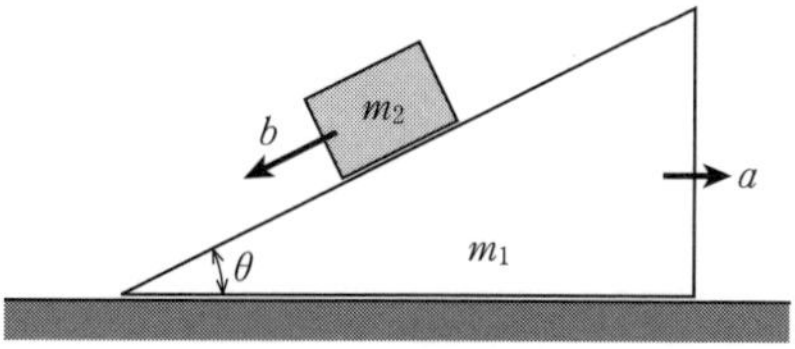

図8·7　演習問題8·5

8·4 長さlの鎖をなめらかな釘にかけてすべり落とすとき，鎖の張力はどのように変化するか．

8·5 図8·7のように，床の上に置かれた頂角θ，質量m_1の三角ブロックに質量m_2の別のブロックが載っている．床やブロックの面がなめらかであるとすれば，二つのブロックはどんな運動をするか．

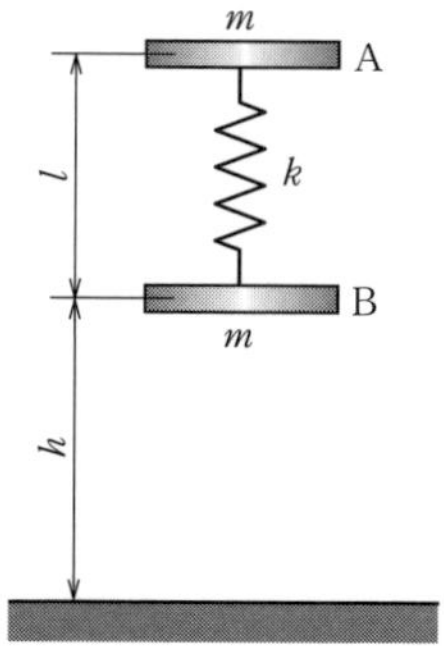

図8·8　演習問題8·6

8·6 図8·8のように質量$m=1.2$［kg］の二つの物体

A，B を長さ $l=15$ [cm]，$k=30$ [kN/m] のばねで結合し，B の高さが $h=40$ [cm] から床に落とした．B が床に付着したとすれば，① A の振幅はいくらか．② この系の失ったエネルギーはいくらか．

9

剛体の動力学

9·1 固定軸を有する剛体の運動

剛体は質点が無数に集まり，その相対的な位置が変わらない質点系と考えられるので，剛体の運動には質点系の運動方程式がそのまま成り立つ．まず最も簡単な固定軸のまわりの運動を考えてみよう．この場合は，剛体内の点はすべて固定軸に垂直な平面内で円運動をする．回転の角速度を ω とすれば，図**9·1**のように回転軸から r_i の距離にある剛体内の小さい質量 Δm_i は回転軸に関して $H_i = r_i(\Delta m_i v_i) = \Delta m_i r_i{}^2 \omega$ の角運動量をもち，剛体全体ではこれらをすべて集めた角運動量

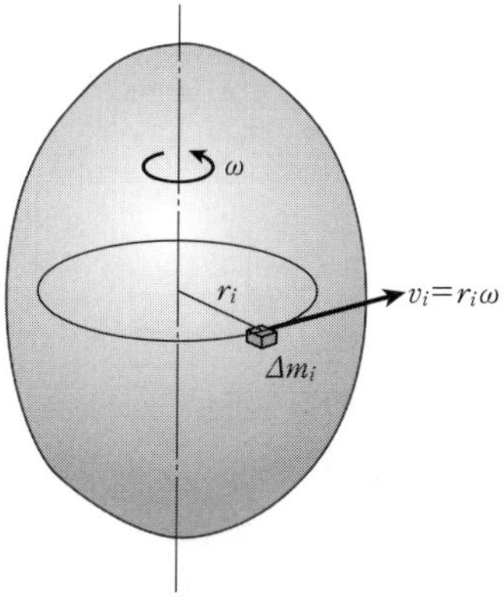

図 9·1　回転軸まわりの剛体の運動

$$H = \sum_i \Delta m_i r_i{}^2 \omega \tag{9·1}$$

をもつ．あるいは $\Delta m_\mathrm{i} \to 0$ の極限値をとって

$$H = I\omega, \qquad I = \int_V r^2\, dm \tag{9·2}$$

と書くこともできる．I は回転軸に関する剛体の**慣性モーメント**（moment of inertia）を表わす．剛体のすべての点に働く力による固定軸まわりのモーメントの総和を N とすれば，質点系の回転運動の方程式をそのまま適用して

$$I\frac{d\omega}{dt} = N \tag{9·3}$$

が得られる．

〔**例題 9·1**〕 図 **9·2** のように慣性モーメント $I=0.2$ [kg·m^2] の輪軸の軸（半径 $r=4$ [cm]）にロープを巻き，その端に質量 $m=40$ [kg] のおもりを吊ると，このおもりはどんな運動をするか．

〔**解**〕 おもりの加速度を a，輪軸の角加速度を α，ロープの張力を T とすれば，おもりと輪軸の運動に関して

$$ma = mg - T, \quad I\alpha = Tr \qquad \textbf{(a)}$$

が成り立つ．ロープがすべらないとすれば，おもりの加速度と輪軸の角加速度の間に $a=\alpha r$ の関係があるから，式(**a**)より，おもりは加速度

$$a = \frac{mg}{m+I/r^2} = \frac{40\times 9.81}{40+0.2/0.04^2} = 2.38 \quad [\mathrm{m/s^2}] \qquad \textbf{(b)}$$

で下降する．

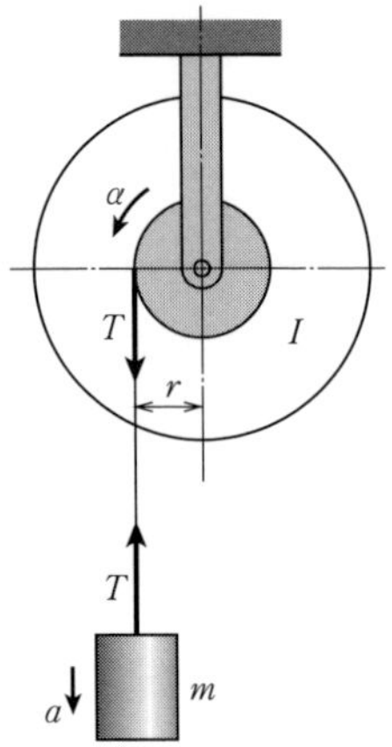

図 9·2 おもりを吊った輪軸

回転体のつりあい

重心が回転軸の中心線上にないロータが回転すると，遠心力が発生し，これが支持部に伝わって機械に好ましくない影響を与える．重心が軸の中心から偏心するのは材料の不均一，ロータの加工と組立て誤差や軸の変形などによるが，機械が高速で，しかも精密になってくると，このわずかな偏心も問題となるので，これを正しく検出して除いておく必要がある．

図 **9·3** に示す質量 m のロータの重心 G が軸の中心線から e だけ偏心していると，ロータには $me\omega^2$ の遠心力が働くが，この遠心力の影響を取り去るためには，これと反対側に $me\omega^2 = m'e'\omega^2$，あるいは回転数 ω に関係なく

$$me = m'e' \qquad \textbf{(9·4)}$$

となる質量 m' を取り付ければよい．me のことを回転体の**不つりあい**（unbalance）といい，この不つりあいを取り除いて，重心を中心線に一致させる作業を**つりあわせ**（balancing）と呼んでいる．モー

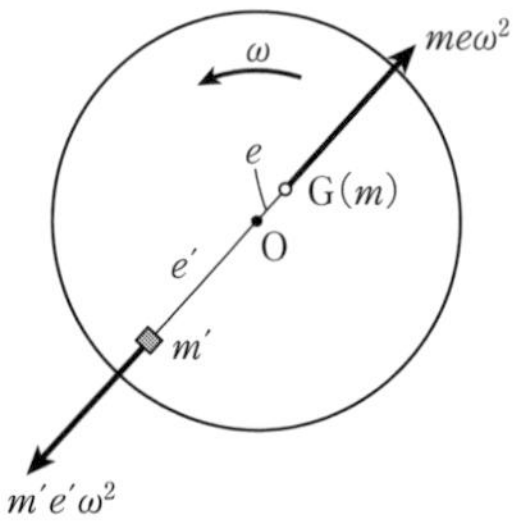

図 9·3 重心が偏心したロータ

タやタイヤを扱っている工場を見学すると，よくこの作業に気づく．

タイヤやフライ・ホイールなどの薄いロータでは，こういった平面内の力のつりあいのみで十分であるが，多段タービンのように多くのロータで構成される回転機械や長いロータでは，これだけでは不十分で，モーメントもつりあわせなければならない．次についてみてみよう．

〔例題 9·2〕 ロータのつりあわせ

つりあい試験機による試験の結果，あるロータに図 **9·4** のような不つりあいが検出された．これをロータの両端面 A，B でつりあわせるためには，それぞれにどれだけの質量を取り付ければよいか．

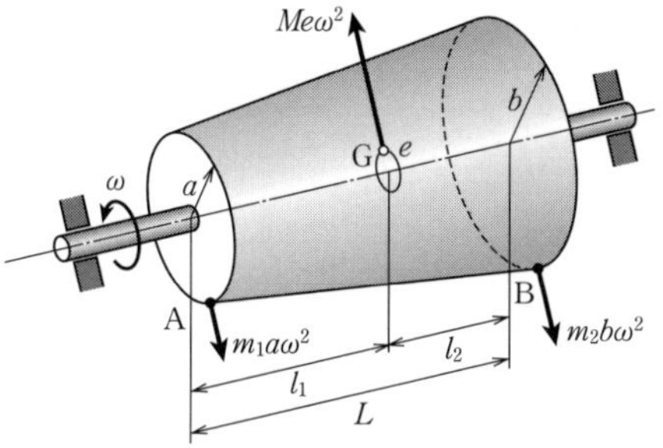

図 9·4 不つりあいを有する長いロータ

〔解〕 ロータの重心と中心軸とを含む平面内において，重心と反対側に質量を取り付ければよいが，その大きさをそれぞれ m_1，m_2 とすれば，この平面内における遠心力のつりあいと，重心まわりのモーメントのつりあいから

$$m_1a\omega^2 + m_2b\omega^2 = Me\omega^2, \quad m_1a\omega^2l_1 = m_2b\omega^2l_2 \qquad \textbf{(a)}$$

したがって

$$m_1a = Me\frac{l_2}{L}, \qquad m_2b = Me\frac{l_1}{L} \qquad \textbf{(b)}$$

となる．ロータを剛体として扱ったこの例の計算では，修正質量の大きさはロータの回転数に関係することなく計算も簡単であるが，細長いロータや軸では回転による遠心力のために変形し，その変形量は回転数によって異なるので計算はもっと面倒である．

9·2 慣性モーメント

慣性モーメントは回転運動に対する物体の慣性の大きさを表わすもので，物体の形状や密度の分布状況によって決まった値をもつ．一定密度の均質な物体では，慣性モーメントはその全質量 M に物体の形状だけで決まる一定の量を乗じた

$$I = Mk^2 \quad \left(k^2 = \frac{1}{M}\int r^2\,dm\right) \tag{9·5}$$

で与えられる．kは長さのディメンションをもつ量で，これを**回転半径**（radius of gyration）と呼んでいる．こうして，剛体の慣性モーメントはその全質量が回転半径に等しい点に集中した場合の値に等しいと考えることができる．

〔**例題 9·3**〕 図 **9·5**(**a**)に示す長さ l，質量 Mの一様な棒の一端を通る垂直軸まわりの慣性モーメントを求めよ．図(**b**)のように棒が回転軸と角 α をなす場合の値はいくらか．

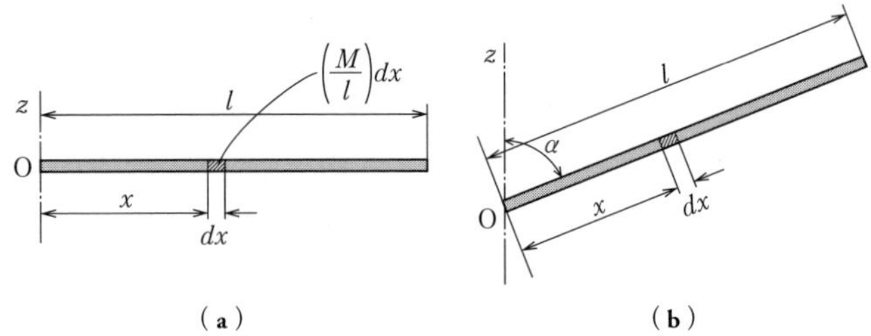

図 9·5 棒の慣性モーメント

〔**解**〕 棒の一端 O から測った長さを x とすれば，微小長さ dx の棒の質量は $(M/l)\,dx$ であるから

$$I = \int_0^l \frac{M}{l} x^2 dx = \frac{1}{3} Ml^2 \tag{a}$$

となる．棒が軸と角 α をなすときは，x 断面の半径は $x \sin\alpha$ であるから

$$I = \int_0^l \frac{M}{l} (x\sin\alpha)^2\,dx = \frac{1}{3} Ml^2 \sin^2\alpha \tag{b}$$

〔**例題 9·4**〕 半径 a，質量 Mの円板の中心を通る垂直軸まわりの慣性モーメントを求めよ．

〔**解**〕 円板の密度を ρ とすれば，図 **9·6** に示す半径 r において微小幅 dr をもつリングの質量は $\rho 2\pi r dr$ であるから

$$I = \int_0^a \rho 2\pi r^3\,dr = \frac{1}{2}\rho\pi a^4$$

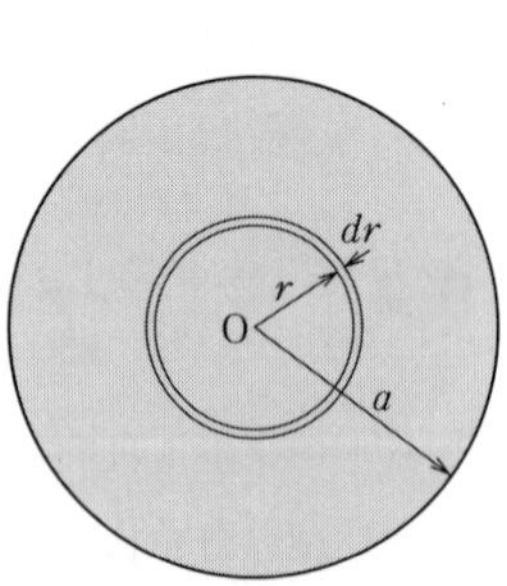

図 9·6 円板の慣性モーメント

$$= \frac{1}{2}Ma^2 \quad (M = \rho\pi a^2)$$

となる．

1. 立体の慣性モーメント

図**9·7**のように物体の内部（外部でもよい）に直交座標系O-xyzを固定し，物体内の微小質量dmの座標を（x, y, z）で表わせば，各軸まわりの慣性モーメントは

$$\left.\begin{aligned} I_x &= \int_V (y^2+z^2)dm \\ I_y &= \int_V (z^2+x^2)dm \\ I_z &= \int_V (x^2+y^2)dm \end{aligned}\right\} \qquad (\mathbf{9\cdot6})$$

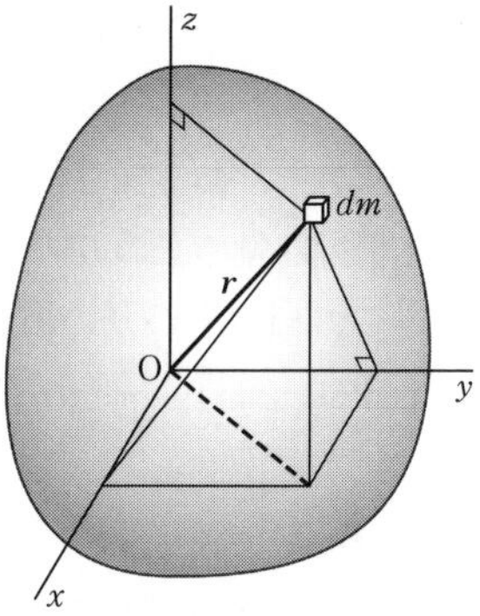

図**9·7**　立体の慣性モーメント

で与えられる．また原点Oからの距離の平方に関する

$$I_p = \int_V (x^2+y^2+z^2)dm = \frac{1}{2}(I_x+I_y+I_z) \qquad (\mathbf{9\cdot7})$$

をO点に関する**慣性極モーメント**（polar moment of inertia）と呼んでいる．薄い板状の物体では，その面に垂直にz軸をとれば，ほぼ$z=0$で，慣性モーメントは単に

$$I_x = \int_S y^2\,dm, \qquad I_y = \int_S x^2\,dm, \qquad I_p = I_z = I_x + I_y \qquad (\mathbf{9\cdot8})$$

すなわち，板上の任意の点を通りこの面に垂直な軸のまわりの慣性モーメントは，この点を通り板の上で直交する二つの軸まわりの慣性モーメントの和に等しくなる．次に，剛体の重心Gを原点とする直交座標系G-xyzと，重心からx軸の方向にaだけ離れた点Oを通るz軸と平行なz'軸をとれば，z軸およびz'軸まわりの慣性モーメントはそれぞれ

$$I_G = \int_V (x^2+y^2)dm, \qquad I = \int_V [(x-a)^2+y^2]dm \qquad (\mathbf{9\cdot9})$$

で，Iは

$$I=\int_V[(x-a)^2+y^2]dm$$

$$=\int_V(x^2+y^2)dm+a^2\int_V dm-2a\int_V xdm=I_G+a^2\int_V dm-2a\int_V xdm$$

と書けるが，第二項の積分は剛体の全質量 M を表わし，第三項の積分は重心を表わす式で，ゼロとなるので

$$I=I_G+Ma^2 \tag{9·10}$$

すなわち，ある任意の軸のまわりの慣性モーメントは，剛体の重心を通り，この軸と平行な軸のまわりの慣性モーメントと，全質量が重心に集中したとみなしたとき，この軸のまわりの慣性モーメントとの和に等しくなる．これを**平行軸の定理**(parallel-axis theorem) と呼んでいる．

〔**例題 9·5**〕 図 **9·8** に示す直方体の重心を通る x-x 軸まわりと，一つの側面の中心 C′ を通り，これと平行な x'-x' 軸まわりの慣性モーメントを求めよ．

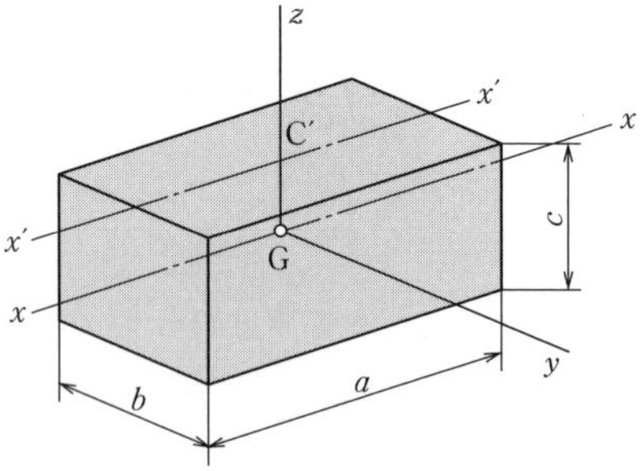

図 9·8 直方体の慣性モーメント

〔**解**〕 直方体の密度を ρ とすれば，x-x 軸まわりの慣性モーメントは式(**9·10**)によって

$$I_x=\int_{-a/2}^{a/2}\int_{-b/2}^{b/2}\int_{-c/2}^{c/2}\rho(y^2+z^2)dxdydz=M\frac{b^2+c^2}{12}\quad(M=\rho abc) \tag{a}$$

x'-x' 軸まわりの慣性モーメントは式(**9·10**)によって

$$I_{x'}=I_x+M\left(\frac{c}{2}\right)^2=M\left(\frac{b^2}{12}+\frac{c^2}{3}\right) \tag{b}$$

となる．

2. 慣性楕円体

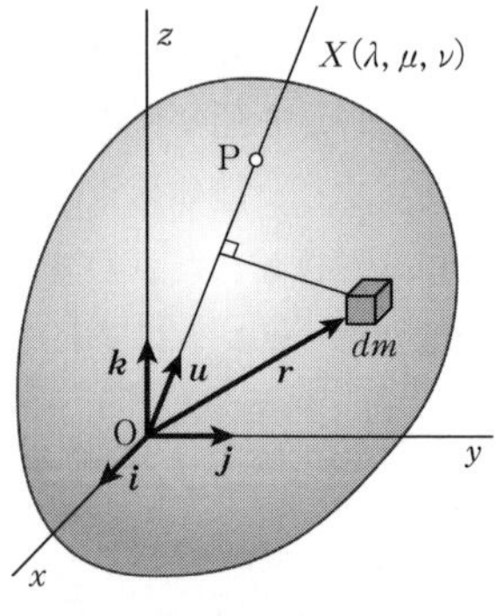

図 9·9 立体の慣性モーメント

次に，図 **9·9** のように，原点 O を通る任意の直線 OX のまわりの慣性モーメント I_X を求める．座標系

O-xyz の各座標軸の方向の単位ベクトルを $\boldsymbol{i}$, $\boldsymbol{j}$, $\boldsymbol{k}$ とし，直線 OX の方向の単位ベクトルを $\boldsymbol{u}$, 方向余弦を λ, μ, ν とすれば $\boldsymbol{u}=\lambda\boldsymbol{i}+\mu\boldsymbol{j}+\nu\boldsymbol{k}$ で，$\boldsymbol{r}=x\boldsymbol{i}+y\boldsymbol{j}+z\boldsymbol{k}$ の位置にある微小質量 dm から直線 OX までの距離は〔例題 **2·3**〕により $\sqrt{\boldsymbol{r}^2-(\boldsymbol{u}\cdot\boldsymbol{r})^2}=\sqrt{(x^2+y^2+z^2)-(\lambda x+\mu y+\nu z)^2}$ で，これより OX 軸まわりの慣性モーメントは

$$I_X=\int_V[(x^2+y^2+z^2)-(\lambda x+\mu y+\nu z)^2]dm$$
$$=\lambda^2 I_x+\mu^2 I_y+\nu^2 I_z-2\lambda\mu I_{xy}-2\mu\nu I_{yz}-2\nu\lambda I_{zx} \qquad (\mathbf{9\cdot 11})$$

となる．ここで

$$I_{xy}=\int_V xydm, \quad I_{yz}=\int_V yzdm, \quad I_{zx}=\int_V zxdm \qquad (\mathbf{9\cdot 12})$$

は**慣性乗積**（product of inertia）と呼ばれる量で，一般には正または負の値をとり得る．たとえば x 軸が対称軸であれば $I_{yz}=0$ で，yz 面が対称面であれば $I_{xy}=I_{zx}=0$ である．

いま，OX 軸上に $\overline{\mathrm{OP}}=1/\sqrt{I_X}$ となる点 P（x, y, z）をとれば，線分 OP の方向余弦は $\lambda=x\sqrt{I_X}$, $\mu=y\sqrt{I_X}$, $\nu=z\sqrt{I_X}$ で，式(**9·11**)により P 点の軌跡は

$$I_x x^2+I_y y^2+I_z z^2-2I_{xy}xy-2I_{yz}yz-2I_{zx}zx=1 \qquad (\mathbf{9\cdot 13})$$

で与えられる．式(**9·13**)は図 **9·10** に示す楕円体の面を表わし，これを O 点における剛体の**慣性楕円体**（ellipsoid of inertia）と呼んでいる．慣性楕円体の面の上にある点の動径の二乗の逆数が，その方向にとった直線のまわりの慣性モーメントの値を与えるが，その大きさは座標系 O-xyz のとり方にはまったく無関係である．一般に，楕円体には三つの主軸 ξ, η, ζ があり，これらを**慣性主軸**（principal axis of inertia）と呼んでいるが，慣性主軸を座標軸にとれば，楕円体は主軸に関して対称なので，慣性乗積はすべてゼロとなり，式(**9·13**)は標準形

$$I_\xi\xi^2+I_\eta\eta^2+I_\zeta\zeta^2=1 \qquad (\mathbf{9\cdot 14})$$

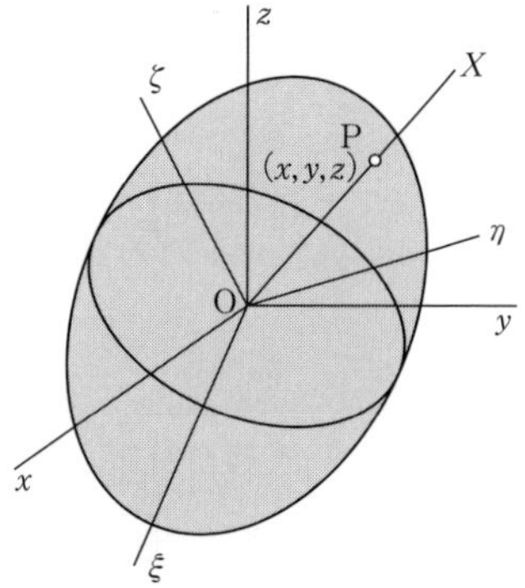

図 9·10　慣性楕円体

で表わされる．この I_ξ, I_η, I_ζ を**主慣性モーメント**（principal moment of inertia）と呼んでいる．原点 O を通り，慣性主軸に対して方向余弦 α, β, γ をもつ直線のまわりの慣性モーメントは式(**9·11**)によって

$$I=I_\xi\alpha^2+I_\eta\beta^2+I_\zeta\gamma^2 \qquad (\mathbf{9\cdot 15})$$

で与えられる．

いま，座標系O-xyzを原点Oのまわりに回転してO-XYZに移動させるとき，座標系O-xyzに対するX，Y，Z軸の方向余弦をそれぞれ（α_{11}，α_{12}，α_{13}），（α_{21}，α_{22}，α_{23}），（α_{31}，α_{32}，α_{33}）とすれば

$$\begin{Bmatrix} X \\ Y \\ Z \end{Bmatrix} = \begin{Bmatrix} \alpha_{11} & \alpha_{12} & \alpha_{13} \\ \alpha_{21} & \alpha_{22} & \alpha_{23} \\ \alpha_{31} & \alpha_{32} & \alpha_{33} \end{Bmatrix} \begin{Bmatrix} x \\ y \\ z \end{Bmatrix} \tag{9·16}$$

の関係がある．この式のマトリックスを座標の**変換マトリックス**（transformation matrix）というが，直交座標系から他の直交座標系へ変換する場合には

$$\sum_{k=1}^{3} \alpha_{ki}\alpha_{kj} = \sum_{k=1}^{3} \alpha_{ik}\alpha_{jk} = \delta_{ij} = \begin{cases} 1 & (i = j) \\ 0 & (i \neq j) \end{cases} \tag{9·17}$$

の関係があるので，これをとくに**直交変換**（orthogonal transformation）と呼んでいる．図**9·9**に示すOX軸まわりの慣性モーメントはすでに式(**9·11**)で与えたが，O点を通って互いに直交するY，Z軸に関する慣性乗積は，このマトリックスの要素を用いて次のように求められる．まず，式(**9·17**)の直交関係$\alpha_{21}\alpha_{31} + \alpha_{22}\alpha_{32} + \alpha_{23}\alpha_{33} = 0$を用いて

$$\begin{aligned} -I_{YZ} &= -\int_V YZdm \\ &= -\int_V (\alpha_{21}x + \alpha_{22}y + \alpha_{23}z)(\alpha_{31}x + \alpha_{32}y + \alpha_{33}z)dm \\ &= \int_V \ [\alpha_{21}\alpha_{31}(y^2 + z^2) + \alpha_{22}\alpha_{32}(z^2 + x^2) + \alpha_{23}\alpha_{33}(x^2 + y^2) \\ &\qquad - \alpha_{21}\alpha_{32}xy - \alpha_{21}\alpha_{33}zx - \alpha_{22}\alpha_{31}xy \\ &\qquad - \alpha_{22}\alpha_{33}yz - \alpha_{23}\alpha_{31}zx - \alpha_{23}\alpha_{32}yz]dm \end{aligned}$$

式(**9·6**)，式(**9·12**)により

$$\begin{aligned} -I_{YZ} = \alpha_{21}\alpha_{31}I_x - \alpha_{21}\alpha_{32}I_{xy} - \alpha_{21}\alpha_{33}I_{zx} \\ - \alpha_{22}\alpha_{31}I_{xy} + \alpha_{22}\alpha_{32}I_y - \alpha_{22}\alpha_{33}I_{yz} \\ - \alpha_{23}\alpha_{31}I_{zx} - \alpha_{23}\alpha_{32}I_{yz} + \alpha_{23}\alpha_{33}I_z \end{aligned} \tag{9·18}$$

となる．一般的な取扱いのために

$$\left. \begin{aligned} I_x = I_{11}, \quad -I_{xy} = I_{12}, \quad -I_{xz} = I_{13} \\ -I_{yx} = I_{21}, \quad I_y = I_{22}, \quad -I_{yz} = I_{23} \\ -I_{zx} = I_{31}, \quad -I_{zy} = I_{32}, \quad I_z = I_{33} \end{aligned} \right\} \tag{9·19}$$

なる 9 個の量 I_{ij} $(i,\ j=1,\ 2,\ 3)$ を定義しておけば，これらは座標系の回転によって

$$I_{ij}' = \sum_{k=1}^{3} \sum_{l=1}^{3} \alpha_{ik} \alpha_{jl} I_{kl} \quad (i,\ j=1,\ 2,\ 3) \tag{9·20}$$

と変換されるので，式(**9·19**)で $I_{11}' = I_X$，$-I_{12}' = I_{XY}$，$-I_{13}' = I_{XZ}$，... と読みかえることによって，O-XYZ 系の各軸に関する慣性モーメントや慣性乗積を容易に計算することができる．

〔例題 9·6〕 図 **9·11** に示す半径 a の薄い円板の中心を通り，板の法線に対して θ だけ傾いた OZ 軸に関する慣性モーメントと慣性乗積を求めよ．

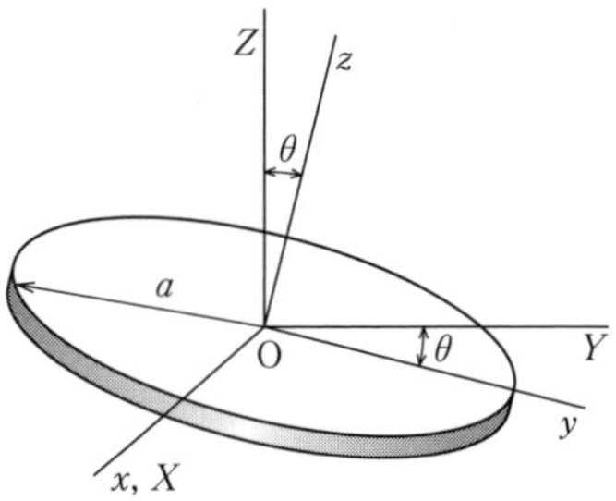

図 9·11　傾いた軸をもつ円板

〔解〕 図のように，円板の中心 O を原点として，x 軸と X 軸が互いに一致する二つの直交座標系 O-xyz と O-XYZ をとる．x，y，z 軸は慣性主軸で，円板の質量を M とすれば

$$I_x = I_y = M\frac{a^2}{4}, \quad I_z = M\frac{a^2}{2}, \quad I_{xy} = I_{yz} = I_{zx} = 0 \tag{a}$$

である．O-XYZ 系への変換マトリックスは

$$\begin{bmatrix} 1 & 0 & 0 \\ 0 & \cos\theta & \sin\theta \\ 0 & -\sin\theta & \cos\theta \end{bmatrix}$$

で，X，Y，Z 軸に関する慣性モーメントは式(**9·15**)によって

$$\left.\begin{aligned} I_X &= I_x = M\frac{a^2}{4} \\ I_Y &= I_y \cos^2\theta = I_z \sin^2\theta = M\frac{a^2}{4}(1 + \sin^2\theta) \\ I_Z &= I_y \sin^2\theta = I_z \cos^2\theta = M\frac{a^2}{4}(1 + \cos^2\theta) \end{aligned}\right\} \tag{b}$$

慣性乗積は YZ 面が対称面であることから

$$I_{XY} = I_{ZX} = 0 \tag{c}$$

式(**9·18**)により

$$I_{YZ} = -\alpha_{21}\alpha_{31}I_x - \alpha_{22}\alpha_{32}I_y - \alpha_{23}\alpha_{33}I_z$$

$$= (I_y - I_z)\sin\theta\cos\theta = -M\frac{a^2}{4}\sin\theta\cos\theta \qquad \textbf{(d)}$$

となる．

9·3 簡単な形状をもつ物体の慣性モーメント

比較的簡単な形をした均質な質量 M の物体の慣性モーメントの表を載せておく．

表 9·1 線状物体の慣性モーメント

(a) 細い直線棒

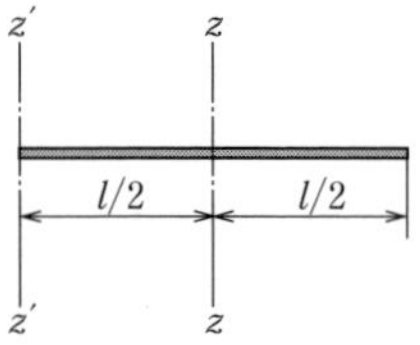

$$I_z = M\frac{l^2}{12}$$

$$I_{z'} = M\frac{l^2}{3}$$

(b) 細い円輪

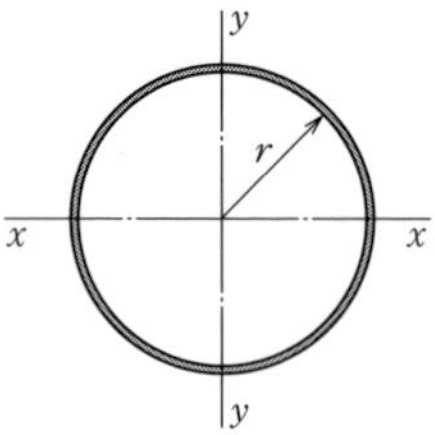

$$I_x = I_y = M\frac{r^2}{2}$$

表 9·2 平板の慣性モーメント

(a) 三角形板

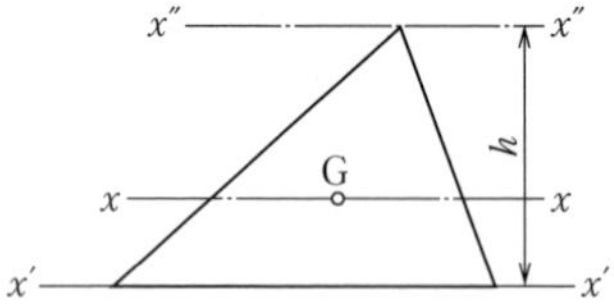

$$I_x = M\frac{h^2}{18}$$

$$I_{x'} = M\frac{h^2}{6}$$

$$I_{x''} = M\frac{h^2}{2}$$

(b) 長方形板

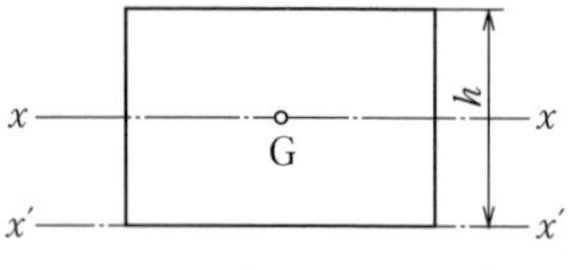

$I_x = M\frac{h^2}{12}$，$I_{x'} = M\frac{h^2}{3}$

(c) 円板

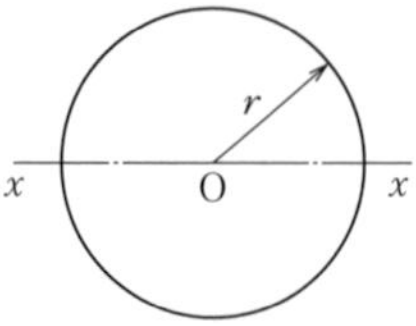

$$I_x = M\frac{r^2}{4}$$

(d) 半円板

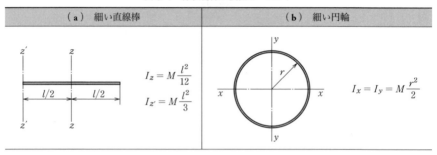

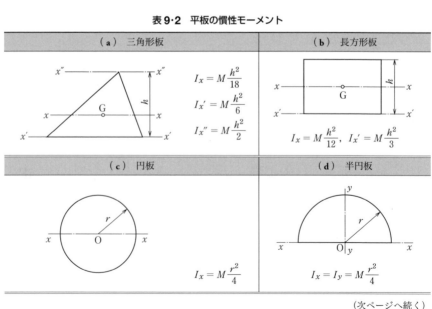

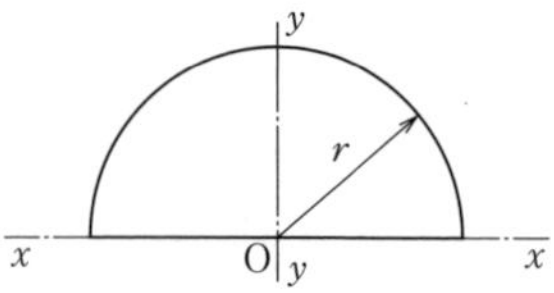

$$I_x = I_y = M\frac{r^2}{4}$$

（次ページへ続く）

(e) 扇形板

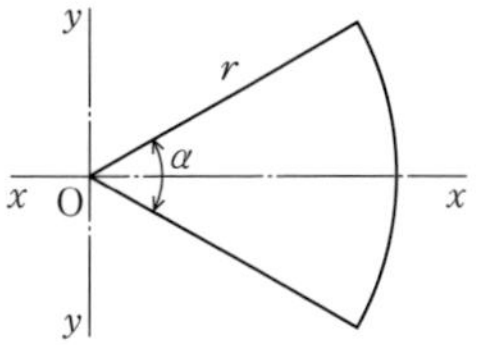

$$I_x = M\frac{r^2}{4}\left(1-\frac{\sin\alpha}{\alpha}\right),\quad I_y = M\frac{r^2}{4}\left(1+\frac{\sin\alpha}{\alpha}\right)$$

(f) 四半円板

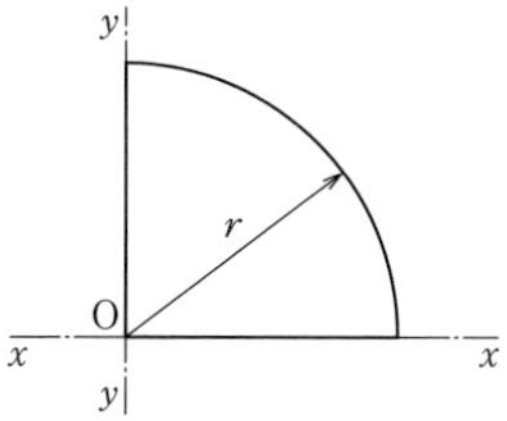

$$I_x = I_y = M\frac{r^2}{4}$$

(g) 楕円板

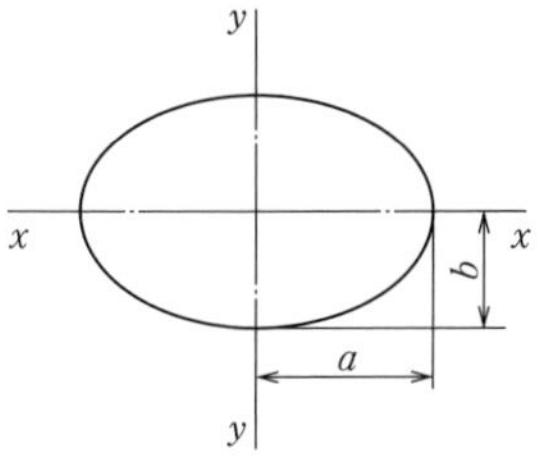

$$I_x = M\frac{b^2}{4}$$

$$I_y = M\frac{a^2}{4}$$

(h) 放物線と直線で囲まれる板

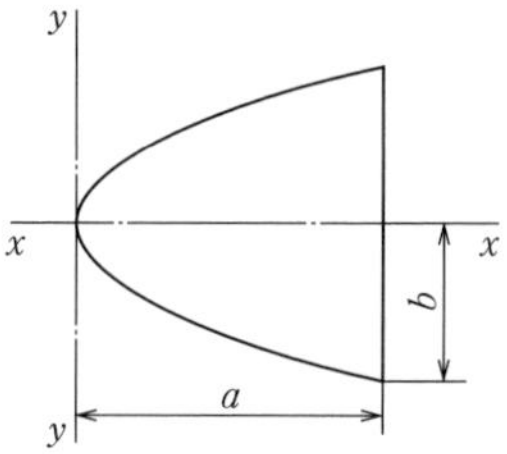

$$I_x = M\frac{b^2}{5}$$

$$I_y = M\frac{3a^2}{7}$$

表 9·3 立体の慣性モーメント

(a) 直六面体

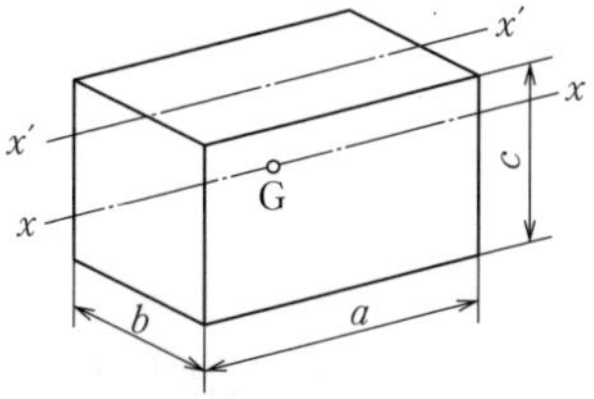

$$I_x = M\frac{b^2+c^2}{12}$$

$$I_{x'} = M\left(\frac{b^2}{12}+\frac{c^2}{3}\right)$$

(b) 直円柱

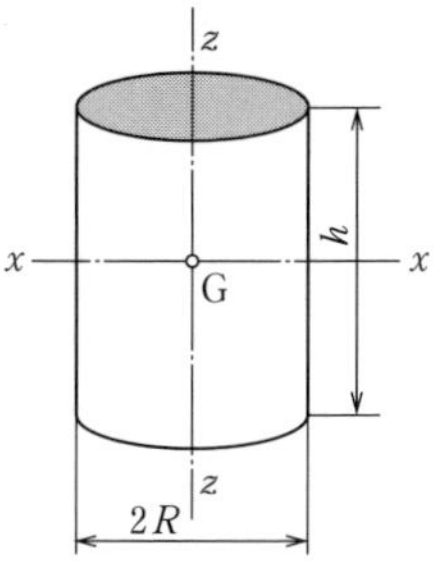

$$I_x = M\left(\frac{R^2}{4}+\frac{h^2}{12}\right)$$

$$I_z = M\frac{R^2}{2}$$

(c) 中空直円柱

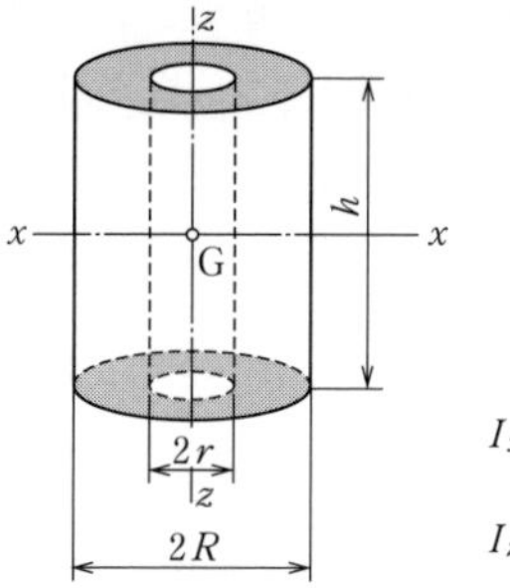

$$I_x = M\left(\frac{R^2+r^2}{4}+\frac{h^2}{12}\right)$$

$$I_z = M\frac{R^2+r^2}{2}$$

(次ページへ続く)

(d) 四角すい

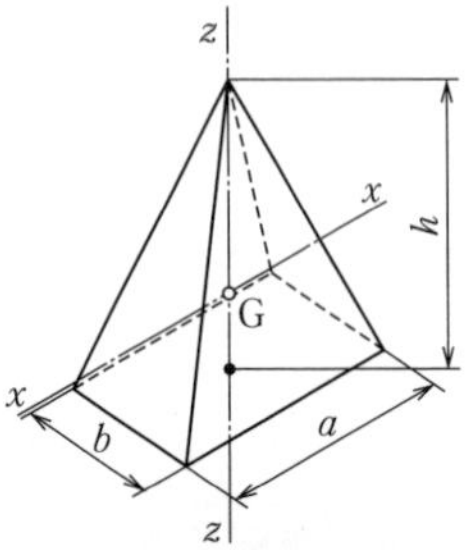

$$I_x = M\frac{4b^2+3h^2}{80}$$

$$I_z = M\frac{a^2+b^2}{20}$$

(e) 直円すい

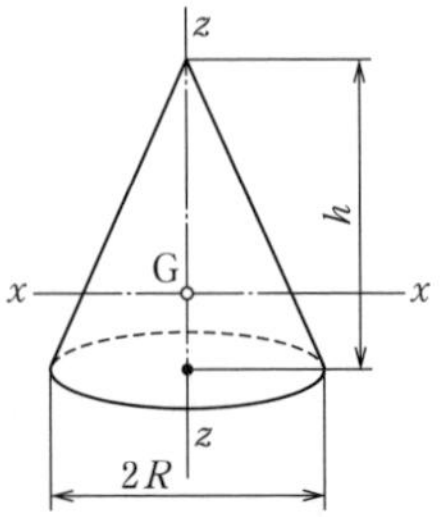

$$I_x = M\frac{12R^2+3h^2}{80}$$

$$I_z = M\frac{3R^2}{10}$$

(f) 球

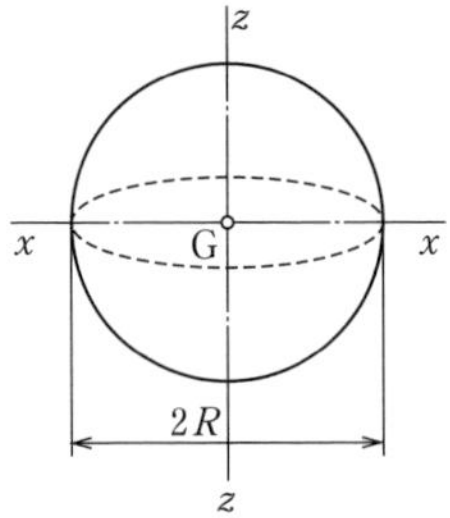

$$I_x = I_z = M\frac{2R^2}{5}$$

(g) 半球

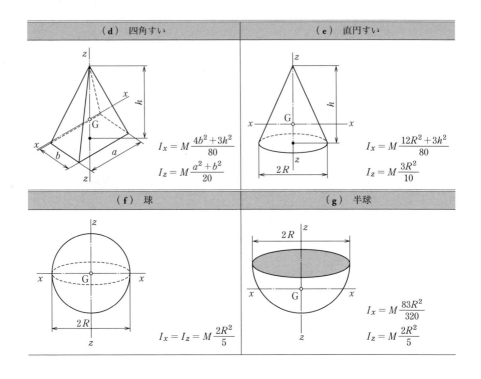

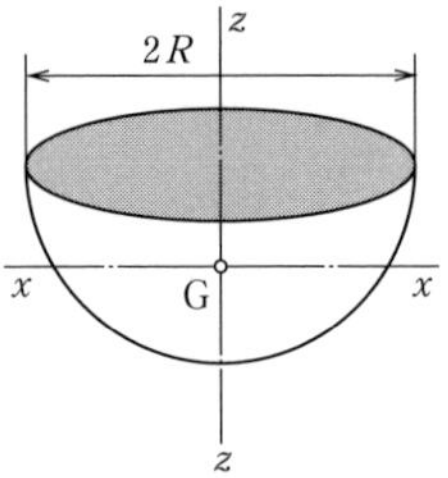

$$I_x = M\frac{83R^2}{320}$$

$$I_z = M\frac{2R^2}{5}$$

9·4 剛体の平面運動

平らな路面を走る自動車や，鉛直な平面内で上昇や下降する航空機などを剛体とみなせば，これらを構成している各点はいずれも一つの平面内を運動していることになり，その運動は剛体の重心の**並進運動**（translation）と重心まわりの**回転運動**（rotation）を調べれば決定することができる．すなわち剛体の質量を m，重心まわりの慣性モーメントを I とすれば，並進と回転運動の方程式は

$$m\ddot{x} = F_x, \qquad m\ddot{y} = F_y, \qquad I\ddot{\theta} = N \tag{9·21}$$

で，剛体に働く力の成分 F_x，F_y および重心まわりのモーメント N が与えられると剛体運動が決定する．

〔**例題 9·7**〕 図 **9·12** のように，半径 r，質量 m の円柱が水平と角 θ の斜面をすべらないで転がるときの運動を調べよ．

〔**解**〕 斜面の垂直反力をN, 摩擦力をFとし, 円柱の重心の加速度をa, 回転の角加速度をαとすれば

$$\left.\begin{aligned} ma &= mg\sin\theta - F \\ N &= mg\cos\theta \\ m\frac{r^2}{2}\alpha &= Fr \end{aligned}\right\} \quad \text{(a)}$$

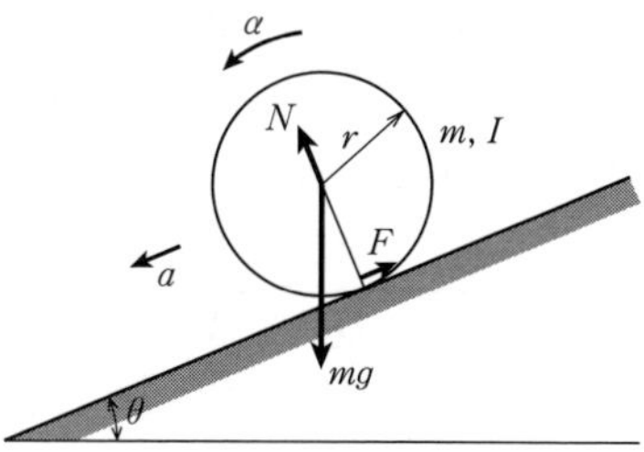

図 9・12 斜面を転がる円柱

円柱がすべらないで転がるときは$a = r\alpha$で, この式からaとFを解けば

$$a = \frac{2}{3}g\sin\theta, \qquad F = \frac{1}{3}mg\sin\theta \quad \text{(b)}$$

で, 物体は斜面を一定の加速度で転がり降りる. 円柱と斜面との間の転がり摩擦係数をμとすれば

$$\mu = \frac{F}{N} = \frac{1}{3}\tan\theta \quad \text{(c)}$$

で, 摩擦係数がこの値より小さいと円柱と斜面の間にすべりが起こる.

衝撃力を受ける剛体の運動

ごく短い時間の間に, 大きい衝撃力が働いて, 剛体の運動が変化する場合の解析には, **7・1** 節で述べた運動量と力積の概念を用いるのが便利である. たとえば, 静止物体にごく短いt_1時間, 衝撃力Fと衝撃モーメントNが働けば, 剛体は

$$\left.\begin{aligned} m\dot{x} &= \int_0^{t_1} F_x\,dt \\ m\dot{y} &= \int_0^{t_1} F_y\,dt \\ I\dot{\theta} &= \int_0^{t_1} N\,dt \end{aligned}\right\} \quad (9\cdot 22)$$

だけの速度を獲得する. $\int_0^{t_1} F_x dt$ と $\int_0^{t_1} F_y dt$ は力積, $\int_0^{t_1} N dt$ は**角力積**（angular impulse）を表わす. ふつう, 衝撃による力積に対しては, 重力や衝撃力以外の力の影響は無視しても差し支えない.

〔例題 9·8〕 打撃の中心 図 9·13 のように，静止している剛体棒の重心を含む平面内の一点 O に衝撃力 F が作用すると，この棒はどんな運動をするか．剛体の質量を M，重心まわりの慣性モーメントを J として計算せよ．

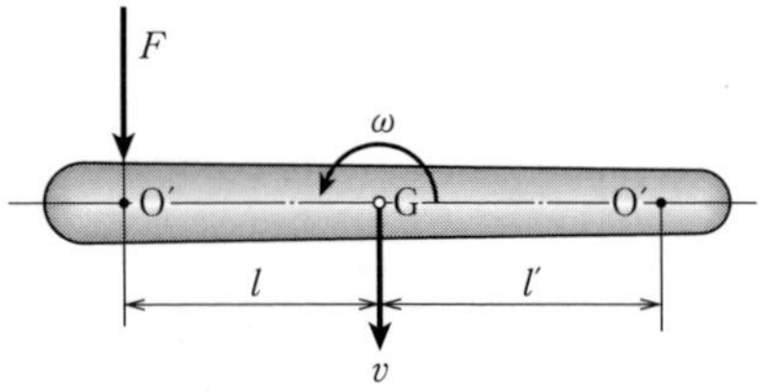

図 9·13 棒に働く衝撃力

〔解〕 剛体に与えられた力積を I とすれば，式(9·22)によって，棒の重心に

$$v = \frac{I}{M} \tag{a}$$

の速度を生じ，重心のまわりに

$$\omega = \frac{Il}{J} \tag{b}$$

の角速度を生じる．重心より l' だけ離れた O′ 点の速度は

$$v' = v - l'\omega = \frac{I}{M} - \frac{Il}{J}l' \tag{c}$$

で，v' がゼロとなる

$$l' = \frac{J}{Ml} \tag{d}$$

の点では衝撃直後も運動が起こらない．このような点を**打撃の中心**（center of percussion）と呼んでいる．野球のバットを適当な位置で握っていれば，手にほとんど衝撃を感じないのもこのためである．

9·5 固定点を有する剛体の運動

こまやジャイロスコープのように，剛体が任意の点 O のまわりに自由に回転する運動を考えてみよう．O 点を原点とする固定座標系 O-xyz をとり，この剛体の O 点まわりの角運動量を $\boldsymbol{L}$，剛体に働く力のモーメントを $\boldsymbol{N}$ とすれば，式(8·19)により O 点まわりの回転運動に関して

$$\frac{d\boldsymbol{L}}{dt} = \boldsymbol{N} \tag{9·23}$$

が成り立つ．ここで $\boldsymbol{L}$ は

$$\boldsymbol{L}=\int_V\left(\boldsymbol{r}\times\frac{d\boldsymbol{r}}{dt}\right)dm \tag{9·24}$$

を表わす．O 点を通り，剛体の慣性主軸の方向に座標軸を有する運動座標系 O-$\xi\eta\zeta$ をとり，その各軸の方向の単位ベクトルを $\boldsymbol{i}$, $\boldsymbol{j}$, $\boldsymbol{k}$ とすれば，剛体内の任意の点 P（ξ, η, ζ）の位置ベクトルは $\boldsymbol{r}=\xi\boldsymbol{i}+\eta\boldsymbol{j}+\zeta\boldsymbol{k}$，その時間的な変化の割合は

$$\frac{d\boldsymbol{r}}{dt}=(\dot{\xi}\boldsymbol{i}+\dot{\eta}\boldsymbol{j}+\dot{\zeta}\boldsymbol{k})+\left(\xi\frac{d\boldsymbol{i}}{dt}+\eta\frac{d\boldsymbol{j}}{dt}+\zeta\frac{d\boldsymbol{k}}{dt}\right)$$

で表わされる．P 点は剛体に固定されているので，右辺の第一項はゼロである．剛体の回転ベクトルを $\boldsymbol{\omega}$ とすれば，式(**4·65**)と式(**4·66**)によって $d\boldsymbol{r}/dt=\boldsymbol{\omega}\times\boldsymbol{r}$，したがって角運動量 $\boldsymbol{L}$ は

$$\boldsymbol{L}=\int_V\boldsymbol{r}\times(\boldsymbol{\omega}\times\boldsymbol{r})\,dm \tag{9·25}$$

と書ける．運動座標系におけるベクトル $\boldsymbol{\omega}$ の成分を用いれば

$$\boldsymbol{\omega}\times\boldsymbol{r}=\begin{vmatrix}\boldsymbol{i} & \boldsymbol{j} & \boldsymbol{k}\\ \omega_\xi & \omega_\eta & \omega_\zeta\\ \xi & \eta & \zeta\end{vmatrix}=(\omega_\eta\zeta-\omega_\zeta\eta)\,\boldsymbol{i}+(\omega_\zeta\xi-\omega_\xi\zeta)\,\boldsymbol{j}+(\omega_\xi\eta-\omega_\eta\xi)\,\boldsymbol{k} \tag{9·26}$$

$$\begin{aligned}\boldsymbol{r}\times(\boldsymbol{\omega}\times\boldsymbol{r})&=\begin{vmatrix}\boldsymbol{i} & \boldsymbol{j} & \boldsymbol{k}\\ \xi & \eta & \zeta\\ \omega_\eta\zeta-\omega_\zeta\eta & \omega_\zeta\xi-\omega_\xi\zeta & \omega_\xi\eta-\omega_\eta\xi\end{vmatrix}\\ &=\ [(\eta^2+\zeta^2)\,\omega_\xi-\xi\eta\omega_\eta-\zeta\xi\omega_\zeta]\,\boldsymbol{i}\\ &\quad+[-\xi\eta\omega_\xi+(\zeta^2+\xi^2)\,\omega_\eta-\eta\zeta\omega_\eta]\,\boldsymbol{j}\\ &\quad+[-\zeta\xi\omega_\xi-\eta\zeta\omega_\eta+(\xi^2+\eta^2)\,\omega_\zeta]\,\boldsymbol{k}\end{aligned} \tag{9·27}$$

で，式(**9·6**)，式(**9·12**)で定義した慣性モーメントと慣性乗積を用いて，式(**9·25**)の各成分は

$$\left.\begin{aligned}L_\xi&=I_\xi\omega_\xi-I_{\xi\eta}\omega_\eta-I_{\zeta\xi}\omega_\zeta\\ L_\eta&=-I_{\xi\eta}\omega_\xi+I_\eta\omega_\eta-I_{\eta\zeta}\omega_\zeta\\ L_\zeta&=-I_{\zeta\xi}\omega_\xi-I_{\eta\zeta}\omega_\eta+I_\zeta\omega_\zeta\end{aligned}\right\}$$

と書ける．座標系 O-$\xi\eta\zeta$ の各軸を慣性主軸にとっているので，慣性乗積はすべてゼロで，$\boldsymbol{L}$ の成分は単に

$$L_\xi=I_\xi\omega_\xi,\qquad L_\eta=I_\eta\omega_\eta,\qquad L_\zeta=I_\zeta\omega_\zeta \tag{9·28}$$

となる．また角運動量の時間的な変化割合は，位置ベクトルの変化割合を導いたのと同様の考え方で

$$\frac{d\boldsymbol{L}}{dt}=(\dot{L}_\xi \boldsymbol{i}+\dot{L}_\eta \boldsymbol{j}+\dot{L}_\zeta \boldsymbol{k})+\boldsymbol{\omega}\times\boldsymbol{L}$$

$$=(I_\xi\dot{\omega}_\xi \boldsymbol{i}+I_\eta\dot{\omega}_\eta \boldsymbol{j}+I_\zeta\dot{\omega}_\zeta \boldsymbol{k})+\begin{vmatrix} \boldsymbol{i} & \boldsymbol{j} & \boldsymbol{k} \\ \omega_\xi & \omega_\eta & \omega_\zeta \\ I_\xi\omega_\xi & I_\eta\omega_\eta & I_\zeta\omega_\zeta \end{vmatrix} \tag{9·29}$$

したがって回転の運動方程式(**9·23**)はO-$\xi\eta\zeta$座標系の成分を用いて

$$\left.\begin{aligned} I_\xi\frac{d\omega_\xi}{dt}-(I_\eta-I_\zeta)\,\omega_\eta\omega_\zeta=N_\xi \\ I_\eta\frac{d\omega_\eta}{dt}-(I_\zeta-I_\xi)\,\omega_\zeta\omega_\xi=N_\eta \\ I_\zeta\frac{d\omega_\zeta}{dt}-(I_\xi-I_\eta)\,\omega_\xi\omega_\eta=N_\zeta \end{aligned}\right\} \tag{9·30}$$

と書ける．これを**オイラーの運動方程式**（Euler's equations of motion）と呼んでいる．

1. 固定点に働く拘束力

剛体の運動量を$\boldsymbol{P}$，これに働く外力を$\boldsymbol{F}$，固定点に働く拘束力を$\boldsymbol{R}$とすれば，式(**8·4**)によって

$$\frac{d\boldsymbol{P}}{dt}=\boldsymbol{F}+\boldsymbol{R},\qquad \boldsymbol{P}=\int_V\frac{d\boldsymbol{r}}{dt}dm \tag{9·31}$$

$\boldsymbol{P}$の時間的な変化割合は$d\boldsymbol{r}/dt=\boldsymbol{\omega}\times\boldsymbol{r}$の関係を用いて

$$\frac{d\boldsymbol{P}}{dt}=\frac{d}{dt}\int\frac{d\boldsymbol{r}}{dt}dm=\frac{d}{dt}\left[\boldsymbol{\omega}\times\int_V\boldsymbol{r}dm\right]$$

となるので，式(**9·31**)は

$$\frac{d}{dt}\left[\boldsymbol{\omega}\times\int_V\boldsymbol{r}dm\right]=\boldsymbol{F}+\boldsymbol{R} \tag{9·32}$$

と書ける．剛体の重心の位置を$\boldsymbol{r}_G=\xi_G\boldsymbol{i}+\eta_G\boldsymbol{j}+\zeta_G\boldsymbol{k}$で表わせば，$\int_V\boldsymbol{r}dm=M\boldsymbol{r}_G$（$M$は剛体の全質量）で，式(**9·32**)から固定点における拘束力は

$$R = -F + M\frac{d}{dt}[\omega \times r_G] \tag{9·33}$$

となる．

2. ジャイロスタット

円板のように中心軸に関して回転対称な物体が中心軸のまわりに高速で回転する場合を考える．この物体の重心を原点とし，回転軸をζ軸とする運動座標系O-$\xi\eta\zeta$を物体に固定してとる．そして，この回転体が，図**9·14**のように，重心を通って$\xi\eta$面に含まれるX軸のまわりに回転し，さらに全体がX軸に垂直なY軸のまわりに回転できるものとする．このように，高速で回転する物体の重心を空間の一点に固定した装置を**ジャイロスタット**（gyrostat）という．これに対して，回転対称軸の上に置いて，重心以外の点が空間に固定された回転体を**ジャイロスコープ**（gyroscope）と呼んでいる．

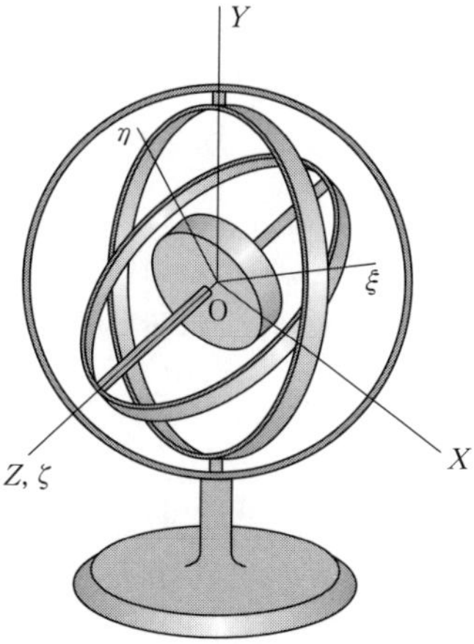

図9·14 ジャイロスタット

ジャイロスタットの固定点を固定座標系O-xyzの原点にとれば，式(**9·30**)はそのまま成立し，ζ軸に関して回転対称であれば$I_\xi = I_\eta$である．物体の重心を座標の原点にとっているので，重力によるモーメントは作用せず，拘束力によるモーメントも与えていないので，式(**9·30**)は

$$\left.\begin{aligned} I_\xi\frac{d\omega_\xi}{dt} - (I_\xi - I_\zeta)\,\omega_\eta\omega_\zeta = 0 \\ I_\xi\frac{d\omega_\eta}{dt} - (I_\zeta - I_\xi)\,\omega_\zeta\omega_\xi = 0 \\ I_\zeta\frac{d\omega_\zeta}{dt} = 0 \end{aligned}\right\} \tag{9·34}$$

となる．第三式によって

$$\omega_\zeta = \Omega \quad (一定) \tag{9·35}$$

Ωは回転体に与えた角速度で，常に一定に保たれている．この結果を用いると，式(**9·34**)の他の二式は

$$\left.\begin{aligned} I_\xi \frac{d\omega_\xi}{dt} - (I_\xi - I_\zeta)\Omega\omega_\eta = 0 \\ I_\xi \frac{d\omega_\eta}{dt} - (I_\zeta - I_\xi)\Omega\omega_\xi = 0 \end{aligned}\right\} \tag{9·36}$$

で，この両式から ω_η を消去して

$$\frac{d^2\omega_\xi}{dt^2} + \frac{(I_\xi - I_\zeta)^2\Omega^2}{I_\xi{}^2}\omega_\xi = 0 \tag{9·37}$$

が得られる．この式は単振動の式(**10·1**)（**10·2** 節参照）で，解は任意定数 A, φ を用いて

$$\omega_\xi = A\sin(\lambda t + \varphi) \tag{9·38}$$

で与えられる．λ は角振動数で

$$\lambda = \frac{|I_\xi - I_\zeta|}{I_\xi}\Omega \tag{9·39}$$

式(**9·38**)を式(**9·36**)の第一式に代入すれば

$$\omega_\eta = A\cos(\lambda t + \varphi) \tag{9·40}$$

時刻 $t=0$ で $\omega_\xi = \omega_\eta = 0$ のとき $A=0$ で，その後も常に $\omega_\xi = \omega_\eta = 0$ である．すなわち，はじめジャイロスタットの回転軸を一定の方向へ向けて静かに放せば，以後はいつまでも回転軸の方向に変化が起こらない．これはジャイロスタットの重要な性質の一つで，ジャイロコンパスをはじめ，いろいろの応用がある．

3. ジャイロスコープの歳差運動

次に，回転する物体の重心が固定点と一致しないジャイロスコープの定常な歳差運動を考えてみよう．図 **9·15** のように，ジャイロは ζ 軸のまわりに角速度 Ω で回転しながら，空間に固定された z 軸のまわりに θ の角度をなして角速度 μ で旋回しており，Ω, μ, θ はどれも時間とともに変化しないで，常に一定であるとする．このように，物体の回転軸が空間に固定された軸のまわりに円すい面を描いて運動するものを**歳差運動**（precession）と呼んでいる．

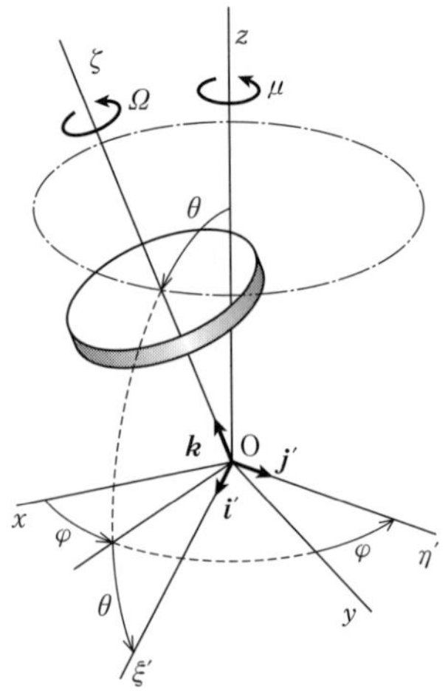

図 9·15 ジャイロスコープの歳差運動

いま，図のように，ジャイロの固定点Oを原点にとり，$z\zeta$ 面内で ζ 軸に垂直に ξ' 軸，この面に垂直に η' 軸をとる．ξ' 軸と ζ 軸まわりの角速度成分はそれぞれ $-\mu \sin\theta$，$\Omega+\mu\cos\theta$ なので，ジャイロの角運動量ベクトルはこれらの軸のまわりの慣性モーメントを $I_{\xi'}$，I_ζ として

$$\boldsymbol{L}=-I_{\xi'}\mu\sin\theta\boldsymbol{i}'+I_\zeta(\Omega+\mu\cos\theta)\boldsymbol{k} \tag{9·41}$$

で与えられる．ここで $\boldsymbol{i}'$，$\boldsymbol{j}'$，$\boldsymbol{k}$ は ξ'，η'，ζ 軸方向の単位ベクトルを表わす．歳差運動の角速度もベクトルで

$$\boldsymbol{\mu}=\mu(-\boldsymbol{i}'\sin\theta+\boldsymbol{k}\cos\theta) \tag{9·42}$$

と書くことができる．ベクトル $\boldsymbol{i}'$，$\boldsymbol{k}$ の回転による時間的な変化割合は

$$\frac{d\boldsymbol{i}'}{dt}=\boldsymbol{\mu}\times\boldsymbol{i}'=\mu(-\boldsymbol{i}'\sin\theta+\boldsymbol{k}\cos\theta)\times\boldsymbol{i}'=\mu\cos\theta\boldsymbol{j}'$$

$$\frac{d\boldsymbol{k}}{dt}=\boldsymbol{\mu}\times\boldsymbol{k}=\mu(-\boldsymbol{i}'\sin\theta+\boldsymbol{k}\cos\theta)\times\boldsymbol{k}=\mu\sin\theta\boldsymbol{j}'$$

Ω，μ，θ は時間について一定なので，式(**9·41**)の時間的な変化の割合は

$$\frac{d\boldsymbol{L}}{dt}=[-I_{\xi'}\mu^2\sin\theta\cos\theta+I_\zeta\mu(\Omega+\mu\cos\theta)\sin\theta]\boldsymbol{j}' \tag{9·43}$$

で，この式の右辺を式(**9·41**)と式(**9·42**)を用いて

$$\frac{d\boldsymbol{L}}{dt}=\boldsymbol{\mu}\times\boldsymbol{L} \tag{9·44}$$

と書くことができる．角運動量ベクトルの大きさ L が一定で，z 軸のまわりに角速度 μ の定常な歳差運動をするためには，式(**9·44**)が満足される必要があり，式(**9·23**)と式(**9·44**)から

$$\boldsymbol{\mu}\times\boldsymbol{L}=\boldsymbol{N} \tag{9·45}$$

のモーメントが加えられなければならない．これが**ジャイロ効果**（gyroscopic effect）と呼ばれる現象である．このモーメントの大きさは，式(**9·43**)により

$$N=-I_{\xi'}\mu^2\sin\theta\cos\theta+I_\zeta\mu(\Omega+\mu\cos\theta)\sin\theta \tag{9·46}$$

で，η' 軸の方向を向いている．ジャイロに N，Ω，θ の諸量が与えられるとき，式(**9·46**)によって歳差運動の角速度 μ が求まるが，とくに $N=0$ のときは

$$\mu=-\frac{\Omega}{\cos\theta}\frac{I_\zeta}{I_\zeta-I_{\xi'}} \tag{9·47}$$

で，歳差運動は外部からモーメントを加えなくても起こり得ることがわかる．角度 θ が 90° 以下では，$I_\zeta<I_{\xi'}$ のとき μ と Ω とは同符号，$I_\zeta>I_{\xi'}$ になると μ と Ω は逆

符号の運動となる．このように，モーメントの作用を受けないで起こる歳差運動を**自由歳差運動**（free precession）と呼んでいる．

$\theta=90^\circ$ のときは，式(**9·46**)により $N=I_\xi\mu\Omega$ で，このとき三つのベクトル $\boldsymbol{L}$，$\boldsymbol{N}$，$\boldsymbol{\mu}$ は図 **9·16** のように互いに直交し，かつこの順序で右ねじの関係にある．

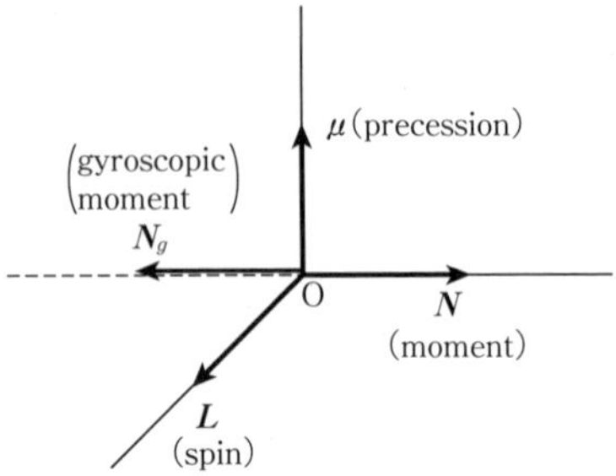

図 9·16　ジャイロモーメント

以上のように，ジャイロに歳差運動を持続させるためには，外部から一定のモーメント $\boldsymbol{N}$ を加えなければならないが，逆にその反作用として，ジャイロは外部に対して $\boldsymbol{N}$ と大きさが等しくて，向きが反対ないわゆる**ジャイロモーメント**（gyroscopic moment）

$$\boldsymbol{N}_g=-\boldsymbol{N} \tag{9·48}$$

の働きをおよぼしている．

〔**例題 9·9**〕 船の蒸気タービンが，毎秒 50 回の速度で船尾からみて時計まわりに回転している．タービンの回転部分の慣性モーメントが 150［kg·m^2］であるとすれば，船が 10 秒間に 1 回転する速さで左へ旋回するとき，船体にはどのようなジャイロモーメントが働くか．その大きさと方向を求めよ．

〔**解**〕 式(**9·46**)と式(**9·48**)により，$\theta=90^\circ$ として

$$N_g=I_\xi\mu\Omega=150\times(2\pi/10)\times(2\pi\times 50)=30 \quad [\mathrm{kN\cdot m}]$$

の大きさのモーメントが船首を上げる方向に働く．

4. ジャイロスコープの一般的な運動

角度 θ が時間とともに変化する一般的な運動を考えてみよう．ジャイロスコープの角速度ベクトルは，各座標軸の方向の成分を用いて

$$\omega=\omega_{\xi'}\boldsymbol{i}'+\omega_{\eta'}\boldsymbol{j}'+\omega_\zeta\boldsymbol{k} \tag{9·49}$$

と書ける．式(**4·48**)によって，これらの角速度成分とオイラー角の間には

$$\omega_{\xi'}=-\dot{\varphi}\sin\theta, \qquad \omega_{\eta'}=\dot{\theta}, \qquad \omega_\zeta=\dot{\varphi}\cos\theta+\dot{\psi} \tag{9·50}$$

の関係があるので，角運動量ベクトルは

$$\boldsymbol{L}=L_{\xi'}\boldsymbol{i}'+L_{\eta'}\boldsymbol{j}'+L_\zeta\boldsymbol{k}$$

$$L_{\xi'}=-I_{\xi'}\dot{\varphi}\sin\theta, \quad L_{\eta'}=I_{\xi'}\dot{\theta}, \quad L_\zeta=I_\zeta(\dot{\varphi}\cos\theta+\dot{\psi}) \tag{9·51}$$

となる．一方，座標系 O-$\xi'\eta'\zeta$ の角速度ベクトルは

$$\boldsymbol{\omega}' = -\dot{\varphi}\sin\theta\boldsymbol{i}' + \dot{\theta}\boldsymbol{j}' + \dot{\varphi}\cos\theta\boldsymbol{k} \tag{9·52}$$

で，式(**9·29**)により角運動量の時間的変化割合とジャイロの固定点まわりのモーメント $\boldsymbol{N}$ との間に

$$\frac{d\boldsymbol{L}}{dt} = (\dot{L}_{\xi'}\boldsymbol{i}' + \dot{L}_{\eta'}\boldsymbol{j}' + \dot{L}_{\zeta}\boldsymbol{k}) + \boldsymbol{\omega}' \times \boldsymbol{L} = \boldsymbol{N} \tag{9·53}$$

の関係がある．これを各軸方向の成分で書いて

$$\left.\begin{aligned}
&-I_{\xi'}\ddot{\varphi}\sin\theta - 2I_{\xi'}\dot{\varphi}\dot{\theta}\cos\theta + I_{\zeta}(\dot{\varphi}\cos\theta + \dot{\psi})\dot{\theta} = N_{\xi'} \\
&I_{\xi'}\ddot{\theta} + [(I_{\zeta} - I_{\xi'})\dot{\varphi}\cos\theta + I_{\zeta}\dot{\psi}]\dot{\varphi}\sin\theta = N_{\eta'} \\
&I_{\zeta}\frac{d}{dt}(\dot{\varphi}\cos\theta + \dot{\psi}) = N_{\zeta}
\end{aligned}\right\} \tag{9·54}$$

が得られる．ジャイロの回転が高速であれば，$\dot{\psi}$ に比べて他の項は小さいので，これらを省略して

$$I_{\zeta}\dot{\theta}\dot{\psi} = N_{\xi'}, \quad I_{\zeta}\dot{\varphi}\dot{\psi}\sin\theta = N_{\eta'}, \quad I_{\zeta}\ddot{\psi} = N_{\zeta} \tag{9·55}$$

となる．

5. こまの運動

玩具のこまの運動を考えてみよう．こまの接地点は固定されているものとし，この点から重心までの長さを l，こまの質量を m とすれば，こまに働く重力による固定点まわりのモーメントは

$$N_{\xi'} = N_{\zeta} = 0, \quad N_{\eta'} = mgl\sin\theta \tag{9·56}$$

となるので，式(**9·54**)により

$$\left.\begin{aligned}
&I_{\xi'}\ddot{\varphi}\sin\theta + 2I_{\xi'}\dot{\varphi}\dot{\theta}\cos\theta - I_{\zeta}(\dot{\varphi}\cos\theta + \dot{\psi})\dot{\theta} = 0 \\
&I_{\xi'}\ddot{\theta} + [(I_{\zeta} - I_{\xi'})\dot{\varphi}\cos\theta + I_{\zeta}\dot{\psi}]\dot{\varphi}\sin\theta = mgl\sin\theta \\
&I_{\zeta}\frac{d}{dt}(\dot{\varphi}\cos\theta + \dot{\psi}) = 0
\end{aligned}\right\} \tag{9·57}$$

この最後の式によって

$$\dot{\varphi}\cos\theta + \dot{\psi} = \Omega \ (\text{一定}) \tag{9·58}$$

で，こまはどんな運動をしていても，中心軸のまわりの角速度は変化することがない．式(**9·58**)の $\dot{\psi}$ を式(**9·57**)の第一, 二式に代入すれば，φ と θ に関する連立微分方程式が得られるが，式が複雑で，これからこまの運動を調べることはむずかしい．そこで見方を変えて，運動しているこまの運動エネルギーを考えてみると

$$T=\frac{1}{2}\left(I_{\xi'}\omega_{\xi'}{}^2+I_{\xi'}{}^2\omega_{\eta'}{}^2+I_\zeta\omega_{\zeta}{}^2\right)=\frac{1}{2}\left[I_{\xi'}\left(\dot{\varphi}^2\sin^2\theta+\dot{\theta}^2\right)+I_\zeta\Omega^2\right]$$

(9·59)

ポテンシャルエネルギーは

$$U=mgl\cos\theta \quad \textbf{(9·60)}$$

で，全エネルギーは

$$E=\frac{1}{2}I_\zeta\Omega^2+\frac{1}{2}I_{\xi'}\left(\dot{\theta}^2+\dot{\varphi}^2\sin^2\theta\right)+mgl\cos\theta \quad \textbf{(9·61)}$$

となる．これに対して，z 軸に関するこまの角運動量は

$$L_z=-L_{\xi'}\sin\theta+L_\zeta\cos\theta=I_{\xi'}\dot{\varphi}\sin^2\theta+I_\zeta\Omega\cos\theta \quad \textbf{(9·62)}$$

であるが，こまに働く重力は z 軸に平行で，そのまわりにモーメントをつくらないので，L_z は一定となる．この式から $\dot{\varphi}$ を求めると

$$\dot{\varphi}=\frac{L_z-I_\zeta\Omega\cos\theta}{I_{\xi'}\sin^2\theta} \quad \textbf{(9·63)}$$

これをエネルギーの式(**9·61**)に代入して φ を消去すると

$$I_{\xi'}{}^2\sin\theta\left(\frac{d\theta}{dt}\right)^2=-(L_z-I_\zeta\Omega\cos\theta)^2+I_{\xi'}\left(2E-I_\zeta\Omega^2-2mgl\cos\theta\right)\sin^2\theta$$

(9·64)

となる．$u=\cos\theta$ とおけば，$\dot{u}=-\dot{\theta}\sin\theta$ であるから，式(**9·64**)は

$$I_{\xi'}{}^2\left(\frac{du}{dt}\right)^2=-(L_z-I_\zeta\Omega u)^2+I_{\xi'}\left(2E-I_\zeta\Omega^2-2mglu\right)\left(1-u^2\right)=f(u)$$

(9·65)

開平して $I_{\xi'}(du/dt)=\pm\sqrt{f(u)}$ となる．これを積分すれば

$$t=t_0\pm\int_{\theta_0}^{\theta}\frac{I_{\xi'}du}{\sqrt{f(u)}} \quad \textbf{(9·66)}$$

で，t と θ との関係が求められるが，この積分は初等関数で表わせないので，被積分関数の性質のみを調べてみる．

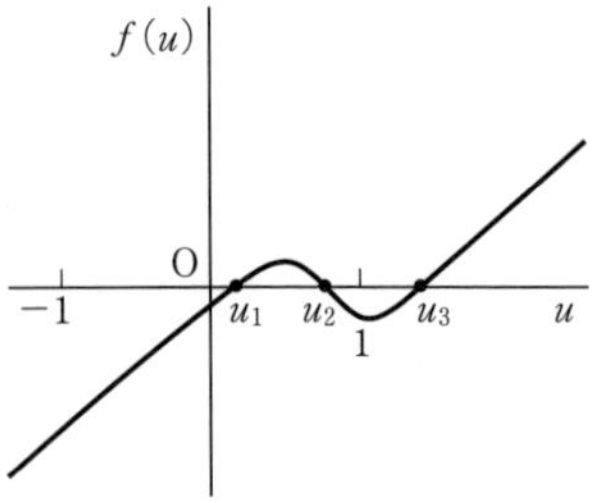

図 9·17　関数 $f(u)$ の変化

$f(u)$ は u の三次式で，$u\to\pm\infty$ のとき $f(u)\to\pm\infty$，$u=\pm1$ のとき $f(u)=-(L_z-I_\zeta\Omega)^2<0$ であるから，図 **9·17** のような曲線となる．角度 θ が存在するためには $|u|\leqq 1$ である必要があ

り，$f(u)$ は $-1 \leqq u_1 < u_2 \leqq 1$，$1 < u_3$ の三つの実根をもたなければならない．このような根が存在するとき，θ は $\theta_1 = \cos^{-1} u_1$ と $\theta_2 = \cos^{-1} u_2$ の間を変化し，こまの軸の頂点は図 **9·18** のように

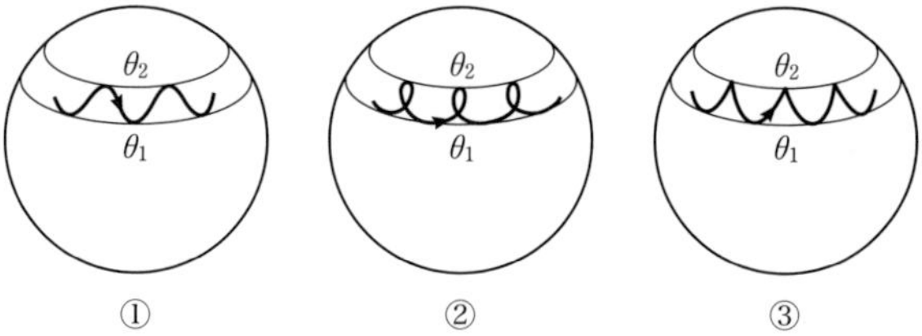

図 9·18　こまの頂点の運動

① 角度 θ_1 と θ_2 で一定の二つの小円で接する運動
② 途中でループを描く運動
③ 角度 θ_2 で尖点をもつ運動

といった三つの形の運動をする．とくに u_1 と u_2 が等根であるときは，角度 θ が一定，かつ式(**9·63**)により $\dot{\varphi}$ も一定で，こまには定常な歳差運動が起こる．これらの運動のうちでどれが起こるかは，こまの質量や形状のほか，Ω，L_z，E といった初期条件の与え方によって決まる．この θ の運動を**章動**（nutation）と呼んでいる．

中心軸のまわりに角速度 $\Omega(=\dot{\psi})$ で等速回転するこまが，鉛直な z 軸と一定の角度 θ をなしてその軸のまわりに一定速度 $\mu(=\dot{\varphi})$ で歳差運動する場合は，式(**9·57**)の第二式より

$$[(I_\zeta - I_{\xi'})\mu\cos\theta + I_\zeta\Omega]\mu = mgl \qquad (9\cdot67)$$

で，この式から μ を解いて，遅速二つの旋回速度

$$\mu = \frac{-I_\zeta\Omega \pm \sqrt{{I_\zeta}^2\Omega^2 + 4(I_\zeta - I_{\xi'})mgl\cos\theta}}{2(I_\zeta - I_{\xi'})\cos\theta} \qquad (9\cdot68)$$

が求められる．とくに $\theta = 90°$ のときは，式(**9·67**)により

$$\mu = \frac{mgl}{I_\zeta\Omega} \qquad (9\cdot69)$$

で，速いほうの旋回速度は無限大となる．重力によるモーメントが働かないときは，式(**9·67**)の右辺はゼロで，旋回の速度は

$$\mu_0 = -\frac{I_\zeta\Omega}{(I_\zeta - I_{\xi'})\cos\theta} \qquad (9\cdot70)$$

$\theta < 90°$ のとき，$I_\zeta \gtreqless I_{\xi'}$ にしたがって，μ_0 は Ω と同符号か逆符号となり，歳差運動の向きが変わる．

〔**例題9・10**〕 直径 $d=7$ [cm]，質量 $m=0.15$ [kg] の円板でつくられたこまが，毎秒50回転の角速度で支点を通る水平面内で歳差運動している．支点から重心までの長さが $l=4$ [cm] のとき，歳差運動の速さはいくらか．

〔**解**〕 円板の中心軸まわりの慣性モーメントは $I_\xi=(1/8)md^2$，したがって式(**9・69**)により

$$\mu=\frac{8gl}{d^2\Omega}=\frac{8\times981\times4}{7^2\times(2\pi\times50)}=2.0 \quad [\text{rad/s}]$$

で，ほぼ3秒に1回の速さで運動する．

9章 演習問題

9・1 図**9・19**に示す等脚台形板の x–x 軸，x'–x' 軸および y–y 軸まわりの慣性モーメントを計算せよ．

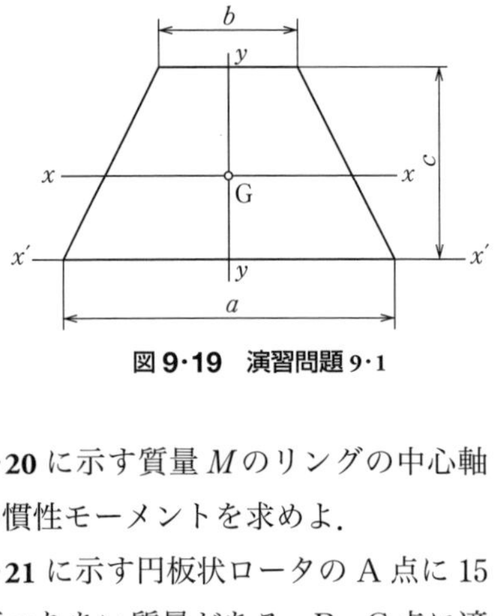

図**9・19** 演習問題**9・1**

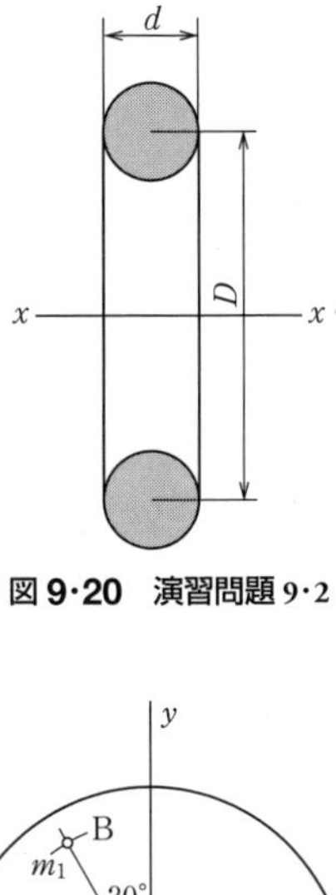

図**9・20** 演習問題**9・2**

9・2 図**9・20**に示す質量 M のリングの中心軸まわりの慣性モーメントを求めよ．

9・3 図**9・21**に示す円板状ロータのA点に15 [g] の不つりあい質量がある．B，C点に適当な質量を取り付けてつりあわせるためにはどれだけの質量が必要か．

9・4 水平面と θ の傾きをもつ斜面に，半径 r，質量 m の円柱と球を置くと，どちらが早く斜面を転がり降りるか．物体と斜面の間にすべりは起こらないものとする．

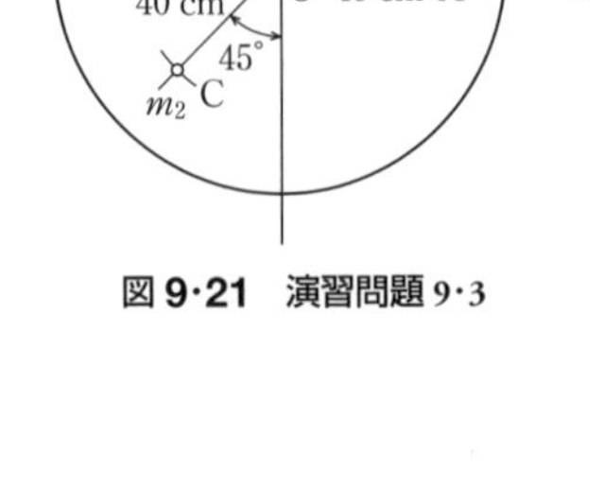

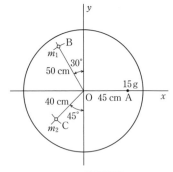

図**9・21** 演習問題**9・3**

9·5　図 9·22 のように，半径 r，質量 m の円柱が角速度 ω で転がってかたい突起に衝突するとき，この物体が突起を乗り越えないためにはいくらの高さが必要か．

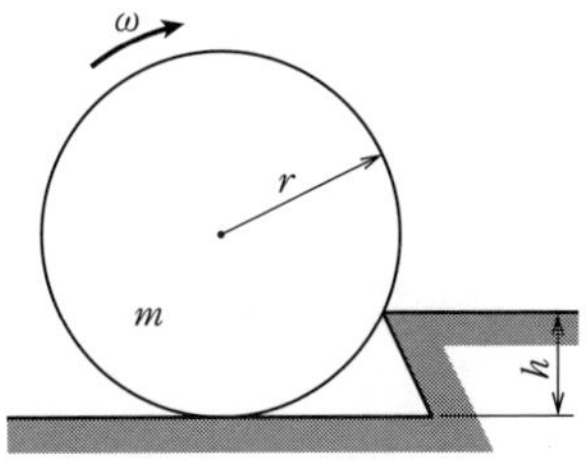

図 9·22　演習問題 9·5

9·6　自動車のフライホイール（慣性モーメント J）が後からみて反時計まわりに ω の角速度で回転している．この自動車が速度 V で半径 R のカーブを左へ曲がるとき，自動車にはどのようなジャイロモーメントが働くか．

10

振動

一定の時間ごとに同じ運動を繰り返す現象を振動という．これに関する例はすでに何度もでてきたが，振動問題は力学を実際に応用する上でもきわめて重要であり，かつ興味深い問題なので，この章でくわしく説明する．

10・1　単振動

一定の時間ごとに同じ現象が繰り返される振動を**周期運動**（periodic motion）といい，その時間間隔 T を**周期**（period）と呼んでいる．周期運動のうちで最も簡単なものは，**5・2** 節に述べた

$$x = A\sin(\omega t + \varphi) \tag{10・1}$$

のように，図 **10・1** に示す正弦関数や余弦関数で表わされる**単振動**（simple harmonic motion）で，複雑な波形の周期運動もすべて三角関数を重ねあわせて表わすことができる．式(**10・1**)の A は中立の位置からの最大変化量で，これを**振幅**（amplitude）と呼んでいる．ω は定数で，正弦関数の周期が 2π であることから

$$\omega = \frac{2\pi}{T} \tag{10・2}$$

これを**角振動数**（angular frequency）あるいは**円振動数**（circular frequency）といい，［rad/s］の単位をもっている．$\omega t + \varphi$ は**位相角**(phase angle）で，このうち φ は初期位相角を表わす．単位時間における振動の回数は周期の逆数に等しく

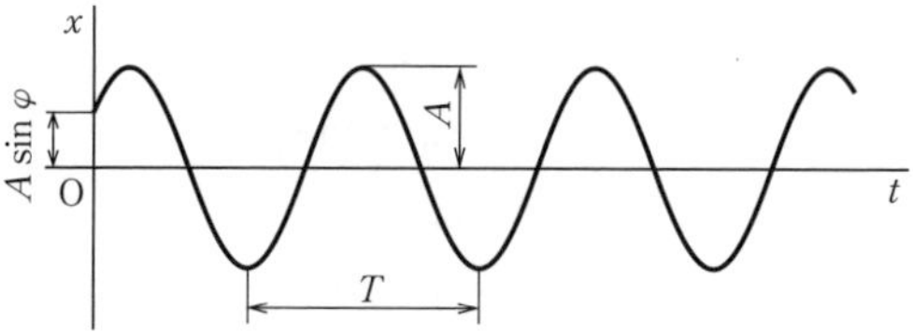

図 10・1　単振動

$$f=\frac{1}{T}=\frac{\omega}{2\pi} \tag{10·3}$$

で，これを（実用）**振動数**（frequency）といい，［Hz］（サイクル毎秒）の単位で測られる．物体の速度は，式(**10·1**)を時間で微分して得られ

$$v=\dot{x}=A\omega\cos(\omega t+\varphi)=A\omega\sin\left(\omega t+\varphi+\frac{\pi}{2}\right) \tag{10·4}$$

加速度は，さらにこの式を微分して得られる．すなわち

$$a=\ddot{x}=-A\omega^2\sin(\omega t+\varphi)=A\omega^2\sin(\omega t+\varphi+\pi) \tag{10·5}$$

図 **10·2** にみるように，速度および加速度の最大値（振幅）はそれぞれ変位の ω 倍，ω^2 倍で，位相は変位に比べて 90°，180° だけ進んでいる．

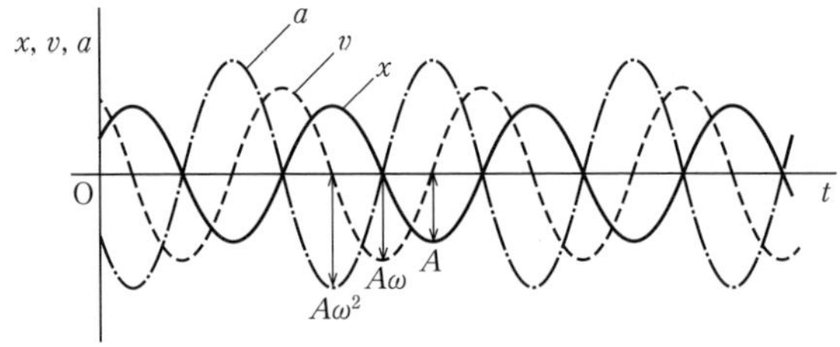

図 10·2 単振動

振幅が A，角振動数が ω の単振動は，図 **10·3** のように大きさが A に等しく，角速度 ω で反時計まわりに回転するベクトル $\boldsymbol{A}$ の二つの直交軸への正射影とみなすことができる．すなわち，図のように，ある時刻 t においてベクトル $\boldsymbol{A}$ が x 軸となす角を $\omega t+\varphi$ とすれば，二つの軸への正射影はそれぞれ

$$\left.\begin{aligned} x&=A\cos(\omega t+\varphi)\\ y&=A\sin(\omega t+\varphi)\end{aligned}\right\} \tag{10·6}$$

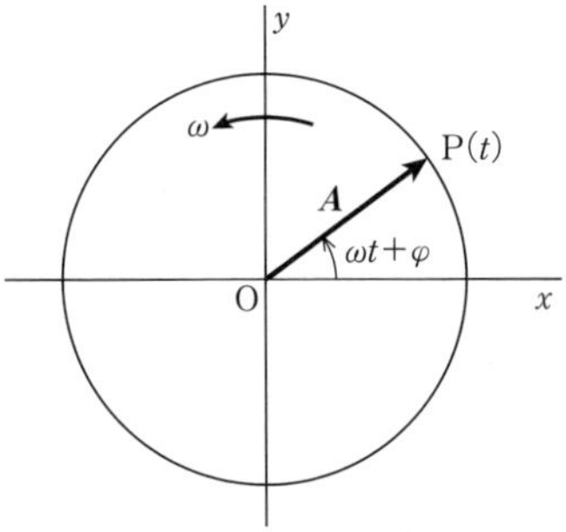

図 10·3 回転ベクトル

で表わされる．また x 軸を実数軸，y 軸を虚数軸とすれば，ベクトル $\boldsymbol{A}$ は複素量で

$$\begin{aligned}\boldsymbol{A}&=A\cos(\omega t+\varphi)+jA\sin(\omega t+\varphi)=Ae^{j(\omega t+\varphi)}\\ &=\tilde{A}e^{j\omega t}\quad(\tilde{A}=Ae^{j\varphi})\end{aligned} \tag{10·7}$$

とも書ける．$\tilde{A}$ は振幅 A と初期位相角 φ を含んでおり，**複素振幅**（complex amplitude）と呼ばれている．

いま等しい振動数で同一方向に振動する二つの単振動を

$$x_1=A_1\sin(\omega t+\varphi_1),\quad x_2=A_2\sin(\omega t+\varphi_2) \tag{10·8}$$

で表わし，それぞれの関数を展開して加えたのち，再びまとめると

$$\begin{aligned} x_1 + x_2 &= (A_1 \cos \varphi_1 + A_2 \cos \varphi_2) \sin \omega t + (A_1 \sin \varphi_1 + A_2 \sin \varphi_2) \cos \omega t \\ &= A \cos \varphi \sin \omega t + A \sin \varphi \cos \omega t = A \sin(\omega t + \varphi) \end{aligned} \quad \textbf{(10·9)}$$

となり，元の振動数と等しい振動数の単振動が得られる．このとき合成された振幅の大きさは

$$A = \sqrt{(A_1 \cos \varphi_1 + A_2 \cos \varphi_2)^2 + (A_1 \sin \varphi_1 + A_2 \sin \varphi_2)^2} \quad \textbf{(10·10)}$$

位相角は

$$\varphi = \tan^{-1} \frac{A_1 \sin \varphi_1 + A_2 \sin \varphi_2}{A_1 \cos \varphi_1 + A_2 \cos \varphi_2} \quad \textbf{(10·11)}$$

によって計算される．

次に式(**10·8**)の二つの単振動を互いに直角に合成してみよう．そのために，この式を

$$\left. \begin{aligned} \frac{x_1}{A_1} &= \cos \varphi_1 \sin \omega t + \sin \varphi_1 \cos \omega t \\ \frac{x_2}{A_2} &= \cos \varphi_2 \sin \omega t + \sin \varphi_2 \cos \omega t \end{aligned} \right\}$$

と書き直し，第一式に $\sin \varphi_2$ を，第二式に $\sin \varphi_1$ を乗じて差し引けば

$$\frac{x_1}{A_1} \sin \varphi_2 - \frac{x_2}{A_2} \sin \varphi_1 = \sin(\varphi_2 - \varphi_1) \sin \omega t$$

第一式に $\cos \varphi_2$ を，第二式に $\cos \varphi_1$ を乗じて差し引けば

$$\frac{x_1}{A_1} \cos \varphi_2 - \frac{x_2}{A_2} \cos \varphi_1 = -\sin(\varphi_2 - \varphi_1) \cos \omega t$$

こうして得られた二つの式の両辺を平方して加えあわせると

$$\left(\frac{x_1}{A_1}\right)^2 + \left(\frac{x_2}{A_2}\right)^2 - 2\frac{x_1 x_2}{A_1 A_2} \cos(\varphi_2 - \varphi_1) = \sin^2(\varphi_2 - \varphi_1) \quad \textbf{(10·12)}$$

が得られる．式(**10·12**)は楕円の方程式で，二つの振動の振幅と位相差によって種々の形の楕円となる．とくに $\varphi_2 - \varphi_1$ が $90°$ と $270°$ のときは，互いに直角な x_1, x_2 方向に軸をもつ楕円 $(x_1/A_1)^2 + (x_2/A_2)^2 = 1$ となり，$\varphi_2 - \varphi_1$ が $0°$ と $180°$ のときは原点を通る直線 $x_1/A_1 \mp x_2/A_2 = 0$ となる．

〔例題 10·1〕 振幅 3［mm］，振動数 12［Hz］で振動する物体の最大速度と最大加

速度はいくらか．最大加速度が $1g$ を超えないためには，振幅が何ミリメートル以下でなければならないか．

〔**解**〕 最大速度は式(**10･4**)によって $v_{max}=0.3\times(2\pi\times12)=22.6$ [cm/s]，最大加速度は式(**10･5**)によって $a_{max}=0.3\times(2\pi\times12)^2=1703.7$ [cm/s^2] である．最大加速度が $1g$ を超えないためには，$a_{max}=A\omega^2\leqq981$ [cm/s^2] により，振動の振幅が $A=981/(2\pi\times12)^2=1.73$ [mm] 以下でなくてはならない．

〔**例題 10･2**〕 一つの単振動 $10\sin\omega t$ を，これより位相が 30° 進んだ振動と 90° 遅れた振動の成分に分解せよ．

〔**解**〕 二つの振動の振幅を A_1，A_2 とすれば，題意によって

$$\begin{aligned}10\sin\omega t&=A_1\sin(\omega t+30^\circ)+A_2\sin(\omega t-90^\circ)\\&=A_1\cos30^\circ\sin\omega t+(A_1\sin30^\circ-A_2)\cos\omega t\\&=\frac{\sqrt{3}}{2}A_1\sin\omega t+\left(\frac{1}{2}A_1-A_2\right)\cos\omega t\end{aligned}$$

となる．両辺の $\sin\omega t$ と $\cos\omega t$ の係数を等しくおくことによって，$A_1=11.5$，$A_2=5.8$ となる．

10･2 不減衰系の自由振動

1. 直線振動

図 **10･4** のように一端を固定し，他端に物体を吊った軽いばねを考える．無負荷の状態のばねに質量 m の物体を吊ると重力 mg のため

$$\delta_{st}=\frac{mg}{k} \tag{10･13}$$

だけ伸びる．物体がこの平衡位置を中心として上下に振動するものとして，その動きを x とすれば，物体には無負荷の状態からのばねの伸び $x+\delta_{st}$ に比例する力と重力が作用するので，運動方程式は

$$m\ddot{x}=mg-k(x+\delta_{st})$$

となる．式(**10･13**)によって mg と $k\delta_{st}$ とは互いに相殺

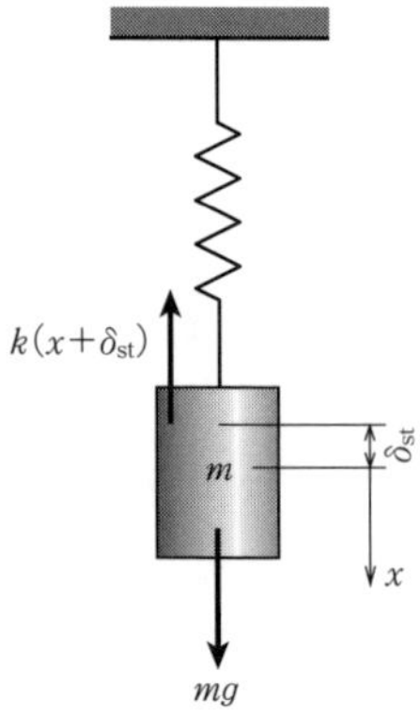

図 10･4 ばねで吊られた物体

されるので，式(**5·18**)あるいは式(**5·19**)と同じ

$$x = C\sin\omega_0 t + C'\cos\omega_0 t = A\sin(\omega_0 t + \varphi) \qquad (\mathbf{10\cdot14})$$

で与えられる．そしてこのときの振動数は

$$f_0 = \frac{1}{2\pi}\sqrt{\frac{k}{m}} \quad \left(\omega_0 = \sqrt{\frac{k}{m}}\right) \qquad (\mathbf{10\cdot15})$$

となる．振動数，あるいはその逆数をとった周期は物体の変位や速度といった運動の状態には関係なく，振動系の定数（質量やばね定数）のみによって決まる．この意味で振動数 f_0 を**固有振動数**（natural frequency）と呼んでいる．式(**10·15**)はまた重力によるばねの静たわみを用いて

$$f_0 = \frac{1}{2\pi}\sqrt{\frac{g}{mg/k}} = \frac{1}{2\pi}\sqrt{\frac{g}{\delta_{st}}} \qquad (\mathbf{10\cdot16})$$

と書くこともできる．この場合には，必ずしも物体の質量とばね定数の値を知る必要もなく，単に静たわみだけがわかれば固有振動数が求められるので大変便利である．

時刻 $t=0$ において，物体が $x=x_0$，$\dot{x}=v_0$ の初期変位と速度をもつときは，式(**10·14**)の積分定数 C，C' は $C=v_0/\omega_0$，$C'=x_0$ となり，物体の変位は

$$\left.\begin{aligned} x &= \frac{v_0}{\omega_0}\sin\omega_0 t + x_0\cos\omega_0 t \\ &= \sqrt{{x_0}^2 + (v_0/\omega_0)^2}\,\sin(\omega_0 t + \varphi) \\ \varphi &= \tan^{-1}\left(\frac{x_0}{v_0/\omega_0}\right) \end{aligned}\right\} \qquad (\mathbf{10\cdot17})$$

で，図 **10·1** に示す単振動となる．物体を x_0 だけ変位させて静かに放す（$v_0=0$）ときは，単に $x=x_0\cos\omega_0 t$（$\varphi=90°$）となる．

このように振動系にばねの復原力以外，外部からなんらの力も作用しないときの振動を**自由振動**（free vibration）と呼んでいる．機械や構造物の振動を調べるために自由振動の性質をよく知っておくことが大切である．

〔**例題 10·3**〕 機械をいくつかのばねで支えたところ，機械の重力でばねが一様に 4［mm］圧縮された．この機械の固有振動数はいくらか．

〔**解**〕 式(**10·16**)によって

$$f_0 = \frac{1}{2\pi}\sqrt{\frac{981}{0.4}} = 7.9 \ \ [\mathrm{Hz}]$$

となる．

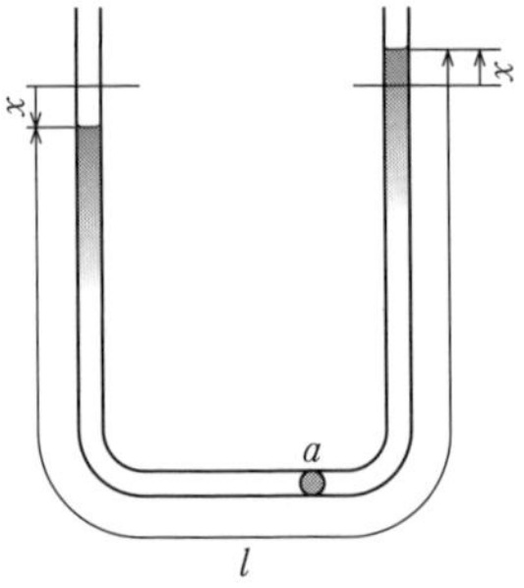

図 10·5 U字管内の液体

〔**例題 10·4**〕 **U字管内の液体の振動** 図 10·5 に示す断面積 a の一様な U 字管に入った液体の振動数はいくらか．U 字管に沿った液柱の長さを l とし，管壁の抵抗を省略して計算せよ．

〔**解**〕 液体の密度を ρ とし，管内の液体の変位を x とすれば，両側の液面の差は $2x$ で，液柱には $-2\rho gax$ の復原力が働くから $\rho al\ddot{x} = -2\rho gax$，すなわち

$$l\ddot{x} + 2gx = 0 \tag{a}$$

の運動方程式が成り立つ．したがって固有振動数は

$$f_0 = \frac{1}{2\pi}\sqrt{\frac{2g}{l}} \tag{b}$$

となる．

2. 回転振動

図 10·6 のように，弾性軸の先端に取り付けられた円板を角度 θ だけねじると，円板にはその角度に比例した大きさの復原トルクが働く．弾性軸を単位の角度（1 [rad]）だけねじるのに必要なトルクを軸のねじりのばね定数といい，直径 d，長さ l，横弾性係数 G の軸では

$$k_t = \frac{G\pi d^4}{32l} \tag{10·18}$$

の大きさをもつ．したがって，円板の中心軸に関する慣性モーメントを J として軸の回転慣性を省略すれば，円板のねじり振動の方程式は

$$J\ddot{\theta} = -k_t\theta \tag{10·19}$$

この場合の固有振動数は

$$f_0 = \frac{1}{2\pi}\sqrt{\frac{G\pi d^4}{32Jl}} \tag{10·20}$$

となる．これを応用したものの例を示そう．

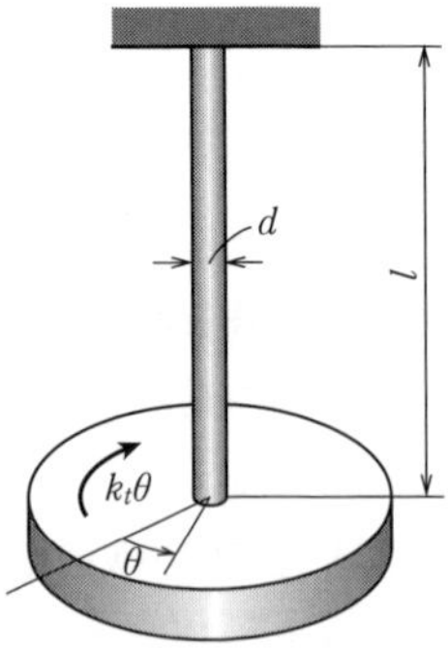

図 10·6 ねじり振動系

〔**例題 10·5**〕 **ねじり振子** 長さ 30 [cm]，直径 2.0 [mm] のピアノ線の先端に機

械の部品を吊り下げてねじったら，4.0 秒の周期で振動した．この部品の慣性モーメントはいくらか．

〔**解**〕 ピアノ線の横弾性係数は $G=80$ ［GPa］である．したがって式(**10·20**)により慣性モーメントは

$$J=\frac{G\pi d^4}{32l}\left(\frac{T}{2\pi}\right)^2=\frac{Gd^4T^2}{128\pi l}=\frac{80\times10^9\times(2\times10^{-3})^4\times4.0^2}{128\times\pi\times0.30}$$

$$=0.17\quad[\mathrm{kg\cdot m^2}]$$

回転振動する振子にはいろいろな種類のものがある．二，三の例をあげておこう．

〔**例題 10·6**〕 **物理振子** 図 **10·7** に示す剛体の一点を水平な軸で支持した振子の固有振動数を求めよ．

〔**解**〕 振子の質量を m，支点のまわりの慣性モーメントを I，支点と重心間の距離を l とすれば，支点と重心を結ぶ直線が鉛直となす角が θ のとき重力による復原モーメント $mgl \sin\theta$ が働くが，振れ角 θ が小さいときは $\sin\theta\approx\theta$ で

$$I\ddot{\theta}+mgl\theta=0 \qquad \text{(a)}$$

と書けるから，固有振動数は

$$f_0=\frac{1}{2\pi}\sqrt{\frac{mgl}{I}} \qquad \text{(b)}$$

となる．式(**5·62**)と比較してわかるように，物理振子の振動数は糸の長さが I/ml の単振子の振動数と同一で，この長さを**相当単振子の長さ** (length of the equivalent simple pendulum) と呼んでいる．

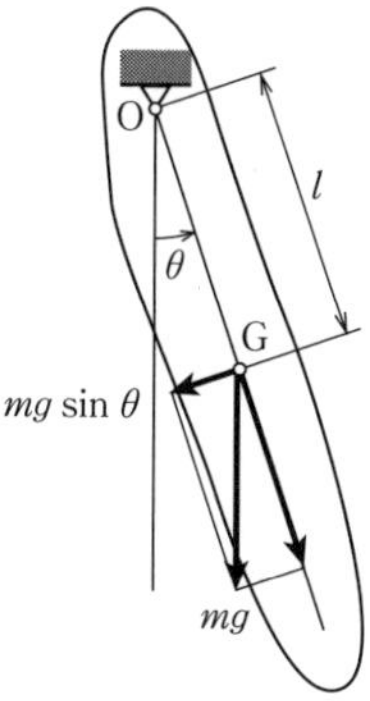

図 **10·7** 物理振子

〔**例題 10·7**〕 **倒立振子** 図 **10·8** に示す軽くてかたいアームがばねで支持された倒立振子の固有振動数を求めよ．

〔**解**〕 振子の質量を m，アームの長さを l，2 個のばね定数を合わせて k，支点からばねまでの高

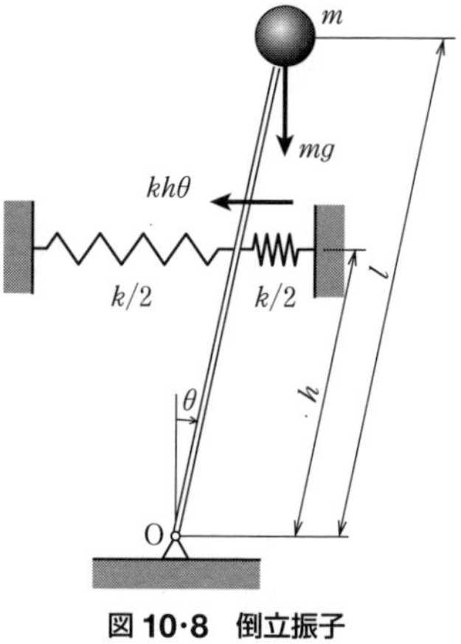

図 **10·8** 倒立振子

さを h とすれば，重力とばねによる支点まわりのモーメントは $mgl\theta - kh^2\theta$ で，運動方程式は

$$ml^2\ddot{\theta} + (kh^2 - mgl)\theta = 0 \tag{a}$$

となる．$kh^2 > mgl$ のとき正の復原モーメントが働いて，固有振動数は

$$f_0 = \frac{1}{2\pi}\sqrt{\frac{kh^2 - mgl}{ml^2}} \tag{b}$$

となるが，$kh^2 < mgl$ になると（負の）転倒モーメントが働き，もはや振動は起こらない．ふつうの振子で長い周期のものをつくる（地震計などへ応用）となると，かなり大きいものになるが，倒立振子ではばね定数や取付位置を適切に設計することによって，どのように長い周期のものでも容易に製作できる．

〔例題 10·8〕 車輪懸架系 図 10·9 は車輪懸架装置のごく簡単な力学モデルである．アームは質量 m の一様な剛体棒で，車輪は直径 D，厚さ H，質量 M の円板であるとして

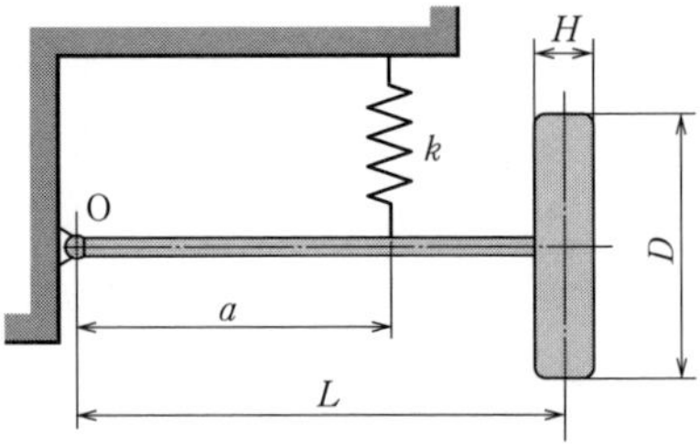

図 10·9 車輪懸架系のモデル

① アームの質量，車輪の慣性モーメントを省略して，固有振動数を概算せよ．

② アームの質量を考慮したらどうなるか．

③ アームの質量と車輪の慣性モーメントを考慮するとどうなるか．

〔解〕 ① 支点まわりの慣性モーメントは $I = ML^2$ なので，運動方程式は

$$ML^2\ddot{\theta} = ka^2\theta \tag{a}$$

したがって，固有振動数は

$$f_0 = \frac{1}{2\pi}\sqrt{\frac{ka^2}{ML^2}} \tag{b}$$

② アームの支点まわりの慣性モーメントは $m(L - H/2)^2/3$ であるから，全体では

$$I = ML^2 + \frac{1}{3}m\left(L - \frac{H}{2}\right)^2 \tag{c}$$

となり，固有振動数は

$$f_0 = \frac{1}{2\pi}\sqrt{\frac{ka^2}{ML^2 + m(L - H/2)^2/3}} \tag{d}$$

③ 円板の重心を通る直径のまわりの慣性モーメントは $M(D^2/16+H^2/12)$〔表**9·3**(**b**)参照〕であるから，支点まわりの慣性モーメントはこれを加えて

$$I=ML^2+M\left(\frac{D^2}{16}+\frac{H^2}{12}\right)+\frac{1}{3}m\left(L-\frac{H}{2}\right)^2 \quad \text{(e)}$$

となる．固有振動数はアームや車輪の慣性モーメントを加味した分だけ低くなる．

3. エネルギー法とその応用

物体の振動を運動方程式とそれから得られる解を用いて調べるよりも，エネルギー保存則

$$T+U=\text{一定} \quad (10\cdot21)$$

を用いたほうがいっそう便利なことがある．式(**10·21**)は

$$T_{\max}+0=0+U_{\max} \quad (10\cdot22)$$

と書くことができる．これは物体が振動する過程で，運動エネルギーとポテンシャルエネルギーとを大きさを変えないで交換しあうことを意味している．単振動 $x=A\sin\omega_0 t$ では

$$T_{\max}=\frac{1}{2}m\omega_0{}^2A^2,\qquad U_{\max}=\frac{1}{2}kA^2 \quad (10\cdot23)$$

であるから，両者を等置して，式(**10·15**)で得たのと同じ固有振動数 $\omega_0=\sqrt{k/m}$ が得られる．

〔**例題 10·9**〕 図**10·10**に示す半径 r_1，r_2，質量 M_1，M_2，慣性モーメント J_1，J_2 の二つの円柱が質量 m のロッドで連結され，ばね k で剛体壁に支えられている．これらの円柱が床面をすべらないで，転がるときの固有振動数はいくらか．

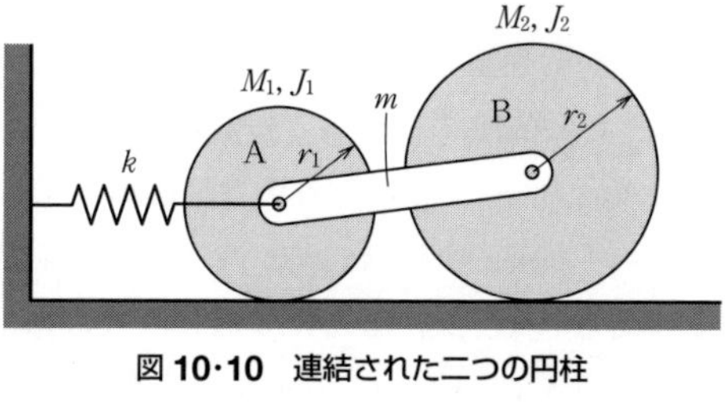

図 10·10 連結された二つの円柱

〔**解**〕 円柱の水平方向の変位を x とし，回転角をそれぞれ θ_1，θ_2 とすれば，この系の並進と回転の全運動エネルギーは

$$T=\frac{1}{2}(m+M_1+M_2)\dot{x}^2+\frac{1}{2}(J_1\dot{\theta}_1{}^2+J_2\dot{\theta}_2{}^2) \quad \text{(a)}$$

円柱が床面をすべらないで，転がるときは $x=r_1\theta_1=r_2\theta_2$ の関係があるから

$$T=\frac{1}{2}(m+M_1+M_2+J_1/{r_1}^2+J_2/{r_2}^2)\dot{x}^2 \tag{b}$$

となる．ばねに貯えられるポテンシャルエネルギーは

$$U=\frac{1}{2}kx^2 \tag{c}$$

であるから，固有振動数は

$$f_0=\frac{1}{2\pi}\sqrt{\frac{k}{m+M_1+M_2+(J_1/{r_1}^2)+(J_2/{r_2}^2)}} \tag{d}$$

となる．

10·3 粘性減衰系の自由振動

1. 減衰運動

実際には理想的な保存系は存在しないで，振動系にはなんらかのエネルギー損失がある．その原因となるものは物体に作用する抵抗で，そのためにいったん引き起こされた振動は力が作用しないかぎり減衰して，やがて物体は静止する．

物体の抵抗にはいろいろの形のものがあるが，代表的な例として，運動の速度に比例する減衰力が作用する場合を考えてみよう．この力は物体が流体中を運動するとき流体の粘性によって起こるもので，**粘性減衰**（viscous damping）と呼んでいる．

また振動や衝撃を緩和するためのダンパとして，逆にこの形の減衰力を利用している．cを粘性減衰係数とすれば，図**10·11**に示す振動系に働く力はばね力$-kx$と，減衰力$-c\dot{x}$とであるから，運動方程式は$m\ddot{x}=-kx-c\dot{x}$あるいは

$$m\ddot{x}+c\dot{x}+kx=0 \tag{10·24}$$

で与えられる．式(**10·24**)は定数係数の線形微分方程式で，C_1，C_2を任意の定数として

$$x=C_1e^{s_1t}+C_2e^{s_2t} \tag{10·25}$$

なる一般解をもつ．s_1，s_2は方程式

$$ms^2+cs+k=0 \tag{10·26}$$

の根で

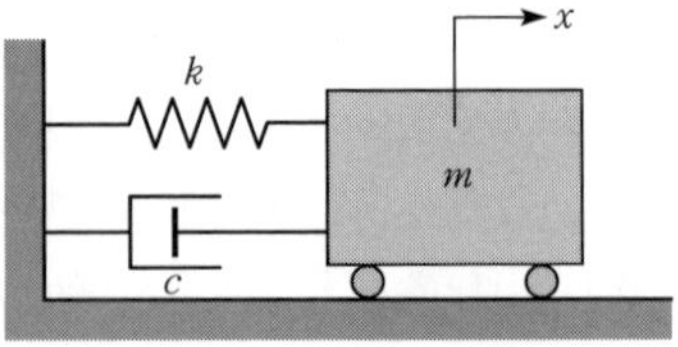

図 10·10 粘性減衰系

$$s_1,\ s_2=-\frac{c}{2m}\pm\sqrt{\left(\frac{c}{2m}\right)^2-\frac{k}{m}} \tag{10·27}$$

$c \geqq 2\sqrt{mk}$ か，$c < 2\sqrt{mk}$ でこれらの根は実数か，あるいは複素数となり，その結果，運動の性質が異なってくる．ちょうど c が $c_C = 2\sqrt{mk}$ となる境界の値を**臨界減衰係数**（critical damping coefficient）といい，この値に対する減衰係数の比 $\zeta = c/c_C$ を**減衰比**（damping ratio）と呼んでいる．ζ はディメンションのない量である．減衰係数の値の大小によって起こる物体の運動を別々に分けて調べてみよう．

① **$c > c_C$（$\zeta > 1$）の場合**　s_1，s_2 は相異なる負の実数で，式(**10·25**)は減衰比と固有振動数を用いて

$$x = C_1 e^{-(\zeta - \sqrt{\zeta^2 - 1})\omega_0 t} + C_2 e^{-(\zeta + \sqrt{\zeta^2 - 1})\omega_0 t} \qquad (10\cdot28)$$

と書くことができる．右辺の二つの項は時間が経過するにつれてゼロとなる指数関数で，図 **10·12**(**a**)のように物体は振動することなく，だんだん変位が減少してやがて停止する．このような運動を**超過減衰**（over damping）運動と呼んでいる．材料のクリープ現象も一種の超過減衰運動である．

② **$c = c_C$（$\zeta = 1$）の場合**　s_1 と s_2 は等根となり，式(**10·24**)の解は

$$x = (C_1 + C_2 t)e^{-\zeta\omega_0 t} \qquad (10\cdot29)$$

となる．$c > c_C$ の場合と同様に物体は振動しないで図 **10·12**(**b**)のような運動をする．この運動を**臨界減衰**（critical damping）運動と呼んでいる．

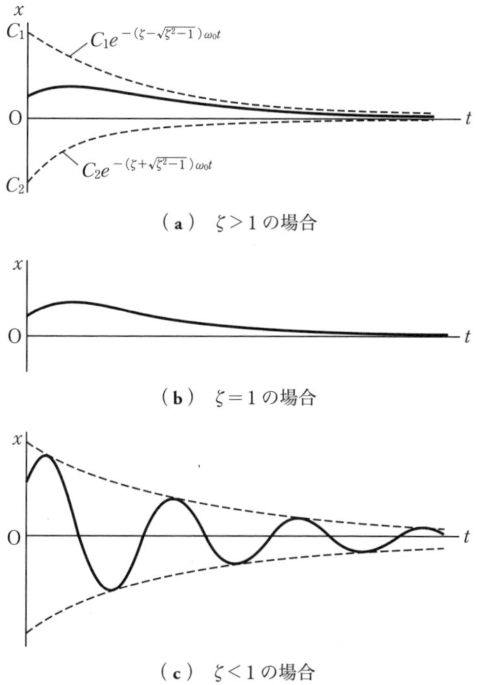

(**a**)　$\zeta > 1$ の場合

(**b**)　$\zeta = 1$ の場合

(**c**)　$\zeta < 1$ の場合

図 10·12　粘性減衰系の自由振動

③ **$c < c_C$（$\zeta < 1$）の場合**　s_1，s_2 は共役複素数となり，式(**10·25**)は

$$x = e^{-\zeta\omega_0 t}\left(C_1 e^{j\sqrt{1-\zeta^2}\omega_0 t} + C_2 e^{-j\sqrt{1-\zeta^2}\omega_0 t}\right)$$

となるが，この式をオイラーの定理 $e^{\pm j\theta} = \cos\theta \pm j\sin\theta$ を用いて書き直し，ここ

で出てきた定数 C_1+C_2，$j(C_1-C_2)$ をあらためて C_1，C_2 と書けば

$$x=e^{-\zeta\omega_0 t}(C_1\cos\omega' t+C_2\sin\omega' t)=Ae^{-\zeta\omega_0 t}\sin(\omega' t+\varphi) \qquad (\mathbf{10\cdot30})$$

となる．この場合の運動は図 **10·12**(c)に示すように振幅が指数関数的に小さくなる単振動で，これを**粘性減衰振動**（viscous damping vibration）と呼んでいる．ここで $\omega'=\sqrt{1-\zeta^2}\,\omega_0$ は**減衰固有振動数**（damped natural frequency）で，減衰がない場合の振動数 ω_0 より小さい．しかし，実際の振動系では $\zeta=0.05$ 程度のものが多く，ω_0 と ω' との差は大きいものではない．

振動系の減衰係数 c あるいは減衰比 ζ は次のようにして実測することができる．

2. 対数減衰率

$\sin(\omega' t+\varphi)$ の値が ±1 になったとき，図 **10·13** の振動曲線は包絡線 $Ae^{-\zeta\omega_0 t}$ に接し，その極大と極小値はその直前に生じるが，その差はごくわずかで，この二つの曲線が接する時刻に振幅がほぼ最大になるとみて差し支えない．したがって隣りあった最大値の間の時間は $2\pi/\omega'$ で，次々に起こる最大値は

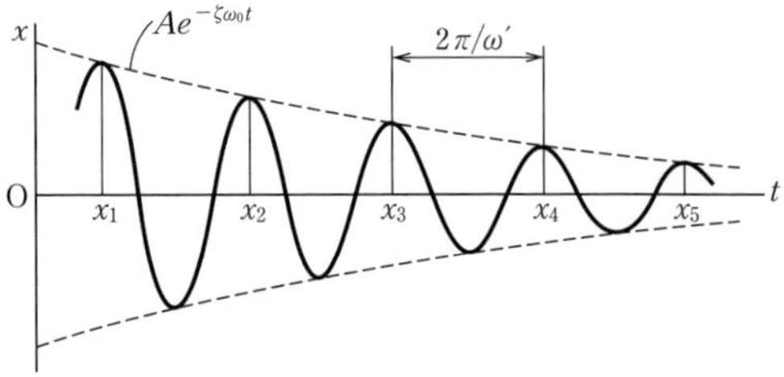

図 10·13　粘性減衰振動

$$\frac{x_1}{x_2}=\frac{x_2}{x_3}=\cdots=\frac{x_i}{x_{i+1}}=\cdots=e^{\zeta\omega_0\frac{2\pi}{\omega'}}=e^{\frac{2\pi\zeta}{\sqrt{1-\zeta^2}}} \qquad (\mathbf{10\cdot31})$$

のように等比級数的に減少してゆく．この対数をとった $\delta=2\pi\zeta/\sqrt{1-\zeta^2}$ を**対数減衰率**（logarithmic decrement）と呼んでいるが，ふつう ζ は小さいので，$\delta=2\pi\zeta$ と考えても十分である．

〔**例題 10·10**〕 **減衰係数の測定**　ばね定数 130［kN/m］のばねで支えられた質量 50［kg］の機械を自由振動させたところ，5 回振動ののち最大振幅が最初の 40% に減少した．この振動系の減衰比，臨界減衰係数および減衰係数を求めよ．

〔**解**〕 5 回振動したときの振幅比は式(**10·31**)より

$$\frac{x_1}{x_6}=\frac{x_1}{x_2}\frac{x_2}{x_3}\frac{x_3}{x_4}\frac{x_4}{x_5}\frac{x_5}{x_6}==e^{5\frac{2\pi\zeta}{\sqrt{1-\zeta^2}}}\approx e^{10\pi\zeta}$$

となるが，$x_1/x_6=100/40=2.5$ であるから，これより

$$\zeta = \frac{1}{10\pi} \ln 2.5 = 0.029$$

臨界減衰係数は，1 [kg] = 1 [N·m^{-1}·s^2] であることを考慮して

$$c_C = 2\sqrt{mk} = 2\sqrt{50 \times 130 \times 10^3} = 5.1 \quad [\mathrm{kN \cdot m^{-1} \cdot s}]$$

で，減衰係数は

$$c = \zeta c_C = 0.029 \times 5.1 = 0.15 \quad [\mathrm{kN \cdot m^{-1} \cdot s}]$$

となる．

3. 回転振動系

図 **10·6** の円板に角速度 $\dot{\theta}$ に比例する減衰トルクが働くときは，円板のねじり振動の方程式は

$$J\ddot{\theta} + c_t\dot{\theta} + k_t\theta = 0 \qquad (10·32)$$

この場合の臨界減衰係数は $(c_t)_C = 2\sqrt{Jk_t}$ で表わされる．

〔**例題 10·11**〕 図 **10·14** に示す回転振動系の臨界減衰係数，減衰比はいくらか．

〔**解**〕 この系の運動方程式は

$$ml^2\ddot{\theta} + cb^2\dot{\theta} + ka^2\theta = 0 \qquad (\mathrm{a})$$

であるから，この場合の臨界減衰係数は

$$c_C = \frac{2\sqrt{ml^2a^2k}}{b^2} = \frac{2al}{b^2}\sqrt{mk} \qquad (\mathrm{b})$$

減衰比はこの c_C に対する c の比で与えられる．

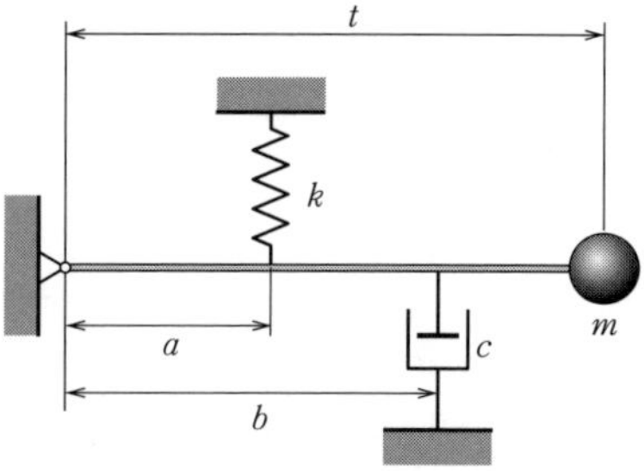

図 10·14 回転振動系

10·4 正弦加振力による定常振動

以上のように振動系の自由振動はこれに働く摩擦や抵抗のためにやがて減衰するが，振動系にエネルギーが継続して与えられると一定の振動を持続する．粘性減衰系に加振力 $F \sin \omega t$ が作用する場合の運動方程式は

$$m\ddot{x} + c\dot{x} + kx = F \sin \omega t \qquad (10·33)$$

で与えられる．この式の一般解は上記の自由振動解と，加振力による特解の和で表

わされるが，このうち自由振動はやがて減衰し，加振力による**定常振動**（steady-state vibration）のみが残る．いまこれを

$$x = X\sin\omega t + Y\cos\omega t$$

と書き，式(**10·33**)に代入して整理すると

$$[(k-m\omega^2)X - c\omega Y]\sin\omega t + [c\omega X + (k-m\omega^2)Y]\cos\omega t = F\sin\omega t$$

となる．この関係式が常に成り立つためには，両辺の $\sin\omega t$ と $\cos\omega t$ の係数が等しくなければならない．すなわち

$$(k-m\omega^2)X - c\omega Y = F, \qquad c\omega X + (k-m\omega^2)Y = 0$$

この式から未定係数 X，Y を解いて得た結果をまとめて

$$x = A\sin(\omega t - \varphi) \tag{10·34}$$

が得られる．ここで

$$A = \frac{F}{\sqrt{(k-m\omega^2)^2+(c\omega)^2}}, \qquad \tan\varphi = \frac{c\omega}{k-m\omega^2} \tag{10·35}$$

応答振幅は加振力の大きさ F に比例するが，粘性減衰のため角度 φ だけ振動系の応答は加振力より遅れている．振幅 A を大きさ F の静的な力による静たわみ $A_{st} = F/k$ との比で表わし，これと位相角 φ を振動数比 ω/ω_0 と減衰比で表わすと

$$\frac{A}{A_{st}} = \frac{1}{\sqrt{[1-(\omega/\omega_0)^2]^2+(2\zeta\omega/\omega_0)^2}}, \qquad \varphi = \tan^{-1}\frac{2\zeta\omega/\omega_0}{1-(\omega/\omega_0)^2} \tag{10·36}$$

となる．これらはディメンションのない量で，A/A_{st} を**振幅倍率**（magnification factor）と呼んでいる．

振幅倍率と位相遅れをそれぞれ図 **10·15** および図 **10·16** に示す．加振力の振動数が系の固有振動数に比べて小さいときは振幅の倍率は1に近く，振幅はほぼ静たわみに等しい．固有振動数に比べて加振振動数が大きくなると振幅は小さくなるが，加振振動数が固有振動数に近いときは振幅倍率はかなり大きい値をも

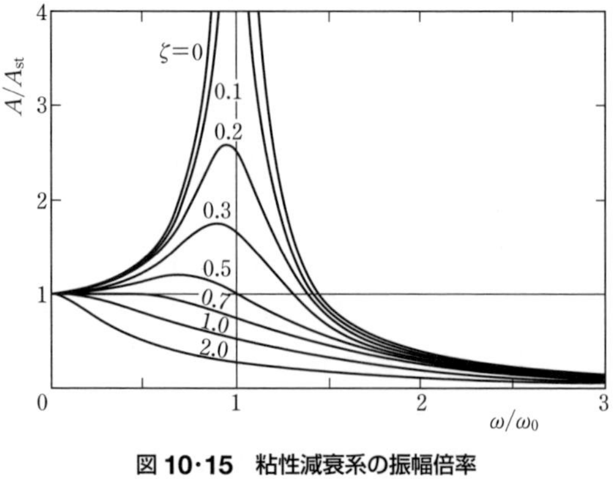

図 10·15　粘性減衰系の振幅倍率

ち，式(**10·36**)で $\omega=\omega_0$ とすれば

$$\frac{A}{A_{st}}=\frac{1}{2\zeta} \qquad (\mathbf{10\cdot37})$$

となる．減衰比が小さい振動系ではそれだけ振幅が大きく，不減衰系（$\zeta=0$）では無限大となる．この現象を**共振**(resonance)と呼んでいる．

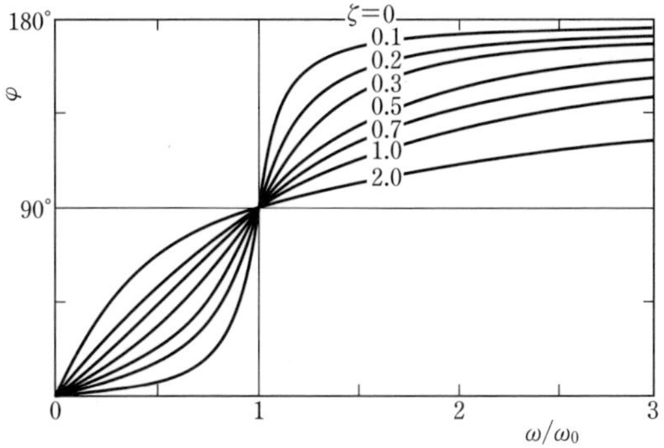

図 10·16　粘性減衰系の位相遅れ

式(**10·37**)により減衰系に加振力を加えて振動させ，共振点の振幅を測定することによっても ζ の値が実測できるが，大きい共振振幅のために材料の降伏や破壊が起こりやすいことに注意しなければならない．渓谷に架けられた吊橋をその固有振動数でゆらせたり，大きい木を同じようにゆすると，激しい振動が起こることは日常よく経験することである．

図 **10·16** のように，加振振動数が低いうちは応答は加振力と同じ位相をもつが，固有振動数を超えて高くなると位相は逆になる．減衰の小さい系ほど共振点を境として位相が急変する．

回転体に起こる振動

モータやタービンのように高速で回転する機械では，回転部分に偏心質量があって重心が回転軸上にないときは，回転によって生じる遠心力のため振動が発生する．

図 **10·17** のように，互いに反対方向に回転する半径 e の二つの偏心質量 $m'/2$ をもつロータが一定の角速度 ω で回転するとき，回転によって生じる遠心力の成分 $m'e\omega^2\sin\omega t$ によって鉛直方向に加振される．機械の全質量を m，これを支えるばねの定数を k，ダンパの減衰係数を c とすれば，運動方程式は

$$m\ddot{x}+c\dot{x}+kx=m'e\omega^2\sin\omega t \qquad (\mathbf{10\cdot38})$$

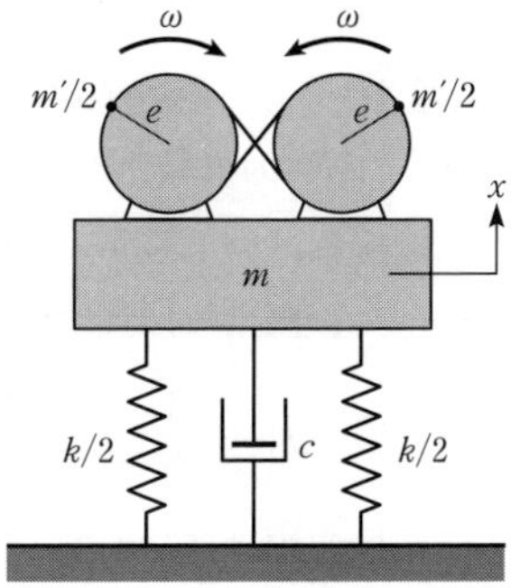

図 10·17　不つりあいによる振動

となる．この式は式(**10·33**)の F を $m'e\omega^2$ で置き換えたものに等しく，遠心力による機械の応答は

$$\left.\begin{aligned} x &= A\sin(\omega t-\varphi)=\frac{m'e\omega^2}{\sqrt{(k-m\omega^2)^2+(c\omega)^2}}\sin(\omega t-\varphi) \\ \varphi &= \tan^{-1}\frac{c\omega}{k-m\omega^2} \end{aligned}\right\} \quad (10\cdot 39)$$

振動数比と減衰比を用いて表わせば

$$\left.\begin{aligned} \frac{mA}{m'e} &= \frac{(\omega/\omega_0)^2}{\sqrt{[1-(\omega/\omega_0)^2]^2+(2\zeta\omega/\omega_0)^2}} \\ \varphi &= \tan^{-1}\frac{2\zeta\omega/\omega_0}{1-(\omega/\omega_0)^2} \end{aligned}\right\} \quad (10\cdot 40)$$

となる．偏心質量 m' と半径 e との積は回転体の不つりあいである．図 **10·18** は，この場合の振幅倍率に相当する比 $mA/m'e$ を示す．回転速度が低いときは遠心力は小さいので振幅も小さいが，回転数が機械の共振振動数に近づくにつれて振幅が大きくなる．共振点を超えていっそう高速になると，$mA/m'e$ はおよそ 1 に等しくなって，振幅 $A=m/m'e$ で振動する．

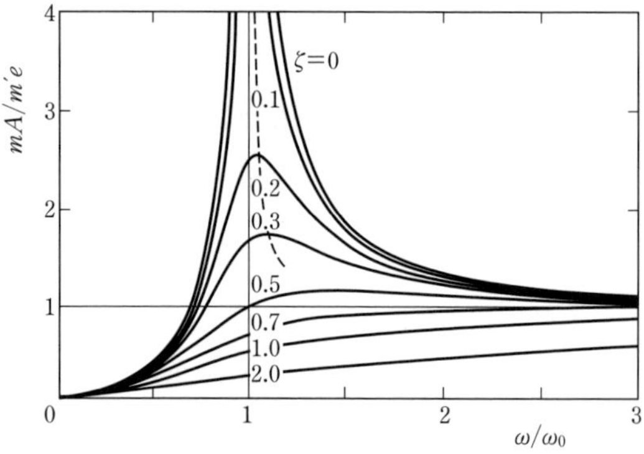

図 10·18　回転体の不つりあいによる粘性減衰系の振幅

〔**例題 10·12**〕　**機械の共振**　ばね定数 15 [kN/m] のばね 4 個で支えられた質量 100 [kg] の機械に大きさ 40 [N] の正弦加振力が作用するとき，共振振動数と共振振幅はいくらか．この系の減衰係数を 0.80 [kN·m^{-1}·s] として計算せよ．

〔**解**〕　共振振動数はこの機械の固有振動数に等しいから

$$f_0=\frac{1}{2\pi}\sqrt{\frac{4\times15\times10^3}{100}}=3.9 \text{ [Hz]}$$

共振振幅は式(**10·35**)によって

$$A_{\mathrm{res}} = \frac{F}{c\omega} = \frac{40}{800 \times (2\pi \times 3.9)} = 0.20 \quad [\mathrm{cm}]$$

となる．

〔**例題 10·13**〕 図 **10·17** の振動系において，ロータの回転速度を変えて振幅を測定したところ，共振振幅が 3 [mm] で，共振振動数よりはるかに高い回転数における振幅は共振振幅の 1/6 程度であった．この系の減衰比はいくらか．

〔**解**〕 式(**10·40**)により共振振幅は

$$A_{(\omega=\omega_0)} = \frac{1}{2\zeta}\frac{m'e}{m} \tag{a}$$

で，高速回転時の振幅は

$$A_{(\omega>>\omega_0)} = \frac{m'e}{m} \tag{b}$$

で与えられる．式(**b**)を式(**a**)で割って

$$\zeta = \frac{1}{2}\frac{A_{(\omega>>\omega_0)}}{A_{(\omega=\omega_0)}} = \frac{1}{2} \times \frac{1}{6} = 0.083$$

となる．

10·5 振動の絶縁

エンジンや振動する機械を直接基礎に据え付けたり，構造物にかたく取り付けると，機械に発生する加振力がそのまま支持物に伝達されて，周囲の構造物に好ましくない振動を引き起こす．また，これとは逆に，精密な装置や測定機器のように周囲の振動によって悪い影響を受けたり，鉄道車両や自動車のように路面の凹凸の影響を受けて乗心地が悪くなる場合もある．

いずれの場合でも，この伝達される振動を極力小さくする必要があり，そのためにいろいろ機械の支持法に工夫をこらしている．この点について，機械に発生する加振力が振動源となる場合と基礎の振動が振動源となる場合に分けて説明する．

1. 機械の加振力の絶縁と力の伝達率

図 **10·19**(**a**)のように，ばね k とダンパ c から構成された振動絶縁器（クッショ

ン）で支えられた機械 m に加振力 $F\sin\omega t$ が働いて，機械が振動する場合〔式(**10·33**)〕を考える．このとき基礎や支持物には，ばねとダンパを介して，$F_T=|c\dot{x}+kx|$ の大きさの力が伝達される．この式に式(**10·34**)を代入することによって，F_T は

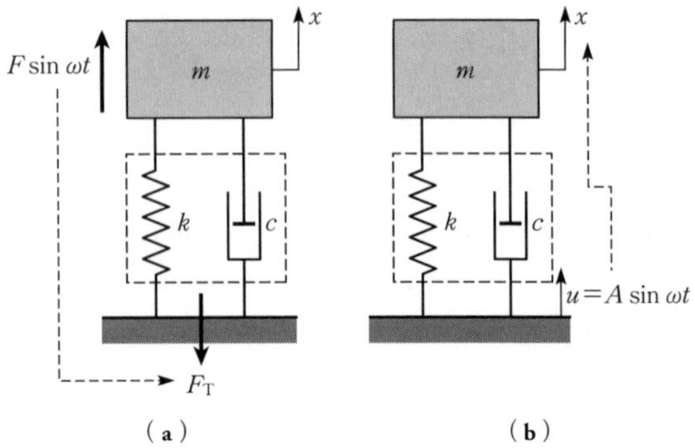

図 10·19　振動の絶縁

$$F_T=F\sqrt{\frac{k^2+(c\omega)^2}{(k-m\omega^2)^2+(c\omega)^2}} \tag{10·41}$$

となる．加振力の大きさ F に対する伝達力の大きさ F_T の比を力の**伝達率**（transmissibility）と呼んでいるが，その値は振動数比と減衰比とを用いて

$$T_F=\sqrt{\frac{1+(2\zeta\omega/\omega_0)^2}{[1-(\omega/\omega_0)^2]^2+(2\zeta\omega/\omega_0)^2}} \tag{10·42}$$

と書ける．

図 **10·20** はこれを図示したものであるが，ζ の大きさに関係なく $\omega/\omega_0<\sqrt{2}$ のとき $T_F>1$ で，$\omega/\omega_0\geqq\sqrt{2}$ になって $T_F\leqq1$ となる．こうして機械のばねこわさが小さく，したがって系の固有振動数が小さいほど，力の伝達率を小さくできることがわかる．

$\omega/\omega_0>\sqrt{2}$ の場合，ζ が小さいほうが伝達率も小さくて有利であるが，ζ があまり小さいと共振点付近の伝達率が大きくなるおそれがあるので，機械の目的に応じて適切な値を選ぶ必要がある．

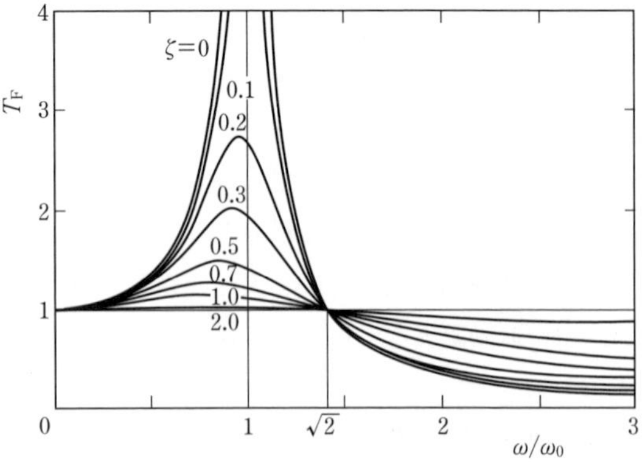

図 10·20　力の伝達率

不つりあいロータを有する回転機械では，速度の 2 乗に比例する加振力が発生するので，伝達される力の伝達率は

$$T_F = \frac{F_T}{m'e\omega_0{}^2} = \left(\frac{\omega}{\omega_0}\right)^2 \sqrt{\frac{1+(2\zeta\omega/\omega_0)^2}{[1-(\omega/\omega_0)^2]^2+(2\zeta\omega/\omega_0)^2}} \tag{10·43}$$

となる．図 **10·21** は，この値を図示したものである．

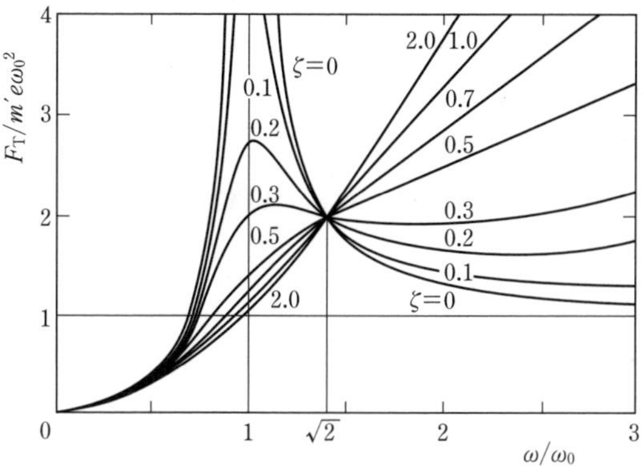

図 10·21　回転機械の力の伝達率

2.　基礎の振動の絶縁と変位の伝達率

次に，図 **10·19**(**b**)のように床が変位 u で振動する場合の機械の振動を計算してみよう．機械の変位を x とすれば，ばねとダンパの変位は機械と床との間の相対変位 $x-u$ に等しいから，この場合の運動方程式は

$$m\ddot{x} = -c(\dot{x}-\dot{u})-k(x-u)$$

と書ける．これを書き直すと

$$m\ddot{x}+c\dot{x}+kx = c\dot{u}+ku \tag{10·44}$$

で，基礎の変位がばねとダンパを介して機械に加振力として働くことになる．変位が $u = A\sin\omega t$ のとき，式(**10·44**)は

$$\begin{aligned} m\ddot{x}+c\dot{x}+kx &= A(k\sin\omega t + c\omega\cos\omega t) \\ &= A\sqrt{k^2+(c\omega)^2}\,\sin(\omega t+\theta) \end{aligned} \tag{10·45}$$

と書け，機械の振幅は

$$A_T = A\sqrt{\frac{k^2+(c\omega)^2}{(k-m\omega^2)^2+(c\omega)^2}} \tag{10·46}$$

この場合の機械と基礎の振幅の比は

$$T_A = \frac{A_T}{A}\sqrt{\frac{1+(2\zeta\omega/\omega_0)^2}{[1-(\omega/\omega_0)^2]^2+(2\zeta\omega/\omega_0)^2}} \tag{10·47}$$

で，これを変位の伝達率と呼んでいるが，その内容は力の伝達率とまったく変わらず，力の伝達率が小さいクッションはまた変位の伝達率も小さい優れたクッションであるといえる．

〔**例題 10・14**〕 質量 240［kg］の機械がばねで弾性支持されている．機械に振動数 8.5［Hz］の加振力が働く場合，伝達率を 1/2 にするためには，支持ばねのこわさをいくらにすればよいか．

〔**解**〕 減衰を省略すれば，力の伝達率は式(**10・42**)で $\zeta=0$ とおいて

$$T_{\mathrm{F}}=\frac{1}{\left|1-(f/f_0)^2\right|} \tag{a}$$

となる．伝達率が 1 より小さくなるのは $f/f_0>\sqrt{2}$ のときで，これを考慮して式(**a**)を解けば

$$\frac{f}{f_0}=\sqrt{1+\frac{1}{T_{\mathrm{F}}}} \tag{b}$$

で，機械の固有振動数は $f_0=f/\sqrt{1+1/T_{\mathrm{F}}}=8.5/\sqrt{1+1/0.50}=4.91$［Hz］，ばねこわさは

$$k=(2\pi f_0)^2m=(2\pi\times4.91)^2\times240=228.2 \quad [\mathrm{kN/m}]$$

となる．

〔**例題 10・15**〕 **自動車の共振** 自動車が凹凸のある路面を走ると，タイヤ・懸架系を介して車体に路面の凹凸が伝達されて自動車に振動が起こる．車体を質量 m の質点と考え，タイヤ・懸架系をこわさ k のばねと減衰係数 c のダンパとみなして，正弦波状の路面を走行する自動車の上下振動を調べよ．

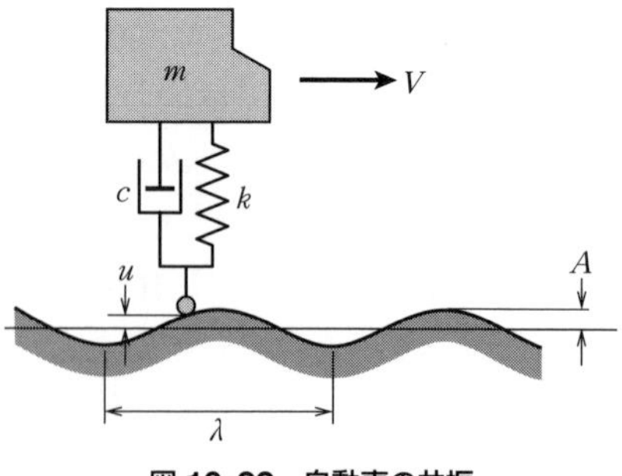

図 10・22 自動車の共振

〔**解**〕 図 **10・22** のように，振幅 A，波長 λ の正弦状の路面を等速 V で走る自動車の接地面は $u=A\sin(2\pi Vt/\lambda)$ の変位で加振される．したがって，このときの車体の振幅は式(**10・46**)により

$$A_{\mathrm{T}}=A\sqrt{\frac{k^2+(c\cdot2\pi V/\lambda)^2}{[k-m(2\pi V/\lambda)^2]^2+(c\cdot2\pi V/\lambda)^2}} \tag{a}$$

で，自動車の速度が

$$V=\frac{\lambda}{2\pi}\sqrt{\frac{k}{m}}=\lambda f_0 \tag{b}$$

に達すると，車体に共振が起こる．

10·6 2自由度系の自由振動

図 **10·23** に示す二つの円板が弾性軸で連結されたねじり振動系を考えてみよう．円板の慣性モーメントをそれぞれ J_1，J_2，ねじれ角を θ_1，θ_2，軸のねじりのばね定数を k_1，k_2 とすれば，この系の運動方程式は

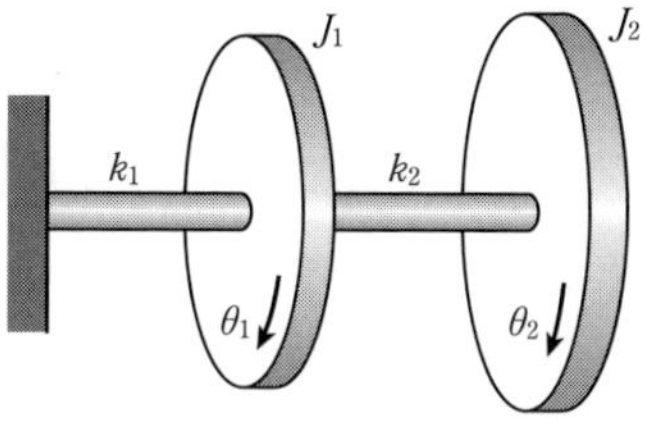

図 10·23　2自由度振動系

$$\left.\begin{aligned}J_1\ddot{\theta}_1&=-k_1\theta_1+k_2(\theta_2-\theta_1)\\J_2\ddot{\theta}_2&=-k_2(\theta_2-\theta_1)\end{aligned}\right\} \tag{10·48}$$

で与えられる．いま $\theta_1=A_1\sin\omega t$，$\theta_2=A_2\sin\omega t$ とおいて，式(**10·48**)に代入すれば

$$\left.\begin{aligned}(k_1+k_2-J_1\omega^2)A_1-k_2A_2&=0\\-k_2A_1+(k_2-J_2\omega^2)A_2&=0\end{aligned}\right\} \tag{10·49}$$

この式は A_1 と A_2 に関する同次の連立方程式で，A_1，A_2 がともにゼロでないためには，その係数でつくられる行列式がゼロでなければならない．すなわち

$$\Delta(\omega)=\begin{vmatrix}k_1+k_2-J_1\omega^2 & -k_2\\ -k_2 & k_2-J_2\omega^2\end{vmatrix}=0 \tag{10·50}$$

この式を展開した

$$\omega^4-\left(\frac{k_1+k_2}{J_1}+\frac{k_2}{J_2}\right)\omega^2+\frac{k_1k_2}{J_1J_2}=0$$

を ω^2 で解くと，二つの正根

$$\omega^2=\frac{1}{2}\left[\left(\frac{k_1+k_2}{J_1}+\frac{k_2}{J_2}\right)\mp\sqrt{\left(\frac{k_1+k_2}{J_1}-\frac{k_2}{J_2}\right)^2+4\frac{k_2{}^2}{J_1J_2}}\right] \tag{10·51}$$

が得られる．これをさらに開平して得られる ω の二つの正根のうち，小さい ω_1 が基本振動数を与え，大きい ω_2 が二次振動数を与える．

式(**10・48**)の一般解は

$$\left.\begin{aligned}\theta_1 &= A_1{}^{(1)}\sin(\omega_1 t+\varphi_1)+A_1{}^{(2)}\sin(\omega_2 t+\varphi_2)\\ \theta_2 &= A_2{}^{(1)}\sin(\omega_1 t+\varphi_1)+A_2{}^{(2)}\sin(\omega_2 t+\varphi_2)\end{aligned}\right\}\qquad(\mathbf{10\cdot52})$$

で与えられる．θ_1 と θ_2 の振幅と初期位相角は任意の定数で，初期条件によらないと決まらないが，各振動数成分の振幅比は一定の値をもっている．すなわち式(**10・49**)の ω に ω_1，ω_2 の値を入れて

$$\left.\begin{aligned}\frac{A_1{}^{(1)}}{A_2{}^{(1)}} &= \frac{k_2}{k_1+k_2-J_1\omega_1{}^2}=\frac{k_2-J_2\omega_1{}^2}{k_2}=\frac{1}{\lambda^{(1)}}\\ \frac{A_1{}^{(2)}}{A_2{}^{(2)}} &= \frac{k_2}{k_1+k_2-J_1\omega_2{}^2}=\frac{k_2-J_2\omega_2{}^2}{k_2}=\frac{1}{\lambda^{(2)}}\end{aligned}\right\}\qquad(\mathbf{10\cdot53})$$

$\lambda^{(1)}$，$\lambda^{(2)}$ はそれぞれ基本振動と二次振動の振幅比で，この値を式(**10・52**)に代入することによって

$$\left.\begin{aligned}\theta_1 &= A_1{}^{(1)}\sin(\omega_1 t+\varphi_1)+A_1{}^{(2)}\sin(\omega_2 t+\varphi_2)\\ \theta_2 &= \lambda^{(1)}A_1{}^{(1)}\sin(\omega_1 t+\varphi_1)+\lambda^{(2)}A_1{}^{(2)}\sin(\omega_2 t+\varphi_2)\end{aligned}\right\}\qquad(\mathbf{10\cdot54})$$

が得られる．この式の定数 $A_1{}^{(1)}$，$A_1{}^{(2)}$ と φ_1，φ_2 は円板の初期の角度と角速度が与えられてはじめて決定される．そして適切な初期条件を選ぶとどれか一方の振動数のみをもつ振動が起こる．このような特別な振動形を**主振動モード**（principal mode of vibration）といい，このうち低い振動数をもつ振動を**基本**（fundamental mode）**振動**，高いほうを**二次**（second mode）**振動**と呼んでいる．

二つの円板の慣性モーメントと軸のばね定数が等しい場合を考え，$J_1=J_2=J$，$k_1=k_2=k$ とおけば，式(**10・51**)は $\omega^2=(3\mp\sqrt{5})\times k/2J$ となり，これより二つの振動数

$$\omega_1=\frac{\sqrt{5}-1}{2}\sqrt{\frac{k}{J}}=0.618\sqrt{\frac{k}{J}}$$

$$\omega_2=\frac{\sqrt{5}+1}{2}\sqrt{\frac{k}{J}}=1.618\sqrt{\frac{k}{J}}$$

が得られる．このとき各振幅比は式(**10・53**)により $\lambda^{(1)}=1.618$，$\lambda^{(2)}=-0.618$ で，基本振動では $\lambda^{(1)}$ の値が正なので二つの円板の振動は同位相，二次振動では負で逆位相となっている．図 **10・24** にこの二つの主振

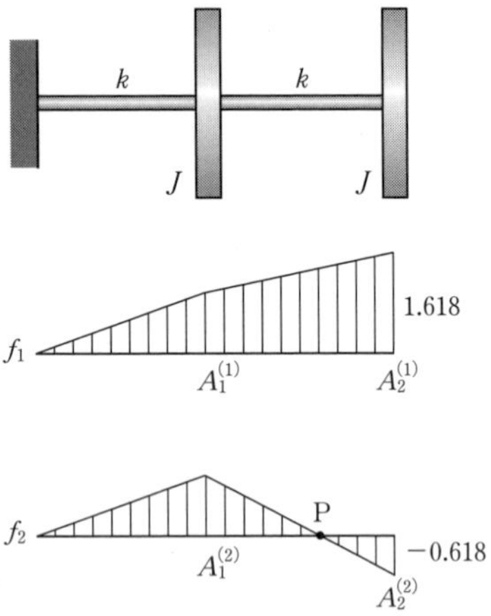

図 10・24　ねじり振動系の振動モード

動モードを示す．図のP点は二次振動モードの不動点で，これを振動の**節**（node）と呼んでいる．

1. 両端に円板をもつ弾性軸

上記で $k_1=0$ とすれば，図**10・25**に示す両端に円板をもち，摩擦のない軸受で支えられた軸と等価になる．このときの固有振動数は式(**10・51**)により

$$\omega_1 = 0, \qquad \omega_2 \sqrt{\left(\frac{1}{J_1}+\frac{1}{J_2}\right)k_2} \qquad (\mathbf{10\cdot55})$$

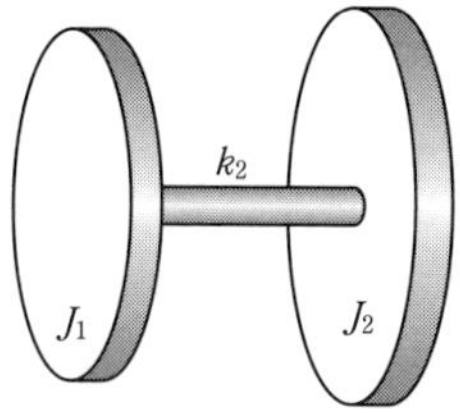

図10・25　両端に円板をもつ弾性軸

低いほうの振動数はゼロ，式(**10・53**)により $A_1^{(1)}=A_2^{(1)}$ で，軸にねじれ振動は起こらないで自由に回転する．高いほうの振動数では $A_1^{(2)}/A_2^{(2)}=-J_2/J_1<0$ で，円板は互いに逆の方向にねじられ，慣性モーメントの逆比に内分する点が振動の節点となる．

2. 自動車の上下振動とピッチング

2自由度系の連成振動は二つの物体の変位間，あるいは角度と角度といった同じディメンションをもった量の間にだけ起こるものではない．

図**10・26**のように自動車の車体を剛体と考え，前後の車輪と懸架系を二つのばねとみなせば，自動車は上下方向の並進運動と重心まわりの回転運動に関する2自由度振動系を構成する．自動車の静止位置からの重心の変位を x，重心まわりの回転角を θ とすれば，車体を支えるばね k_F，k_R の変形量はそれぞれ $x-l_F\theta$，$x+l_R\theta$ で，その結果，図のようにばねの復原力が働くので，次の運動方程式が成り立つ．

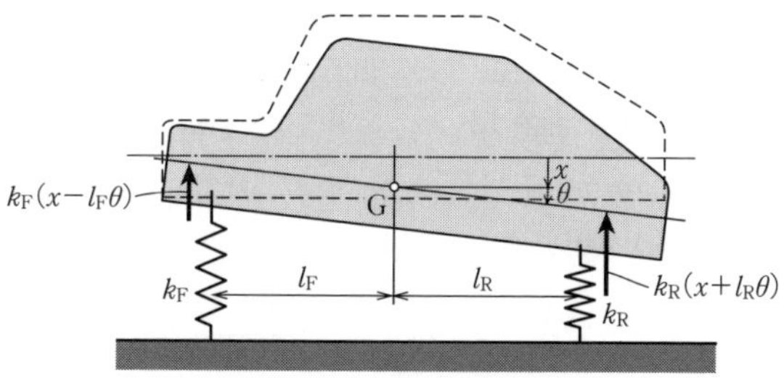

図10・26　自動車の振動

$$\left.\begin{aligned} M\ddot{x} &= -k_F(x-l_F\theta)-k_R(x+l_R\theta) \\ J\ddot{\theta} &= k_F(x-l_F\theta)\,l_F-k_R(x+l_R\theta)\,l_R \end{aligned}\right\} \qquad (\mathbf{10\cdot56})$$

ここで l_F，l_R は重心と前，後の車軸間の距離，M は車体の質量，J は重心まわりの慣性モーメントを表わす．式(**10・56**)を整理して

$$\left.\begin{aligned} M\ddot{x}+(k_F+k_R)x-(k_Fl_F-k_Rl_R)\theta=0 \\ J\ddot{\theta}-(k_Fl_F-k_Rl_R)x+(k_Fl_F^2+k_Rl_R^2)\theta=0 \end{aligned}\right\} \quad (10\cdot57)$$

この式で係数 $k_Fl_F-k_Rl_R$ をもつ二つの項は連成項で，この項があるために車体の上下振動とピッチングとは別々に起こらないで，関係しあった振動が起こる．実際の自動車ではおおむね $k_Fl_F=k_Rl_R$ にとって，この連成をなるべく小さくしている．ここで $x=A\sin\omega t$，$\theta=B\sin\omega t$ なる解を仮定し，式(**10・57**)に代入して整理すれば

$$\left.\begin{aligned} (k_F+k_R-M\omega^2)A-(k_Fl_F-k_Rl_R)B=0 \\ -(k_Fl_F-k_Rl_R)A+(k_Fl_F^2+k_Rl_R^2-J\omega^2)B=0 \end{aligned}\right\} \quad (10\cdot58)$$

が得られ，上記と同様にして固有振動数と振動モードが計算される．

〔**例題 10・16**〕 自動車の諸元が

$M=1250$ [kg]，$J=1400$ [kg・m^2]

$l_F=1.23$ [m]，$l_R=1.30$ [m]，$k_F=60$ [kN/m]，$k_R=70$ [kN/m]

で与えられているとき，固有振動数と振動モードを計算せよ．

〔**解**〕 $k_Fl_F-k_Rl_R=-17.2$ [kN]，$k_Fl_F^2+k_Rl_R^2=209$ [kN・m] で，式(**10・58**)から A，B を消去した式に入れると

$$\begin{vmatrix} 130-1.25\omega^2 & 17.2 \\ 17.2 & 209-1.40\omega^2 \end{vmatrix}=0$$

これより ω を解いて $\omega_1=10.0$ [rad/s]，$\omega_2=12.4$ [rad/s]，実用振動数になおして $f_1=1.6$ [Hz]，$f_2=2.0$ [Hz] となる．この場合の振動モードは再び式(**10・58**)を用いて

$$\left(\frac{A}{B}\right)_{\omega_1}=-\frac{17.2}{130-1.25\times10.0^2}=-3.44\ [\text{m/rad}]=-6.0\ [\text{cm/deg}]$$

$$\left(\frac{A}{B}\right)_{\omega_2}=-\frac{17.2}{130-1.25\times12.4^2}=0.28\ [\text{m/rad}]=0.49\ [\text{cm/deg}]$$

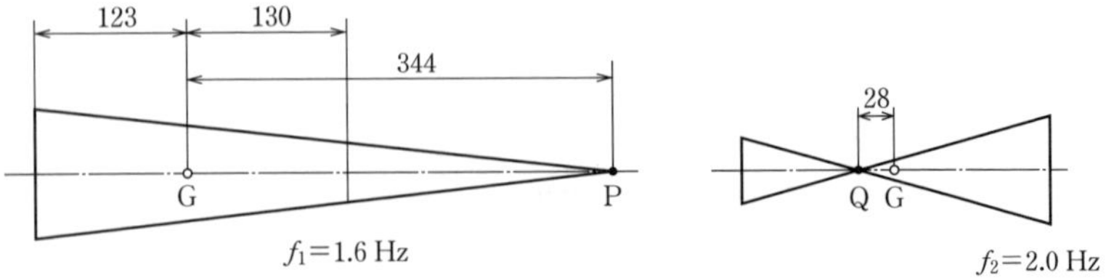

図 10・27 自動車の振動モード（単位 cm）

となり，図 **10·27** のように重心の後方 3.44［m］に節点 P を有する基本振動モードと，重心より 0.28［m］前方に節点 Q を有する二次振動モードが求められる．

10·7 2自由度系の強制振動

図 **10·28** のように，ばね定数 k_1，k_2 の二つのばねで支えられた質量 m_1，m_2 の二つの物体の一方に，加振力 $F\sin\omega t$ が作用する場合の定常振動を考えてみよう．各物体の変位をそれぞれ x_1，x_2 とすれば，この場合の運動方程式は

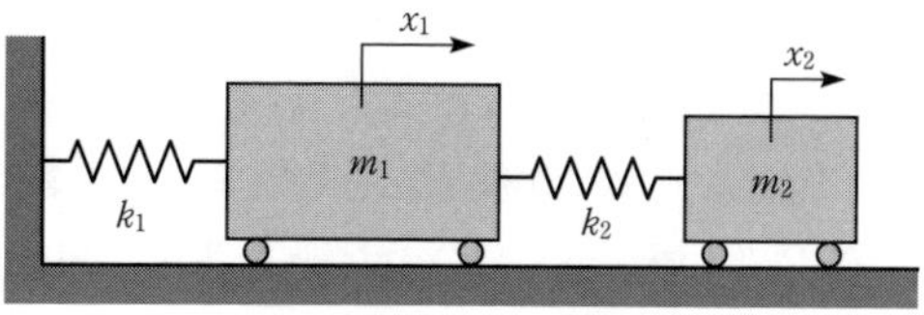

図 10·28 2自由度振動系

$$\left.\begin{aligned} m_1\ddot{x}_1 &= -k_1x_1 + k_2(x_2 - x_1)F\sin\omega t \\ m_2\ddot{x}_2 &= -k_2(x_2 - x_1) \end{aligned}\right\} \qquad (\mathbf{10{\cdot}59})$$

と書ける．$x_i = A_i \sin\omega$（$i = 1,\ 2$）とおいて式(**10·59**)に代入すれば

$$(k_1 + k_2 - m_1\omega^2)A_1 - k_2A_2 = F$$
$$-k_2A_1 + (k_2 - m_2\omega^2)A_2 = 0$$

この式から A_1，A_2 を解いて振幅が決定される．すなわち

$$\left.\begin{aligned} A_1 &= \frac{F(k_2 - m_2\omega^2)}{(k_1 - m_1\omega^2)(k_2 - m_2\omega^2) - m_2k_2\omega^2} \\ A_2 &= \frac{Fk_2}{(k_1 - m_1\omega^2)(k_2 - m_2\omega^2) - m_2k_2\omega^2} \end{aligned}\right\} \qquad (\mathbf{10{\cdot}60})$$

この式で $\omega = \sqrt{k_2/m_2}$ で，加振振動数が m_2-k_2 系の固有振動数と一致するとき，質量 m_1 の変位 A_1 が完全にゼロとなる．これは**動吸振器**（dynamic damper）の原理であって，機械の本体（m_1）に小さい振動系を取り付け，その質量（m_2）とばね定数（k_2）を適切に調整することによって，機械の振動を制御し得る可能性を示唆している．実際の振動系では減衰作用があり，完全に機械の振幅を抑制することはできないが，本体に付加する振動系の定数を適切に設計することによって制振の目的を十分達することができる*.

* J.P. デンハルトック（谷口，藤井訳）：機械振動論，コロナ社（1960），p.102.

〔例題 10・17〕 図 10・29 に示す振動系の左端に加振力 $F \sin \omega t$ が作用するときの二つの物体の定常振幅を求めよ．床との摩擦を省略して計算せよ．

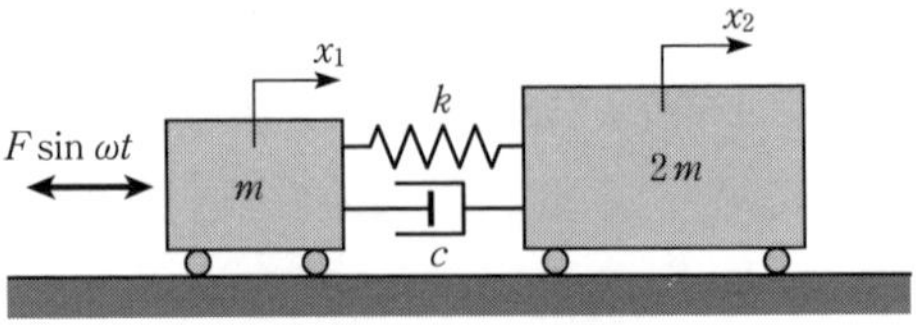

図 10・29　2 質量振動系

〔解〕 この場合の運動方程式は

$$\left.\begin{aligned} m\ddot{x}_1 + c(\dot{x}_1 - \dot{x}_2) + k(x_1 - x_2) &= F \sin \omega t \\ 2m\ddot{x}_2 - c(\dot{x}_1 - \dot{x}_2) - k(x_1 - x_2) &= 0 \end{aligned}\right\} \quad \text{(a)}$$

と書ける．減衰が働くときの計算には複素数を用いたほうが便利なので，加振力を $Fe^{j\omega t}$ で表わし，これによる各物体の変位を $x_1 = \tilde{A}_1 e^{j\omega t}$，$x_2 = \tilde{A}_2 e^{j\omega t}$ とおいて，式(a)に代入すれば

$$\left.\begin{aligned} (k - m\omega^2 + jc\omega)\tilde{A}_1 - (k + jc\omega)\tilde{A}_2 &= F \\ -(k + jc\omega)\tilde{A}_1 + (k - 2m\omega^2 + jc\omega)\tilde{A}_2 &= 0 \end{aligned}\right\} \quad \text{(b)}$$

この式から $\tilde{A}_1$，$\tilde{A}_2$ を解いて

$$\left.\begin{aligned} \tilde{A}_1 &= \frac{k - 2m\omega^2 + jc\omega}{(k - m\omega^2 + jc\omega)(k - 2m\omega^2 + jc\omega) - (k + jc\omega)^2} F \\ \tilde{A}_2 &= \frac{k + jc\omega}{(k - m\omega^2 + jc\omega)(k - 2m\omega^2 + jc\omega) - (k + jc\omega)^2} F \end{aligned}\right\} \quad \text{(c)}$$

定常振幅の大きさは式(c)の絶対値をとって求められる．一般に複素量 $\tilde{X} = (\alpha + j\beta)/(\gamma + j\delta)$ の大きさは $X = \sqrt{(\alpha^2 + \beta^2)/(\gamma^2 + \delta^2)}$ となることより，この場合の振幅は

$$\left.\begin{aligned} A_1 &= \frac{F}{m\omega^2}\sqrt{\frac{(k - 2m\omega^2)^2 + (c\omega)^2}{(3k - 2m\omega^2)^2 + (3c\omega)^2}} \\ A_2 &= \frac{F}{m\omega^2}\sqrt{\frac{k^2 + (c\omega)^2}{(3k - 2m\omega^2)^2 + (3c\omega)^2}} \end{aligned}\right\} \quad \text{(d)}$$

となる．

10章 | 演習問題

10・1 8［Hz］の振動数で上下に単振動する台の上に物体が置かれている．台の振幅がいくらになると，物体は台から離れて飛び上がるか．

10・2 図 10・30 のように軽い剛体棒とばねに吊られた物体の固有振動数を計算せ

よ.

10·3 図 **10·31** のように中心軸をばね定数 k のばねで支えられた質量 m, 半径 r の円柱が傾き α の斜面をすべることなく転がるとき, その固有振動数はいくらか.

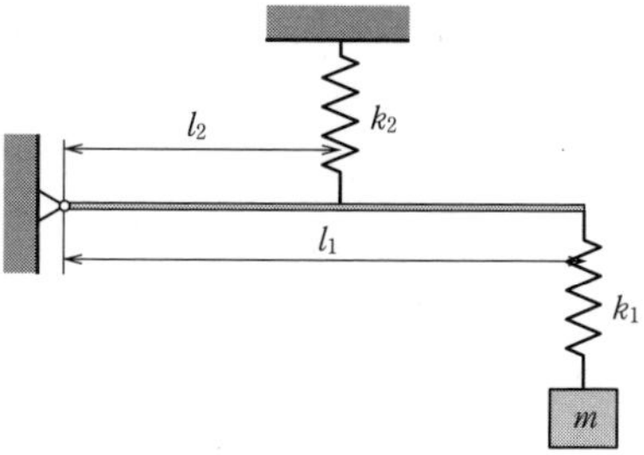

図 10·30　演習問題 10·2

10·4 質量 M の自動車を後端の中央で鉛直軸まわりに自由に回転できるように支え, 前端を長さ H の鉛直な 2 本のロープで車体が水平になるように吊るす. この自動車を後端の支点まわりに回転振動させたところ, 周期は T であった. これより, 車体の重心を通る鉛直軸まわりの慣性モーメントは

$$J_G = \frac{MgLL_R}{H}\left(\frac{T}{2\pi}\right)^2 - ML_R{}^2$$

により計算できることを示せ. ここで L は車体の全長, L_R は重心と後端間の長さである. 〔例題 **10·16**〕の自動車について, 前端を長さ 2.3 [m] のロープで吊って測定したところ, 周期が 2.6 秒であった. 前, 後端から重心までの距離は 1.75 [m], 1.90 [m] である. この自動車の慣性モーメントはいくらか.

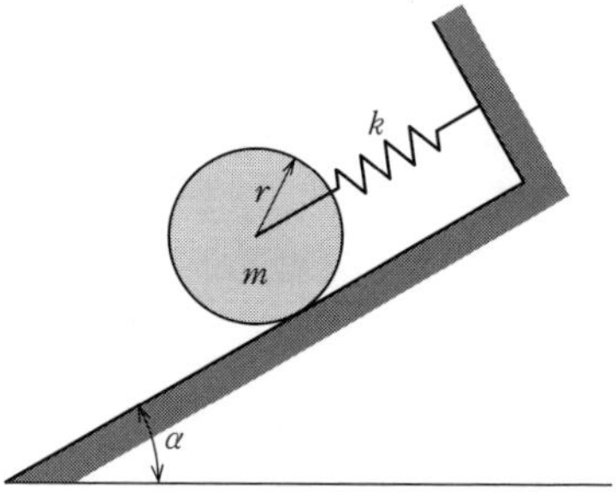

図 10·31　演習問題 10·3

10·5 札幌 ($g = 980.486$ [cm/s²]) で正しい振子時計を鹿児島 ($g = 979.493$ [cm/s²]) にもっていくと, 1 日にどれだけの誤差を生じるか.

10·6 減衰係数 c のダンパを取り付けた質量 m の物体を $F \sin \omega t$ で加振すると, いくらの振幅で振動するか.

10·7 前問の物体にダンパと反対側にばね定数 k のばねを取り付け, ばねとダンパの他端をフレームに固定すれば, フレームにはそれぞれいくらの力が伝わるか.

10·8 図 **10·32** に示す 2 自由度系の振動数方程式を導け. 滑車の半径は r, 中心軸まわりの慣性モーメントは J で, ばねと滑車の間にはすべりは起こらないものとする.

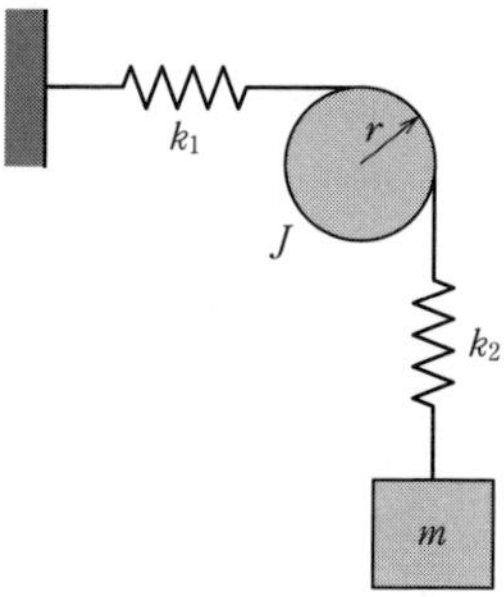

図 10·32　演習問題 10·8

10・9 図 **10・33** のように一端が回転支持され，他端がばねで支えられた剛体棒の中間に別のばねで物体を吊っている．この系の振動数方程式を導け．

10・10 図 **10・34** に示す振動系の左端の物体を $F \sin \omega t$ の力で加振すると，各々の物体はどれだけの振幅で振動するか．

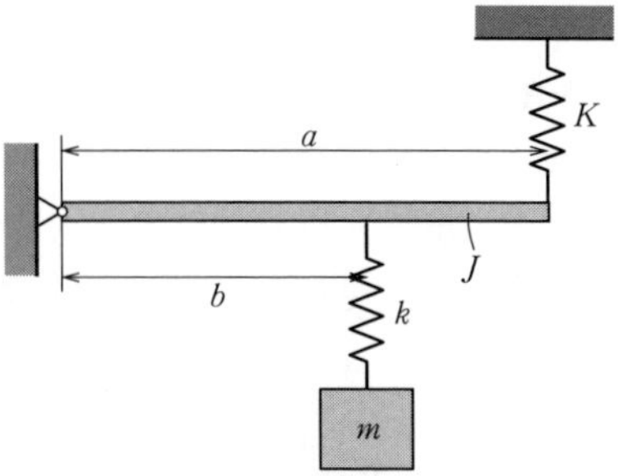

図 10・33　演習問題 10・9

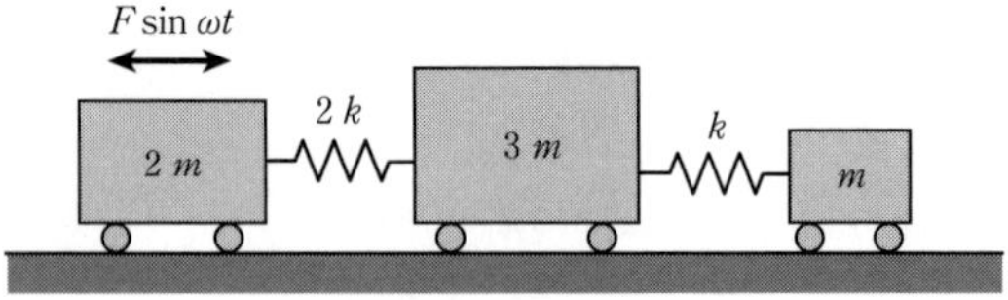

図 10・34　演習問題 10・10

11

力学の諸原理

11・1 ダランベールの原理

質点の運動方程式 $md^2\mathbf{r}/dt^2 = \boldsymbol{F}$ を

$$\boldsymbol{F} - m\frac{d^2\boldsymbol{r}}{dt^2} = 0 \tag{11・1}$$

と書き，$-m(d^2\mathbf{r}/dt^2)$ を質点 m に働く力とみなせば，式(**11・1**)は質点に働く力のつりあい式と考えることができる．これを**ダランベール*****の原理**（d'Alembert's principle）といい，$-m(d^2\mathbf{r}/dt^2)$を**慣性力**（inertia force）と呼んでいる．慣性力は質点 m に $d^2\mathbf{r}/dt^2$ の加速度を与えるときに生じる反力と考えられる．この原理は動力学の問題を静力学の問題として取り扱うことを可能にした考え方で，これによれば質点がどのような運動をしようとも，慣性力を含めたすべての力のつりあいからその運動を解くことができる．質点系の各質点 m_i に対しても，外力を $\boldsymbol{F}_i$，内力を $\sum_j \boldsymbol{F}_{ij}$ として式(**8・1**)を

$$\boldsymbol{F}_i + \sum_j \boldsymbol{F}_{ij} - m_i\frac{d^2\boldsymbol{r}_i}{dt^2} = 0 \tag{11・2}$$

で表わして，静力学的な取扱いをすることが可能である．

* Jean Le Rond d'Alembert（1717−1783）フランスの数学者，哲学者．

11·2 仮想仕事の原理

6 章で述べたように，ある質点に力 $\boldsymbol{F}$ が働いて微小距離 $d\boldsymbol{r}$ だけ運動するとき，力が質点になす仕事は $dW = \boldsymbol{F}\cdot d\boldsymbol{r} = F\cos\theta\cdot dr$ で与えられる．この距離 $d\boldsymbol{r}$ は質点が実際に運動した変位で，dW も実際になされた仕事である．

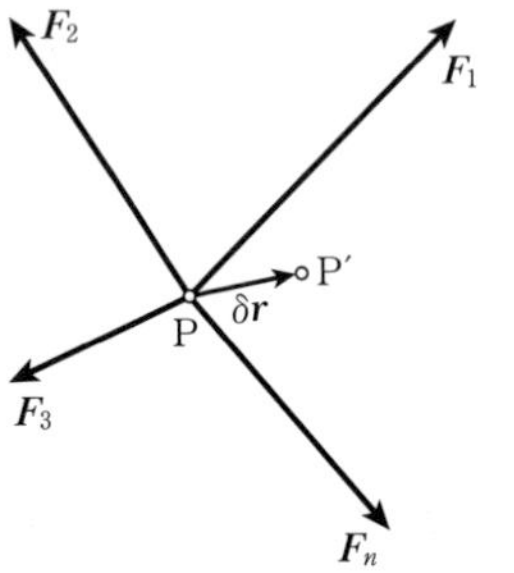

図 11·1　仮想変位

これに対して，図 **11·1** のように一つの質点にいくつかの力 $\boldsymbol{F}_1$，$\boldsymbol{F}_2$，…，$\boldsymbol{F}_n$ が働いて P 点から P′ 点までわずか変位したものと考えてみる．この変位は図に示した方向だけに限らず，どの方向にとってもかまわないし，力がつりあっていて，まったく変位が生じなくてもかまわない．

この変位は**仮想変位**（virtual displacement）と呼ばれる単に想像上の変位で，実際の変位と区別するために異なった記号 $\delta\boldsymbol{r}$ を用いて表わす．

質点が $\delta\boldsymbol{r}$ だけ変位する間に，力 $\boldsymbol{F}_1$，$\boldsymbol{F}_2$，…，$\boldsymbol{F}_n$ がなす仕事は

$$\delta W = \boldsymbol{F}_1\cdot\delta\boldsymbol{r} + \boldsymbol{F}_2\cdot\delta\boldsymbol{r} + \cdots + \boldsymbol{F}_n\cdot\delta\boldsymbol{r} = \boldsymbol{R}\cdot\delta\boldsymbol{r} \qquad (\mathbf{11\cdot3})$$

となるが，これも実際になされる仕事とは違うので**仮想仕事**（virtual work）と呼んでいる．

この式の $\boldsymbol{R}$ は質点に働く力の合力で，すべての力のなす全仮想仕事は合力のなす仮想仕事に等しいということができる．この合力がゼロで，質点に働くすべての力がつりあっているときは，任意の仮想変位に対して仮想仕事はゼロとなり，逆に任意の仮想変位に対する仮想仕事がゼロであれば，力もつりあいの状態にある．このことを**仮想仕事の原理**（principle of virtual work）という．

この原理は運動している質点でも，あるいは質点系においても成り立っており，たとえば質点系の各質点に働く外力と内力および慣性力がつりあっているときは，各質点に仮想変位 $\delta\boldsymbol{r}_i$ を与えても質点系全体の仮想仕事はゼロで

$$\delta W = \sum_i \left(\boldsymbol{F}_i + \sum_j \boldsymbol{F}_{ij} - m_i \frac{d^2\boldsymbol{r}_i}{dt^2} \right)\cdot\delta\boldsymbol{r}_i = 0 \qquad (\mathbf{11\cdot4})$$

となる．逆に任意の仮想変位 $\delta\boldsymbol{r}_i$ に対して式(**11·4**)が成り立つときは，その係数はすべてゼロで，これより式(**11·2**)あるいは式(**8·1**)が導かれる．

こうして，仮想仕事の式(**11·4**)は，運動方程式(**8·1**)と等価であるということが

できる．ただ運動方程式がベクトル式であるのに対して，仮想仕事の式がスカラー式であることだけが趣きを異にしている．仮想仕事を考える際には，仮想変位に対して仕事をする力だけを考えておけば十分で，系が仕事に関与しない力によって拘束されるときは，その拘束条件を破らないような仮想変位を与えてやればよい．

〔**例題 11・1**〕 **8・3** 節で述べたアトウッドの器械の運動を仮想仕事の原理を用いて調べよ．

〔**解**〕 この場合の仮想仕事は

$$\delta W = (m_1 g - m_1 \ddot{x}_1)\delta x_1 + (m_2 g - m_2 \ddot{x}_2)\delta x_2 = 0 \qquad \textbf{(a)}$$

と書けるが，系の拘束条件を破らない仮想変位は $\delta x_2 = -\delta x_1$ であり，また $\ddot{x}_2 = -\ddot{x}_1$ なので

$$[m_1 g - m_2 g - (m_1 + m_2)\ddot{x}_1]\delta x_1 = 0 \qquad \textbf{(b)}$$

したがって，式(**8・22**)で求めたのと同じ加速度

$$\ddot{x}_1 = -\ddot{x}_2 = \frac{m_1 - m_2}{m_1 + m_2} g \qquad \textbf{(c)}$$

が得られる．

〔**例題 11・2**〕 **リンクの反力** 図 **11・2** に示すリンク ACB の頂点 C に鉛直力 P が働くとき，支点 A，B に生じる水平反力を仮想仕事の原理によって求めよ．

〔**解**〕 図(**b**)のように A 点に原点をもつ座標系 A-xy をとり，AC が $\delta\theta$ だけ回転するときの B 点と C 点の仮想変位 δx_B，δy_C を考える．A 点と B 点に働く力のう

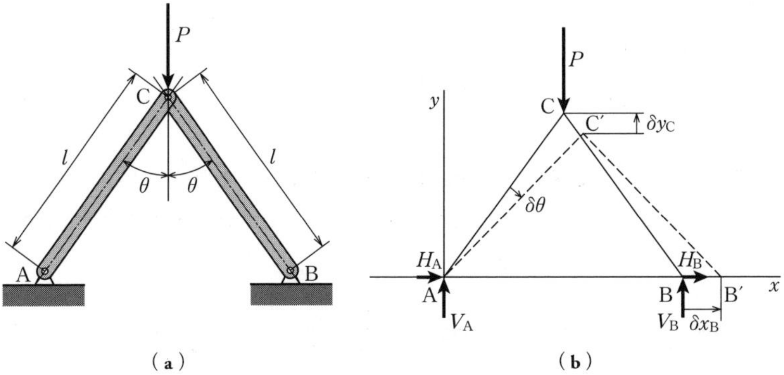

図 11・2　リンクの反力

ち，H_B 以外の力は明らかに仕事をしないので考える必要もなく，力 H_B による仮想仕事は

$$\delta W_B = H_B \delta x_B$$

で，力 P によるものは

$$\delta W_P = (-P)\delta y_C = -P\delta y_C$$

である．B点の x 座標は $2l\sin\theta$ で，C点の y 座標は $l\cos\theta$ なので $\delta x_B = 2l\cos\theta\delta\theta$，$\delta y_C = -l\sin\theta\delta\theta$，したがって全仮想仕事は

$$\delta W = (2H_B l\cos\theta + Pl\sin\theta)\delta\theta \tag{a}$$

リンクに働く力はつりあっているので仮想仕事はゼロで，これより $2H_B l\cos\theta + Pl\sin\theta = 0$ となり

$$H_B = -\frac{P}{2}\tan\theta \tag{b}$$

が求められる．$H_B < 0$，すなわちB支点に働く水平反力は内側を向いている．リンクの対称性からA支点の反力はB支点の反力と大きさが等しくて，向きだけが反対である．

11・3 ラグランジュの方程式

n 個の質点からなる質点系があり，その自由度を r とする．すなわち各質点が幾何学的な拘束を受けていて，互いに独立な r 個の変数 q_k（$k=1, 2, \cdots, r$）を与えれば，その位置 x_i，y_i，z_i（$i=1, 2, \cdots, n$）がすべて次のように決定されるものとする．

$$\left.\begin{aligned} x_i &= x_i(q_1, q_2, \cdots, q_r) \\ y_i &= y_i(q_1, q_2, \cdots, q_r) \\ z_i &= z_i(q_1, q_2, \cdots, q_r) \end{aligned}\right\} \tag{11・5}$$

この r 個の q_k を**一般座標**（generalized co-ordinate）と呼んでいる．

x_i の仮想変位は，式(**11・5**)によって，δq_1，δq_2，$\cdots$，δq_r で表わすことができる．すなわち

$$\delta x_i = \frac{\partial x_i}{\partial q_1}\delta q_1 + \frac{\partial x_i}{\partial q_2}\delta q_2 + \cdots \frac{\partial x_i}{\partial q_r}\delta q_r = \sum_{k=1}^{r}\frac{\partial x_i}{\partial q_k}\delta q_k \tag{11・6}$$

y_i，z_i についても同様である．x_i の速度についても

$$\dot{x}_i = \frac{\partial x_i}{\partial q_1}\dot{q}_1 + \frac{\partial x_i}{\partial q_2}\dot{q}_2 + \cdots \frac{\partial x_i}{\partial q_r}\dot{q}_r = \sum_{k=1}^{r}\frac{\partial x_i}{\partial q_k}\dot{q}_k \tag{11·7}$$

で，これを一般速度 $\dot{q}_k$ で偏微分することにより次の関係が得られる．

$$\frac{\partial \dot{x}_i}{\partial \dot{q}_k} = \frac{\partial x_i}{\partial q_k} \tag{11·8}$$

いま，質点 m_i に働く力の成分を X_i，Y_i，Z_i として，運動方程式

$$m_i\ddot{x}_i = X_i, \quad m_i\ddot{y}_i = Y_i, \quad m_i\ddot{z}_i = Z_i \tag{11·9}$$

に仮想仕事の原理を適用すれば

$$\sum_{i=1}^{n}[(X_i - m_i\ddot{x}_i)\delta x_i + (Y_i - m_i\ddot{y}_i)\delta y_i + (Z_i - m_i\ddot{z}_i)\delta z_i] = 0 \tag{11·10}$$

が得られる．全質点系の運動エネルギー

$$T = \frac{1}{2}\sum_{i=1}^{n} m_i(\dot{x}_i{}^2 + \dot{y}_i{}^2 + \dot{z}_i{}^2) \tag{11·11}$$

を考え，これを各速度成分で偏微分すれば $\partial T/\partial \dot{x}_i = m_i\dot{x}_i$，…で

$$\left.\begin{aligned} \frac{d}{dt}\left(\frac{\partial T}{\partial \dot{x}_i}\right) &= m_i\ddot{x}_i \\ \frac{d}{dt}\left(\frac{\partial T}{\partial \dot{y}_i}\right) &= m_i\ddot{y}_i \\ \frac{d}{dt}\left(\frac{\partial T}{\partial \dot{z}_i}\right) &= m_i\ddot{z}_i \end{aligned}\right\} \tag{11·12}$$

式(**11·6**)と式(**11·12**)によって式(**11·10**)の慣性力の項は

$$\begin{aligned} &-\sum_{i=1}^{n}\left[\frac{d}{dt}\left(\frac{\partial T}{\partial \dot{x}_i}\right)\delta x_i + \frac{d}{dt}\left(\frac{\partial T}{\partial \dot{y}_i}\right)\delta y_i + \frac{d}{dt}\left(\frac{\partial T}{\partial \dot{z}_i}\right)\delta z_i\right] \\ &\quad = -\sum_{i=1}^{n}\sum_{k=1}^{r}\left[\frac{d}{dt}\left(\frac{\partial T}{\partial \dot{x}_i}\right)\frac{\partial x_i}{\partial q_k} + \frac{d}{dt}\left(\frac{\partial T}{\partial \dot{y}_i}\right)\frac{\partial y_i}{\partial q_k} + \frac{d}{dt}\left(\frac{\partial T}{\partial \dot{z}_i}\right)\frac{\partial z_i}{\partial q_k}\right]\delta q_k \end{aligned} \tag{11·13}$$

と書ける．ところで

$$\frac{d}{dt}\left(\frac{\partial T}{\partial \dot{x}_i}\right)\frac{\partial x_i}{\partial q_k} = \frac{d}{dt}\left(\frac{\partial T}{\partial \dot{x}_i}\frac{\partial x_i}{\partial q_k}\right) - \frac{\partial T}{\partial \dot{x}_i}\frac{d}{dt}\left(\frac{\partial x_i}{\partial q_k}\right)$$

で，式(**11·8**)の関係を用いれば

$$\frac{d}{dt}\left(\frac{\partial T}{\partial \dot{x}_i}\right)\frac{\partial x_i}{\partial q_k} = \frac{d}{dt}\left(\frac{\partial T}{\partial \dot{x}_i}\frac{\partial \dot{x}_i}{\partial \dot{q}_k}\right) - \frac{\partial T}{\partial \dot{x}_i}\frac{d}{dt}\left(\frac{\partial x_i}{\partial q_k}\right) \tag{11·14}$$

さらに式(**11・7**)によって

$$\frac{d}{dt}\left(\frac{\partial x_i}{\partial q_k}\right)=\sum_{j=1}^{r}\frac{\partial^2 x_i}{\partial q_k \partial q_j}\dot{q}_j=\frac{\partial}{\partial q_k}\left(\sum_{j=1}^{r}\frac{\partial x_i}{\partial q_j}\dot{q}_j\right)=\frac{\partial \dot{x}_i}{\partial q_k} \qquad (\mathbf{11 \cdot 15})$$

となるので，式(**11・14**)は

$$\frac{d}{dt}\left(\frac{\partial T}{\partial \dot{x}_i}\right)\frac{\partial x_i}{\partial q_k}=\frac{d}{dt}\left(\frac{\partial T}{\partial \dot{x}_i}\frac{\partial \dot{x}_i}{\partial \dot{q}_k}\right)-\frac{\partial T}{\partial \dot{x}_i}\frac{\partial \dot{x}_i}{\partial q_k} \qquad (\mathbf{11 \cdot 16})$$

と書ける．したがって式(**11・13**)の δq_k の係数は

$$\sum_{i=1}^{n}\frac{d}{dt}\left(\frac{\partial T}{\partial \dot{x}_i}\frac{\partial \dot{x}_i}{\partial \dot{q}_k}+\frac{\partial T}{\partial \dot{y}_i}\frac{\partial \dot{y}_i}{\partial \dot{q}_k}+\frac{\partial T}{\partial \dot{z}_i}\frac{\partial \dot{z}_i}{\partial \dot{q}_k}\right)$$

$$-\sum_{i=1}^{n}\left(\frac{\partial T}{\partial \dot{x}_i}\frac{\partial \dot{x}_i}{\partial q_k}+\frac{\partial T}{\partial \dot{y}_i}\frac{\partial \dot{y}_i}{\partial q_k}+\frac{\partial T}{\partial \dot{z}_i}\frac{\partial \dot{z}_i}{\partial q_k}\right)$$

$$=\frac{d}{dt}\left(\frac{\partial T}{\partial \dot{q}_k}\right)-\frac{\partial T}{\partial q_k} \qquad (\mathbf{11 \cdot 17})$$

となる．ここで $\partial T/\partial \dot{q}_k$ を**一般運動量**（generalized momentum）と呼んでいる．

一方，式(**11・10**)の力による項は，再び式(**11・6**)によって

$$\delta W_F=\sum_{i=1}^{n}\sum_{k=1}^{r}\left(X_i\frac{\partial x_i}{\partial q_k}+Y_i\frac{\partial y_i}{\partial q_k}+Z_i\frac{\partial z_i}{\partial q_k}\right)\delta q_k \qquad (\mathbf{11 \cdot 18})$$

一般力（generalized force）と呼ばれる

$$Q_k=\sum_{i=1}^{n}\left(X_i\frac{\partial x_i}{\partial q_k}+Y_i\frac{\partial y_i}{\partial q_k}+Z_i\frac{\partial z_i}{\partial q_k}\right) \qquad (\mathbf{11 \cdot 19})$$

を用いれば，式(**11・18**)は

$$\delta W_F=\sum_{k=1}^{r}Q_k\delta q_k \qquad (\mathbf{11 \cdot 20})$$

と書ける．一般力 Q_k は q_k が長さであれば力を，角度であればモーメントを表わす．式(**11・17**)を式(**11・13**)に代入した式と式(**11・19**)を用いると，式(**11・10**)は

$$\sum_{k=1}^{r}\left[\frac{d}{dt}\left(\frac{\partial T}{\partial \dot{q}_k}\right)-\frac{\partial T}{\partial q_k}-Q_k\right]\delta q_k=0$$

q_k（$k=1,\ 2,\ \cdots,\ r$）は互いに独立な座標なので，δq_k はまったく任意にとることができて

$$\frac{d}{dt}\left(\frac{\partial T}{\partial \dot{q}_k}\right)-\frac{\partial T}{\partial q_k}-Q_k \quad (k=1,\ 2,\ \cdots,\ r) \qquad (\mathbf{11 \cdot 21})$$

が得られる．この式を**ラグランジュ*の方程式**（Lagrange's equation）という．

質点に与えられる力の成分 X_i，Y_i，Z_i が

$$X_i = X_i{}' + X_i{}^*, \quad Y_i = Y_i{}' + Y_i{}^*, \quad Z_i = Z_i{}' + Z_i{}^* \tag{11·22}$$

のように二つに分けられ，このうち $X_i{}'$，$Y_i{}'$，$Z_i{}'$ がポテンシャル U をもつ場合を考えてみよう．一般力についても，これに対応して

$$Q_k = Q_k{}' + Q_k{}^* \tag{11·23}$$

に分割し

$$Q_k{}' = \sum_{i=1}^{n}\left(X_i{}'\frac{\partial x_i}{\partial q_k} + Y_i{}'\frac{\partial y_i}{\partial q_k} + Z_i{}'\frac{\partial z_i}{\partial q_k}\right) \tag{11·24}$$

$$Q_k{}^* = \sum_{i=1}^{n}\left(X_i{}^*\frac{\partial x_i}{\partial q_k} + Y_i{}^*\frac{\partial y_i}{\partial q_k} + Z_i{}^*\frac{\partial z_i}{\partial q_k}\right) \tag{11·25}$$

と書けば，ポテンシャル U の変化は

$$\begin{aligned} dU &= -\sum_{i=1}^{n}(X_i{}'dx_i + Y_i{}'dy_i + Z_i{}'dz_i) \\ &= -\sum_{i=1}^{n}\sum_{k=1}^{r}\left(X_i{}'\frac{\partial x_i}{\partial q_k} + Y_i{}'\frac{\partial y_i}{\partial q_k} + Z_i{}'\frac{\partial z_i}{\partial q_k}\right)dq_k = -\sum_{k=1}^{r}Q_k{}'dq_k \end{aligned} \tag{11·26}$$

で，したがって

$$Q_k{}' = -\frac{\partial U}{\partial q_k} \tag{11·27}$$

そして，この場合のラグランジュの方程式は

$$\frac{d}{dt}\left(\frac{\partial T}{\partial \dot{q}_k}\right) - \frac{\partial T}{\partial q_k} + \frac{\partial U}{\partial q_k} = Q_k{}^* \quad (k=1,\ 2,\ \cdots,\ r) \tag{11·28}$$

となる．力学や物理学では

$$L = T - U \tag{11·29}$$

を**ラグランジュ関数**（Lagrangian）と呼んでいるが，U が $\dot{q}_k$ を含まないことから，式(**11·28**)は

$$\frac{d}{dt}\left(\frac{\partial L}{\partial \dot{q}_k}\right) - \frac{\partial L}{\partial q_k} = Q_k{}^* \quad (k=1,\ 2,\ \cdots,\ r) \tag{11·30}$$

とも書くこともできる．

---

* Joseph Louis Lagrange（1736－1813）フランスの数学者．

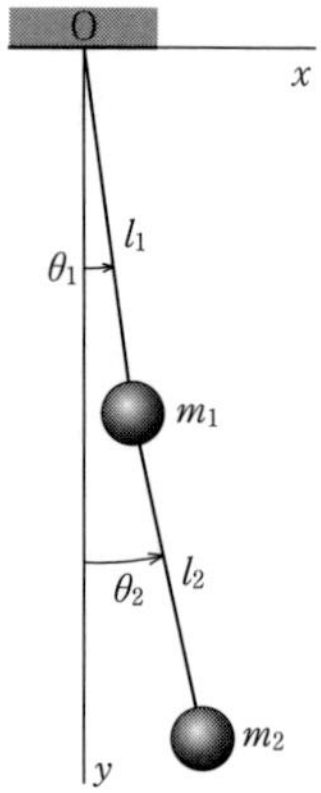

図 11·3 二重振子

〔例題 11·3〕 二重振子 図 **11·3** に示す二重振子の運動方程式を導け．二つの振子の長さと質量が等しくて，振子の振幅が小さいときの固有振動数はいくらか．

〔解〕 図のように直交座標系 O-xy をとる．一般座標として振れの角 θ_1，θ_2 を用いれば，各質点の位置は

$$\left.\begin{aligned} x_1 &= l_1 \sin\theta_1 \\ y_1 &= l_1 \cos\theta_1 \\ x_2 &= l_1 \sin\theta_1 + l_2 \sin\theta_2 \\ y_2 &= l_1 \cos\theta_1 + l_2 \cos\theta_2 \end{aligned}\right\} \qquad \textbf{(a)}$$

で，系の運動エネルギーは

$$\begin{aligned} T &= \frac{1}{2}m_1(\dot{x}_1{}^2+\dot{y}_1{}^2)+\frac{1}{2}m_2(\dot{x}_2{}^2+\dot{y}_2{}^2) \\ &= \frac{1}{2}m_1 l_1{}^2\dot{\theta}_1{}^2+\frac{1}{2}m_2[l_1{}^2\dot{\theta}_1{}^2+2l_1 l_2\dot{\theta}_1\dot{\theta}_2\cos(\theta_1-\theta_2)+l_2{}^2\dot{\theta}_2{}^2] \end{aligned} \qquad \textbf{(b)}$$

ポテンシャルエネルギーは

$$\begin{aligned} U &= m_1 g(l_1-y_1)+m_2 g(l_1+l_2-y_2) \\ &= m_1 g l_1(1-\cos\theta_1)+m_2 g[l_1(1-\cos\theta_1)+l_2(1-\cos\theta_2)] \end{aligned} \qquad \textbf{(c)}$$

で与えられる．これより

$$\frac{\partial T}{\partial\dot{\theta}_1}=(m_1+m_2)l_1{}^2\dot{\theta}_1+m_2 l_1 l_2\dot{\theta}_2\cos(\theta_1-\theta_2)$$

$$\frac{\partial T}{\partial\theta_1}=-m_2 l_1 l_2\dot{\theta}_2\sin(\theta_1-\theta_2), \qquad \frac{\partial U}{\partial\theta_1}=(m_1+m_2)g l_1\sin\theta_1$$

$$\frac{\partial T}{\partial\dot{\theta}_2}=m_2 l_1 l_2\dot{\theta}_1\cos(\theta_1-\theta_2)+m_2 l_2{}^2\dot{\theta}_2$$

$$\frac{\partial T}{\partial\theta_2}=m_2 l_1 l_2\dot{\theta}_1\dot{\theta}_2\sin(\theta_1-\theta_2), \qquad \frac{\partial U}{\partial\theta_2}=m_2 g l_2\sin\theta_2$$

であるから，式(**11·28**)で $Q_k{}^*=0$ とした式によって，振子の運動方程式

$$\left.\begin{aligned} &(m_1+m_2)l_1{}^2\ddot{\theta}_1+m_2 l_1 l_2\ddot{\theta}_2\cos(\theta_1-\theta_2)+m_2 l_1 l_2\dot{\theta}_2{}^2\sin(\theta_1-\theta_2) \\ &\quad+(m_1+m_2)g l_1\sin\theta_1=0 \\ &m_2 l_1 l_2\ddot{\theta}_1\cos(\theta_1-\theta_2)+m_2 l_2{}^2\ddot{\theta}_2-m_2 l_1 l_2\dot{\theta}_1{}^2\sin(\theta_1-\theta_2) \\ &\quad+m_2 g l_2\sin\theta_2=0 \end{aligned}\right\} \qquad \textbf{(d)}$$

が得られる．振子の振幅が小さいときは，式(**d**)は

$$\left.\begin{aligned}&(m_1+m_2)l_1\ddot{\theta}_1+m_2 l_2\ddot{\theta}_2+(m_1+m_2)g\theta_1=0\\&l_1\ddot{\theta}_1+l_2\ddot{\theta}_2+g\theta_2=0\end{aligned}\right\}\qquad(\mathbf{e})$$

となり，$\theta_r=A_r\sin\omega t$（$r=1,\ 2$）とおいて A_r を消去すれば

$$m_1l_1l_2\omega^4-(m_1+m_2)(l_1+l_2)g\omega^2+(m_1+m_2)g^2=0\qquad(\mathbf{f})$$

$m_1=m_2=m,\ l_1=l_2=l$ のときは $\omega^4-(4g/l)\omega^2+2g^2/l^2=0$ となり，これを解いて固有振動数

$$\left.\begin{aligned}\omega_1&=\sqrt{2-\sqrt{2}}\sqrt{\frac{g}{l}}=0.765\sqrt{\frac{g}{l}}\\\omega_2&=\sqrt{2+\sqrt{2}}\sqrt{\frac{g}{l}}=1.848\sqrt{\frac{g}{l}}\end{aligned}\right\}\qquad(\mathbf{g})$$

が求まる．

〔**例題 11·4**〕 **天井走行クレーン** 図 **11·4** に示す振動系の運動方程式を導き，固有振動数を求めよ．あらかじめ振動の振幅は小さいとして略算せよ．

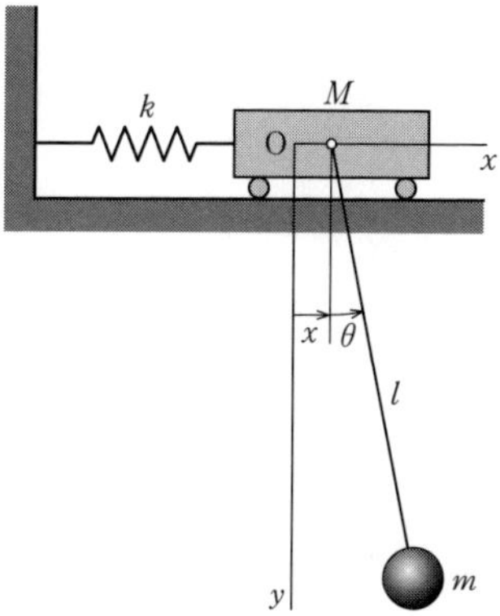

図 11·4 天井走行クレーン

〔**解**〕 図のように平衡位置に座標系 O-xy をとり，横行車 M の水平変位を x，振子の角変位を θ とすれば，系の運動エネルギーは

$$T=\frac{1}{2}M\dot{x}^2+\frac{1}{2}m(\dot{x}+l\dot{\theta})^2\qquad(\mathbf{a})$$

ポテンシャルエネルギーは重力によるものと，ばねに貯えられるものとを加えあわせて

$$U=mgl(1-\cos\theta)+\frac{1}{2}kx^2=\frac{1}{2}mgl\theta^2+\frac{1}{2}kx^2\qquad(\mathbf{b})$$

で，次の運動方程式が得られる．

$$\left.\begin{aligned}&(M+m)\ddot{x}+ml\ddot{\theta}+kx=0\\&\ddot{x}+l\ddot{\theta}+g\theta=0\end{aligned}\right\}\qquad(\mathbf{c})$$

系の固有振動数は

$$Ml\omega^4-[(M+m)g+kl]\omega^2+kg=0\qquad(\mathbf{d})$$

から計算できる．

11·4 ジャイロスコープの運動方程式

9·5 節に述べたジャイロの運動方程式(**9·54**)をラグランジュの方程式によって誘導してみよう．ジャイロに固定された運動座標系 O-$\xi'\eta'\zeta$ の各座標軸のまわりの角速度は式(**9·50**)より

$$\omega_{\xi'} = -\dot{\varphi}\sin\theta, \quad \omega_{\eta'} = \dot{\theta}, \quad \omega_{\zeta} = \dot{\varphi}\cos\theta + \dot{\psi} \tag{11·31}$$

したがって，運動エネルギーは

$$T = \frac{1}{2}I_{\xi'}(\dot{\varphi}^2\sin^2\theta + \dot{\theta}^2) + \frac{1}{2}I_{\zeta}(\dot{\varphi}\cos\theta + \dot{\psi})^2 \tag{11·32}$$

となる．この場合の一般座標はオイラー角 φ，θ，ψ で，式(**11·32**)をこれらの角で偏微分すると

$$\left.\begin{aligned} &\frac{\partial T}{\partial \dot{\varphi}} = I_{\xi'}\dot{\varphi}\sin^2\theta + I_{\zeta}(\dot{\varphi}\cos\theta + \dot{\psi})\cos\theta, \quad \frac{\partial T}{\partial \varphi} = 0 \\ &\frac{\partial T}{\partial \dot{\theta}} = I_{\xi'}\dot{\theta}, \quad \frac{\partial T}{\partial \theta} = I_{\xi'}\dot{\varphi}^2\sin\theta\cos\theta - I_{\zeta}(\dot{\varphi}\cos\theta + \dot{\psi})\dot{\varphi}\sin\theta \\ &\frac{\partial T}{\partial \dot{\psi}} = I_{\zeta}(\dot{\varphi}\cos\theta + \dot{\psi}), \quad \frac{\partial T}{\partial \psi} = 0 \end{aligned}\right\} \tag{11·33}$$

この場合の一般力はモーメントで，次のように考えることができる．各座標軸のまわりのモーメントを $N_{\xi'}$，$N_{\eta'}$，N_{ζ} とすれば，仮想変位 $\delta\varphi$，$\delta\theta$，$\delta\psi$ によってなされる仮想仕事 δW は式(**11·31**)を参照して

$$\left.\begin{aligned} \delta W &= N_{\xi'}(-\delta\varphi\sin\theta) + N_{\eta'}\delta\theta + N_{\zeta}(\delta\varphi\cos\theta + \delta\psi) \\ &= (-N_{\xi'}\sin\theta + N_{\zeta}\cos\theta)\delta\varphi + N_{\eta'}\delta\theta + N_{\zeta}\delta\psi \end{aligned}\right\} \tag{11·34}$$

で，この場合の一般力は

$$Q_{\varphi} = -N_{\xi'}\sin\theta + N_{\zeta}\cos\theta, \quad Q_{\theta} = N_{\eta'}, \quad Q_{\psi} = N_{\zeta} \tag{11·35}$$

となる．ラグランジュの方程式(**11·21**)に式(**11·33**)と式(**11·35**)を代入することによって

$$\left.\begin{aligned} &[I_{\xi'}\ddot{\varphi}\sin\theta + 2I_{\xi'}\dot{\varphi}\dot{\theta}\cos\theta - I_{\zeta}(\dot{\varphi}\cos\theta + \dot{\psi})\dot{\theta}]\sin\theta \\ &\quad + I_{\zeta}(\ddot{\varphi}\cos\theta - \dot{\varphi}\dot{\theta}\sin\theta + \ddot{\psi})\cos\theta = -N_{\xi'}\sin\theta + N_{\zeta}\cos\theta \\ &I_{\xi'}\ddot{\theta} + [(I_{\zeta} - I_{\xi'})\dot{\varphi}\cos\theta + I_{\zeta}\dot{\psi}]\dot{\varphi}\sin\theta = N_{\eta'} \\ &I_{\zeta}(\ddot{\varphi}\cos\theta - \dot{\varphi}\dot{\theta}\sin\theta + \ddot{\psi}) = N_{\zeta} \end{aligned}\right\} \tag{11·36}$$

が得られる．この第三式に $\cos\theta$ をかけて第一式から差し引けば

$$I_{\xi'}\ddot{\psi}\sin\theta+2I_{\xi'}\dot{\varphi}\dot{\theta}\cos\theta-I_{\zeta}(\dot{\varphi}\cos\theta+\dot{\psi})\dot{\theta}=-N_{\xi'} \qquad (11\cdot37)$$

となり，式(**11·36**)の第二，三式とあわせてジャイロスコープの運動方程式を構成する．以上のようにラグランジュの方程式を用いると，運動方程式を導く過程がわかりやすくて，間違いを起こしにくい．

11·5 ハミルトンの運動方程式

質点系の各質点に働く力がポテンシャル U をもつときは，前節で定義した一般運動量はラグランジュ関数 L を用いて

$$p_k=\frac{\partial T}{\partial \dot{q}_k}=\frac{\partial L}{\partial \dot{q}_k} \qquad (11\cdot38)$$

で表わされる．したがって，ラグランジュの方程式は式(**11·30**)で $Q_k{}^*$ をゼロとして

$$\dot{p}_k=\frac{\partial L}{\partial q_k} \quad (k=1,\ 2,\ \cdots,\ r) \qquad (11\cdot39)$$

で与えられる．関数 L の全微分は

$$dL=\sum_{k=1}^{r}\frac{\partial L}{\partial q_k}dq_k+\sum_{k=1}^{r}\frac{\partial L}{\partial \dot{q}_k}d\dot{q}_k$$

と書けるので，式(**11·38**)と式(**11·39**)をこれに代入して

$$dL=\sum_{k=1}^{r}\dot{p}_k\,dq_k+\sum_{k=1}^{r}p_k\,d\dot{q}_k \qquad (11\cdot40)$$

右辺の第二項は

$$\sum_{k=1}^{r}p_k\,d\dot{q}_k=d\left(\sum_{k=1}^{r}p_k\,\dot{q}_k\right)-\sum_{k=1}^{r}\dot{q}_k\,dp_k$$

と書けるので，この式を式(**11·40**)に代入して

$$d\left(\sum_{k=1}^{r}p_k\,\dot{q}_k-L\right)=-\sum_{k=1}^{r}\dot{p}_k\,dq_k+\sum_{k=1}^{r}\dot{q}_k\,dp_k \qquad (11\cdot41)$$

なる関係を得る．

$$H(p,\ q,\ t)=\sum_{k=1}^{r}p_k\,\dot{q}_k-L \qquad (11\cdot42)$$

が一般座標 q_k，運動量 p_k と時間 t のみの関数である場合，これを質点系の**ハミル**

トン*関数（Hamiltonian）と呼んでいるが，この関数を用いると，式(**11·41**)は

$$dH=-\sum_{k=1}^{r}\dot{p}_k\,dq_k+\sum_{k=1}^{r}\dot{q}_k\,dp_k \tag{11·43}$$

となり，これより

$$\dot{q}_k=\frac{\partial H}{\partial p_k},\qquad \dot{p}_k=-\frac{\partial H}{\partial q_k} \tag{11·44}$$

が得られる．この式を**ハミルトン方程式**（Hami1ton's equation），あるいは**正準方程式**（canonical equation）と呼んでいる．

質点系の運動エネルギーを与える式(**11·11**)を式(**11·7**)を用いて書くと

$$T=\frac{1}{2}\sum_{i=1}^{n}m_i\sum_{j=1}^{r}\sum_{k=1}^{r}\left(\frac{\partial x_i}{\partial q_j}\frac{\partial x_i}{\partial q_k}+\frac{\partial y_i}{\partial q_j}\frac{\partial y_i}{\partial q_k}+\frac{\partial z_i}{\partial q_j}\frac{\partial z_i}{\partial q_k}\right)\dot{q}_j\,\dot{q}_k \tag{11·45}$$

この式を $\dot{q}_j$ で偏微分すれば

$$\frac{\partial T}{\partial \dot{q}_j}=\sum_{i=1}^{n}m_i\sum_{k=1}^{r}\left(\frac{\partial x_i}{\partial q_j}\frac{\partial x_i}{\partial q_k}+\frac{\partial y_i}{\partial q_j}\frac{\partial y_i}{\partial q_k}+\frac{\partial z_i}{\partial q_j}\frac{\partial z_i}{\partial q_k}\right)\dot{q}_k$$

となる．式(**11·42**)によりハミルトン関数は

$$H(p,\ q,\ t)=\sum_{k=1}^{r}\frac{\partial T}{\partial \dot{q}_k}\dot{q}_k-(T-U)=2T-T+U=T+U \tag{11·46}$$

で，系の運動エネルギーとポテンシャルエネルギーの和，すなわち質点系の全エネルギーを表わしている．ハミルトン関数を時間で微分すれば

$$\frac{dH}{dt}=\frac{\partial H}{\partial t}+\sum_{k=1}^{r}\frac{\partial H}{\partial q_k}\dot{q}_k+\sum_{k=1}^{r}\frac{\partial H}{\partial p_k}\dot{p}_k \tag{11·47}$$

で，式(**11·44**)によって

$$\frac{dH}{dt}=\frac{\partial H}{\partial t} \tag{11·48}$$

ハミルトン関数に時間 t が陽に含まれていないときは

$$\frac{dH}{dt}=0 \tag{11·49}$$

で，質点系の全エネルギーは一定で，時間が経過しても変わらない．

〔例題 11·5〕 ばね定数 k のばねで支持された質量 m の物体のハミルトン関数を求

---

* William Rowan Hami1ton（1805−1865）イギリスの数学者，物理学者，天文学者．

めよ．

〔**解**〕 物体の変位を一般座標 q で表わせば，この場合のラグランジュ関数は

$$L=\frac{1}{2}m\dot{q}^2-\frac{1}{2}kq^2 \tag{a}$$

で，式(**11・38**)によって $p=\partial L/\partial\dot{q}=m\dot{q}$，したがって $\dot{q}=p/m$ となる．これよりハミルトン関数は

$$H=p\dot{q}-L=\frac{p^2}{m}-\left(\frac{1}{2}\frac{p^2}{m}-\frac{1}{2}kq^2\right)=\frac{1}{2}\frac{p^2}{m}+\frac{1}{2}kq^2 \tag{b}$$

となり，時間 t を陽に含まないのでエネルギー保存則が成り立つ．

〔**例題 11・6**〕 **単振子** 質量 m の物体を長さ l の糸で吊った振子の微小振動に関するハミルトン方程式を求めよ．

〔**解**〕 一般座標として鉛直線からの振れ角 θ を用いると，振子のラグランジュ関数は

$$L=\frac{1}{2}ml^2\dot{\theta}^2-mgl(1-\cos\theta)=\frac{1}{2}ml^2\dot{\theta}^2-\frac{1}{2}mgl\theta^2 \tag{a}$$

p は

$$p=\frac{\partial T}{\partial\dot{\theta}}=ml^2\dot{\theta} \tag{b}$$

なので，ハミルトン関数は

$$H=\frac{p^2}{ml^2}-\left(\frac{1}{2}\frac{p^2}{ml^2}-\frac{1}{2}mgl\theta^2\right)=\frac{1}{2}\frac{p^2}{ml^2}+\frac{1}{2}mgl\theta^2 \tag{c}$$

で与えられる．

$$\frac{\partial H}{\partial p}=\frac{p}{ml^2},\qquad \frac{\partial H}{\partial\theta}=mgl\theta$$

なので，式(**11・44**)により，この場合のハミルトン方程式は

$$\dot{\theta}=\frac{p}{ml^2},\qquad \dot{p}=-mgl\theta \tag{d}$$

と書ける．

11·6 ハミルトンの原理

力学系の運動をいっそう一般的に論じるのに便利な法則に，**ハミルトンの原理** (Hamilton's principle) がある．いま，ある幾何学的な拘束を受けて運動する自由度 r の質点系の運動が，ラグランジュの方程式の解 $q_1(t)$，$q_2(t)$，…，$q_r(t)$ で与えられたものとする．

そしてこの質点系に働く力はすべて保存力で，ポテンシャル U から導かれるものとして，ラグランジュ関数 L をある時刻 t_1 から t_2 まで積分した

$$I=\int_{t_1}^{t_2} L(q_k,\ \dot{q}_k,\ t)dt \quad (k=1,\ 2,\ \cdots,\ r) \tag{11·50}$$

を考える．一般座標 q_k を r 次元空間の座標軸とみなせば，$q_1(t)$，$q_2(t)$，…，q_r (t) はこの空間の中で時刻 t における一点 P の位置を表わし，時刻 t_1 から t_2 まで物体が運動する間に，P 点はこの空間を図 **11·5** のように曲線 C に沿って A 点から B 点まで移動するものとする．

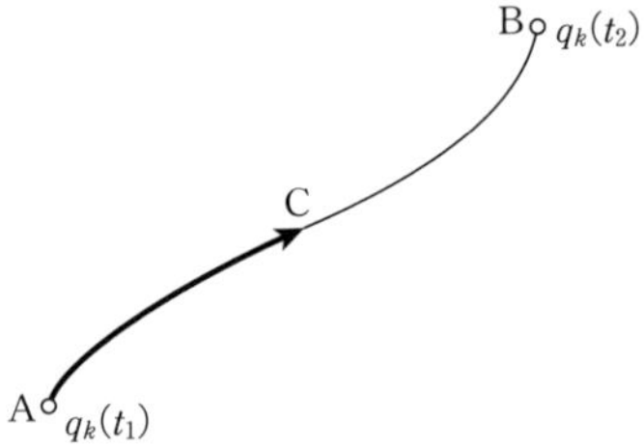

図 11·5　点の移動

いま，この曲線 C の近傍に始点と終点とが同じで，途中の経路が少し異なった曲線 C′ を考え，これを

$$q_k{}'(t)=q_k(t)+\delta q_k(t) \quad (k=1,\ 2,\ \cdots,\ r) \tag{11·51}$$

で表わす．変分 $\delta q_k(t)$ は仮想変位で，曲線 C′ が A 点と B 点を通ることから

$$\delta q_k(t_1)=\delta q_k(t_2)=0 \quad (k=1,\ 2,\ \cdots,\ r) \tag{11·52}$$

でなければならない．曲線 C′ に沿った積分を

$$I'=\int_{t_1}^{t_2} L(q_k{}',\ \dot{q}_k{}',\ t)dt \quad (k=1,\ 2,\ \cdots,\ r) \tag{11·53}$$

で表わせば，I との差は

$$\delta I=I'-I=\int_{t_1}^{t_2}[L(q_k{}',\ \dot{q}_k{}',\ t)-L(q_k,\ \dot{q}_k,\ t)]dt \quad (k=1,\ 2,\ \cdots,\ r)$$

$L(q_k{}',\ \dot{q}_k{}',\ t)$ を $L(q_k,\ \dot{q}_k,\ t)$ の近傍で展開すれば

$$L(q_k{}',\ \dot{q}_k{}',\ t)-L(q_k,\ \dot{q}_k,\ t)=L(q_k+\delta q_k,\ \dot{q}_k+\delta\dot{q}_k,\ t)-L(q_k,\ \dot{q}_k,\ t)$$
$$=\sum_{k=1}^{r}\frac{\partial L}{\partial q_k}\delta q_k+\sum_{k=1}^{r}\frac{\partial L}{\partial \dot{q}_k}\delta\dot{q}_k$$

で，これを δI の式に代入すれば

$$\delta I=\int_{t_1}^{t_2}\left[\sum_{k=1}^{r}\frac{\partial L}{\partial q_k}\delta q_k+\sum_{k=1}^{r}\frac{\partial L}{\partial \dot{q}_k}\delta\dot{q}_k\right]dt \tag{11·54}$$

となる．δq_k の時間に関する微分は時間の変分 δt をもたないので $(d/dt)\delta q_j=\delta\dot{q}_j$，したがって式(**11·54**)の右辺の第二項を部分積分することにより

$$\delta I=\sum_{k=1}^{r}\frac{\partial L}{\partial \dot{q}_k}\delta q_k\bigg|_{t_1}^{t_2}-\int_{t_1}^{t_2}\sum_{k=1}^{r}\left[\frac{d}{dt}\left(\frac{\partial L}{\partial \dot{q}_k}\right)-\frac{\partial L}{\partial q_k}\right]\delta q_k\,dt \tag{11·55}$$

式(**11·52**)によりこの式の第一項はゼロ，保存系〔式(**11·30**)で $Q_k{}^*=0$〕では第二項の［　］内もゼロとなるので

$$\delta\int_{t_1}^{t_2}L(q_k,\ \dot{q}_k,\ t)dt=0 \tag{11·56}$$

で，実際に実現される運動は $q_k(t)$ に対して常に**停留値**（stationary value）をとることとなる．したがってこの原理のことを**最小作用の原理**（principle of least action）とも呼んでいる．逆に式(**11·56**)が成り立つときは，式(**11·55**)において第一項はゼロで，第二項の仮想変位 δq_k が任意にとり得ることから，ラグランジュの方程式

$$\frac{d}{dt}\left(\frac{\partial L}{\partial \dot{q}_k}\right)-\frac{\partial L}{\partial q_k}=0 \tag{11·57}$$

が導かれる．

11章　演習問題

11·1　鉛直な壁にもたせた鋼棒が倒れないためには，壁と何度以内の角度をもたせればよいか．棒と壁，棒と床との間の静止摩擦係数をそれぞれ μ_1, μ_2 として，仮想仕事の原理により計算せよ．

11·2　図 **11·6** のように，質量 M の厚い板材が半径 r，質量 m の 2 個のローラに載っている．この板を大きさ P の力

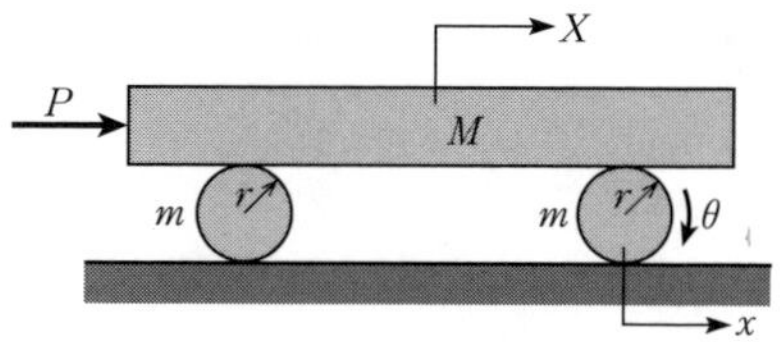

図 11·6　演習問題 11·2

で水平に押すと，板にどれだけの加速度が生じるか．ローラは床の上をすべらないで転がるとして，仮想仕事の原理を用いて計算せよ．

11·3 二つの等しい質量 m が軽くてなめらかな滑車に吊られている．一つの質量 m の一部 Δm がひもを伝わって昇るとき，この系はどんな運動をするか．ラグランジュの方程式を用いて調べよ．

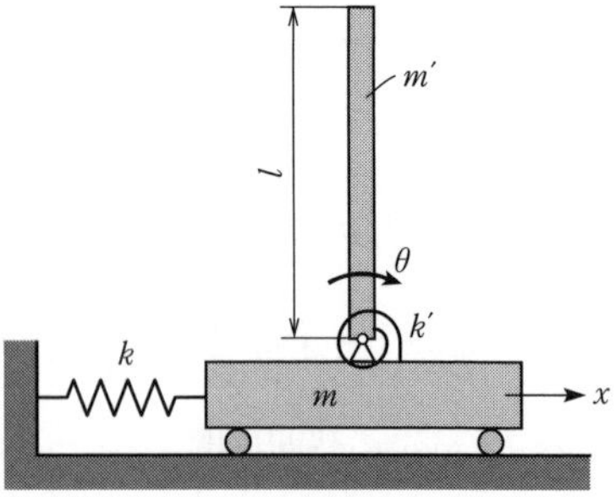

図 11·7 演習問題 11·4

11·4 図 11·7 のように，ばね定数 k のばねで支えられた質量 m の台車に長さ l，質量 m' の棒材が回転ばね定数 k' のばねで支持されている．振動の振幅は小さいとして，この系の運動方程式をラグランジュの方程式によって求め，振動数方程式を導け．

演習問題の解法と解答

1章　平面内の力のつりあい

1·1　$100g\sin 30^\circ = F_2\sin 50^\circ \quad \therefore \quad F_2 = \dfrac{100\times 9.81\times \sin 30^\circ}{\sin 50^\circ} = 640[\mathrm{N}]$

$\dfrac{F_1}{\sin 20^\circ} = \dfrac{100\times 9.81}{\sin 130^\circ}$　より　$F_1 = \dfrac{100\times 9.81\times \sin 20^\circ}{\sin 50^\circ} = 438[\mathrm{N}]$

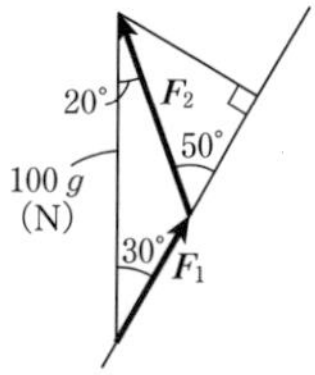

解 1·1 の図

1·2　$F\cos 30^\circ = 50g\sin 30^\circ$　より　$F_1 = \dfrac{50\times 9.81\times \sin 30^\circ}{\cos 30^\circ} = 283[\mathrm{N}]$

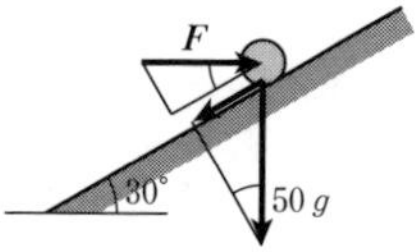

解 1·2 の図

1·3　$M = (45\cos 30^\circ)\times 150\sin 30^\circ + (20 + 45\sin 30^\circ)\times 150\cos 30^\circ$
$= 84.4[\mathrm{N\cdot m}]$

1·4　$\dfrac{a}{b} = \tan 30^\circ$，$lF = aP$　より　$P = \dfrac{lF}{b\tan 30^\circ} = \sqrt{3}\,\dfrac{lF}{b}$

1·5　①　300[N]と B 点の 90[N]の合力

$300x = (50 - x)\times 90$

$x_1 = \dfrac{4500}{390} = 11.54[\mathrm{cm}]$

②　390[N]と A 点の 90[N]の合力(最終合力)M_A を計算

61.54×390
$= (50 + x)\times 300$

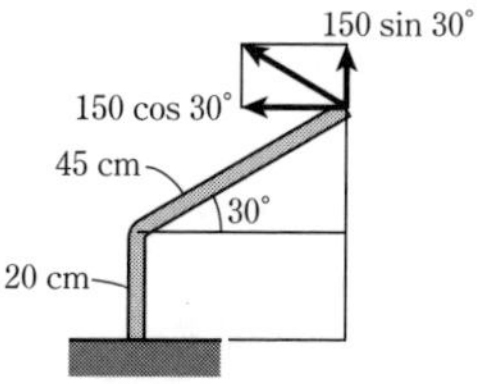

解 1·3 の図

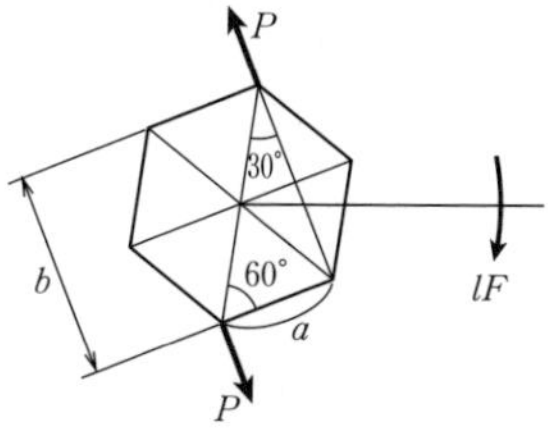

解 1·4 の図

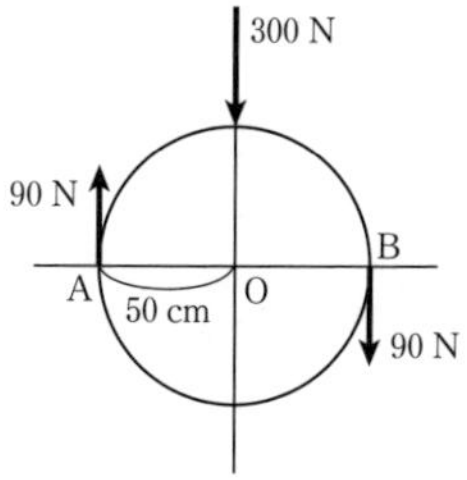

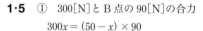

解 1·5 の図

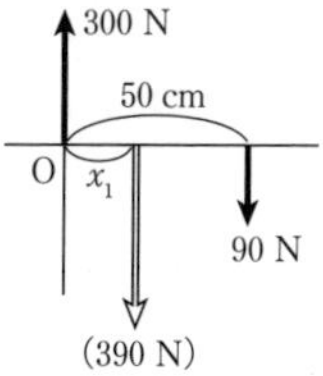

解 1·5 ①の図

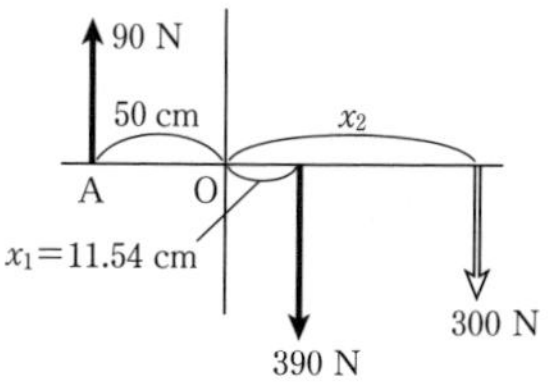

解 1·5 ②の図

$$x=\frac{61.54\times 390-15000}{300}=30.0[\text{cm}]$$（O 点より B 点寄り）

1·6 A 点のまわりの M_A

$$\frac{l\cos\theta}{2}mg=(l\cos\theta)R_B\cos 30^\circ+(l\sin\theta)R_B\sin 30^\circ$$

$$\therefore\quad R_B=\frac{mg\cos\theta}{2(\cos\theta\cos 30^\circ+\sin\theta\sin 30^\circ)}$$

$$=\frac{mg}{2(\cos 30^\circ+\tan\theta\sin 30^\circ)}$$

水平方向のつりあい　$F=R_B\sin 30^\circ$ より

$$F=\frac{mg\sin 30^\circ}{2(\cos 30^\circ+\tan\theta\sin 30^\circ)}$$

$$=\frac{mg}{2\left(\dfrac{\cos 30^\circ}{\sin 30^\circ}+\tan\theta\right)}$$

$$=\frac{mg}{2(\tan\theta+\sqrt{3})}$$

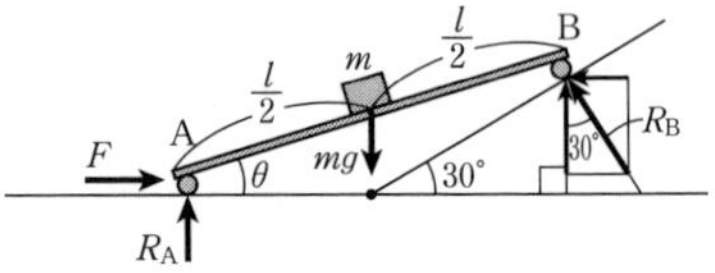

解 1·6 の図

1·7 （a） $T=\dfrac{mg}{2}$

（b） $mg=3T\quad\therefore\quad T=\dfrac{mg}{3}$

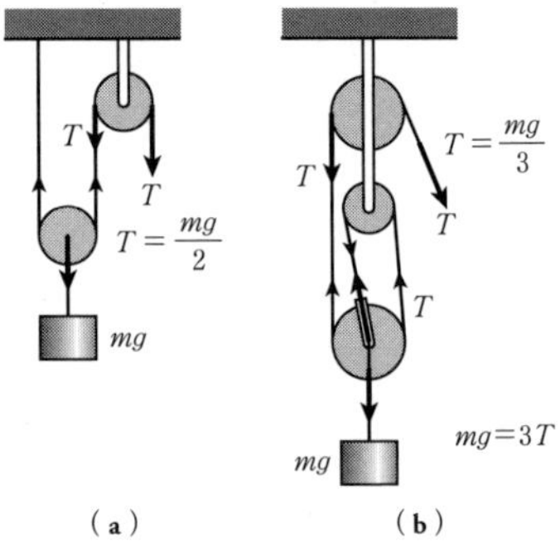

解 1·7 の図

1·8 ① A 点のまわりのモーメント $M_A=0$ より

$$-25\times 800-60\times 1200+T\times 100\times\sin 30^\circ=0$$

$$\therefore\quad \text{ロープの張力 } T=\frac{92000}{100\times 0.5}=1.84[\text{kN}]$$

② A 点の反力 $R_{Ay}=-800-1200+T\sin 30^\circ$,

$R_{Ax}=T\cos 30^\circ$

水平反力 $R_{Ax}=T\cos 30^\circ=1.84\cos 30^\circ$

$=1.58[\text{kN}]$

垂直反力 $R_{Ay}=-800-1200+T\sin 30^\circ$

$=-1080[\text{N}]=1.08[\text{kN}]$

（下向き）

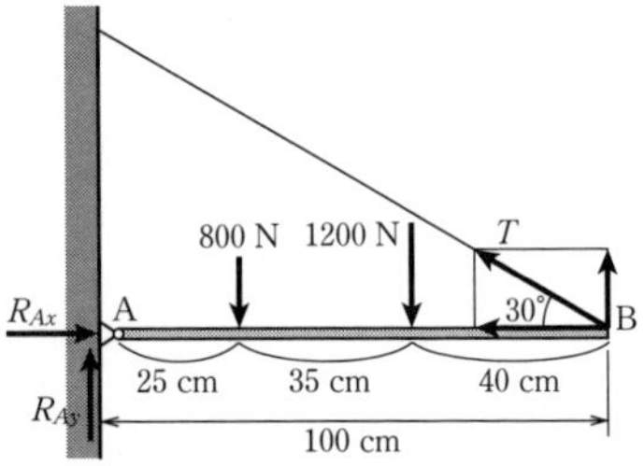

解 1·8 の図

1·9 F の最小限（$R_2=0$ になる場合）

$500\times 30=55F$　より　$F\geqq 272.7[\text{N}]$

F の最大限（$R_1=0$ になる場合）

$65\times 500=20F$　より　$F\leqq 1625[\text{N}]$

$\therefore\quad 272.2[\text{N}]\leqq F\leqq 1625[\text{N}]$

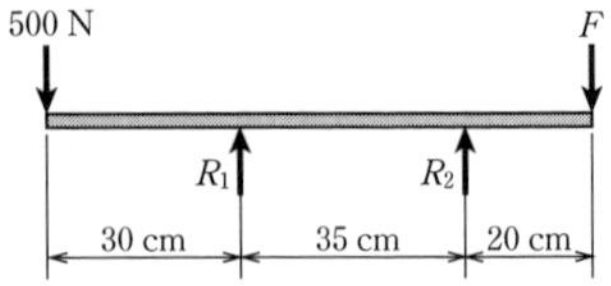

解 1·9 の図

1·10 （a） ① A 点のつりあい

$F_{AD} = -1.5 \times 2 = -3.00$[kN]（圧縮になるから）

$F_{AB} = 1.5\sqrt{3} = 2.60$[kN]

② 支点 B，C の反力 V_C は移動支点のため $V_C = 0$〔全体のつりあいを考える（AB＝BC となる）〕

$\sum M_B = 0$ より $H_C = -1.5$[kN]

$\sum M_C = 0$ より $H_B = 1.5$[kN]

$\sum M_A = 0$ より $V_B = -1.5$[kN]

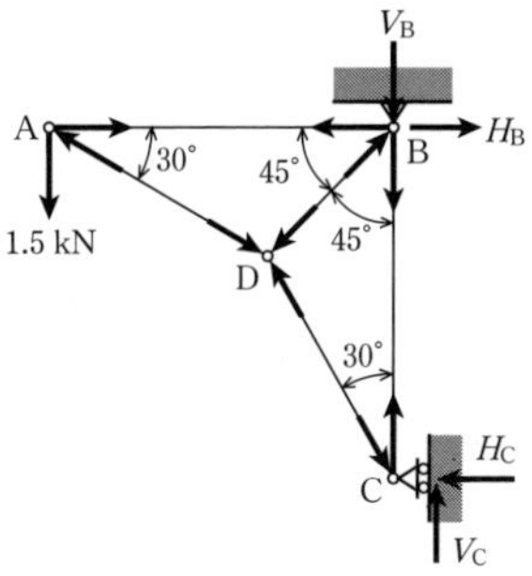

解 1·10（a）の図

③ D 点のつりあい

$$\frac{F_{BD}}{\sin 30^\circ} = \frac{3}{\sin 70^\circ}$$

$$\therefore \quad F_{BD} = \frac{\sin 30^\circ}{\sin 70^\circ} \times 3 = 1.552 = -1.55\text{[kN]}（圧縮）$$

$F_{CD} = F_{AD} = -3.00$[kN]

④ C 点のつりあい

$F_{BC} = 1.5 \times \sqrt{3} = 2.60$[kN]

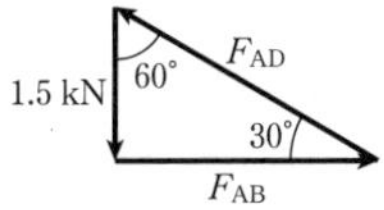

解 1·10（a）①の図

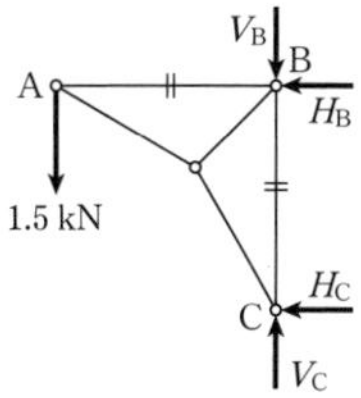

解 1·10（a）②の図

（**b**） ① 支点の反力

$R_A = R_B = 3.30$[kN]

② A 点のつりあい

$F_{AC} \sin 45^\circ + 3.3 = 0$ より

$F_{AC} = -4.67$[kN]（圧縮）$= F_{BD}$

$F_{AC} \cos 45^\circ + F_{AG} = 0$ より

$F_{AG} = 3.30$[kN]$= F_{BH}$

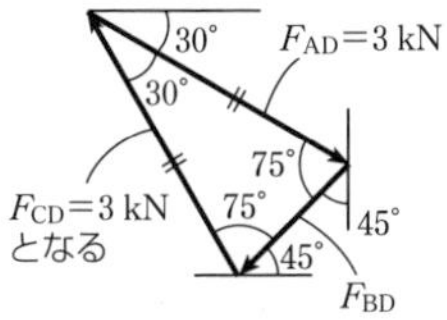

解 1·10（a）③の図

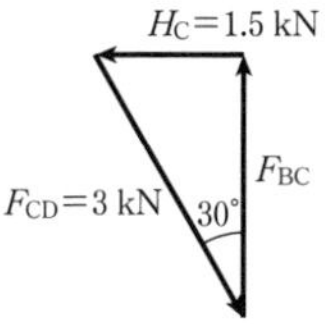

解 1·10（a）④の図

③ G 点のつりあい

$F_{EG} = F_{AG} = 3.30$[kN]$= F_{EH}$

$F_{CG} = 1.20$[kN]$= F_{DH}$

④ C 点のつりあい

$-1 - 1.2 + 3.3\sqrt{2} \sin 45^\circ - F_{CE} \sin 45^\circ = 0$

より

$F_{CE} = 1.56$[kN]$= F_{DE}$

$F_{CI} + 3.3\sqrt{2} \cos 45^\circ + 1.555 \cos 45^\circ = 0$

より

$F_{CI} = -4.40$[kN]（圧縮）$= F_{ID}$

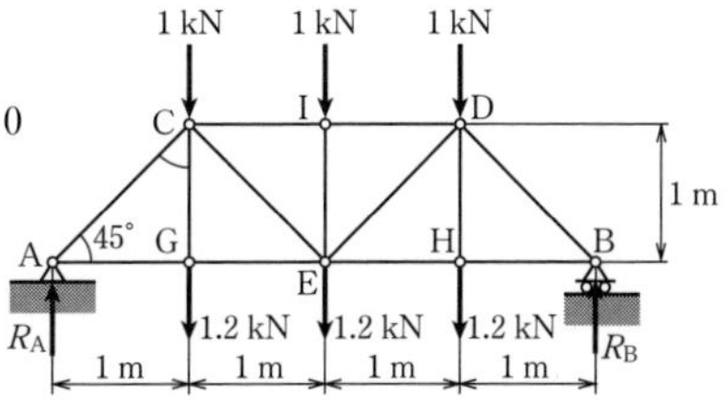

解 1·10（b）の図

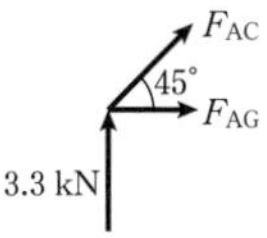

解 1·10（b）①，②の図

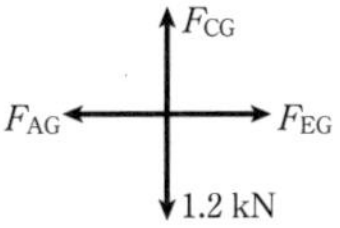

解 1·10（b）③の図

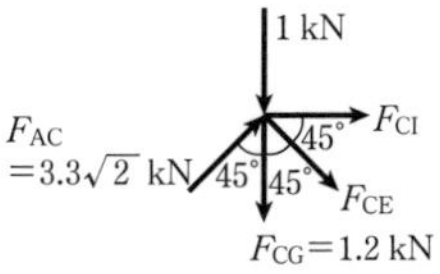

解 1·10（b）④の図

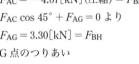

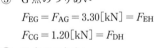

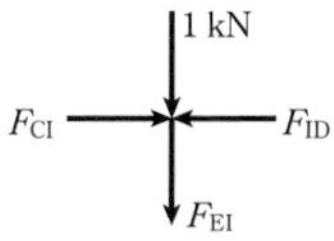

解 1·10（b）⑤の図

⑤ I点のつりあい

$F_{EI} = -1.00$[kN](圧縮)

2章 | 立体的な力のつりあい

2·1 ① $\sqrt{21}$, $\sqrt{13}$ ② $\sqrt{26}$, $\sqrt{42}$ ③ -4, $12\boldsymbol{i}+8\boldsymbol{j}-7\boldsymbol{k}$ ④ $-12\boldsymbol{i}-8\boldsymbol{j}+7\boldsymbol{k}$

2·2 三角形の各頂点 A, B, C から対辺の中点 L, M, N にいたるベクトルは

$$\overrightarrow{AL} = \overrightarrow{AB} + \frac{1}{2}\overrightarrow{BC},\quad \overrightarrow{BM} = \overrightarrow{BC} + \frac{1}{2}\overrightarrow{CA},\quad \overrightarrow{CN} = \overrightarrow{CA} + \frac{1}{2}\overrightarrow{AB}$$

と書けることに注意せよ.

2·3 〔例題 **2·3**〕の結果を用いて

$$\sqrt{(4\boldsymbol{i}+6\boldsymbol{j}+8\boldsymbol{k})^2-\left[(4\boldsymbol{i}+6\boldsymbol{j}+8\boldsymbol{k})\cdot\left(\frac{2}{7}\boldsymbol{i}+\frac{3}{7}\boldsymbol{j}+\frac{6}{7}\boldsymbol{k}\right)\right]^2} = \frac{4}{7}\sqrt{13}$$

2·4 ① $Fa/\sqrt{2}$, $-Fa/\sqrt{2}$, $Fa/\sqrt{2}$

② 直線 OQ の方向余弦は$(1/\sqrt{3},\ 1/\sqrt{3},\ 1/\sqrt{3})$で, この直線まわりのモーメントは $Fa/\sqrt{6}$. 対角線 SB の方向余弦は$(-1/\sqrt{3},\ 1/\sqrt{3},\ -1/\sqrt{3})$で, モーメントは $-Fa/\sqrt{6}$.

2·5 合力の大きさは 140[N], 各座標軸と 65°, 136°, 55° の角をなす. O 点まわりモーメントは

$$\boldsymbol{M} = 25\boldsymbol{j}\times 80\boldsymbol{k} + (30\boldsymbol{i}+25\boldsymbol{j})\times 60\boldsymbol{i} + (30\boldsymbol{i}+25\boldsymbol{j}-10\boldsymbol{k})\times(-100\boldsymbol{j})$$
$$= 10\boldsymbol{i} - 45\boldsymbol{k}\,[\mathrm{N\cdot m}]$$

大きさは 46.1[N·m], 各軸と 77°, 90°, 168° の角をなす.

2·6 合力 $R = (1+2+3+4+5)W = 15W$

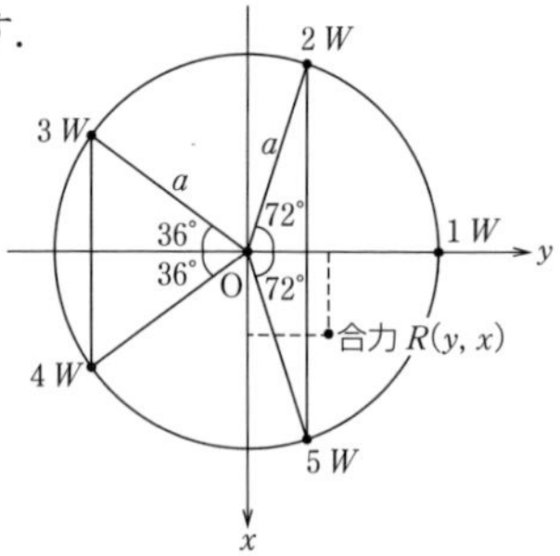

解 2·6 の図

① O 点まわりの y 軸方向のモーメント $\sum M_y = 0$ より

$$Ry = aW + 2Wa\cos 72^\circ + 5Wa\cos 72^\circ - (3Wa\cos 36^\circ + 4Wa\cos 36^\circ)$$
$$= aW(1 + 7\cos 72^\circ - 7\cos 36^\circ) = -2.50aW$$

$$\therefore\quad y = \frac{-2.50aW}{15W} - 0.1666a$$
$$= -0.167a \text{(O 点より左方)}$$

② x 軸方向のモーメント $\sum M_x = 0$ より

$$Rx = 5Wa\sin 72^\circ + 4Wa\sin 36^\circ - (2Wa\sin 72^\circ + 3Wa\sin 36^\circ)$$
$$= [(5\sin 72^\circ + 4\sin 36^\circ) - (2\sin 72^\circ + 3\sin 36^\circ)]aW = 3.441aW$$

$$\therefore\quad x = \frac{3.441aW}{15W} = 0.229a \text{(O 点より下方)}$$

2·7 ① 柱とロープの角度

AP との角度 α $\quad \alpha = \tan^{-1}\dfrac{\sqrt{3^2+4^2}}{10} = 26.6^\circ$

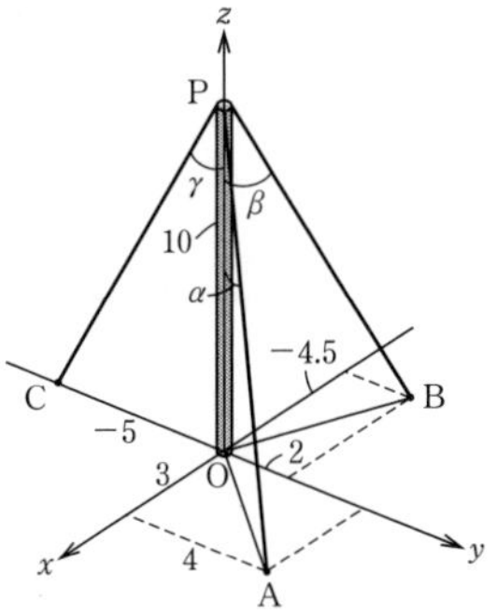

解 2·7 の図

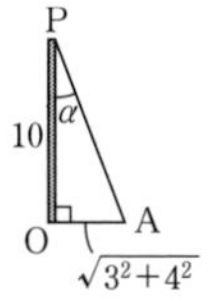

解 2·7 の図
(AP との角度 α)

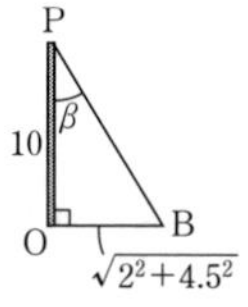

解 2·7 の図
(BP との角度 β)

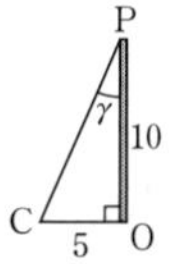

解 2·7 の図
(CP との角度 γ)

BP との角度 β　$\beta = \tan^{-1}\dfrac{\sqrt{2^2+4.5^2}}{10} = 26.2°$

CP との角度 γ　$\gamma = \tan^{-1}(5/10) = 26.6°$

② 各々のロープに働く張力のベクトルは，各座標軸方向の単位ベクトルを用いて

$$\boldsymbol{F}_{\mathrm{A}} = \frac{300}{\sqrt{125}}(3\boldsymbol{i} + 4\boldsymbol{j} - 10\boldsymbol{k}),\quad \boldsymbol{F}_{\mathrm{B}} = \frac{300}{\sqrt{125}}(-4.5\boldsymbol{i} + 2\boldsymbol{j} - 10\boldsymbol{k}),$$

$$\boldsymbol{F}_{\mathrm{C}} = \frac{300}{\sqrt{125}}(-5\boldsymbol{j} - 10\boldsymbol{k})\,[\mathrm{N}]$$

合力は

$$\boldsymbol{F} = -40\boldsymbol{i} + 27\boldsymbol{j} - 805\boldsymbol{k} \quad (F = 810[\mathrm{N}])$$

柱の基礎に働くモーメントは式(**2·26**)により

$$\boldsymbol{M} = \begin{vmatrix} \boldsymbol{i} & \boldsymbol{j} & \boldsymbol{k} \\ 0 & 0 & 10 \\ -40 & 27 & -805 \end{vmatrix} = -270\boldsymbol{i} - 400\boldsymbol{j} \quad (M = 480[\mathrm{N \cdot m}])$$

2·8　① O を通る zy 平面のつりあい

$\alpha = \tan^{-1}(35/30) = 49.4°$　∴　OH $= 22.78$

∴　$22.78F_{\mathrm{P}} = (30 + 20) \times 50 \times 9.81$

∴　$F_{\mathrm{P}} = 1076.6 = 1077[\mathrm{N}]$

② $\mathrm{R_1PR_2}$ 平面では

$\beta = \tan^{-1}\dfrac{25}{46.10} = 28.5°$

$F_{\mathrm{R1}} \cos\beta = \dfrac{F_{\mathrm{P}}}{2} = 538.5$

∴　ロープの張力 $F_{\mathrm{R1}} = \dfrac{538.5}{\cos\beta}$

$= 613[\mathrm{N}]$

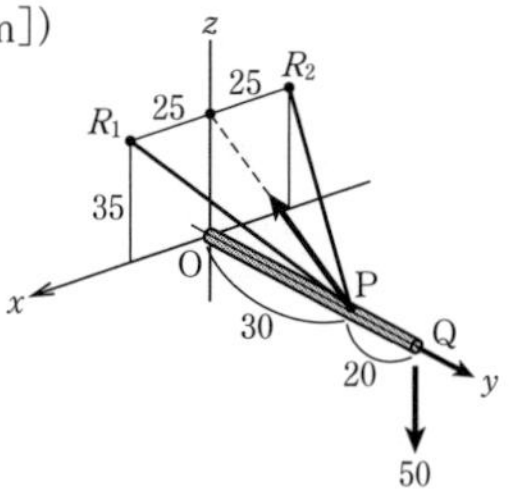

解 2·8 の図

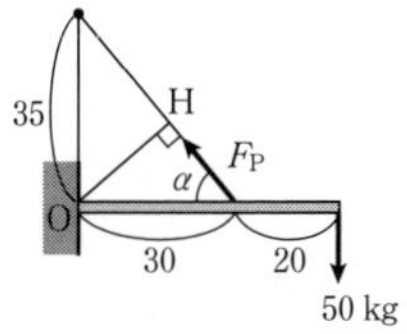

解 2·8 ①の図
(O を通る zy 平面のつりあい)

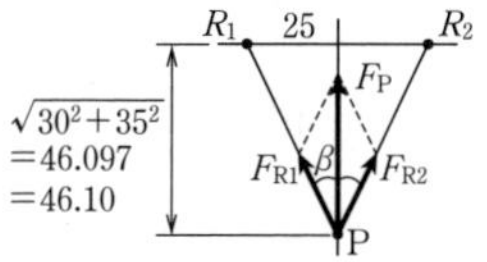

解 2·8②の図
($\mathrm{R_1PR_2}$ 平面)

∴　$F_{R2} = 613[\mathrm{N}]$

③　支点の反力

水平反力 $H_0 = F_P \cos 49.4° = 701[\mathrm{N}]$

垂直反力 $V_0 = -50 \times 9.81 + F_P \sin 49.4° = 327[\mathrm{N}]$

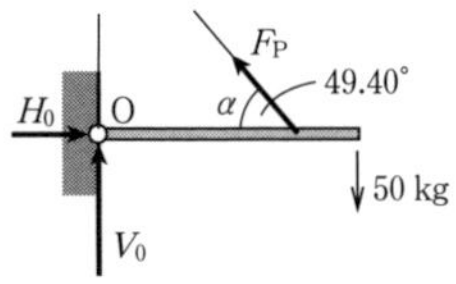

解 2·8 ③の図（支点の反力）

3章　重心と分布力

3·1　（a）　斜辺の長さ $= \sqrt{12^2 + 24^2} = 26.83$

$$\begin{cases} x_G = \dfrac{1}{W}\displaystyle\int x dx = \dfrac{6 \times 12 + 6 \times 26.83}{12 + 24 + 26.83} = 3.71[\mathrm{cm}] \\ y_G = \dfrac{1}{W}\displaystyle\int y dx = \dfrac{12 \times 24 + 12 \times 26.83}{12 + 24 + 26.83} = 9.71[\mathrm{cm}] \end{cases}$$

（b）
$$\begin{cases} x_G = \dfrac{1}{W}\displaystyle\int x dx = \dfrac{6 \times 12}{12 + 24} = 2.0[\mathrm{cm}] \\ y_G = \dfrac{1}{W}\displaystyle\int y dx = \dfrac{12 \times 24}{12 + 24} = 8.0[\mathrm{cm}] \end{cases}$$

（c）　$h = \dfrac{2 \times 6}{\pi} \sin 90° = 3.8197 = 3.82$

$$\begin{cases} x_G = \dfrac{3 \times 6\pi}{18 + 6\pi} = 1.53[\mathrm{cm}] \\ y_G = \dfrac{9 \times 18 + (18 + 3.82) \times 6\pi}{18 + 6\pi} = 15.6[\mathrm{cm}] \end{cases}$$

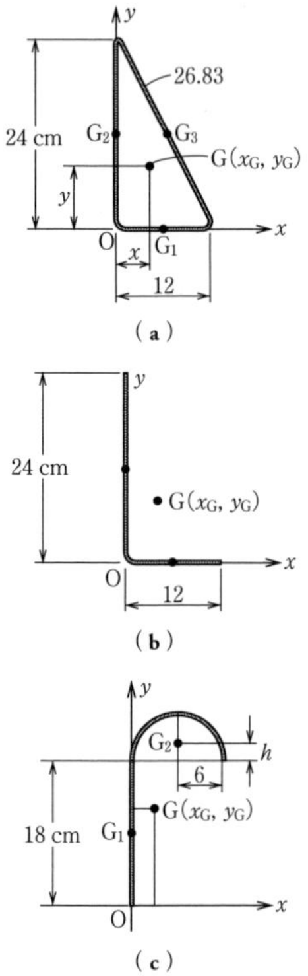

解 3·1 の図

3·2　（a）　①　$16 \times 8 = 128$,　②　$16 \times 8/2 = 64$

計 $192[\mathrm{cm}^2]$

$$\begin{cases} x_G = \dfrac{128 \times 8 + 64 \times 16 \times (2/3)}{192} = 8.90[\mathrm{cm}] \\ y_G = \dfrac{128 \times 4 + 64 \times [8 + (8/3)]}{192} = 6.22[\mathrm{cm}] \end{cases}$$

（b）　$h = \dfrac{4r}{3\alpha} \sin\dfrac{\alpha}{2} = \dfrac{4 \times 8}{3 \times \pi} \sin 90° = \dfrac{32}{3\pi}$

①　100π,　②　-32π　　計 $68\pi[\mathrm{cm}^2]$

$$\therefore \begin{cases} x_G = 0 \\ y_G = \dfrac{(-32/3\pi) \times 32\pi}{68\pi} = -1.60[\mathrm{cm}] \end{cases}$$

（c）　$h = \dfrac{4r}{3\alpha} \sin\dfrac{\alpha}{2} = \dfrac{32}{3\pi} \times 1 = \dfrac{32}{3\pi}$

①　$12 \times 24 = 288$,　②　-32π　　計 $288 - 32\pi[\mathrm{cm}^2]$

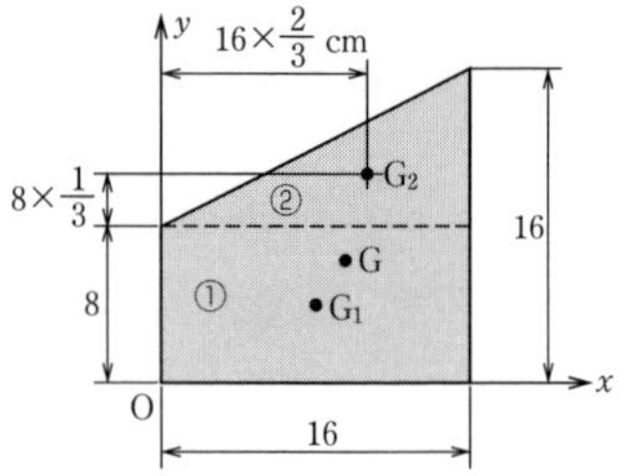

（a）

解 3·2 の図

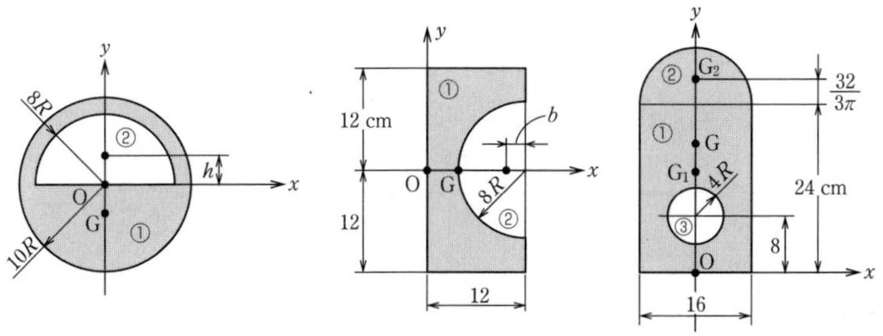

（b）　（c）　（d）

解 3·2 の図

$$\therefore \begin{cases} x_G = \dfrac{288\times 6 - [12-(32/3\pi)]\times 32\pi}{288-32\pi} = 4.60\,[\mathrm{cm}] \\ y_G = 0 \end{cases}$$

（**d**）　①　$16\times 24 = 384$,　②　32π,　③　-16π　　計 $434.3\,[\mathrm{cm}^2]$

$$\therefore \begin{cases} x_G = 0 \\ y_G = \dfrac{384\times 12 + 32\pi[24+(32/3\pi)] - 16\pi\times 8}{434.3} = 1.60\,[\mathrm{cm}] \end{cases}$$

3·3　底面より　（**a**）　$11h/16$　　（**b**）　$3h/8$

3·4　①　鋼　$\pi\times 2^2\times 12\times 7.8\,[\mathrm{g}] = 374.4\,\pi\,[\mathrm{g}]$,

②　アルミ　$\pi\times(4^2-2^2)\times 3\times 2.7\,[\mathrm{g}] = 97.20\,\pi\,[\mathrm{g}]$

計　$471.6\pi\,[\mathrm{g}]$

$$\therefore \begin{cases} x_G = 0\,[\mathrm{mm}] \\ y_G = \dfrac{(374.4\times 60 + 97.2\times 105)\pi}{471.6\pi} = 69.7\,[\mathrm{mm}] \end{cases}$$

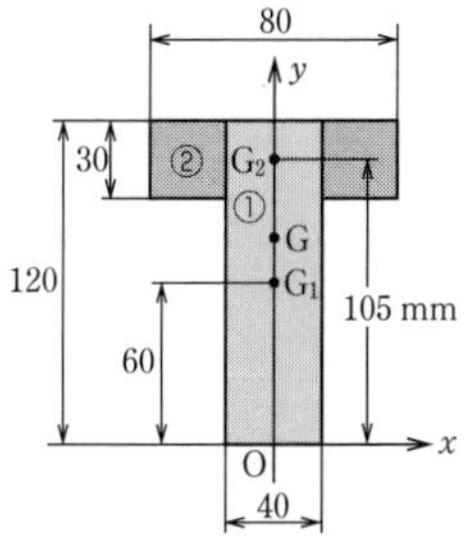

解 3·4 の図

3·5　棒を傾けるとプーリは棒の両端を焦点とする楕円を描き，その重心(中心)は下降する．不安定．

3·6　合力は $\dfrac{\pi}{4}\,w_0 l$，モーメントの大きさは $\dfrac{1}{3}\,w_0 l^2$

3·7　球殻が水に浮くのは，球殻と鉄棒に働く浮力が重力より大きいときで，球殻の半径は $r > \sqrt[3]{3(6.8V+M)/4\pi}$

3·8　AB 間　$H = \dfrac{Wl}{8f}$,　$W = wl$　$\therefore$　$H = \dfrac{w\times 60^2}{80\times 3}$

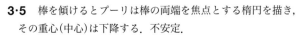

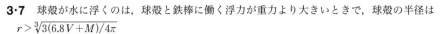

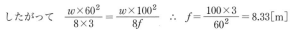

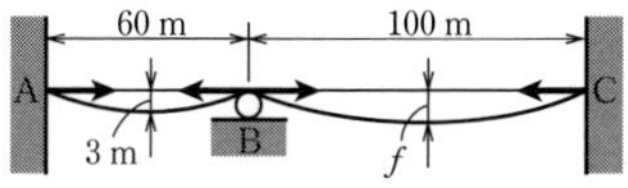

解 3·8 の図

BC 間では　$H = \dfrac{w\times 100^2}{8f}$

したがって　$\dfrac{w\times 60^2}{8\times 3} = \dfrac{w\times 100^2}{8f}$　$\therefore$　$f = \dfrac{100\times 3}{60^2} = 8.33\,[\mathrm{m}]$

4章　運動学

4･1　$v_2 = v_1 + at$ より　$t = \dfrac{v_2 - v_1}{a} = \dfrac{60000/3600}{9.81 \times 0.2} = 8.49$ 秒

$v_2{}^2 - v_1{}^2 = 2as$ より　$s = \dfrac{v_2{}^2}{2a} = \left(\dfrac{60000}{3600}\right)^2 \times \dfrac{1}{2 \times 9.81 \times 0.2} = 70.8[\mathrm{m}]$

4･2　最大速度 $r\omega$，最大加速度 $r\omega^2$

4･3　初速度 $\boldsymbol{v}_0(t=0)$ で打ち上げられた花火が時刻 $t=t_1$ に速度 $\boldsymbol{v}_1$ で四方に飛び散るとき，火薬の運動は

$$\boldsymbol{r} = \boldsymbol{v}_0 t + \boldsymbol{v}_1(t-t_1) - (1/2)\,gt^2\boldsymbol{k}$$　（$\boldsymbol{k}$ は真上にとった単位ベクトル）

これより　$\left|\boldsymbol{r} - \left(\boldsymbol{v}_0 t - \dfrac{1}{2} g t^2 \boldsymbol{k}\right)\right| = v_1(t-t_1)$

4･4　$|\vec{\omega} + \vec{\Omega}| = \sqrt{(\omega \sin 30°)^2 + (\Omega + \omega \cos 30°)^2}$

$$= \sqrt{(60\pi \sin 30°)^2 + (4\pi + 60\pi \cos 30°)^2} = 63.5\pi[\mathrm{rad/s}]$$

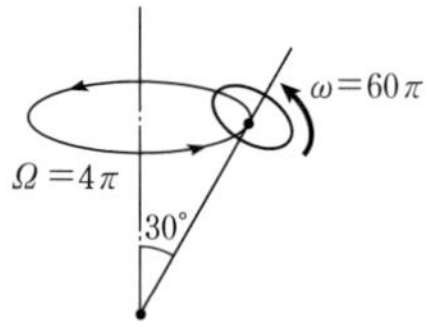

解 4･4 の図

4･5　右側の三角形では $\dfrac{v}{\sin 15°} = \dfrac{230}{\sin(75° + \theta)}$，

左側の三角形では $\dfrac{v}{\sin 17°} = \dfrac{230°}{\sin[180° - (17° + \theta)]} = \dfrac{230°}{\sin(17° + \theta)}$

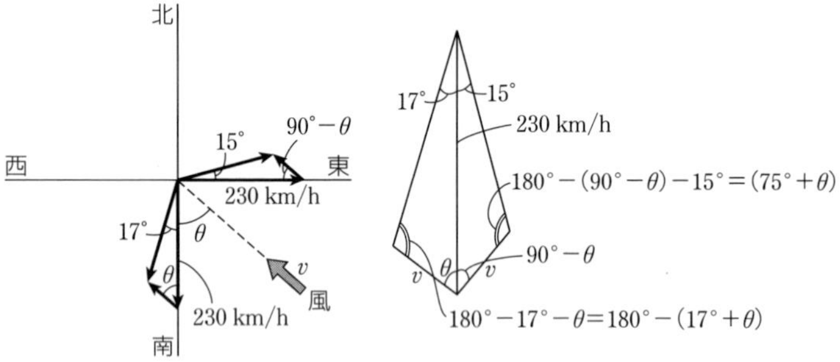

解 4･5 の図

$$\therefore \quad \frac{\sin 15°}{\sin(75° + \theta)} = \frac{\sin 17°}{\sin(17° + \theta)}$$

$$\frac{\sin 15°}{\sin 17°} = \frac{\sin(75° + \theta)}{\sin(17° + \theta)} = \frac{\sin 75° \cos\theta + \cos 75° \sin\theta}{\sin 17° \cos\theta + \cos 17° \sin\theta} = \frac{\sin 75° + \cos 75° \tan\theta}{\sin 17° + \cos 17° \tan\theta}$$

$$\therefore \quad \sin 15° \sin 17° + \sin 15° \cos 17° \tan\theta = \sin 17° \sin 75° + \sin 17° \cos 75° \tan\theta$$

$$\therefore \quad \tan\theta = \frac{\sin 17° \sin 75° - \sin 15° \sin 17°}{\sin 15° \cos 17° - \sin 17° \cos 75°} = 1.2031$$

∴　風の方向 $\theta = \tan^{-1} 1.2031 = 50.3°$（南北方向に対し）

風の速度 $v = \dfrac{230 \times \sin 15°}{\sin(75° + 50.3°)} = 72.4[\mathrm{km/h}]$

4·6　(1)
$$\begin{bmatrix} a_{21}+2a_{31} & a_{22}+2a_{32} & a_{23}+2a_{33} \\ 3a_{11}+4a_{21}+5a_{31} & 3a_{12}+4a_{22}+5a_{32} & 3a_{13}+4a_{23}+5a_{33} \\ 6a_{11}+7a_{21}+8a_{31} & 6a_{12}+7a_{22}+8a_{32} & 6a_{13}+7a_{23}+8a_{33} \end{bmatrix}$$

(2)
$$\begin{bmatrix} a_{21}+2a_{31} & a_{22}+2a_{32} \\ 3a_{11}+4a_{21}+5a_{31} & 3a_{12}+4a_{22}+5a_{32} \\ 6a_{11}+7a_{21}+8a_{31} & 6a_{12}+7a_{22}+8a_{32} \end{bmatrix}$$

(3)　存在しない．

(4)
$$\begin{Bmatrix} c_{11}x+c_{12}y+c_{13}z \\ c_{21}x+c_{22}y+c_{23}z \\ c_{31}x+c_{32}y+c_{33}z \end{Bmatrix}$$

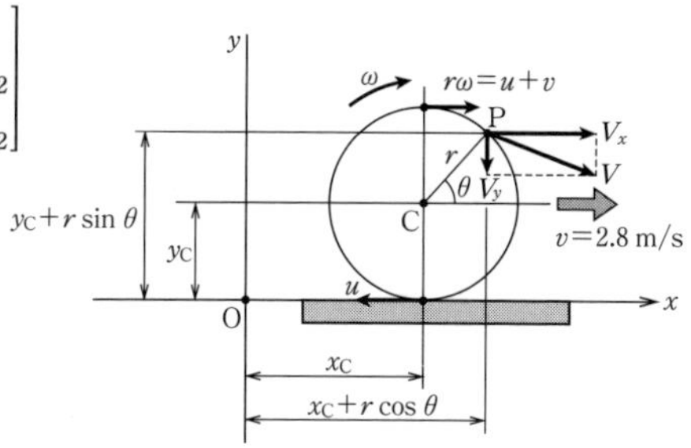

解 4·7 の図

4·7　①　P 点の x 座標は $x_C + r\cos\theta$ であるから，x 方向の絶対速度 V_x は

$$V_x = \frac{dx}{dt} = \frac{dx_C}{dt} + \frac{d}{dt} r\cos\theta \frac{d\theta}{dt} = v + r\omega\sin\theta \quad \left(\because \quad \frac{d\theta}{dt} = \omega\right)$$

$$= v + 4\sin\theta = 2.8 + \frac{4\sqrt{3}}{2} = 6.26[\mathrm{m/s}]$$

y 方向の絶対速度 V_y は

$$V_y = \frac{dy}{dt} = \frac{dy_C}{dt} + \frac{d}{dt} r\sin\theta \frac{d\theta}{dt} = 0 - r\omega\cos\theta = -4\cos 60° = -2.00[\mathrm{m/s}]$$

②　P 点の絶対加速度は

x 方向では

$$\frac{d^2x}{dt^2} = \frac{d}{dt}(v + r\omega\sin\theta) = 0 - r\omega^2\cos\theta = -\frac{(u+v)^2}{r}\cos 60° = -10.0[\mathrm{m/s^2}]$$

y 方向では

$$\frac{d^2y}{dt^2} = \frac{d}{dt}(-r\omega\cos\theta) = -r\omega^2\sin\theta = -\frac{(u+v)^2}{r}\sin 60° = -17.3[\mathrm{m/s^2}]$$

∴　絶対加速度の大きさは $\sqrt{10^2 + 17.32^2} = 20.0[\mathrm{m/s^2}]$

4·8　図 **4·18**(**b**)の z'' 軸を回転軸の方向と考えればよいので，方向余弦はオイラー角を用いて

$$\sin\theta\cos\varphi = 2/7, \quad \sin\theta\sin\varphi = 3/7, \quad \cos\theta = 6/7$$

これより $\theta = 31°$，$\varphi = 56°$．角速度成分は $\omega_x = 54$，$\omega_y = 81$，$\omega_z = 162[\mathrm{rad/s}]$

4·9　歯車 B の中心軸 C の周速は $(r + r/2)\omega$，二つの歯車の接触点では速度がゼロで，歯車 B の角速度を ω' とすれば，$(3r/2)\omega - (r/2)\omega' = 0$ となる．歯車 B は時計まわりに角速度 $\omega' = 3\omega$ で回転する．

4·10 図**4·27**のように固定座標系O-xyと歯車Bに固定した移動座標系C-$\xi\eta$をとる．

歯車B上の任意の点の座標は$x = x_C + \xi\cos\theta - \eta\sin\theta$，$y = y_C + \xi\sin\theta + \eta\cos\theta$

クランクがx軸となす角をφとし，$\dot{\varphi} = \omega$とおくと

$$x_C = \frac{3}{2}r\cos\varphi,\quad y_C = \frac{3}{2}r\sin\varphi\;;\quad \dot{x}_C = -\frac{3}{2}r\omega\sin\varphi,\ \dot{y}_C = \frac{3}{2}r\omega\cos\varphi\;;$$

$$\ddot{x}_C = -\frac{3}{2}r\omega^2\cos\varphi,\quad \ddot{y}_C = -\frac{3}{2}r\omega^2\sin\varphi$$

クランクが水平になったときは$\ddot{x}_C = -(3/2)r\omega^2$，$\ddot{y}_C = 0$．クランクに対して歯車Bは角速度$2\omega$で回転しているので，最高点P$(\theta = -\pi/2)$における速度と加速度は

$$\dot{\xi} = 0,\quad \dot{\eta} = r\omega\;;\quad \ddot{\xi} = -2r\omega^2,\quad \ddot{\eta} = 0$$

これらの式を式(**4·55**)〜(**4·57**)に代入して，$\theta = -\pi/2$；$\xi = r/2$，$\eta = 0$とおけば

$$a_{tx} = -\frac{3}{2}r\omega^2,\ a_{ty} = 2r\omega^2\;;\ a_{rx} = 0,\ a_{ry} = 2r\omega^2\;;\ a_{cx} = 0,\ a_{cy} = 4r\omega^2$$

で，P点の絶対加速度は$a_x = -(3/2)r\omega^2$，$a_y = 8r\omega^2$となる．

5章 | 質点の動力学

5·1 $a = -\omega^2 y$，$\omega = 2\pi f$より $a = -\left(\frac{2\pi}{T}\right)^2 y = -\left(\frac{2\pi}{3}\right)^2 \times 1 = -4.39$[m/s^2]

足に感じる力　最大値$F_1 = 65 \times 9.81 + ma = 65 \times (9.81 + 4.39) = 923$[N]

最小値$F_2 = 65 \times 9.81 - ma = 65 \times (9.81 - 4.39) = 352.3$[N]

5·2 ①　水滴の重さ[N]と空気抵抗力F[N]がつりあうとき

$$\frac{4}{3}\pi \times \left(\frac{0.25}{1000}\right)^3 \times 1000[\mathrm{kg/m^3}] \times 9.81 = 3\pi \times 1.8 \times 10^{-5} \times 0.5 \times 10^{-3} v[\mathrm{m/s}]$$

$$\therefore\quad v_{0.5} = \frac{4 \times 0.25^3 \times 9.81 \times 10^{-6}}{3 \times 3 \times 1.8 \times 0.5 \times 10^{-8}} = 7.57[\mathrm{m/s}]$$

②　水滴0.02[mm]ϕの場合

$$v = \frac{4 \times 0.01^3 \times 9.81 \times 10^{-6}}{3 \times 3 \times 1.8 \times 0.02 \times 10^{-8}} = 12.1[\mathrm{mm/s}]$$

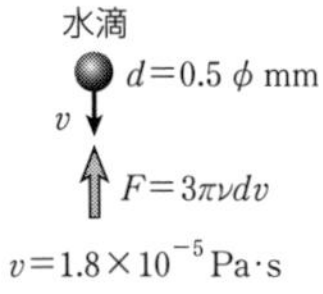

解5·2の図

5·3 空気抵抗が働かないとすれば，$y_{max} = {v_0}^2/2g$の高さに達する．空気抵抗を考慮に入れると

$$m\dot{v} = -c_2 v^2 - mg$$

初速をv_0，終端速度を$v_t = \sqrt{mg/c_2}$として時間で積分すれば

$$v = v_t\tan\left(\tan^{-1}\frac{v_0}{v_t} - \frac{gt}{v_t}\right)$$

最大の高さに達するまでの時間は$t = (v_t/g)\tan^{-1}(v_0/v_t)$．初期の位置を$y = 0$としてさらに積分すれば

$$y=\frac{v_t^2}{2g}\ln\left(1+\frac{v_0^2}{v_t^2}\right)+\frac{v_t^2}{g}\ln\left|\cos\left(\tan^{-1}\frac{v_0}{v_t}-\frac{gt}{v_t}\right)\right|$$

最高点では右辺の第二項はゼロで

$$y'_{\max}=\frac{v_t^2}{2g}\ln\left(1+\frac{v_0^2}{v_t^2}\right)$$

空気抵抗を考慮しないときの高度との比をとると

$$\frac{y'_{\max}}{y_{\max}}=\left(\frac{v_t}{v_0}\right)^2\ln\left(1+\frac{v_0^2}{v_t^2}\right)<1$$

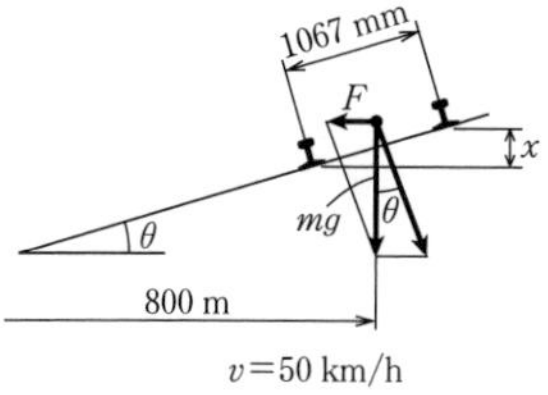

解 5·4 の図

5·4 $F=\dfrac{mv^2}{r}$, $\dfrac{F}{mg}=\sin\theta$, $\sin\theta=\dfrac{x}{1067}$ より

$$x=\left(\frac{50000}{3600}\right)^2\times\frac{1067}{800\times 9.81}=26.2[\mathrm{mm}]$$

車速が 2 倍になれば x は 4 倍になる．すなわち $26.22\times 4=105$ 倍

5·5 遠心力 $m\dfrac{v^2}{r}$ と重力 mg の合力 F が AP 方向と BP 方向の間にあればよい．

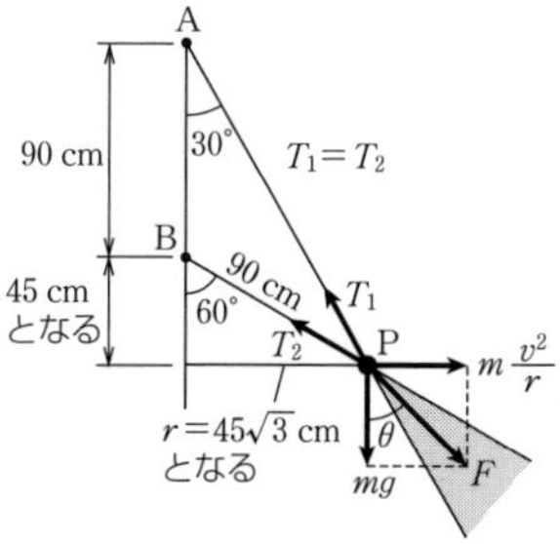

解 5·5 の図

① F が AP と同じ方向になったときは

$$\tan 30^\circ=\frac{mv^2/r}{mg}=\frac{v^2}{rg}\text{ より}$$

$$v=\sqrt{\frac{45\sqrt{3}}{100}\tan 30^\circ\times 9.81}=2.10[\mathrm{m/s}]$$

② F が BP と同じ方向になったときは

$$\tan 60^\circ=\frac{v^2}{rg}\text{ より}\quad v=\sqrt{\frac{45\sqrt{3}}{100}\tan 60^\circ\times 9.81}=3.64[\mathrm{m/s}]$$

∴ $2.10[\mathrm{m/s}]\leqq v\leqq 3.64[\mathrm{m/s}]$

5·6 質量 m_1, m_2 の平方根の比に内分する点におけばよい．

5·7 遠心力 $mr\omega^2=m(R+H)\left(\dfrac{2\pi}{T}\right)^2$

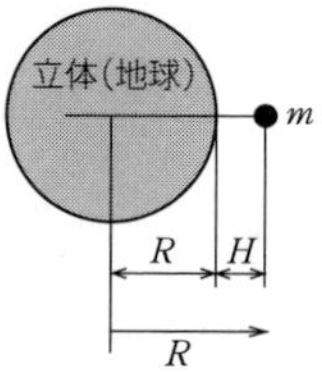

解 5·7 の図

万有引力(地球が衛星を引く力) $=mgR^2/(R+H)^2$

$$m(R+H)^3=\frac{mgR^2T^2}{(2\pi)^2}$$

$$R+H=\sqrt[3]{\frac{9.81\times 6370^2\times 10^6\times 86164}{(2\pi)^2}}=42145050[\mathrm{m}]$$

高さは　$H=42145.0[\mathrm{km}]-6370[\mathrm{km}]=35800[\mathrm{km}]$

∴ 速度 $V=r\omega=(R+H)\dfrac{2\pi}{T}=42150[\mathrm{km}]\times\dfrac{2\pi}{86164}=3.07[\mathrm{km/s}]$

5·8 地表での重力加速度 $g=GM/R^2$ に対する月の表面での加速度 $g_m=G(M/80)/R_m^2$ の比

はおよそ 1/6.

5·9 管内における球の運動を支配する力は遠心力 $mr\omega^2$ で，これより $\ddot{r}-\omega^2 r=0$. 初期条件($t=0$ で $r=l/50$, $\dot{r}=0$)を満足する解は

$$r=(l/50)\cosh \omega t$$

球が管におよぼす力はコリオリの力 $2m\dot{r}\omega$ でその大きさは

$$F=\frac{1}{25}ml\omega^2 \sinh \omega t$$

5·10 毎秒 4.29×10^{-5}[rad]，1 日には 212° だけ回転する.

6章 仕事とエネルギー，摩擦

6·1 所要仕事 $= mgh = 37\times9.81\times\left(\dfrac{\sqrt{2^2+0.5^2}}{2}-0.25\right)=283.4$[J]

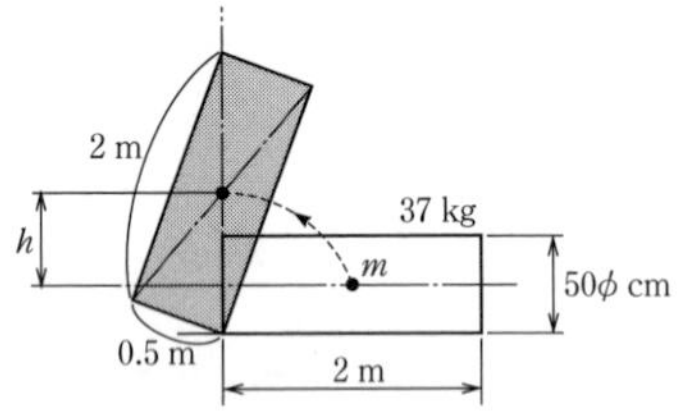

解 6·1 の図

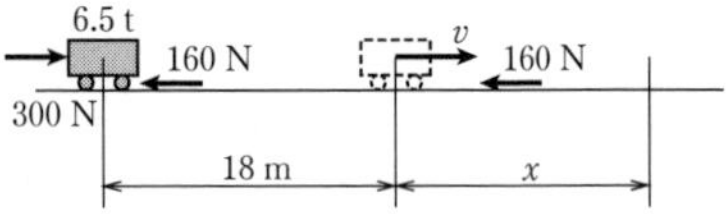

解 6·2 の図

6·2 18[m]押し続けた後の速度 v は

押し続けた仕事 $(300-160)\times18=(6500/2)v^2$ より

$$v=0.88[\mathrm{m/s}]$$

停止するまでの距離 x は

$160x=(\mathrm{m}/2)v^2$ より

$$x=\frac{6500\times0.88^2}{2\times160}=15.7[\mathrm{m}]$$

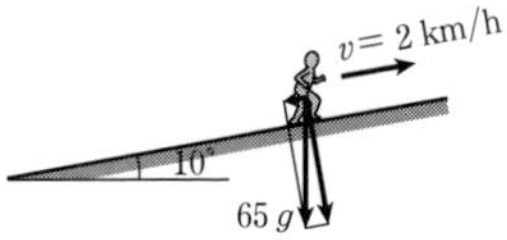

解 6·4 の図

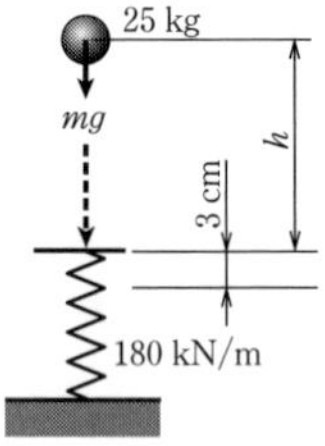

解 6·3 の図

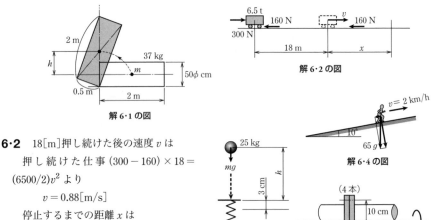

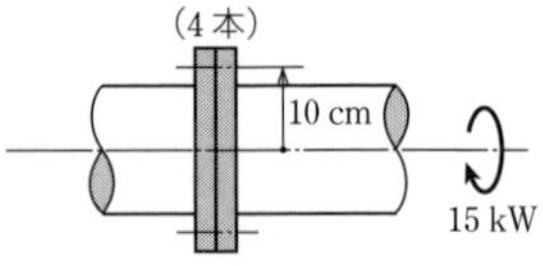

解 6·5 の図

6·3 ばねを圧縮する仕事 $k\delta^2/2=$ 物体がばねに加えたエネルギー $mg(h+0.03)$

$25\times9.81\times(h+0.03)=(180000/2)\times0.03^2$ より $h=30.0$[cm]

6·4 仕事量 $W=(65\times9.81\sin10^\circ)\times\dfrac{2000}{60\times60}=61.5$[W]

6·5 $P=T\omega$ より

$$T=\frac{15000}{(2\pi\times90)/60}=15.92[\mathrm{kN\cdot m}]$$

$T=4F\times0.1$ より

$$F = \frac{T}{4 \times 0.1} = \frac{1592}{0.4} = 3.98[\mathrm{kN}]$$

6·6 ① トルク $T = Fr = (300 - 9.81 \times 10) \times 0.45 = 90.86[\mathrm{N \cdot m}]$

② 動力 $W = T\omega = 90.86 \times \frac{2\pi \times 200}{60} = 1.90[\mathrm{kN}]$

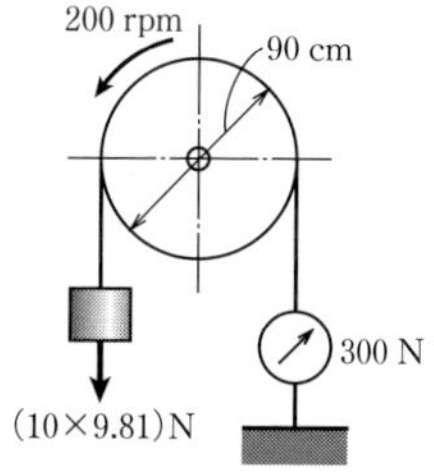

解 6·6 の図

6·7 駆動力＝抵抗に打ち勝つだけの力＝$1250 \times 9.81 \times 0.05$

∴ 車の所要動力 $W = 1250 \times 9.81 \times 0.05 \times \frac{60000}{3600\text{秒}}$

$= 10218[\mathrm{W}] = 10.2[\mathrm{kN}]$

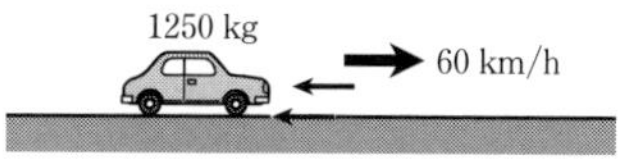

解 6·7 の図

6·8 $(T_1 + T_0)/2 = 1.8[\mathrm{kN}]$，$T_0 = T_1 e^{-\mu\alpha}$ より

$T_0 = T_1 e^{-0.28 \times (196\pi/180)} = 2.6060\, T_1$,

$\frac{1 + 2.6060}{2} T_1 = 1.8[\mathrm{kN}]$ より　$T_1 = 2.60[\mathrm{kW}]$

∴ $T_0 = 1.00[\mathrm{kN}]$

∴ 伝達動力 $W = Fv = (2.60 - 1.00) \times 8 = 12.8[\mathrm{kW}]$

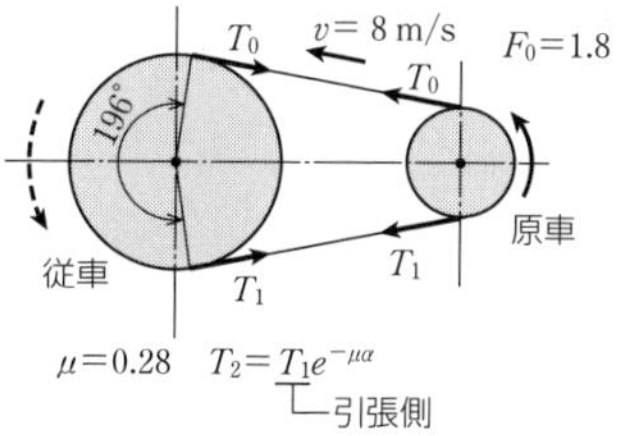

解 6·8 の図

6·9 自動車の質量を M，加速度を a，前・後輪の垂直反力を R_F，R_R とすれば

$$R_F + R_R = Mg, \quad Mah = Mgl_R - R_F(l_F + l_R)$$

これより

$$R_F = \frac{l_R - ha/g}{l_F + l_R} Mg, \quad R_R = \frac{l_F + ha/g}{l_F + l_R} Mg$$

後輪で出し得る最大の駆動力は

$$\mu_D R_R = Ma = \mu_D \frac{l_F + ha/g}{l_F + l_R} Mg$$

で，これから a を解いて

$$a_{max} = \frac{\mu_D l_F}{l_F + l_R - \mu_D h} g$$

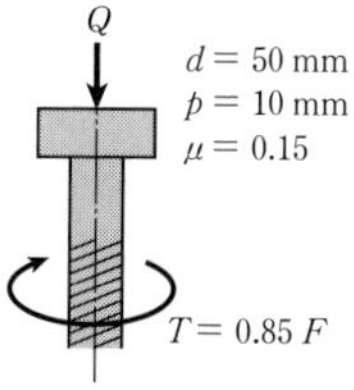

解 6·10 の図

6·10 必要トルク $T = \frac{Qd}{2} \times \frac{\mu\pi d + p}{\pi d - \mu p} = \frac{2500 \times 9.81 \times 0.05}{2} \times \frac{0.15 \times \pi \times 0.05 + 0.01}{\pi \times 0.05 - 0.15 \times 0.01}$

$= 132.3[\mathrm{N \cdot m}]$

∴ レバーに加える力 $F = \frac{T}{0.85} = \frac{132.3}{0.85} = 155.6[\mathrm{N}]$

7章 運動量と力積，衝突

7·1 $Ft = m(v - v_0)$　∴ $Ft = \frac{280}{1000}(42 + 35) = 21.56[\mathrm{N \cdot s}]$

加えた力 $F=\dfrac{21.56}{0.02}=10.8[\mathrm{kN}]$

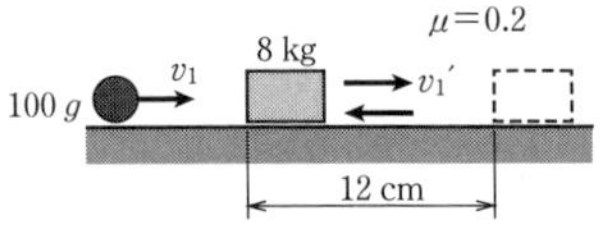

解 7·2 の図

7·2 $0.1[\mathrm{kg}]\times v_1=8.1[\mathrm{kg}]\times v_2'$

8[kg]の物体の衝突後のエネルギーより

$(8.1\times9.81\times0.2)\times0.12[\mathrm{m}]=8.1v_2{}^2/2$

$v_2'=\sqrt{9.81\times0.2\times0.12\times2}=0.6862$

$\therefore\ v_1=8.1v_2'/0.1=55.6[\mathrm{m/s}]$

7·3 最初の垂直落下速度 $v_0=\sqrt{2gh}=\sqrt{2\times9.81\times1}=4.43[\mathrm{m/s}]$

最初の垂直はね返り速度 $v_1=\sqrt{2\times9.81\times1\times0.7}=3.71[\mathrm{m/s}]$

$\therefore$ 反発係数 $e=\sqrt{h_1/h}=\sqrt{0.7/1}=0.84$

1回目のはね上がりで落ちるまでの時間 t_1 は

公式 $v_2=v_1+gt$ より $t_1=2v_1/g=(2\times3.71)/9.81=0.76$ 秒

$\therefore$ 水平方向分速度 $u=0.3[\mathrm{m}]/0.76[\mathrm{s}]=0.4[\mathrm{m/s}]$

5回のはね上がり・落下を終えるまでの時間 T

$$T=\frac{2}{g}(v_1+v_2+v_3+v_4+v_5)=2e(1+e+e^2+e^3+e^4)\times\sqrt{2h_0/g}$$

$$=2\times0.8367(1+e+e^2+e^3+e^4)\times\sqrt{2\times1/9.81}=2.74\text{ 秒}$$

$\therefore$ 移動距離 $S=Tu=2.737\times0.3970=1.09[\mathrm{m}]$

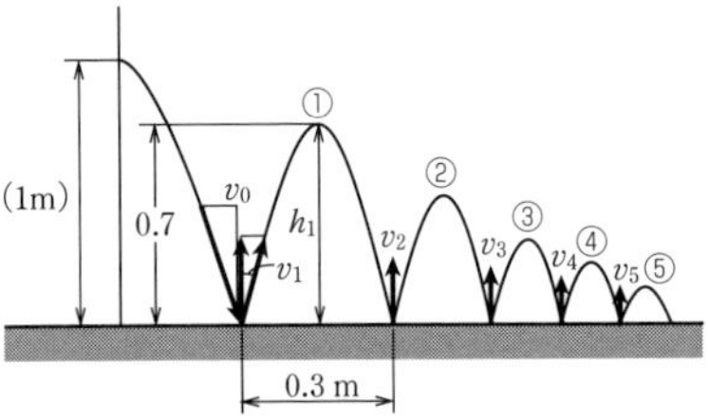

解 7·3 の図

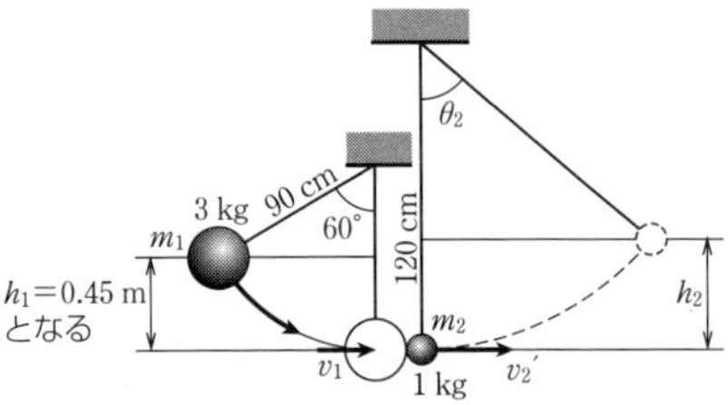

解 7·4 の図

7·4 $m_1gh_1=(1/2)m_1v_1{}^2$ より $v_1=\sqrt{2gh_1}=\sqrt{2\times9.81\times0.45}=2.97[\mathrm{m/s}]$

衝突後の 1[kg]の球の速度 v_2' は式(**7·9**)より

$$v_2'=0+\frac{m_1}{m_1+m_2}(1+e)(v_1-v_2)=\frac{3}{3+1}\times1.9\times(2.971-0)=4.23[\mathrm{m/s}]$$

$\therefore$ 1[kg]の球のはね上がり高さ h_2 は $m_2gh_2=\dfrac{1}{2}m_2v_2{}'^2$

$$h_2=\frac{v^2}{2g}=\frac{4.23^2}{2\times9.81}=0.912[\mathrm{m}]$$

よって，はね上がり角度 $\theta_2=\cos^{-1}\dfrac{1.2-0.912}{1.2}=76.1°$

7·5 最大変位 $v\sqrt{m/k}$，最大加速度 $v\sqrt{k/m}$，衝突持続時間 $\pi\sqrt{m/k}$

8章 質点系の動力学

8·1 $(m/M)v$ の速度で，v と反対方向に運動する．

8·2 $F = m\dfrac{v' - v}{t}$ より

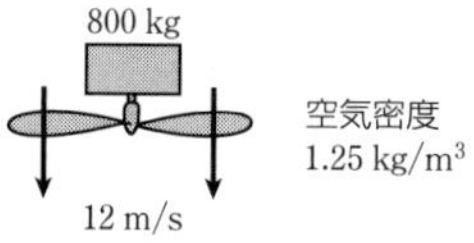

解 8·2 の図

機体を押し上げる揚力 F は

$$F = \left(\frac{\pi}{4} \times 9^2 \times 1.25\right) \times 12 \times v' = 11.45[\text{kN}]$$

（$\left(\frac{\pi}{4} \times 9^2 \times 1.25\right) \times 12$：1 秒間に吐き出される空気量[kg]）

∴ 可能積載質量 $m = \dfrac{F - \text{機体重量}}{g} = \dfrac{11.45 \times 10^3 - 800 \times 9.81}{9.81} = 367.1[\text{kg}]$

8·3 エンジンの推力 $F = m\dfrac{v' - v}{t}$ より

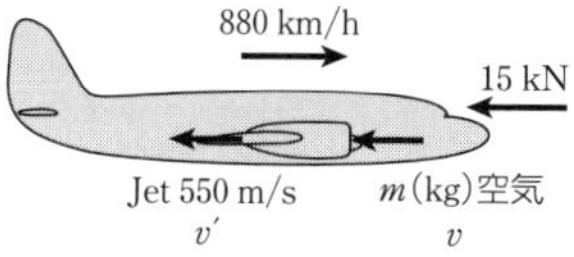

解 8·3 の図

毎秒ジェットエンジンが吸い込む空気の質量 m は

$$m = \frac{Ft}{v' - v} = \frac{15000 \times 1\,\text{秒}}{550 - 880000/(60 \times 60)} = 49.1[\text{kg}].$$

8·4 鎖の単位長さ当たり質量を ρ，片側に残った長さを h とすれば，鎖の落下加速度は式 $\rho la = \rho(l - h)g - \rho gh$ より a を解いて

$$a = \left(1 - \frac{2h}{l}\right)g$$

落ちてゆく鎖の先端から x の点の張力は $\rho xa = \rho xg - T$ より $T = 2\rho ghx/l$

8·5 m_1 の右向きの加速度を a，m_2 の斜面に沿った下向きの加速度を b とし，二つのブロックに働く垂直反力を F とすれば

$$m_1 a = F\sin\theta$$

$$m_2(a - b\cos\theta) = -F\sin\theta$$

$$m_2 b\sin\theta = m_2 g - F\cos\theta$$

これより

$$a = \frac{m_2 \sin\theta\cos\theta}{m_1 + m_2 \sin^2\theta}g$$

$$b = \frac{(m_1 + m_2)\sin\theta}{m_1 + m_2 \sin^2\theta}g$$

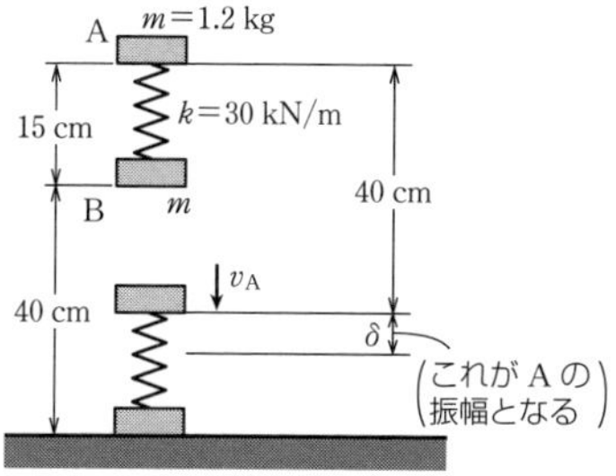

解 8·6 の図

8·6 ① B が床に接した後は，A のエネルギーでばねが δ だけたわむから

A のエネルギー＝ばねを δ(A が振動する振幅)だけたわませる仕事は

$$mgh = \delta^2 k/2$$

$$\therefore\quad \delta = \sqrt{\frac{2mgh}{k}} = \sqrt{\frac{2 \times 1.2 \times 9.81 \times 0.4}{30000}} = 1.77[\text{cm}]$$

② この系の失ったエネルギー

Bが床に接した後，Aの運動エネルギーがばねに吸収されるから

$$\text{そのエネルギー損失} = mgh = 1.2 \times 9.81 \times 0.4 = 4.70[\mathrm{J}]$$

9章 剛体の動力学

9·1 $I_{x'x'} = \dfrac{Mc^2}{6}\dfrac{a+3b}{a+b}$, $I_{xx} = \dfrac{Mc^2}{18}\dfrac{a^2+4ab+b^2}{(a+b)^2}$, $I_{yy} = \dfrac{M}{24}(a^2+b^2)$

$M = \rho c(a+b)/2$

9·2 x–x 軸からの距離を r とすれば

$$I_{xx} = \int_{\frac{D}{2}-\frac{d}{2}}^{\frac{D}{2}+\frac{d}{2}} \rho 2\sqrt{(d/2)^2-(D/2-r)^2}\cdot 2\pi r^3\,dr = \frac{M}{4}\left(D^2+\frac{3}{4}d^2\right)$$

$$M = \rho D\left(\frac{\pi}{2}d\right)^2$$

9·3 x 方向の力のつりあい

$$50m_1\cos 60^\circ + 40m_2\sin 45^\circ = 45\times 15$$

y 方向の力のつりあい

$$50m_1\cos 30^\circ - 40m_2\cos 45^\circ = 0$$

式(**1**)＋ 式(**2**)より

$$50m_1(\cos 60^\circ + \cos 30^\circ) = 45\times 15$$

$$\therefore\quad m_1 = \frac{45\times 15}{50(\cos 60^\circ+\cos 30^\circ)} = 9.88[\mathrm{g}]$$

式(**2**)より

$$m_2 = \frac{50m_1\cos 30^\circ}{40\cos 45^\circ} = 15.1[\mathrm{g}]$$

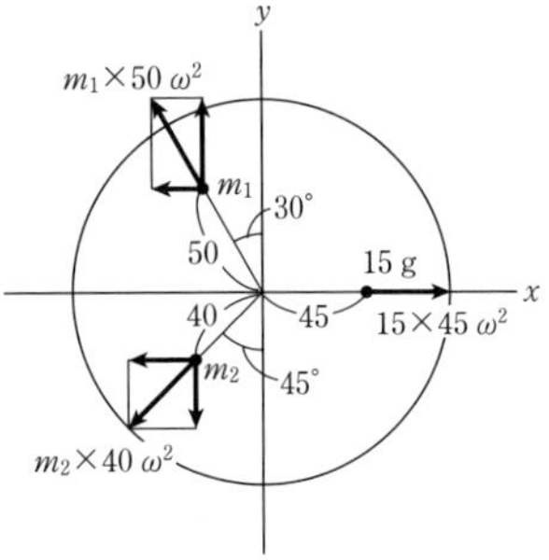

解 9·3 の図

9·4 斜面を転がる物体の加速度は〔例題 **9·7**〕により

$$a = \frac{1}{1+I/mr^2}\,g\sin\theta$$

慣性モーメントが小さいほう(球)が早く転がり降りる.

9·5 突起に衝突することにより円柱に与えられる衝撃力の，円柱の重心まわりのモーメント $mr\omega(h-r)$ が，円柱の重心まわりの角運動量 $(1/2)mr^2\omega$ に等しいか，打ち消せばよい.

$$h \geqq 3r/2$$

9·6 大きさ $J\omega V/R$ のジャイロモーメントが車の前部を下げる向きに働く.

10章 振動

10･1 台の振動 $x=A\sin\omega t$, $\omega=2\pi f$

台の加速度 $\ddot{x}=-\omega^2 x$ が重力加速度 9.81[m/s^2]になったとき m ははね上がるから

$\omega^2 x=g$ より

$(2\pi\times 8)^2 x=9.81$

$$x=\frac{9.81}{(2\pi\times 8)^2}=3.882\times 10^{-3}[\mathrm{m}]=3.9[\mathrm{mm}]$$

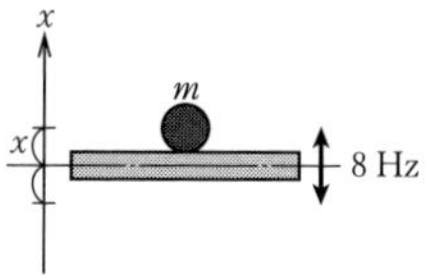

解 10･1 の図

10･2 物体の変位を x とし，棒の回転角を θ とすれば

$m\ddot{x}=-k_1(x-l_1\theta)$

棒に働くモーメントのつりあいより $k_2 l_2{}^2\theta=k_1(x-l_1\theta)l_1$. θ を消去して x に関する方程式が導かれる.

$$f_0=\frac{1}{2\pi}\sqrt{\frac{k_1 k_2 l_2{}^2}{m(k_1 l_1{}^2+k_2 l_2{}^2)}}$$

10･3 エネルギー保存則によるのがわかりやすい.

$$f_0=\frac{1}{2\pi}\sqrt{\frac{2k}{3m}}$$

10･4 2本のロープに働く張力は $F=MgL_R/L$. 車体を支点まわりに θ 角だけ回転させたときのロープの振れ角を φ とすれ $H\varphi=L\theta$ で，このとき自動車には復原モーメント

$$M_R=F\varphi L=Mg\frac{LL_R}{H}\theta$$

が働く．したがって

$$(J_G=ML_R{}^2)\ddot{\theta}+Mg\frac{LL_R}{H}\theta=0$$

周期 T は次式のとおりで，これを解いて J_G が求められる.

$$T=2\pi\sqrt{\frac{H(J_G+ML_R{}^2)}{MgLL_R}}$$

$$\therefore\quad J_G=\frac{MgLL_R}{H}\left(\frac{T}{2\pi}\right)^2-ML_R{}^2=\frac{1250\times 9.81\times 3.65\times 1.9}{2.3}\times\left(\frac{2.6}{2\pi}\right)^2-1250\times 1.9^2$$

$$=1820[\mathrm{kg\cdot m^2}]$$

10･5 $g_1=980.486$[cm/s^2], $g_2=979.493$[cm/s^2]

単振子の周期 $T=2\pi\sqrt{l/g}$ より

$$\frac{\text{鹿児島での周期}\,T_2}{\text{札幌での周期}\,T_1}=\sqrt{\frac{980.486}{979.493}}\quad\therefore\quad T_2=1.000507\,T_1(1\text{秒})$$

$$\therefore\quad 24\times 60\times 60-\frac{24\times 60\times 60}{1.000507}=43.8\text{秒遅れる.}$$

10･6 加振力を複素数で表示すれば $m\ddot{x}+c\dot{x}=Fe^{j\omega t}(k=0)$, この式の解は

$$x = \frac{F}{-m\omega^2 + jc\omega} e^{j\omega t}$$

で，振幅は $A = F/\sqrt{(m\omega^2)^2 + (c\omega)^2}$

10·7 ばねを通して大きさ $kF/\sqrt{(k-m\omega^2)^2 + (c\omega)^2}$，ダンパを通して

$c\omega F/\sqrt{(k-m\omega^2)^2 + (c\omega)^2}$ の力が伝達される．

10·8 質量の変位を x，滑車の回転角を θ とすれば

$m\ddot{x} + k_2 x - k_2 r\theta = 0$，$J\ddot{\theta} + (k_1 + k_2) r^2 \theta - k_2 r x = 0$

これより振動数方程式は

$$\begin{vmatrix} k_2 - m\omega^2 & -k_2 r \\ -k_2 r & (k_1 + k_2) r^2 - J\omega^2 \end{vmatrix} = 0$$

10·9 質量の変位を x，棒の回転角を θ とすれば

$m\ddot{x} + kx - kb\theta = 0$，$J\ddot{\theta} + (Ka^2 + kb^2)\theta - kbx = 0$

で，これより

$$\begin{vmatrix} k - m\omega^2 & -kb \\ -kb & Ka^2 + kb^2 - J\omega^2 \end{vmatrix} = 0$$

10·10 $2m$，$3m$，m の変位をそれぞれ x_1，x_2，x_3 とすれば

$2m\ddot{x}_1 + 2kx_1 - 2kx_2 = F\sin\omega t$，$3m\ddot{x}_2 + 3kx_2 - 2kx_1 - kx_3 = 0$，

$m\ddot{x}_3 + kx_3 - kx_2 = 0$，$x_i = A_i \sin\omega t$ とおいて得られる式

$$\begin{bmatrix} 2(k - m\omega^2) & -2k & 0 \\ -2k & 3(k - m\omega^2) & -k \\ 0 & -k & k - m\omega^2 \end{bmatrix} \begin{Bmatrix} A_1 \\ A_2 \\ A_3 \end{Bmatrix} = \begin{Bmatrix} F \\ 0 \\ 0 \end{Bmatrix}$$

を解いて振幅が求められる．

11章 力学の諸原理

11·1 棒の長さを l，質量を m とし，壁と床の垂直反力をそれぞれ F_1，F_2 とすれば，力のつりあいより

$F_1 - \mu_2 F_2 = 0$，　$\mu_1 F_1 + F_2 - mg = 0$

これから

$$F_1 = \frac{\mu_2}{1 + \mu_1 \mu_2} mg, \quad F_2 = \frac{1}{1 + \mu_1 \mu_2} mg$$

床に沿って x 軸，壁に沿って y 軸をとり，棒と壁とのなす角を θ とする．棒を $\delta\theta$ だけ変位させると，棒の下端と上端における変位はそれぞれ $\delta x = l\cos\theta \cdot \delta\theta$，$\delta y = -l\sin\theta \cdot \delta\theta$，

重心の変位は $\delta x_G=\dfrac{1}{2}l\cos\theta\cdot\delta\theta$，$\delta y_G=-\dfrac{1}{2}l\sin\theta\cdot\delta\theta$ で，仮想仕事は

$$\begin{aligned}\delta W&=\mu_1F_1\delta y-\mu_2F_2\delta x-mg\delta y_G\\&=-mgl\left(\frac{\mu_1\mu_2}{1+\mu_1\mu_2}\sin\theta+\frac{\mu_2}{1+\mu_1\mu_2}\cos\theta-\frac{1}{2}\sin\theta\right)\delta\theta=0\end{aligned}$$

棒と壁との角度が $\tan\theta=2\mu_2/(1-\mu_1\mu_2)$ より大きくなると，棒はすべりだす．

11·2　棒の仮想変位を δX，ローラの中心の仮想変位を δx，仮想角変位を $\delta\theta$ とすれば，$\delta X=2\delta x=2r\delta\theta$ で，仮想仕事は

$$\begin{aligned}\delta W&=(P-M\ddot{X})\delta X-2m\ddot{x}\delta x-mr^2\ddot{\theta}\delta\theta\\&=\left(P-M\ddot{X}-\frac{1}{2}m\ddot{X}-\frac{1}{4}m\ddot{X}\right)\delta X=0\end{aligned}$$

これより　$\ddot{X}=4P/(4M+3m)$．

11·3　図のように，右側の m の位置を x，Δm の m からの高さを h とすれば，系の運動エネルギーは

$$T=\frac{1}{2}m\dot{x}^2+\frac{1}{2}(m-\Delta m)\dot{x}^2+\frac{1}{2}\Delta m(\dot{x}+\dot{h})^2$$

ポテンシャルエネルギーは

$$U=-mgx+(m-\Delta m)gx+\Delta mg(x+h)$$

ラグランジュの運動方程式より

$$2m\ddot{x}+\Delta m\ddot{h}=0$$

系は $-(\Delta m/2m)\ddot{h}$ の加速度で運動する．

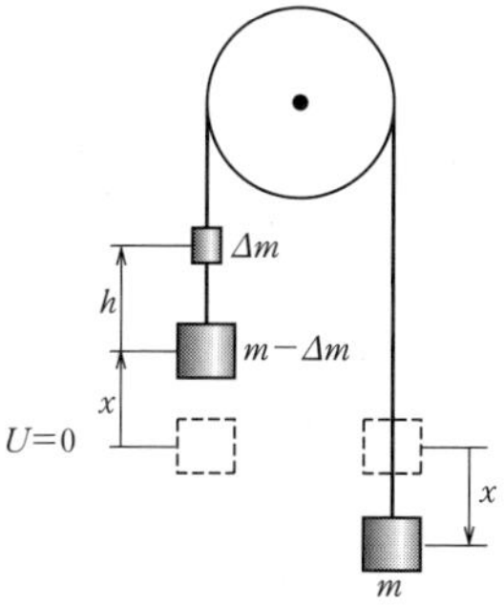

解 11·3 の図

11·4　台車の変位を x，棒材の回転角を θ とすれば，この系のエネルギーは

$$T=\frac{1}{2}m\dot{x}^2+\frac{1}{2}m'\left(\dot{x}+\frac{1}{2}l\dot{\theta}\right)^2+\frac{1}{2}\frac{1}{12}m'l^2\dot{\theta}^2$$

$$U=\frac{1}{2}kx^2-\frac{1}{4}m'gl\theta^2+\frac{1}{2}k'\theta^2$$

したがって運動方程式は

$$(m+m')\ddot{x}+kx+\frac{1}{2}m'l\ddot{\theta}=0,\quad \frac{1}{2}m'l\ddot{x}+\frac{1}{3}m'l^2\ddot{\theta}+\left(k'-\frac{1}{2}m'gl\right)\theta=0$$

これより

$$\begin{vmatrix}k-(m+m')\omega^2 & -\dfrac{1}{2}m'l\omega^2\\ -\dfrac{1}{2}m'l\omega^2 & k'-\dfrac{1}{2}m'gl-\dfrac{1}{3}m'l^2\omega^2\end{vmatrix}=0$$

参考図書

I. 体系的に書かれた力学の名著として

(1) 坂井卓三：初等力学（岩波全書），岩波書店（1951）

(2) 山内恭彦：一般力学，岩波書店（1959）

(3) 富山小太郎：力学，岩波書店（1970）

(4) 原島鮮：力学，裳華房（1973）

(5) 伏見康治：古典力学，岩波書店（1975）

(6) 小野周：力学 I，II，III（岩波講座基礎工学），岩波書店（1968）

(7) H. ゴールドシュタイン（野間，瀬川訳）：古典力学，吉岡書店（1959）

(8) L. D. ランダウ，E. M. リフシッツ（広重，水戸訳）：力学，東京図書（1960）

(9) J. C. スレイター，N. H. フランク（柿内訳）：力学，丸善（1960）

(10) R. P. ファインマンほか（坪井訳）：ファインマン物理学 I，岩波書店（1967）

(11) A. J. W. ゾンマーフェルト（髙橋訳）：力学，講談社（1969）

(12) E. T. Whittaker：*Analytical Dynamics of Particles and Rigid Bodies*，Cambridge University Press（1937）

II. 工学的応用がよく書かれているものに

(13) 守屋富次郎，鷲津久一郎：力学概論，培風館（1968）

(14) 森口繁一：初等力学，培風館（1959）

(15) 谷口修：改著機械力学 I，II，養賢堂（1967）

(16) 青木弘：工業力学，養賢堂（1966）

(17) 北郷薫，長坂舜二：基礎工業力学，理工学社（1970）

(18) 坂田勝：工学力学，共立出版（1977）

(19) 日本機械学会：機械工学便覧 第6版，日本機械学会（1976）

(20) T. v. カルマン，M. A. ビオ（村上，武田，飯沼訳）：工学における数学的方法 上，下，法政大学出版局（1954）

(21) F. P. ベア，E. R. ジョンストン（長谷川訳）：工学のための力学 上，下，ブレイン図書（1976）

(22) J. P. Den Hartog：*Mechanics*，McGraw-Hill（1948）

(23) S. Timoshenko，D. H. Young：*Advanced Dynamics*，McGraw-Hill（1948）

(24) G. W. Housner，D. E. Hudson：*Statics*，*Dynamics*，Van Nostrand（1959）

(25) J. L. Meriam：*Statics*，*Dynamics*，John Wiley & Sons（1971）

があるが，この方面の名著をすべて網羅したものでないことをお断わりしておく．

索引

〔さ行〕

〔な行〕

〔は行〕

〔ま行〕

〔や行〕

〔ら行〕

〔わ行〕

<著者略歴>

人江 敏博（いりえ としひろ）

1922 年　岐阜県に生まれる．
1944 年　京都帝国大学工学部航空工学科卒業
1944 年　川崎航空機工業株式会社勤務
1953 年　岐阜大学農学部助教授
1964 年　北海道大学工学部教授
1986 年　関西大学工学部教授
1993 年　同退職
　　　　北海道大学名誉教授，工学博士
専　攻　機械力学，機械振動学
著　書「機械振動学通論」朝倉書店
　　　　「演習機械振動学」朝倉書店
　　　　「機械数学」朝倉書店
　　　　「詳解工業力学（第 2 版）」オーム社

山田 元（やまだ げん）

1940 年　北海道に生まれる．
1965 年　北海道大学大学院工学研究科修士課程修了
1965 年　北海道大学工学部講師
1966 年　北海道大学工学部助教授
1986 年　北海道大学工学部教授
2004 年　北海道工業大学総合教育研究部教授
2009 年　同退職
　　　　北海道大学名誉教授，工学博士
専　攻　機械力学，機械振動学

・本書の内容に関する質問は，オーム社ホームページの「サポート」から，「お問合せ」の「書籍に関するお問合せ」をご参照いただくか，または書状にてオーム社編集局宛にお願いします．お受けできる質問は本書で紹介した内容に限らせていただきます．なお，電話での質問にはお答えできませんので，あらかじめご了承ください．
・万一，落丁・乱丁の場合は，送料当社負担でお取替えいたします．当社販売課宛にお送りください．
・本書の一部の複写複製を希望される場合は，本書扉裏を参照してください．
JCOPY <出版者著作権管理機構 委託出版物>

・本書籍は，理工学社から発行されていた『機械工学基礎講座 工業力学』を改訂し，第2版としてオーム社から版数を継承して発行するものです．

機械工学基礎講座
工業力学（第2版）

1980年 9 月10日　第1版第1刷発行
2018年11月30日　第2版第1刷発行
2025年 1 月20日　第2版第7刷発行

著　者　入江敏博・山田 元
発行者　村上和夫
発行所　株式会社 オーム社
郵便番号　101-8460
東京都千代田区神田錦町 3-1
電話　03(3233)0641(代表)
URL　https://www.ohmsha.co.jp/

印刷・製本　三秀舎
ISBN978-4-274-22294-8　Printed in Japan